최신 자동제어

김상진 | 송병근 | 오세준 | 유삼상

 북스힐

머리말

자동 제어(automatic control)란 어떤 장치나 공정의 출력신호가 원하는 상태를 따라가도록 입력신호를 적절히 조절하는 방법을 뜻하며, 이러한 방법을 연구하는 학문분야를 자동제어 공학이라고 부른다. 제어 공학은 전기, 전자, 기계, 화학공학, 우주항공 공학에서 주가 되어 사용되고 있으며, 그 필요성과 응용성은 산업 기술의 발전 속도와 맞추어 점점 커지고 있다. 따라서 자동 제어의 기본지식과 개념들은 전기, 전자, 기계, 항공 공학을 다루는 엔지니어에게서 없어서는 안될 필수 항목이 되었다. 이 책은 위의 학문들을 다루는 공학도 3, 4학년들이 1년간 학습할 수 있도록 쓰여졌다.

그러나, 자동 제어를 처음 배우는 학생들에게 자동 제어라는 과목은 매우 어렵다게 느껴지고, 많은 수식들로 인해 학생들이 쉽게 질려 교과과정 중에 1(한 학기 과정)을 듣고 자동 제어 2(다음 학기 과정)를 포기하는 학생들이 많아지고 있다. 그러므로 자동 제어의 다음과 같은 점에 특히 유의하였다.

① 이론 체계의 개념적 파악 : 라플라스 변환의 예를 들면, 라플라스 변환을 왜 배워야 하는지 어디에 사용하는지, 푸리에 변환과 어떻게 개념적으로 다른가와 같은 이론 체계의 개념적 파악에 충실하도록 하였다.

② 기본적인 사항의 철저한 이해 : 반복적이고, 복잡한 문제 풀이보다는 이론의 원리를 쉽게 이해할 수 있도록 기본적인 사항에 페이지를 더 많이 할애

하였다.

③ 실제 존재하는 시스템에 대한 응용예제 : 실제 존재하는 시스템에 대하여 수학적 모델링을 하고 간략화 하여 예제들로 사용하였다. 또한 수학적인 엄밀성보다도 직관적인 이해에 중점을 주고 학생들의 개념 이해와 통찰력을 갖도록 노력하였다.

④ 예제 : 복잡한 이론과 수식의 이해를 돕고자 쉬운 예지들로 수식의 응용 예를 들어 이해의 편리를 도모하고자 하였다.

⑤ 연습 문제 : 학생들이 본론에서 배운 내용을 토대로 문제를 풀어나가는 능력을 배양하고자 다수의 연습 문제를 도모하였으며, 해답을 통해 확인하도록 하였다.

⑥ 컴퓨터 시뮬레이션 학습 도모 : Matlab S/W를 이용하여 각 장에서 배운 내용들을 컴퓨터에서 실습하고 학습의 흥미를 유발하고자 각 장마다 페이지를 할애하여 각 장에 적합한 Matlab 예제들을 다루었다.

본서의 내용은 모두 시불변 선형시스템을 대상으로 한 제어 이론이며, 전기, 전자, 기계, 항공 공학과 학부생이라면 반드시 학습해야 될 내용이다. 이 책을 쓰기 위해서 저자는 지금까지 강의한 강의노트를 바탕으로 앞에서 강조한 여섯 가지 사항들을 중심으로 노력하였으나 이러한 의도가 어느 정도 실현되었는지는 독자 여러분들의 판단이다. 끝으로 자동 제어를 공부하고 있는 학부생들에게 이 책이 많은 도움이 되길 바라며, 출판에 협조와 조언을 주신 관계자분에게 깊은 감사를 드린다.

저자 씀

차 례

1장 자동 제어의 개념 / 1

1·1 서론 1
1·2 개루프 제어와 폐루프 제어 4
1·3 피드백 제어계의 구성 7
1·4 자동 제어의 분류 15
1·5 피드백 제어계의 특성 18
1·6 피드 포워드 제어 20
1·7 Matlab 예제 21

2장 수학적 준비 / 25

2·1 서론 25
2·2 복소수 26
2·3 복소 함수 32
2·4 라플라스 변환 36
2·5 라플라스 변환의 예 40
2·6 라플라스 변환의 공식 43
2·7 라플라스 변환에 의한 미분 방정식의 해법 54
2·8 부분 분수로의 분해 59
2·9 중근의 경우 65
2·10 최종값, 초기값 67
2·11 Matlab 예제 69

　　연습문제 74

3장 전달 함수 / 77

3·1 자동 제어계와 신호 전달 77
3·2 전달 함수에 의한 신호 전달 특성의 표현 78
3·3 전달 함수의 예 83
3·4 전달 함수의 물리적 의의, 중량 함수 91
3·5 선형 근사(I) 94
3·6 선형 근사(II) 98
3·7 수송 지연 계통 105
3·8 Matlab 예제 106
연습문제 107

4장 블록 선도와 신호 흐름 선도 / 113

4·1 블록 선도에 의한 신호 전달 특성의 표현 113
4·2 블록 선도의 등가 변환 117
4·3 제어계의 블록 선도와 외란의 취급 124
4·4 블록 선도 작성상의 주의(블록 구분) 128
4·5 신호 흐름 선도에 의한 신호 전달 특성의 표현 130
4·6 신호 흐름 선도의 등가 변환 134
4·7 합성 트랜스미턴스 137
4·8 Matlab 예제 142
연습문제 144

5장 과도 응답 / 147

5·1 전달 함수의 기본형 147
5·2 과도 응답 150
5·3 1차 시스템 153
5·4 2차 시스템 157
5·5 감쇠 진동의 성질 167
5·6 폐루프 과도 응답 172
5·7 극점, 영점의 배치와 과도 응답 177
5·8 Matlab 예제 182
연습문제 192

6장 주파수 응답 / 195

6·1 주파수 응답의 개설 195
6·2 주파수 응답의 표현 198
6·3 벡터 궤적 200

6·4 루프 전달 함수의 벡터 궤적과 폐루프 응답 ·················· 206
6·5 보드 선도 ··· 209
6·6 전달 함수의 곱에 대한 보드 선도 ·························· 218
6·7 니콜스 선도 ··· 219
6·8 Matlab 예제 ·· 224
연습문제 ·· 233

7장 안정도 판별 / 237

7·1 피드백 제어계의 안정과 불안정 ···························· 237
7·2 Routh의 안정도 판별법 ·· 239
7·3 Hurwitz의 안정도 판별법 ····································· 244
7·4 나이퀴스트의 안정도 판별법 ······························· 245
7·5 보드 선도상에서의 안정도 판별법 ························· 260
7·6 Matlab 예제 ·· 265
연습문제 ·· 285

8장 정상 편차 / 287

8·1 피드백 제어계의 정상 편차 ································· 287
8·2 목표값 변화에 대한 정상 편차 ···························· 288
8·3 외란에 대한 정상 편차 ······································ 296
8·4 직결 피드백이 아닌 경우 ··································· 300
8·5 일반화된 정상 편차 상수 ··································· 304
연습문제 ·· 308

9장 속응성과 안정도 / 311

9·1 서론 ·· 311
9·2 속응성과 안정도의 표현 ····································· 312
9·3 주파수 응답에서 과도 응답의 추정 ······················ 317
9·4 루프 전달 함수의 벡터 궤적과 과도 응답 ··············· 323
9·5 평가 함수 ·· 325
9·6 불규칙 신호 ··· 326
9·7 Matlab 예제 ·· 330
연습문제 ·· 332

10장 근궤적법 / 335

10·1 근궤적의 개설 ·· 335
10·2 근궤적을 일반적으로 구하는 방법 ······················ 337

10·3 근궤적의 성질 ·· 343

10·4 극점 및 영점의 추가에 의한 근궤적의 변화 ····························· 356

10·5 Matlab 예제 ··· 360

연습문제 ··· 367

11장 서보 기구 / 369

11·1 서보 기구의 기능과 구성 ··· 369

11·2 서보 기구의 요소 ·· 373

11·3 서보 기구의 설계 ·· 404

11·4 설계 예 ··· 419

연습문제 ··· 426

12장 상태 공간 / 429

12·1 서론 ·· 429

12·2 동적 방정식 ·· 430

12·3 상태 선도 ··· 430

12·4 전달 함수를 상태 공간으로 바꾸기 ································· 435

12·5 Matlab 예제 ··· 438

연습문제 ··· 440

13장 제어계 설계 / 441

13·1 계획의 개요 ·· 441

13·2 제어 성능에 관한 규격 ·· 443

13·3 보상 회로 ··· 444

13·4 위상 진상 보상 ··· 446

13·5 위상 지상 보상 ··· 454

13·6 위상 진상 지상 보상 ··· 458

13·7 교류 서보 기구의 보상 ·· 460

13·8 피드백 보상 ·· 462

13·9 공정 제어의 계획 ·· 467

13·10 공정 조절기 ··· 472

13·11 직렬 제어 ··· 476

연습문제 ··· 478

연습문제 해답 / 481

부 록 / 489
    A·1 전기 회로 489
    A·2 역학계 491
    A·3 그리스 문자 496
    A·4 수학공식 496
    A·5 푸리에 급수, 푸리에 적분, 푸리에 변환 508
    A·6 라플라스 변환표 512
    A·7 자동 제어 용어(일반)/KS A 3008 516

찾아보기 / 523

1장

자동 제어의 개념

1·1 서 론

종종 "인류는 도구를 사용하는 동물이다"라고 일컬어진다. 이미 유사 이전부터 수렵이나 농경을 위한 여러 가지 도구가 사용되고 있었다. 그후 시대가 흐름에 따라서 새로운 도구가 계속 발명되었으나 그들의 에너지원은 모두 인력(human power)이나 축력(animal power)이었다. 나중에 풍력, 수력이 더해졌지만 인류는 근육 노동의 노고에서 벗어날 수는 없었다. 또한 풍력, 수력이라는 자연력의 이용은 규모에 한계가 있어서 공장은 수공업적이었고 교통 기관도 불편했었다. 그렇지만 1765년 제임스 와트(James Watt)에 의해서 증기 기관이 실용화되어 석탄을 에너지원으로서 대마력의 동력이 발생할 수 있게 되고 대규모적인 공장이나 기차, 기선 등의 고속 교통 기관이 출현되어 산업 혁명 시대를 맞이했다. 그후 전력이나 석유도 에너지원으로서 더해지고 우리들의 근육 노동을 기계로 대치시키는 기계화(mechanization)는 점점 진행되었다.

이와 같이 기계가 대용량화되고 또한 복잡화, 고속화됨에 따라서 그것을 운전하는 데에 면밀하고도 부단한 주의력과 재빠르고 적합한 판단력, 때로는 강력한 조작력을 요하기에 이르렀다. 이것은 항공기의 고속화나 발전소 대용량화의 과정을 생각하면 바로 이해할 수 있을 것이다. 이렇게 하여 기계의 운전이라는 두뇌적인 노동에 대해서도 인간의 능력으로는 기계가 고속화, 연속 운전화, 복잡화, 대용량화되어 가는 경향에 따라가기 어렵게 되고 기계를 자동적으로 조작할 필요를 생기게 했다. 이 기계를 자동적으로 조작하는 것을 자동 제어(automatic control)라고 한다.

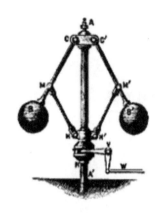

자동 제어의 시초는 와트(Watt)의 조속기(governor)리고 말하여지고 있다. 이 발명에 의해서 그때까지 고심하고 있었던 회전수 변동의 문제가 해결되고 증기 기관이 실용되게 되었다. 그후 자동 제어의 진보는 급속하지는 않았지만 원동기의 속도 조절, 발전기의 전압, 주파수, 초지기의 속도, 권취기의 장력 자동 조정 등과 같은 방면에서 응용의 길이 개척되었다. 제2차 세계 대전의 시대에 들어가면 선박, 항공기, 어뢰의 자동 조종, 포탑의 제어 등 군사상의 목적에서 이론면에 있어서도 실제면에 있어서도 서보 기구가 큰 발전을 보았다. 또한 전후는 각종 화학 공업 프로세스의 계장(instrumentation, 측정기나 제어 장치를 장비하는 것), 공작 기계의 제어가 급속히 넓어졌다. 이와 같은 자동 제어

그림 1-1

의 발전은 제어 기기의 진보가 가장 큰 원인이겠으나 제어 이론의 공헌도 적지 않았다. 이론면에 있어서는 우선 통신 공학에서 귀환 증폭기의 이론을 받아들여서 서보 이론이 체계가 잡혔다. 이것이 1940년대의 일이다. 더욱이 이 이론이 자동 조정이나 프로세스 제어의 문제에까지 응용할 수 있다는 것을 알고, 이들의 통일적 이론으로서 제어 이론이 확립되었던 것이다. 이것이 제어 이론으로서는 이른바 고전이라고 칭할만한 부분으로 그 해설이 본서의 목적이다.

자동 제어의 응용은 조속기에서 시작되어 항공기의 자동 조종, 공작 기계의 제어, 보일러나 화학 공업 장치 등에서 온도, 압력, 유량, 액면의 제어 등 다방면에 걸치고 있다. 또한 제어 장치도 전기식(전자식), 유압식, 공기압식의 것이 각각 또는 조합되어 사용되고 있다. 따라서, 제어 기술자는 기계 공학, 전기 공학, 화학 공학 등 각 분야의 지식을 종합적으로 응용하는 것이 필요하게 된다. 자동 제어 이론도 또한 이러한 문제의 통일적 취급을 가능하게 하고 있다. 제어계의 계획에서는 이 통일적 이론을 마스터하고 있는 것이 제일 필요하겠지만 동시에 각종 제어 기기의 장·단점을 잘 판별하여 목적에 맞는 구분 사용 능력도 필요하다. 또한 제어 장치의 설계, 제작에는 기계 공학 및 전기 공학의 지식이 꼭 필요

하다. 제어 이론의 이론 체계에만 눈을 빼앗겨 전기나 기계의 전문적인 기술을 경시하는 것은 경계하지 않으면 안된다.

마지막으로 자동 제어를 적용한 경우의 이점을 열거한다.

① 제품 품질의 균일화, 불량품의 감소
② 적정한 작업을 유지할 수 있으므로 원재료, 연료 등을 절약할 수 있다.
③ 연속 작업이 가능해진다.
④ 인간에게 불가능한 고속 작업이 가능하다.
⑤ 인간 능력 이상의 정밀한 작업이 가능하게 된다.
⑥ 인간에게 부적당한 환경, 예를 들면 고온이나 방사능의 위험이 있는 장소에서의 작업을 기계에게 대신시킬 수가 있다.
⑦ 위험한 사고의 방지가 가능하다.
⑧ 투자 자본의 절약이 가능하게 된다. 예를 들면 보일러의 압력 제어를 행하는 것에 의해서 보일러 본체를 경량으로 할 수 있다.
⑨ 노력의 저감이 가능해진다. 단, 제어 장치의 제조, 보수에는 고급 노동력을 필요로 한다.

자동제어의 예와 개념적인 동작 설명

① 에어컨(Air Conditioner) - 냉방 기준을 사용자가 맞추어 놓으면 에어컨은 현재 온도가 사용자가 맞추어 놓은 온도보다 낮으면 냉방을 한다. 계속적인 냉방으로 현재 온도가 냉방 기준 온도보다 낮아지면 에어컨은 동작을 잠시 중단 모드로 바꾼다. 시간이 지나 현재 온도가 냉방 기준 온도보다 높아지면 다시 에어컨은 가동된다.
② 물탱크 - 물탱크의 급수 방법에서도 물탱크가 차면 급수 동작 중단, 사용자가 물을 사용하여 수위가 떨어지면 자동으로 급수를 저장한다.
③ 소방 스프링 쿨러 - 소방설비에서 연기와 온도를 감지하여 자동 살수설비 스프링 쿨러를 터뜨린다.
④ 유리 온실 - 센서와 마이콤(Micro-processor Computer)의 연결로 온도, 습도, 일사광, 양액 조절 공급, 환수 등을 자동 조절한다.
⑤ 자동차 에어백

1·2 개루프 제어와 폐루프 제어

다음은 가스 연소로의 예를 들어 개루프 제어와 폐루프 제어의 차이점을 알아보고 각각의 개념에 대하여 자세히 이해하도록 한다.

가스 연소로에서 이 노의 온도를 희망하는 값으로 유지하려고 하는 경우를 생각해 보자. 이 목적을 달성하는 가장 간단한 방법은 그림 1·2(a)와 같이 가스 입구 밸브로 온도 교정을 실시하는 것이다. 즉, 미리 밸브의 열린 정도와 거기에 대응하는 노내 온도의 관계를 구해놓고 희망 온도에 상당하는 위치로 밸브를 설정해 둔다. 이것에 의해서 교정을 행했을 때와 동일 상태라면 희망 온도로 유지할 수가 있다. 그러나 다른 상태, 예를 들면 공급 가스압이나 외기 온도가 달라지면 노내 온도는 변해버린다. 또한, 노 내에 물체를 내고 들여도 희망 온도에서 어긋나버린다.

그림 1·2(b)는 노에 온도계를 장비해 두고 인간이 끊임없이 이것을 보고 희망 온도보다 지나치게 높다고 판단되면 밸브를 닫아 가스 유량을 줄이고 너무 낮다고 판단되면 밸브를 열어서 가스 유량을 증가시키는 방식이다. 이 방식에서는 밸브 조작의 결과, 온도계의 판독이 변화하면 거기에 대해 재차 밸브 조작을 행한다고 하는 과정이 반복되기 때문에 공급 가스압이나 외기 온도가 변화해도 노내 온도는 희망 온도로 유지된다.

이와 같이 단조로운 장시간의 연속 작업은 인간에게 부적당하므로 바이메탈이나 전자 밸브를 사용하여 자동화를 시도한 것이 그림 1·2(c)이다. 전자 밸브에서는 솔레노이드에 통전하면 그 내부의 가동 철편에 전자력이 작용하고 이 힘에 의

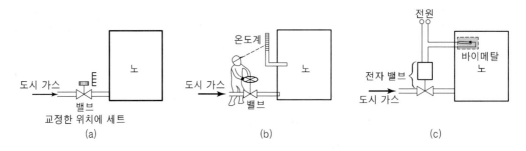

그림 1·2 노내 온도 제어

해서 밸브 조작이 행해진다. 즉, 노내 온도가 희망 온도보다 너무 낮으면 바이메탈 접점이 닫혀 밸브 솔레노이드가 여자되고 그 결과 밸브가 열려 가스 유량이 증가하여 노내 온도가 상승한다. 반대로 노내 온도가 희망 온도보다 지나치게 높으면 이것과 반대의 동작이 행해진다. 이와 같이 끊임없이 노내 온도와 희망 온도가 일치하도록 밸브 조작이 행해져 노내 온도가 희망 온도로 유지된다.

이상의 방식에서는 어느 쪽도 노내 온도를 희망 온도로 유지하도록 행하고 있다. 이와 같이 우리들의 의도대로 되도록 기계, 장치, 물체에 얼마간의 조작을 가하는 것을 제어(control)라고 한다. 또한 자동적으로 행하는 제어를 **자동 제어**(automatic control), 인간이 제어 장치의 일부가 되어 있는 제어를 **수동 제어**(manual control)라고 한다. 그림 1·2(b)는 수동 제어의 예이며 그림 1·1(c)는 자동 제어의 예이다.

그림 1·2(b)의 제어계에서 노내 온도의 변화가 있으면 온도계 지시의 변화를 일으키고 이것이 눈을 통해서 어느 종류의 신호 형태로 뇌에 전달된다. 뇌에서는 이 신호와 미리 주어진 희망 온도를 비교 판단하여 그 판단에 기초하여 밸브를 개폐하는 지령을 손의 근육에 전달한다. 이 손의 조작에 의해 밸브의 개도가 변화하고 밸브를 통해서 공급되는 가스 유량의 변화를 일으킨다. 이 가스 유량 변화의 결과 노내 온도의 변화를 일으킨다. 이와 같이 밸브의 개도, 가스 유량, 노내 온도, 온도계의 지시라는 물리량의 변화가 계속 다른 물리량의 변화를 야기하여 연쇄 반응적으로 전해진다. 이것은 일종의 신호가 전해지고 있다고 볼 수가 있다. 예를 들면 노는 가스 유량이라는 신호를 수신하고 노내 온도라는 신호를 발신한다. 신경을 따라 전해지는 자극은 물론 신호의 일종이다.

이러한 신호의 전달 방법을 정리하여 도시하면 그림 1·3(b)와 같이 된다. 그림 1·3(b)는 에너지나 물질의 흐름을 표시하는 것이 아니라 각 물리량 변화의 연쇄와 신경 자극의 전달 방법만을 나타내고 있다. 다음에 그림 1·2(a) 및 (c)의 제어계에서 마찬가지로 신호 전달의 상황을 나타내면 각각 그림 1·3(a) 및 (c)가 된다. 그림 1·3(b)와 (c)를 비교하면 신호 전달이라는 점에서는 아주 상이한 양상을 띠고 있다는 것을 알 수 있다.

특히 현저한 것은 그림 1·3(b), (c)에서는 닫힌 신호 전달의 루프가 있고 신호가 그 속을 순환하고 있으나 그림 1·3(a)에서는 그것이 없이 신호는 일방적으로 전해지고 있을 뿐이다. 이 점에 주목하여 자동 제어를 **폐루프 제어**(closed loop

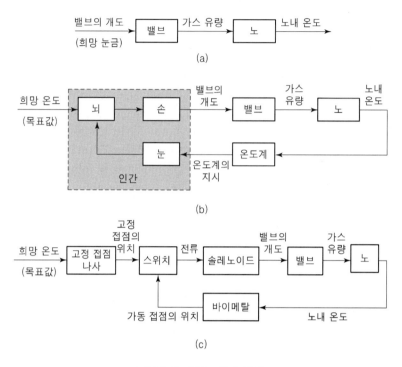

그림 1·3 신호 전달 방법

control)와 **개루프 제어**(open loop control)로 분류할 수 있다.

폐루프 제어에서는 제어하려고 하는 물리량(앞의 예에서는 노내 온도)의 신호를 원인 쪽으로 되돌리고 있다. 이와 같이 폐루프를 만들어 결과를 원인 쪽으로 되돌리는 것을 **피드백**(feedback)이라고 한다. 폐루프 제어는 피드백을 수반하므로 **피드백 제어**(feedback control)라고도 한다. 이 제어 방식에서는 제어 결과가 끊임없이 피드백되어 희망하는 값과 비교되어 차가 있으면 그것을 감소시키려고 하는 정정 동작이 행해지기 때문에 개루프 제어와 달리 외적 조건이 변화해도 좋은 제어 결과를 기대할 수 있다.

자주 인용되는 예로 전기 스토브와 초기에 나온 저가용 세탁기가 있다. 바이메탈을 가진 전기 스토브는 스토브 내의 온도가 바이메탈을 통해서 피드백되고 있는 폐루프 제어이다. 이것에 대해서 전기 세탁기에서는 우리들이 제어하려고 하는 양, 즉 의류의 청정도가 피드백되고 있지 않으므로 개루프 제어이다. 저가용 세탁기의 제어 동작은 기동 스위치에 의한 기동 동작과 그 다음에 타이머에 의해서 일정 시간의 경과 후 행해지는 정지 동작이다. 이와 같이 정해진 순서에 따라서 순차적으로 제어 동작을 행하는 제어를 **시퀀스 제어**(sequence control)라고 한다. 이른바 자동 기계는 시퀀스 제어인 것이 많다. 예를 들면 자동 선반, 트랜 스퍼 머신, 자동 판매기, 자동 엘리베이터 등이 있다. 하지만 고성능 엘리베이터, 최근에 나오는 세탁기들은 감지기(sensor)에 의해 피드백 루프를 사용하는 피드 백 제어 방식을 사용한다.

1·3 피드백 제어계의 구성

그림 1·2(c)는 피드백 제어계 구성의 일례이다. 이 구성의 기본은 노내 온도를 검출하여 희망 온도와 비교하고 그 차에 따라서 적당한 정정 동작을 행하게 할 수가 있는 것이다. 이 원칙은 모든 피드백 제어계에 적용된다.

그림 1·2의 예에서 노내 온도와 같이 우리들이 제어하려고 하고 있는 양을 **제 어량**(controlled variable)이라고 부르며, 이 제어량이 나타내는 것을 희망하고 있는 값을 **목표값**(desired value)이라고 한다. 목표값과 제어량의 차는 제어의 오차이지만 이것을 **제어 편차**(controlled deviation 또는 error)라고 부른다.

제어 편차 = 목표값 − 제어량

이러한 용어를 이용하면 피드백 제어계의 구성 순서는 다음과 같이 된다.

① 우선 제어량을 측정한다(검출한다고 한다).
② 목표값과 검출한 값을 비교하여 그들의 차, 즉 제어 편차를 인출한다.
③ 제어 편차의 부호, 크기 등에 따라서 편차를 줄이도록 제어 대상에 작용하 여 정정 동작을 행한다.

다음은 피드백 제어 공학의 기원이며 문헌상의 기록으로 세계 최초의 피드백 시스템인 자격루의 제어 시스템에 대해 알아보자.

자격루는 1434년 조선 세종 16년에 장영실에 의해 발명된 물시계로, 시간의 흐 름을 유량 변화로써 나타내기 위해 유량 변화율이 일정하도록 피드백 제어 방식 을 사용하고 있다. 물시계 방식은 세계 여러 나라에서 개발되었지만 문헌상의 기 록으로 장영실의 자격루는 가장 일찍이 발명되었으며, 자동시보장치의 의미로 자 격루라 이름 지어졌다.

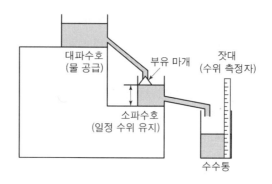

그림 1·4   자격루 시스템의 구성

그림 1·4는 전체적인 자격루 시스템의 구성도를 보여준다.

다음은 자격루로 시간을 측정하는 원리에 대하여 알아보자.

① 물이 담겨있는 대파수호로부터 소파수호로 물이 공급된다.

② 소파수호의 물이 시간당 일정한 양으로 수수통으로 공급된다. 이 때 소파수
호의 수위는 일정한 상태에서 아래 수수통으로 물을 공급한다. 소파수호로
부터 수수통으로 공급되는 물의 유속과 관계 있고, 물의 유속은 소파수호의
수위와 관계되는 물의 압력과 관계 있다. 따라서 소파수호의 수위를 일정하
게 하면 수수통에 일정량의 물이 공급된다. 이 때 소파수호의 수위를 일정
하게 하기 위하여 물 넘침법 혹은 그림 1·4처럼 부유 마개를 사용한다.

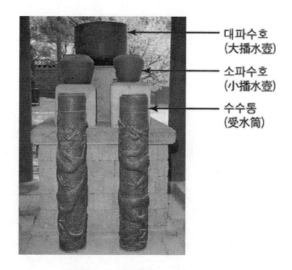

그림 1·5   자격루

③ 수수통에 공급된 물의 양에 의한 잣대의 상승 높이로 시간을 측정한다. 그림 1·5는 조선시대 때 사용된 실제 자격루를 복원한 것이다.

다음은 현대 산업사회에서 많이 사용되는 예제들을 통해 피드백 제어계의 구성에 대해 살펴보자.

예제 1·1 온도 제어계 ·

그림 1·2(c)의 방식에서는 전자 밸브가 완전 닫힘 또는 열림이라는 두 가지 위치밖에 취할 수 없다. 그러나 편차의 크기에 따라서 개도를 가감하는 ─ 자세하게 말하면 편차가 작은 경우는 밸브를 약간 열고 편차가 큰 경우는 밸브를 크게 여는 것이 좋은 제어 결과를 기대할 수 있다. 이를 위하여 밸브의 열린 정도를 연속적으로 조절할 필요가 있다. 거기에서 가해진 공기압에 따라서 열린 정도를 바꿀 수가 있는 공기압식 조절 밸브를 사용하는 것으로 한다. 이런 경우의 제어계 전체 구성을 그림 1·5에 나타내었다.

우선 열전대에 의해서 노내 온도를 검출한다. 이 열기전력 v_t와 비교하기 위해서는 목표값도 전압으로 변환해 둘 필요가 있다. 전지와 슬라이딩 저항이 이 목적을 위한 것이며 희망 온도에 상당하는 열기전력과 같은 기준 전압 v_r을 만드는 위치에 슬라이딩 저항의 접점을 세트해 둔다. 이와 같이 하면 v_r과 v_t의 차 v_e는 편차에 비례하는 전압이 된다.

$$v_e = v_r - v_t \qquad\qquad (1·1)$$

전압 v_e를 증폭하여 그 출력 전류를 전기─ 공기 변환기(전류 신호를 받아서 거기에 비례하는 공기압으로 변환하는 장치)에 의해서 공기압으로 바꾼다. 이 공기압에 의해서 조절 밸브의 열린 정도의 가감하여 가스 유량을 조절한다. 이렇게 하면 밸브

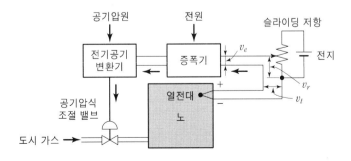

그림 1·5 연속식 제어

는 제어 편차에 비례하여(부호를 포함해서) 조절된다. 즉, 편차가 (+)이면 ($v_r > v_t$라면) 밸브를 열고 편차가 (−)이면($v_r < v_t$라면) 밸브를 닫는다. 또한 그 개폐의 정도는 편차의 크기에 비례하고 있다.

이 자동 제어계에서 신호의 전달 방법을 도시하면 그림 1·6과 같이 된다. 그림 1·6에서 파선으로 둘러싼 부분은 v_r에 부호 (+)를, v_t에 부호 (−)를 붙여준 것, 바꿔 말하면 식 (1·1)의 대수 연산을 표시하고 있다.

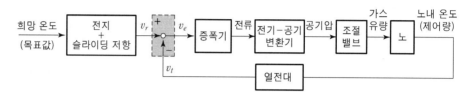

그림 1·6   그림 1·5의 제어계에서 신호 전달 방법

예제 1·2   서보 기구 ·

그림 1·7에 간단한 서보 기구의 예를 나타낸다. 이것은 입력축의 회전과 완전히 같게 부하축을 회전시키려고 하는 것이다. 이 경우에 입력축의 회전각 θ_i가 목표값, 출력축(부하축)의 회전각 θ_o가 제어량이다. 이 장치에서는 우선 전지와 퍼텐쇼미터(가변 저항기를 이용한 전압 분배기)에 의해서 입력축, 출력축의 회전 각도를 각각 전압 v_i, v_o로 변환하여 그들의 차를 취한다.

$$v_e = v_i - v_o \tag{1·2}$$

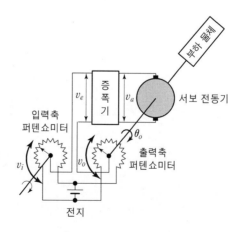

그림 1·7   서보 기구의 일례

이 전압 v_e는 제어 편차에 비례한다. 다음에 전압 v_e를 증폭기에서 증폭하여 거기에 비례한 전압 v_a를 얻는다. 이 v_a를 서보 전동기에 가하여 서보 전동기를(동시에 부하도) 회전시킨다. 전동기의 회전 방향은 v_a(따라서 v_e)의 극성이 반대로 되면 역전하고, 또한 그 회전수는 v_a(따라서 v_e)가 커지면 그것에 비례하여 빨라진다.

입력축이 어느 각도만큼 급하게 좌회전했을 경우를 생각한다. 이때 θ_i와 θ_o에 차를 발생시켜 그들의 차에 비례한 전압 v_e, 따라서 v_a를 발생하고 서보 전동기가 우회전하기 시작한다. 이와 같이 하여 θ_o는 θ_i에 가까워져 그 차가 작아진다. 이와 함께 v_a도 작아지고 전동기 회전수가 저하되어 간다. 드디어 θ_o가 θ_i에 일치하면 $v_a = 0$이 되어 전동기는 정지한다. 반대로 입력축이 좌회전했을 경우, v_e의 극성은 반대로 되고 전동기는 좌회전하여 θ_o가 θ_i에 가까워지고 마침내 이들이 일치하는 각도에서 정지한다. 이와 같이 하여 출력축은 언제나 입력축에 추종한다. 이런 경우의 신호 전달의 모습을 나타낸 것이 그림 1·8이다.

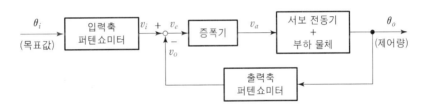

그림 1·8 그림 1·7의 제어계에서 신호 전달 방법

예제 1·3 직류 발전기의 자동 전압 조정 · · · · · · · · · · · · · ·

그림 1·9에 이 장치의 개략을 나타낸다.

우선 전지와 슬라이딩 저항에서 목표값과 같은 전압 개략을 나타낸다. 우선 전지와 슬라이딩 저항에서 목표값과 같은 전압 v_r을 부여한다. 이것과 발전기 단자 전압 v_o의 차를 취하면 편차 전압 v_e가 얻어진다.

$$v_e = v_r - v_o \tag{1·3}$$

이 전압 v_e를 증폭하고 그것에 비례한 전압 v_f에서 발전기의 계자 권선을 여자한다.

발전기 단자 전압 v_o가 전하면 v_e가 증가하고 거기에 비례하여 계자 전압 v_f가 증가하며 발전기 단자 전압을 상승시킨다. 또한 v_o가 상승되었을 때는 위와 반대로 작용한다. 그림 1·10에 이 자동 전압 조정 장치에서의 신호 전달 상황을 나타낸다(더욱

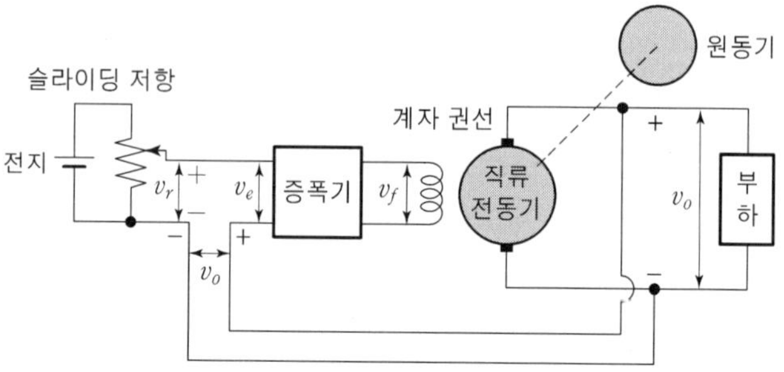

그림 1·9 자동 전압 조정 장치

이 여기에선 $v_e = v_f = 0$인 경우는 발전기 단자 전압이 0이 되지만 실제는 증폭기
출력 전류의 직류분에 의해서 발전기는 여자되고 있다. 이 직류분이 변동해도 그 때
문에 v_o에 변화를 일으키고 v_e, 따라서 v_f가 변하며 $v_o = v_r$이 되도록 자동적으로
조정된다. v_r, v_o, v_f는 각각 일정값에서의 변화분만을 표시하고 있다고 생각된다).

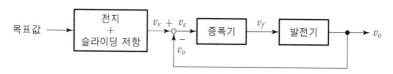

그림 1·10 그림 1·9의 제어계에서 신호 전달 방법

이상의 예에서 볼 수 있듯이 **제어계**(control system)는 다음의 두 개 부분으
로 구성되어 있다.

$$제어계 \begin{cases} 제어\ 대상 \\ 제어\ 장치 \end{cases}$$

제어 대상(controlled system 또는 plant 또는 process)은 문자대로 제어의
대상으로서 주어지는 것으로, 예를 들면 그림 1·5에서는 노, 그림 1·9에서는 발
전기이다. 제어 대상에 **제어 장치**(control device 또는 controller)를 붙여서 제
어 동작을 행하게 한다. 그림 1·5의 제어 장치는 열전대, 전지, 슬라이딩 저항, 증
폭기, 전기-공기 변환기, 조절 밸브로 구성된다. 즉, 제어계 중에서 제어 대상
이외의 것이 제어 장치 구성 요소이다.

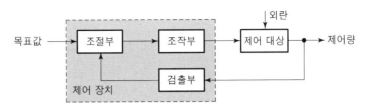

그림 1·11　제어계의 구성

제어 장치는 다음의 세 가지 부분으로 구성되어 있다.

$$제어계 \begin{cases} 검출부 \\ 조절부 \\ 조작부 \end{cases}$$

검출부(detecting means 또는 sensors)는 예를 들면 그림 1·5의 열전대, 그림 1·6의 출력축 퍼텐쇼미터와 같이 제어 대상에서 제어량을 인출하는 부분이다.

조절부(controlling means)는 검출 신호를 받아서 목표값과 비교하고 그 결과에 적당한 증폭, 연산, 변환을 행하는 부분이다. 그림 1·5에서는 증폭기, 전기-공기 변환기, 그림 1·7에서는 증폭기가 여기에 해당한다.

조작부(final control element 또는 actuators)는 조절부로부터의 신호를 받아서 제어 대상에 작용하는 부분이며 그림 1·4에서는 공기압식 조절 밸브, 그림 1·6에서는 서보 전동기가 이것에 해당한다. 보통 이 부분에서 파워 증폭이 행해진다.

그림 1·9의 예에서는 제어 장치가 증폭기와 전지, 슬라이딩 저항이며 이 중에서 증폭기는 조절부, 조작부의 작용을 겸하고 있고 각부로 나누는 것은 불가능하다. 구태여 나누면 증폭기의 최종단(전력 증폭부)이 조작부에 해당한다.

이론적인 취급에는 위와 같은 요소 구성상의 구분보다도 신호 전달에 주안을 둔 그림 1·12와 같은 개념적인 구성을 생각한 쪽이 편리하다. 이 그림은 그림 1·6, 1·8, 1·10 등을 일반화한 것이다.

여기서 그림 1·12에 기입되어 있는 용어에 대해서 설명한다.

- **목표값**(desired value 또는 command) : 우리들이 희망하는 제어량의 값, 그림 1·5에서는 희망 온도, 그림 1·7에서는 입력축 각도 θ_i.

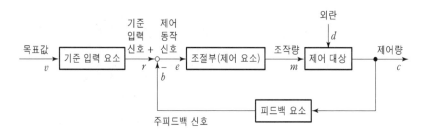

그림 1·12　제어계의 구성과 신호

- **기준 입력 신호**(reference input) : 그림 1·5에 대해서 말하면 노내 온도를 검출한 신호는 전압이다. 이 전압과 목표값이 온도와는 차원이 다르고 직접 비교할 수 없으므로 목표값도 전압으로 변환하고 있다. 이와 같이 주피드백 신호와 비교하기 위해서 목표값에 어느 일정한 변환을 행한 신호를 기준 입력 신호라고 한다. 예제 1·1에서는 전압 v_r, 또한 목표값을 기준 입력 신호로 변환하는 요소를 **기준 입력 요소**(reference input element)라고 한다.

- **제어 동작 신호**(actuating signal 또는 error signal) : 기준 입력 신호와 주피드백 신호의 차

$$제어\ 동작\ 신호 = 기준\ 입력\ 신호 - 주피드백\ 신호$$

  이것이 제어 요소로 보내어져 제어 동작의 근원이 된다. 그림 1·5, 1·7에서는 증폭기 입력 전압 v_e이다.

- **조작량**(manipulated variable) : 제어 장치에서 제어 대상에 가해지는 양. 이것에 의해서 제어가 행해진다. 그림 1·5에서는 가스 유량, 그림 1·9에서는 발전기 계자 전류를 말한다. 또한 제어 동작 신호를 조작량으로 변환하는 요소를 **제어 요소**(control element)라고 한다.

- **제어량**(controlled variable) : 제어 대상에 속하는 양 중에서 우리들이 그것을 제어하고자 하는 양. 즉, 제어 대상의 출력을 말한다.

- **주피드백 신호**(primary feedback signal) : 제어량을 기준 입력 신호와 비교하기 위해 피드백되고 있는 신호를 말한다. 검출부에서 송출되는 신호라는 것도 있고 이것에 적당한 변환을 행한 경우도 있다. 그림 1·5에서는 열기 전력 v_t, 그림 1·7에서는 전압 v_o를 말한다. 또한 제어량을 주피드백 신호로 변환하는 요소를 **피드백 요소**(feedback element)라고 한다.

● **외란**(disturbance) : 그림 1·5의 온도 제어계에서 공급 가스압, 노의 외부 온도, 전지의 전압, 증폭기 전원 전압, 공기압원의 압력 등이 변동하면 노내 온도가 목표값에서 벗어나버린다. 그밖의 제어계에서도 부하의 변동이나 동력원의 변동이 있으면 마찬가지의 것이 생긴다. 이와 같이 제어계의 상태를 어지럽히려고 하는 외적 요인을 외란이라고 한다. 그림 1·12에서는 외란이 제어 대상에 가해지도록 나타나고 있으나 다른 부분에 가해지는 것도 있다.

　더욱이 그림 1·12의 구성에서 기준 입력 요소, 제어 요소, 제어 대상에서는 신호는 목표값에서 제어량으로, 이른바 순방향으로 전해지고 있다. 이것에 대해서는 피드백 요소에서는 제어량에서 반대 방향으로 신호가 전해지고 있다. 제어계 전체의 입력 신호에서 출력 신호 쪽에 신호가 전해지고 있는 요소를 피드백 요소에 대해서 **전향 요소**(forward element)라고 한다.

1·4　자동 제어의 분류

(1) 피드백의 유무(1·2절 참조)

　　개루프 제어
　　폐루프 제어

(2) 목표값의 시간적 경과

　　상수값 제어
　　추종 제어
　　프로그램 제어

　원동기의 속도 조절, 전력 계통의 주파수나 전압, 보일러의 증기 압력, 실온의 제어 등과 같이 목표값이 일정한 제어를 **상수값 제어**(constant−value control)라고 한다. 정치 제어에서 일정한 목표값을 **설정값**(set point)이라고 하는 경우도 있다. 이것에 대해서 목표값이 완전히 임의로 변화하는 경우를 **추종 제어**(tracking control)라고 한다. 예를 들면 공작 기계에서의 모방 장치, 선박이나 항공기의 자동 조종, 추적 레이더 등. **프로그램 제어**(program control)는 목표값의 시간적인 경과가 정해져 있는 제어로, 예를 들면 금속의 열처리의 경우와 같이 처음 얼마간의 가열 속도로 어느 온도까지 가열하고 다음에 그 온도로 몇 시간 유지하며 최후에 얼마만큼의 냉각 속도로 냉각할 것인가 하는 온도−시간의 관계가 미리 정해져 있는 경우의 제어이다. 프로그램 제어는 언뜻보면 시퀀스 제어와 비슷하지만 프로그램 제이에서는 목표값이 미리 시간 함수로서 주어지고 있는 데에 반해서 시퀀스 제어에서는 순서가 정해져 있음에 지나지 않는다는 차이가 있다.

예를 들면 엘리베이터의 자동 운전에서는 ① 문이 닫힌다 → ② 기동 → ③ 제2단 가속 ······이라는 순서만이 정해져 있다. ① → ②로 이행하는 것은 문이 닫히고 ①의 동작이 완료되었을 때에 행해지는 것이며 미리 정해진 목표값의 시간 함수에 추종하고 있는 것은 아니다. 이 점이 프로그램 제어와 다르다.

(3) 응용상의 분류

> 프로세스 제어
> 서보 기구
> 자동 조정

온도, 압력, 유량, 액위, 농도 등 공업 프로세스의 상태량을 제어량으로 하는 제어를 **프로세스 제어**(process control)라고 하며 화학 공업이나 금속 공업 등의 프로세스 공업(장치 산업)에서 이용되고 있다. 프로세스 제어는 상수값 제어인 것이 많지만 프로그램 제어인 것도 있다.

이것에 대하여 공작 기계의 모방 장치, 자동 조종, 원격 조작(remote control) 등 물체의 기계적인 위치, 즉 변위, 각변위를 제어량으로 하는 제어를 **서보 기구**(servomechanism)라고 한다. 원래 servo라고 하는 언어는 service나 servant 등과 어원이 동일하고 master의 지도대로 근육 노동을 행하는 의미이다. 서보 기구에서는 목표값을 지령하는 master쪽은 대부분 동력을 소비하지 않고 slave 쪽은 커다란 조작력을 낸다. 보통 서보 기구는 추종 제어이며 또한 목표값의 변화 범위가 넓다. 또한 프로세스 제어에서는 동작이 늦고 완만하지만 − 예를 들면 [min]을 단위로 한다 − 서보 기구에서는 빠른 것이 요구된다 − 예를 들면 [s], [ms]를 단위로 한다. 더욱이 **서보계**(servo system)라는 말은 추종 제어가 행해지는 계를 가리킨다.

자동 조정(automatic regulation)이라는 용어는 원동기의 속도 조정, 전동기의 속도 제어, 전력 계통의 주파수나 전압의 제어, 종이나 얇은 철판의 권취기 장력 제어 등에 대해서 널리 사용되고 있다. 이는 상수값 제어로 **빠른** 응답을 요구하는 것이 많다. 즉, 외란에 의해 제어 편차가 커지는 경우 피드백 제어에 의해 신속하게 목표값으로 복귀하는 기능을 말한다.

(4) 보조 동력의 유무

| 타력 제어
| 자력 제어

그림 1·5의 예에서는 조절 밸브를 동작시키는 동력을 공기압원에서 받고 있다. 그림 1·7, 1·9 등의 예에서도 마찬가지로 전원에서 동력을 받아서 조작이 행해지고 있다. 이와 같이 조작부를 움직이는 동력을 다른 동력원에서 얻고 있는 제어를 **타력 제어**(power-actuated control)라고 한다.

이것에 대해서 보조 동력원을 이용하지 않고 조작부를 움직이는 데에 필요한 동력을 제어 대상에서 얻는 것이 있다. 그림 1·13은 가솔린 기관의 기화기에 장착되어 있는 액면 제어 장치이며 플로트에 작용하는 부력을 이용하여 니들 밸브를 개폐하고 플로트실 액면을 일정하게 유지하게 하는 것이다.

이와 같이 보조 동력을 제어 대상에서 취하고 있는 제어를 **자력 제어**(self-operated control)라고 한다. 자력 제어는 간단한 것으로 고성능을 요구하지 않는 분야에서 종종 사용된다. 그러나 속응성이 좋은 강력한 조작은 곤란하며 고성능이 요구되는 용도에는 타력 제어가 사용된다. 타력 제어에서는 전기식, 유압식 또는 공기압식의 증폭 기기를 조작부의 앞에 두고 증폭 기기를 통해서 조작부에 보조 동력을 부여한다.

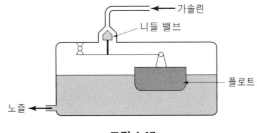

그림 1·13

1·5 피드백 제어계의 특성

그림 1·5에 나타낸 온도 제어계에서 노내 장입물을 내고 들이는 경우를 생각해보자. 이 경우, 노내 온도가 급히 강하하면 제어 장치가 작용하여 가스의 공급을 증가시킨다. 이로 인하여 노내 온도가 상승하기 시작한다. 노내 온도가 상승해 가면 편차가 감소하기 때문에 가스 유량이 감소하여 온도의 상승 속도가 완만해지게 된다. 이와 같이 하여 그림 1·14(a)와 같은 경과로 설정 온도에 가까워진다.

이것에 대해서 증폭기의 이득(게인 또는 증폭도라고도 한다)이 큰 경우는 동일 편차(즉, v_e가 동일)에서도 증폭기 출력, 즉 밸브의 열린 정도가 커지고 가스 유량의 증가폭이 커서 노내 온도의 상승이 급하게 된다. 이것을 나타낸 것이 그림 1·14(b)이다. 이 경우 노내 온도는 빠르게 설정 온도에 가까워진다. 그림 1·14 (b)의 점 ①에 이르면 노내 온도와 설정 온도가 일치하여 편차가 0이 된다. 그러나 열전대의 온도 검출에 시간 지연이 있으므로 증폭기 입력 전압 v_e가 0이 되지 않고 가스가 필요 이상으로 공급되어 노내 온도는 상승을 계속한다. 그 중에 $v_e = 0$이 되어 가스의 공급은 원래대로 되돌아가지만 가스가 공급되고부터 노내 온도가 상승되기까지에도 시간 지연이 있기 때문에 이 사이 노내 온도는 더욱 상승을 계속한다. 이와 같이 하여 v_e가 ($-$)가 되어 가스 유량이 원래의 값보다 감소하면 온도의 상승 속도는 감소하고 점 ② 이후는 온도가 하강하게 된다. 점 ③에 이르면 재차 편차가 0이 되지만 열전대와 노의 시간 지연때문에 점 ①의 경우

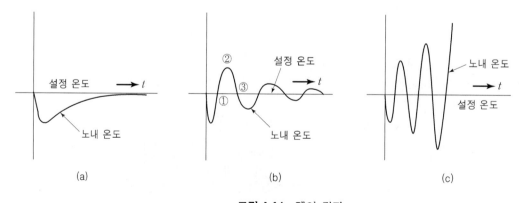

(a)   (b)   (c)

그림 1·14 제어 경과

와 마찬가지로 이 점을 지나가 버린다. 이후 동일 경과에서 목표값을 중심으로 하여 진동을 반복하여 그림 1·14(b)에 나타내는 바와 같이 된다.

더욱이 증폭기의 이득을 증대시키면 오버슈트는 한층 심하게 되고 마침내 그림 1·14(c)와 같이 진동의 진폭이 시간과 함께 증대하게 된다. 이와 같은 진동을 발산 진동 또는 증가 진동이라고 한다(실제로는 제어 장치에서 포화 현상의 존재 때문에 진폭은 어느 값으로 안정되어 무한히 증대하는 것은 아니다).

그림 1·14와 같은 제어 경과를 나타내는 것은 이 예에 한정되는 것이 아니라 제어 대상이나 제어 장치에 시간 지연이 있는 제어계에서 항상 볼 수 있는 것이다. 즉, 제어 장치의 게인이 낮은 경우는 그림 1·14(a)와 같이 비진동적이지만 이득을 높임에 따라서 진동적으로 되며 그림 1·14(b)와 같은 감쇠 진동을 일으킨다. 이와 같은 진동 현상을 **사이클링**(cycling)이라고 부르는 경우가 있다. 더욱 이득을 높이면 드디어 발산 진동이 발생한다. 사이클링 중에서 감쇠가 나쁜 것이나 발산 상태로 된 것을 **헌팅** 또는 **난조**(hunting)라고 한다.

이와 같은 진동 현상은 자동 제어뿐만 아니라 수동 제어에도 보여진다. 예를 들면 자전차의 연습을 시작한 당초 미숙한 때는 진로가 뱀처럼 가거나 때로는 발산적으로 되어 조종 불능에 빠지는 것이다. 이것은 자전차나 인간의 역학적인 관성과 운동 신경의 뒤떨어짐에서 위의 예와 마찬가지로 설명할 수 있다. 또한 경기 순환과 같은 사회 현상도 일종의 사이클링이라고 볼 수 있다(이윤 증가 → 투자 증가 → 생산 증가 → 판매 부진 → 이윤 감소 → 조업 단축 → 생산 감소 → 판매 호조 → 이윤 증가 → ……). 이와 같이 피드백이 행해지고 있는 제어계에서는 물리적인 것도 있고 생리적, 심리적인 것도 있으며 사회적인 것도 있고 항상 진동을 일으킬 가능성을 가지고 있다.

그런데 자동 제어를 실시하는 목적에서 말하면 될 수 있으면 빨리 제어량을 목표값에 일치시키거나 또는 그 근방의 허용 오차 범위 내에 가지고 오고 싶은 것이다. 제어 장치의 게인(감도)이 낮으면 그림 1·14(a)와 같이 느린 동작이 되어버린다. 이것을 피하기 위해서 게인은 높이면 제어계는 진동을 시작한다. 즉, 안정성이 나빠진다. 특히 제어계가 난조를 일으키는 상태에서는 약간의 목표값 변화나 외란이 원인이 되어 제어계는 제멋대로 진동을 시작하여 제어량은 목표값과 완전히 무관계인 값을 취하게 된다. 이것은 완전히 제어의 목적에서 벗어난 것이다. 피드백 제어계에서는 앞에서 언급한 것과 같이 발산 진동이 일어나지 않도록 이득을 잘 설정해야 한다. 예를 들면 감쇠 진동이라도 적당한 속도로 감쇠하지 않으면 안된다. 그러나 극단적으로 안정성만을 중요시하면 제어계는 속응성이 나쁘게 되어 버린다. 안전성과 속응성을 적당히 타협시키고 더 나아가서는 두 가지를 양립시키는 연구를 강구하는 것이 제어 공학의 중요 과제이다.

안정성과 속응성 이외에 피드백 제어계에 중요한 특성은 제어 정밀도이다. 이 제어 정밀도의 시표가 되는 것에 정상 편차가 있다. 목표값의 변화나 외란에 대해서 제어계가 그림 1·14(a), (b) 어느 쪽의 경과를 밟는다고 해도 장시간 경과하면 제어량은 어느 값으로 안정된다. 이와 같이 정상 상태(steady state)에 도달한 경우에 나타내는 편차를 **정상 편차**(steady state error) 또는 **잔류 편차**(residual error)라고 한다.

모든 기기에서 정특성(static characteristics)과 동특성(dynamic characteristics)이 존재하는데, 피드백 제어계에서는 안정성과 속응성이라는 점에서 동특성이 중요하다. 이 동특성을 이론적으로 구하기 위해서는 미분 방정식을 풀어야 하지만 그것은 매우 번거롭다. 자동 제어 이론의 목적은 이 번잡성을 피해서 주요한 특성을 해석하는(analysis라고도 한다) 방법과 반대로 주어진 규격을 만족하는 제어계를 설계하는(synthesis라고도 한다) 방법을 부여하는 것이다. 이러한 이론은 제어계가 서보 기구이거나 프로세스 제어라도, 또한 제어 장치가 전기식, 유압식 또는 공기압식 어느 것이라도 공통적, 통일적인 것이다. 2장에는 그를 위한 수학적 준비를, 3장 이후에는 이론의 개요를 설명한다.

1·6 피드 포워드 제어

피드백 제어에 대해서 **피드 포워드 제어**(feed forward control)를 생각할 수 있다. 예를 들면 그림 1·15와 같이 외란을 검출하여 그 검출값에 따라서 적당한 정정 동작을 제어 대상에 가하면 외란의 영향을 없앨 수가 있다. 이와 같은 제어 방식을 일반적으로 피드 포워드 제어라 한다.

제어 대상의 지연이 크면 피드백 제어에서는 외란의 영향이 검출되기까지 장시간을 경과하며 그 때문에 정정 동작도 늦어지게 되고 그다지 좋은 제어 결과를 기대할 수 없다. 이와 같은 경우, 피드 포워드 제어가 유효하다.

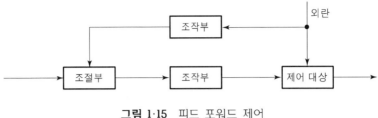

그림 1·15 피드 포워드 제어

그러나 피드 포워드 제어에서는 조절부의 일정한 조절에 대한 제어량의 변화가 언제나 일정하지 않으면 외란의 영향을 완전히 제거할 수 없다. 이와 같은 조절과 제어량의 관계는 보통 일정하게 한정되지 않으므로 피드 포워드 제어보다 피드백 제어 쪽이 널리 응용되고 있다. 일반적으로 피드 포워드 제어와 피드백 제어를 적절히 조합하여 전체 제어 시스템을 구성한다.

이상에서 외란의 영향을 제거하는 경우에 대해서 설명했으나 목표값의 변화에 대해서도 이것을 검출하여 적당한 조작을 가하고 제어량을 목표값으로 추종시키게 할 수가 있다.

1·7 Matlab 예제

1·7·1 Matlab에 대한 소개

Matlab은 미국 Mathworks 사에서 만든 윈도우상에서 동작하는 과학기술용 설계 소프트웨어이다.

Matlab은 기본적으로 수학, 과학 혹은 공학용 해석 및 설계를 위한 다양한 함수를 제공하며, 그래픽 결과출력, 고급 프로그래밍 기능 또한 갖추고 있다.

결과적으로는, 다양한 연산기능 및 실시간 프로그램 실험이 가능한 통합환경을 제공함으로써 구현하고자 하는 과학기술 알고리즘의 분석 및 개발시간을 획기적으로 단축시켜주는 소프트웨어이다.

데이터의 내부적 처리를 위해 공학에서 흔히 사용되는 행렬식 자료도구를 이용하며 수식의 입력이 매우 편리하며 수학, 공학에서 사용되는 기본적인 연산자료를 제공한다.

Matlab의 그래프 기능은 결과 확인 및 분석에 편리하며, 명령어 입력/메뉴 방식 공용으로 윈도우 상에서 사용자 최적화 환경을 제공하며 결과 그래프에 다양한 양식 적용 및 변환이 가능하다.

Matlab의 프로그래밍 언어 기능은 Matlab의 기능 중 가장 강력한 기능이며 사용자가 나름대로 용도를 지닌 매크로 함수를 구현할 수 있으며, 제어 구문 구조를 통해 판단 및 반복이 많은 공학 계산에 적합하다.

Matlab의 세부 제품인 Simulink는 과학 기술용 설계를 쉽고 빠르게 하도록 블록 다이어그램 형태의 그래픽 설계 패키지이다. 시스템을 형성하는 각종 요소들을 블록으로 나타내어 그 특성들을 표현함으로써 사용자의 입장에서 볼 때 복잡한 시스템을 손쉽게 모델링하여 설계할 수 있다.

Matlab의 세부 제품 Toolbox는 사용자가 이 패키지를 이용하여 프로그램설계 시간을 단축시킬 수 있도록 과학 기술 및 공학 관련 함수를 1000개 이상 포함하는 라이브러리이다. Toolbox를 이용하여 복잡한 설계를 단시간에 마무리할 수 있다.

1·7·2 **Matlab의 용도**

이공계의 전반적인 분야에서 흔히 접할 수 있는 문제 중에는 행렬, 미적분, 다항식, 방정식 등으로 표현되는, 손으로 풀기에는 복잡하여 컴퓨터를 이용해야 하는 문제들이 많이 있는데, 이 같은 문제들을 풀기 위하여 기존에는 C, C++, Fortlan 등을 이용하였으나, 직접 프로그램을 작성하는 것은 하드웨어 액세스나 소프트웨어의 측면에서 데이터 입출력, 그래프 출력 등의 부가적인 일에 많은 시간을 들여야 하므로 쉬운 작업이 아니었다. Matlab은 이와 같은 어려움 없이 사용자가 손쉽게 여러 가지 알고리즘을 구현하고 직접 설계할 수 있어서 다음과 같은 이공 분야에 널리 응용할 수 있다.

- 수학(수치 해석)
- 전기, 전자, 제어 계측 공학(자동 제어, 신호처리, 전기전자회로 해석)
- 기계 공학(자동 제어, 진동 해석)
- 전산 공학(수치 해석)
- 화학 공학(화공 플랜트 모델링, 공정 제어, 수치 해석) 등

2장

수학적 준비

2·1 서 론

자동 제어 공학에서는 변위, 속도, 힘, 전압, 전류, 온도, 압력, 유량 등 여러 가지의 물리량을 다루지만 특히 이러한 양의 시간적인 경과를 문제로 하는 것이 많다. 이러한 각 물리량은 각각 물리학의 법칙에 따라서 변화한다. 이와 같은 물리학의 법칙은 통상 미분 방정식을 이용하여 표현되고 있다. 그러므로 자동 제어계에서 각 물리량간의 관계도 미분 방정식에 의해서 표현되는 것이 보통이다. 자동 제어 이론 발전의 초기에서는 이러한 미분 방정식을 직접 푸는 것 이외에 제어계의 성질을 논하고 있었다. 이와 같은 미분 방정식의 해법은 라플라스 변환을 응용하면 매우 간단하게 된다. 특히 초기값의 취급을 기계적으로 행할 수 있는 장점이 있다. 그러나 라플라스 변환을 이용해도 3차 이상의 미분 방정식 해법은 번잡한 계산을 요하며 공학상 역시 불편하다.

한편, 자동 제어계의 계획이나 설계를 행할 경우에 미분 방정식의 해가 구해지지 않아도 해의 주요한 성질을 알면 충분한 것이 많다. 예를 들면 어느 제어계에서 제어량에 대한 시시 각각의 값을 아는 것이 불가능해도 그 값이 진동적으로 변화하거나 또는 지수 함수적으로 변화하거나 또한 진동하는 경우에는 그 진동은 감쇠하는가 발산하는가, 진동 주기나 감쇠 계수는 어느 정도의 성질을 알고 있으면 설계를 진행할 수가 있다. 이와 같은 성질은 미분 방정식을 풀지 않아도 라플라스 변환을 이용한 이론에 의해서 추론할 수가 있다. 이와 같이 제어계의 해석이나 설계에는 라플라스 변환이 매우 중요하다. 이 장에서는 다음 장 이하의 설명에 필요한 범위에 한해서 라플라스 변환을 설명한다. 또한 그 준비로서 복소수의 수학을 요약해 둔다. 이것은 고전적인 제어 이론의 주요 부분을 차지하는 주파수 응답성에 대한 준비이기도 하다.

2·2 복소수

σ, ω를 실수라고 할 때, 다음 식으로 주어지는 s를 복소수(complex number)라고 한다.

$$s = \sigma + j\omega, \quad j = \sqrt{-1} \tag{2·1}$$

여기서 σ를 s의 실수부(real part), ω를 s의 허수부(imaginary part)라고 부르며 각각 다음과 같이 쓴다.

$$\sigma = \mathrm{Re}[s], \quad \omega = \mathrm{Im}[s] \tag{2·2}$$

복소수는 실수부와 허수부의 두 가지 성분을 가지고 있으므로 평면상의 점으로서 표시할 수가 있다. 즉, 그림 2·1에서 실수부 σ를 가로 좌표, 허수부 ω를 세로 좌표로 하는 점을 P라고 하면 하나의 복소수 $s = \sigma + j\omega$에 대해서 한 점 P가 정해진다. 또한 반대로 점 P를 주면 이것에 대응하는 복소수 s가 정해진다.

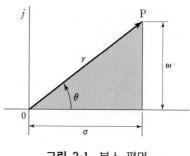

그림 2·1 복소 평면

　이와 같이 복소수를 평면상의 점으로 표시할 때, 가로축을 실수축(real axis), 세로축을 허수축(imaginary axis), 이 평면을 복소 평면(complex plane)이라고 한다. 복소수는 평면상의 점과 대응하고 있으므로 직교 좌표뿐만 아니라 극좌표로 표시해도 좋다. 이때, 원점에서 P점까지의 거리 $\overline{OP}(=r)$를 복소수 s의 절대값(absolute value), 0P가 실수축과 이루는 각 θ를 복소수 s의 편각(argument)이라고 한다.

$$\text{절대값}\quad |s| = \overline{0P} = r = \sqrt{\sigma^2+\omega^2} \tag{2·3}$$

$$\text{편 각}\quad \angle s = \theta = \tan^{-1}\frac{\omega}{\sigma} \tag{2·4}$$

　절대값 r, 편각 θ의 복소수를 써서 표시하는 데에 $r\angle\theta$라는 기호를 사용한다. 식 (2·3), (2·4)에서 반대로 실수부와 허수부는 다음과 같이 표시된다.

$$\sigma = r\cos\theta, \quad \omega = r\sin\theta \tag{2·5}$$

즉, s는

$$s = \sigma + j\omega = r\cos\theta + jr\sin\theta \tag{2·6}$$

이 된다.

　극좌표 형식으로 표시하면 복소수는 크기와 방향을 가지는 것이 명료하다. 이런 점에서 복소수 s는 벡터 $\overrightarrow{0P}$라고 생각해도 좋다.

　두 개의 복소수가 서로 같기 위해서는 그들의 실수부 및 허수부가 각각 서로 같거나 또는 그들의 절대값 및 편각이 각각 서로 같아야 한다.

(1) 오일러(Euler)의 관계식

지수 함수 e^x은 다음과 같이 전개된다.

$$e^x = 1 + \frac{x}{1!} + \frac{x^2}{2!} + \frac{x^3}{3!} + \cdots \tag{2·7}$$

x 대신에 $j\theta$로 놓으면

$$e^{j\theta} = 1 + \frac{(j\theta)}{1!} + \frac{(j\theta)^2}{2!} + \frac{(j\theta)^3}{3!} + \cdots \tag{2·8}$$

$j^2 = -1$이므로

$$e^{j\theta} = \left\{ 1 - \frac{\theta^2}{2!} + \frac{\theta^4}{4!} - \frac{\theta^6}{6!} + \cdots \right\}$$
$$+ j\left\{ \frac{\theta}{1!} - \frac{\theta^3}{3!} + \frac{\theta^5}{5!} - \frac{\theta^7}{7!} + \cdots \right\} \tag{2·9}$$

그런데 매클로린(Maclaurin) 전개에 의해서

$$\cos\theta = 1 - \frac{\theta^2}{2!} + \frac{\theta^4}{4!} - \frac{\theta^6}{6!} + \cdots \tag{2·10}$$

$$\sin\theta = \frac{\theta}{1!} - \frac{\theta^3}{3!} + \frac{\theta^5}{5!} - \cdots \tag{2·11}$$

이므로 식 (2·9), (2·10), (2·11)에서 다음 식을 얻는다.

$$e^{j\theta} = \cos\theta + j\sin\theta \tag{2·12}$$

이것을 오일러의 관계식이라고 한다. 이것을 이용하면 식 (2·6)은

$$s = r(\cos\theta + j\sin\theta) = re^{j\theta} \tag{2·13}$$

이 된다. 즉, 절대값 r, 편각 θ의 복소수 $r\angle\theta$는 $re^{j\theta}$라고도 쓸 수 있다. 또한 식 (2·12)에서 j를 $-j$로 바꿔 놓으면

$$e^{-j\theta} = \cos\theta - j\sin\theta \tag{2·14}$$

식 (2·12), (2·14)에서

$$\frac{e^{j\theta} + e^{-j\theta}}{2} = \cos\theta \tag{2·15}$$

$$\frac{e^{j\theta} - e^{-j\theta}}{2j} = \sin\theta \tag{2·16}$$

이들도 종종 사용되는 중요한 관계식이다.

(2) 복소수의 계산

두 개의 복소수를 $s_1 = \sigma_1 + j\omega_1$, $s_2 = \sigma_2 + j\omega_2$로 할 때, 그들의 합 및 차는 다음과 같이 된다.

$$s_1 + s_2 = (\sigma_1 + j\omega_1) + (\sigma_2 + j\omega_2)$$
$$= (\sigma_1 + \sigma_2) + j(\omega_1 + \omega_2) \tag{2·17}$$

$$s_1 - s_2 = (\sigma_1 + j\omega_1) - (\sigma_2 + j\omega_2)$$

$$= (\sigma_1 - \sigma_2) + j(\omega_1 - \omega_2) \tag{2·18}$$

즉, 복소수의 합(차)는 실수부는 실수부대로, 허수부는 허수부끼리 각각 합 (차)을 구하면 된다.

그림 2·2는 식 (2·17)의 가산을 복소 평면에 도시한 것으로 평행사변형의 법칙에 따른다는 것을 알 수 있다. 또한 그림 2·3은 뺄셈의 경우이며 s_1과 s_2의 차는 s_2의 방향을 반대로 하여 $-s_2$를 구하고 이것과 s_1의 합을 구하면 좋다는 것을 나타낸다. 이것은 벡터 계산법과 같다.

그리고 그림 2·3에서 직선 s_2s_1은 벡터 $(s_1 - s_2)$와 크기도 방향도 모두 같다.

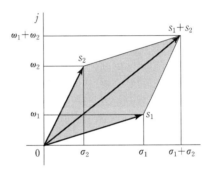

그림 2·2 복소수의 합

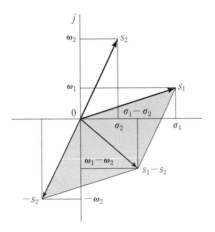

그림 2·3 복소수의 차

즉, 복소 평면상의 두 점을 연결하는 직선의 길이와 방향은 그 두 점이 표시하는 복소수에 대한 차의 절대값 및 편각을 표시한다.

복소수의 계산은 직교 좌표 형식이 편리하지만 곱셈·나눗셈에는 극좌표 형식이 편리하다. 두 개의 복소수를 $s_1 = r_1 e^{j\theta_1}$, $s_2 = r_2 e^{j\theta_2}$라고 하면 그들의 곱 및 몫은

$$s_1 \cdot s_2 = r_1 e^{j\theta_1} \cdot r_2 e^{j\theta_2} = r_1 r_2 e^{j(\theta_1 + \theta_2)} \tag{2·19}$$

$$\frac{s_1}{s_2} = \frac{r_1 e^{j\theta_1}}{r_2 e^{j\theta_2}} = \frac{r_1}{r_2} e^{j(\theta_1 - \theta_2)} \tag{2·20}$$

이 된다. 즉, 곱셈의 결과, 절대값은 두 개 인수에 대한 절대값의 곱, 편각은 두 개 인수에 대한 편각의 합이 된다. 또한 나눗셈에서는 절대값은 두 개 절대값의 몫, 편각은 두 개 편각의 차가 된다. 곱셈·나눗셈을 도시하면 그림 2·4, 2·5와 같이 된다.

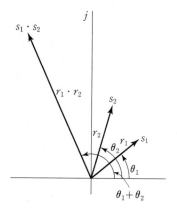

그림 2·4 복소수의 곱

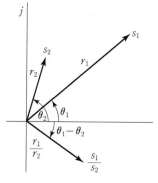

그림 2·5 복소수의 몫

특히 $s_2 = j(=1 \cdot e^{j(\pi/2)})$을 곱하면 절대값은 변하지 않고 편각이 $\dfrac{\pi}{2}$만큼 증가한다. 즉, j를 곱하기 위해서는 복소수를 표시하는 벡터를 $\dfrac{\pi}{2}$만큼 반시계 방향으로 회전하면 된다. 반대로 j로 나누려면 벡터를 $\dfrac{\pi}{2}$만큼 시계 방향으로 회전하면 된다.

(3) 켤레 복소수

복소수 $s = \sigma + j\omega$에 대해서 허수부의 부호만 반대로 된 복소수($\sigma - j\omega$)를 s의 켤레 복소수(conjugate complex number)라고 하여 $\bar{s}$로 표시한다. $s = re^{j\theta}$라 할 때

$$\bar{s} = r\cos\theta - jr\sin\theta = re^{-j\theta} \qquad (2\cdot21)$$

이므로 켤레 복소수는 편각의 부호를 바꾼 것이라고 생각해도 좋다. 그러므로 복소 평면상에 표시하면 복소수 s와 그 켤레 복소수 $\bar{s}$의 합을 구하면

$$s + \bar{s} = (r\cos\theta + jr\sin\theta) + (r\cos\theta - jr\sin\theta)$$
$$= 2r\cos\theta = 2\,\mathrm{Re}\,[s] = 2\,\mathrm{Re}\,[\bar{s}] \qquad (2\cdot22)$$

이다. 즉, 실수부의 2배가 된다.

또한 서로 켤레인 복소수 s와 $\bar{s}$의 곱은

$$s \cdot \bar{s} = re^{j\theta} \cdot re^{-j\theta} = r^2 = |s|^2 = |\bar{s}|^2 \qquad (2\cdot23)$$

이다. 즉, 절대값의 제곱이 된다.

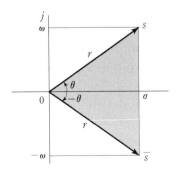

그림 2·6 켤레 복소수

　실수의 경우, 어느 정의역에서 독립 변수 x의 값에 대응하여 종속 변수의 값 $y = f(x)$가 정해질 때, y는 x의 함수였다. 복소수의 경우도 마찬가지로 함수를 정의할 수가 있다. 즉, 어느 정의역에서 복소수 s의 값에 대응하여 복소수 $F(s)$가 정해지면 $F(s)$는 s의 함수이다. 이와 같은 복소 변수의 함수를 **복소 함수**(complex function)라 한다. 복소 함수에서는 독립 변수도 종속 변수도 모두 복소수로 각각 실수부와 허수부로 구성되어 있다.

$$s = \sigma + j\omega, \qquad F(s) = u + jv \tag{2·24}$$

　이와 같이 σ, ω, u, v라는 4개의 성분이 있으므로 이상의 함수 관계를 기하학적으로 표시하려면 4차원 공간이 필요하게 된다. 그러나 4차원 공간 표현이 어렵기 때문에 그림 2·7과 같이 s 평면, $F(s)$ 평면이라 불리우는 두 개의 평면을 이용하여 이들 평면의 세로 좌표, 가로 좌표를 각각의 허수부, 실수부로 잡고 함수 관계는 이 두 평면상에 있는 점 사이의 대응으로서 표시한다.

　즉, s 평면상에 임의의 한 점 s_1을 주면 이것에 대응하여 함수의 값 $F(s_1)$이 정해진다. 따라서, $F(s_1)$의 실수부와 허수부가 정해지고 $F(s)$ 평면상의 점 $F(s_1)$이 확정된다. 함수 $F(s)$가 단가(single-valued) 함수라면 s 평면상의 임의 한 점에 대응하여 $F(s)$ 평면상의 한 점이 정해진다. 이와 같은 경우, $F(s)$ 평면상의 점 $F(s_1)$은 s 평면상에 있는 점 s_1의 **사상**(mapping)이라고 한다.

　s 평면상에서 점 s_1이 움직여서 곡선을 그릴 때는 이것에 대응하여 $F(s)$ 평면상의 사상도 곡선을 그린다(s 평면상의 곡선을 함수 관계라는 렌즈를 이용하여 $F(s)$ 평면상에 광학적으로 사상했다고 생각하면 좋다). 그런데 s 평면상에서

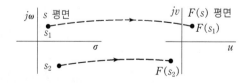

그림 2·7 s 평면과 $F(s)$ 평면

서로 교차하는 두 개의 곡선을 $F(s)$ 평면에 사상하면 이 사상된 곡선의 교각은 s 평면상에 있는 원래의 두 곡선 교각과 같다고 하는 성질이 있다. 이와 같이 서로 교차하는 두 곡선은 그 교각이 변하지 않고 사상되므로 **등각 사상**(conformal mapping)이라고도 한다.

예제 2·1 ·

다음 식에서 표시되는 $F(s)$는 하나의 복소 함수이다.

$$F(s) = \frac{1}{1+sT} \qquad (2 \cdot 25)$$

s 평면상의 실수축에 평행한 직선 및 허수축에 평행한 직선은 $F(s)$ 평면상에 어떻게 사상되는가?

풀이
$$\mathrm{Re}\,[F(s)] = u, \quad \mathrm{Im}\,[F(s)] = v \qquad (2 \cdot 26)$$

로 놓는다. 식 (2·25)에 $s = \sigma + j\omega$를 대입하면

$$F(s) = u + jv$$

$$= \frac{1}{1+(\sigma+j\omega)T}$$

$$= \frac{1}{1+\sigma T+j\omega T} \frac{1+\sigma T-j\omega T}{1+\sigma T-j\omega T}$$

$$= \frac{1+\sigma T-i\omega T}{(1+\sigma T)^2+(\omega T)^2}$$

이다. 즉,

$$u = \frac{1+\sigma T}{(1-\sigma T)^2+(\omega T)^2}, \qquad v = \frac{-\omega T}{(1+\sigma T)^2+(\omega T)^2} \qquad (2 \cdot 27)$$

이다.

(a) 허수축에 평행한 직선 $\sigma = c_1$의 사상

식 (2·27)에 $\sigma = c_1$을 대입하면

$$u = \frac{1+c_1 T}{(1+c_1 T)^2+(\omega T)^2}, \qquad v = \frac{-\omega T}{(1+c_1 T)^2+(\omega T)^2} \qquad (2 \cdot 28)$$

이 식에서 ω를 소거하면 u와 v의 관계, 즉 사상의 방정식이 얻어진다. 우선 식 (2·28)에 의해서

$$\omega T = -\frac{v}{u}(1+c_1 T) \qquad (2 \cdot 29)$$

이것을 식 (2·28)에 있는 u의 식에 대입하면

$$(1 + c_1 T)^2 u + \frac{v^2}{u}(1 + c_1 T)^2 = 1 + c_1 T$$

이다. 이것을 간단화하면

$$u^2 - \frac{1}{1 + c_1 T} u + v^2 = 0$$

이다. 즉

$$\left\{ u - \frac{1}{2(1 + c_1 T)} \right\}^2 + v^2 = \left\{ \frac{1}{2(1 + c_1 T)} \right\}^2 \tag{2·30}$$

이것은 중심 $\left(\dfrac{1}{2(1 + c_1 T)} , 0 \right)$, 반지름 $\dfrac{1}{2(1 + c_1 T)}$ 인 원의 방정식이다. 이와 같이 s 평면상의 허수축에 평행한 직선 $\sigma = c_1$은 $F(s)$ 평면상의 원에 사상된다. 이러한 원은 실수축 위에 중심을 가지면서 허수축에 접한다.

(b) 실수축에 평행한 직선 $\omega = c_2$의 사상

(a)와 마찬가지로 하여 사상의 방정식은

$$u^2 + \left(v + \frac{1}{2c_2 T} \right)^2 = \left(\frac{1}{2c_2 T} \right)^2 \tag{2·31}$$

이다. 즉, 중심 $\left(0, -\dfrac{1}{2c_2 T} \right)$, 반지름 $\dfrac{1}{2c_2 T}$ 인 원이다.

이상의 관계에서 그림 2·8에 나타내듯이 s 평면상에서 서로 직교하는 직선 그룹은

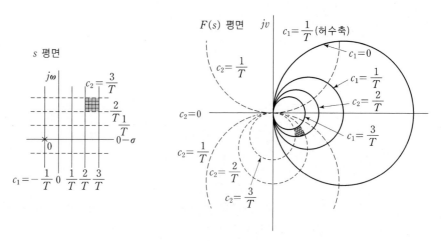

그림 2·8 등각 사상의 예제

$F(s)$ 평면상의 원 그룹에 사상되게 된다. 그리고 이 원 그룹도 또한 서로 직교하고 있으며 직교성은 사상에 의해서 변하지 않는다.

- **극점과 영점** : 선형 제어 이론에서는 유리 함수만을 취급한다. 이것은 분모 $D(s)$, 분자 $N(s)$ 모두 s에 관한 다항식으로 되어 있다.

$$F(s) = \frac{N(s)}{D(s)} = \frac{b_0 s^m + b_1 s^{m-1} + \cdots\cdots + b_{m-1} s + b_m}{a_0 s^n + a_1 s^{n-1} + \cdots\cdots + a_{n-1} s + a_n} \qquad (2\cdot32)$$

이 함수에 대해서 생각하면 분모 $D(s)$를 0으로 하는 점 이외에서는 $F(s)$는 유한이며 그 미분 계수도 또한 유한 확정이다. 이 제외된 점, 즉 $D(s)=0$을 만족하는 s의 값을 함수 $F(s)$의 **극점**(pole)이라고 한다. $s=s_i$가 $F(s)$의 극점이면 $D(s)$는 $(s-s_i)$라는 인수를 가진다. 그리고 $(s-s_i)^k$가 최고차 인수인 경우, $s=s_i$를 $F(s)$의 k차 극점(kth order pole)이라고 한다. 예를 들면 함수

$$F(s) = \frac{10(s+3)^2}{s(s+1)(s+4)^2} \qquad (2\cdot33)$$

을 생각하면 $s=0$, $s=-1$은 1차 극점이며 $s=-4$는 2차 극점이다.

또한 식 $(2\cdot32)$의 분자 $N(s)$를 0으로 하는 점을 $F(s)$의 **영점**(zero)이라고 한다. 극점의 경우와 같이 $N(s)$에 대한 인수의 최고차 차수를 그 영점 차수라 한다. 예를 들면 식 $(2\cdot33)$의 예에서는 $s=-3$은 2차 영점이다.

일반적으로 어느 영역의 모든 점에서 어느 함수가 미분 가능할 경우, 그 함수는 그 영역에서 **해석적**(analytic)이라고 한다. 식 $(2\cdot32)$와 같은 유리 함수는 극점에서는 해석적이 아니지만 그 이외의 점에서는 해석적이다. 물론 영점에서도 해석적이다. 등각 사상이 행해질 수 있는 것은 해석적 함수뿐이다. 예를 들면 식 $(2\cdot25)$의 예에서 $s=-1/T$는 극점이므로 이 점은 사상에서 제외해야 한다(극점에서는 함수의 값은 ∞로 된다. 이 점은 함수 관계의 렌즈로 사상하는 것이 불가능하다).

2·4 라플라스 변환

라플라스 변환을 학습하기 전에 라플라스 변환의 필요성에 대해 알아보자.
왜 라플라스 변환을 사용하는가?

(i) 선형 상미분방정식의 해를 구할 수 있다.

(ii) 시스템을 표현해주는 전달함수(3장)를 구하기 위해 사용된다.

(iii) 시스템의 과도 상태 혹은 정상 상태 응답을 구하기 위해 사용된다.

그림 2·9를 통해 일반적인 물리 시스템을 어떻게 수학적으로 접근하여 실제 시스템이 구성되어지는가 알아보자. 예로 볼과 빔(ball and beam) 시스템이 사용되었다.

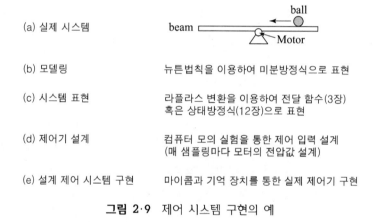

(a) 실제 시스템	
(b) 모델링	뉴튼법칙을 이용하여 미분방정식으로 표현
(c) 시스템 표현	라플라스 변환을 이용하여 전달 함수(3장) 혹은 상태방정식(12장)으로 표현
(d) 제어기 설계	컴퓨터 모의 실험을 통한 제어 입력 설계 (매 샘플링마다 모터의 전압값 설계)
(e) 설계 제어 시스템 구현	마이콤과 기억 장치를 통한 실제 제어기 구현

그림 2·9 제어 시스템 구현의 예

그림 2·9의 제어 시스템 구현 예는 다음과 같다.

첫 과정으로 실제 시스템(볼과 빔)을 물리 법칙을 이용하여 수학식인 미분방정식으로 표현한다. 다음에는 미분방정식 표현을 전달함수 혹은 상태방정식으로 바꾸어 표현한다. 다음으로는 Matlab 혹은 C언어로(컴퓨터 상에서) 제어 입력을 구하기 위해 모의실험 한다. 마지막 과정으로, 모의실험에서 구한 제어 입력 알고리즘을 마이콤과 기억장치를 통해 실제 제어기로 구현한다.

볼과 빔 시스템에서 제어목적은 Motor를 사용하여 빔의 각도를 바꾸어 빔 위에 올려있는 볼이 아래로 안 떨어지고 빔의 가운데에 놓여지도록 모터를 제어하는 것이 목적이다.

　라플라스 변환의 수학적 이용도는 그림 2·9(c)에 나와있는 것처럼 미분방정식의 해를 풀어 시스템을 표현하는데 사용되며 시스템의 응답 특성을 구하기 위해서도 사용된다. 또한 시스템의 특성을 분수함수 형태의 전달함수로 나타낼 수 있어서 수학적으로 계산처리를 쉽게 할 수 있다.

　다음은 라플라스 변환에 대해 알아보자.

　시간 t의 함수 $f(t)$가 있을 때, 다음의 적분을 $f(t)$의 **라플라스 변환**(Laplace transform)이라 하며 기호 $\mathcal{L}[f(t)]$로 표시한다.

$$\int_0^\infty f(t)e^{-st}dt = \mathcal{L}[f(t)] = F(s) \tag{2·34}$$

　라플라스 변환에 의해서 시간 함수 $f(t)$는 s의 함수 $F(s)$로 변환된다. s는 라플라스 연산자(Laplace operator)라 불리우며 복소수라고 생각해 두어도 좋다.

　일례로서 지수 함수 $e^{-\sigma t}$의 라플라스 변환을 구해 보자.

　식 (2·34)의 정의에 의해서

$$\mathcal{L}[e^{-\sigma t}] = \int_0^\infty e^{-\sigma t} \cdot e^{-st}dt$$

$$= \int_0^\infty e^{-(s+\sigma)t}dt = \left[-\frac{e^{-(s+\sigma)t}}{s+\sigma}\right]_0^\infty \tag{2·35}$$

　s의 실수부가 $-\sigma$보다 크면 적분의 상한값은 0이 되므로

$$\mathcal{L}[e^{-\sigma t}] = \frac{1}{s+\sigma} \tag{2·36}$$

이다. 즉, $e^{-\sigma t}$의 라플라스 변환이 s에 관한 유리식으로서 구해졌다. $e^{-\sigma t}$ 이외의 함수에 대해서도 각각 라플라스 변환을 구할 수 있고 그들은 s의 함수가 된다.

　여기서 함수 $f(t)$가 라플라스 변환이 가능하기 위해서는 식 (2·34)의 적분이 존재하지 않으면 안된다. 그러기 위해서는 다음의 두 가지 조건을 만족할 필요가 있다.

　（ⅰ）$f(t)$가 연속이거나 또는 불연속이라도 불연속점이 유한 개수로 한정되어 있는 것. 이것은 적분 가능한 조건, 푸리에 전개가 가능한 조건과 같다.

　（ⅱ）식 (2·34)의 적분이 유한할 것. 즉, t가 어느 유일한 값보다 클 때 곱 $|f(t)|e^{-\alpha t}$가 유한하게 되는 실수 α가 존재할 것.

(ii)의 조건을 만족할 때, $f(t)$는 지수 차수(exponential order)일 것이라고 말한다. 예를 들면 e^{2t}는 지수 차수이므로($\alpha = 2$) 라플라스 변환이 가능하지만 e^{t^2}은 지수 차수가 아니므로 라플라스 변환을 할 수 없다.

물리적으로 실존하는 제어계에서는 다행히 이러한 조건이 만족되고 있는 것이 보통이다. 물론 본서에 나타나는 함수도 이러한 조건을 만족하고 있다.

이와 같이 어느 시간 함수 $f(t)$를 주면 그 라플라스 변환 $F(s)$가 정해지지만 반대로 s의 함수 $F(s)$를 주면 $f(t)$가 구해진다. 이 연산을 **라플라스 역변환**(inverse Laplace transformation)이라 하고 기호 $\mathcal{L}^{-1}[F(s)]$로 표시한다. 함수론에 의하면 이것은 다음과 같이 표시된다.

$$f(t) = \mathcal{L}^{-1}[F(s)] = \frac{1}{2\pi j}\int_{c-j\infty}^{c+j\infty} F(s)e^{st}ds, \qquad t \geq 0 \qquad (2\cdot37)$$

이 복소 적분은 계산이 성가신 것이 많지만 실제 문제로서 이 복소 적분을 행할 필요는 거의 없다. 그것은 여러 가지의 $f(t)$에 대해서 $F(s)$를 계산하여 표에 정리해 놓으면 대수표나 삼각 함수표를 사용하는 것과 마찬가지로 $f(t)$에서 $F(s)$를, 또한 반대로 $F(s)$에서 $f(t)$를 구할 수가 있기 때문이다. 이 목적에 사용되는 것이 라플라스 변환표이다. 이와 같은 것이 가능한 것은 연속 함수에서는 $f(t)$와 $F(s)$에 일 대 일의 대응이 있기 때문이다.

자동 제어계의 문제를 푸는 데에 함수를 모두 t의 함수로서 취급하는 방법 —시간 영역에서 푸는 방법과 s의 함수로서 취급하는 방법 —주파수 영역에서 푸는 방법이 있다. 이들은 모두 동일한 물리적인 내용을 표시하고 있으므로 편리한 쪽을 채용하면 좋다. 자동 제어 이론에서는 s 영역에서 문제를 취급하는 것이 보통이다. 그 쪽이 통일적인 전달 함수를 사용한 취급이 가능해져서 파라미터의 영향이 명료해지고 또한 설계에 있어서는 어떤 특성의 요소를 이용하면 좋은지가 명확하게 되기 때문이다.

더욱이 라플라스 변환의 정의에서 명백하듯이 s 영역에서 문제를 풀면 $t < 0$의 영역에 대한 정보를 잃을 수가 있다. 이것은 주의를 요하는 것으로 라플라스 역변환에 의해서 구한 $f(t)$는 $t \geq 0$인 영역의 값을 정할 뿐이며 $t < 0$의 영역에서는 정하지 않는다. 그러나 어느 확정된 시각에 시작되는 현상에 대해서는 그 현상의 기점, 예를 들면 스위치의 투입 시각을 시간의 원점으로 잡는 것에 의해서 지장이 없게 된다.

또한 $e^{-\sigma t}$의 라플라스 변환이 $\dfrac{1}{(s+\sigma)}$이며 $\dfrac{1}{(s+\sigma)}$의 라플라스 역변환이 $e^{-\sigma t}$일 때, 물리적으로는 동일 내용을 표현하고 있어도 수학적으로 양자가 같은 것은 아니므로

$$e^{-\sigma t} = \frac{1}{s+\sigma}$$

라고 써서는 안된다.

다음은 많은 학생들이 혼동하고 있는 라플라스 변환과 푸리에 변환의 차이점에 대해 개념적으로 알아보자.

라플라스 변환과 푸리에 변환의 차이점

라플라스 변환식은 식 (2·34)에 나와 있는 것처럼 다음과 같이 나타낼 수 있다.

$$\mathcal{L}[f(t)] = \int_0^\infty f(t)e^{-st}\,dt = F(s) \tag{2·38}$$

위 식의 의미는 시간 t에 대하여 함수 $f(t)$를 라플라스 변환한 것을 나타낸다. 즉, 원래 함수 $f(t)$에 지수함수 e^{-st}를 곱해서 0에서 무한대(∞) 범위까지 시간에 대해 적분한 것이다.

우변 $F(s)$는 $f(t)$가 라플라스 변환 후에 s로 구성된 함수 F로 되었다는 것이다. 라플라스 변환 전에는 시간 t의 함수인데, 변환 후에는 s에 대한 함수로 바뀌었다는 것을 알 수 있다. 즉, 축이 변환되었다.

여기서, s는 2·2장에 나온 복소변수(complex variable)를 나타낸다. 즉, 실수부와 허수부가 있는 복소수이다. 수식으로 표현하면 $s = \sigma + j\omega$이다.

$s = \sigma + j\omega$이므로 수식 (2·38)에 대입하면 $\mathcal{L}[f(t)] = \int_0^\infty f(t)e^{-(\sigma+j\omega)t}\,dt = F(\sigma+j\omega)$이다. 단지 s를 $\sigma+j\omega$로 바뀌었다.

이 때 복소수 s에서 $\sigma = 0$이면, $s = j\omega$, 즉 실수부는 0이고 허수부만 남게 되어

$$\mathcal{L}[f(t)] = \int_0^\infty f(t)e^{-j\omega t}\,dt = F(j\omega) \tag{2·39}$$

가 된다.

식 (2·39)는 푸리에 변환 공식과 같게 된다. 개념의 요점은 라플라스 변환은 복소수 전체를 대상으로 하지만 푸리에 변환은 실수부가 0이 되는 경우, 즉 허수부분만 고려할 때의 결과이다. 간단히 설명하면 푸리에 변환은 라플라스 변환의

특별한 경우 중 하나라고 생각하면 된다.

다음은 라플라스 변환의 도시 예를 살펴보자.

수식 (2·34)에서 $f(t)$의 라플라스 변환 $F(s)$는 $f(t)$와 e^{-st}의 곱을 $t=0$ → ∞까지 적분한 면적이다.

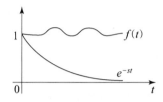

라플라스 변환을 취하면 다음 그래프와 같다.

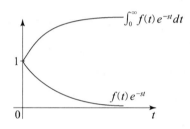

2·5 라플라스 변환의 예

이 절에서는 종종 나타나는 기본적인 함수의 라플라스 변환을 구해 본다.

(1) 상수 a

식 (2·34)의 정의에 의해서

$$\mathcal{L}[a] = \int_0^\infty ae^{-st}dt = \left[\frac{-ae^{-st}}{s}\right]_0^\infty = \frac{a}{s} \tag{2·40}$$

(2) 단위 계단 함수 $u(t)$

$t=0$에서 1만큼 계단 모양으로 변화하는 함수, 즉

$$f(t) = \begin{cases} 0, & t < 0 \\ 1, & t > 0 \end{cases} \qquad (2 \cdot 41)$$

인 함수 $f(t)$를 단위 계단 함수 또는 **단위 계단 함수**(unit step function)라고 하며 $u(t)$ 또는 1로 표시한다. $u(t)$의 라플라스 변환은 다음과 같이 구해진다.

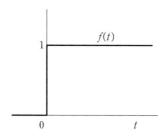

그림 2·10 단위 계단 함수

$$\mathcal{L}\,[u(t)] = \int_0^\infty 1 \cdot e^{-st}dt = \left[-\frac{e^{-st}}{s} \right]_0^\infty = \frac{1}{s} \qquad (2 \cdot 42)$$

(3) 단위 임펄스 함수 $\delta(t)$

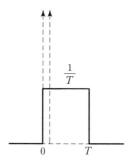

그림 2·11 단위 임펄스 함수

그림 2·11에 나타내듯이 $0 \leq t \leq T$의 구간에서 $\dfrac{1}{T}$과 같고 그 이외에서는 0 과 같은 함수, 즉

$$f(t) = \begin{cases} \dfrac{1}{T}, & T > t > 0 \\ 0, & t > T \text{ 또는 } t < 0 \end{cases} \qquad (2 \cdot 43)$$

의 라플라스 변환을 구하면

$$\mathcal{L}[f(t)] = \int_0^T \frac{1}{T} e^{-st} dt = \left[\frac{-e^{-st}}{sT} \right]_0^T = \frac{1-e^{-sT}}{sT} \qquad (2\cdot44)$$

T가 0에 가까워진 극한을 생각하면 $f(t)$의 면적은 1로 변하지 않지만 진폭은 매우 크고 폭은 매우 좁게 된다. 이와 같이 폭이 매우 좁고 면적이 1인 함수를 단위 임펄스 함수 또는 **단위 충격 함수**(unit impulse function)라고 하며 기호 $\delta(t)$로 표시한다.

$\delta(t)$의 라플라스 변환은 식 (2·42)에서 $T \rightarrow 0$인 경우의 극한값이므로

$$\mathcal{L}[\delta(t)] = \lim_{T \to 0} \frac{1-e^{-sT}}{sT} \qquad (2\cdot45)$$

이것은 0/0의 부정형이 되므로 분자, 분모를 각각 미분하면

$$\mathcal{L}[\delta(t)] = \lim_{T \to 0} \frac{se^{-sT}}{s} = 1 \qquad (2\cdot46)$$

(4) 램프 함수 *at*

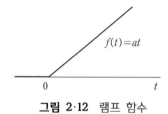

그림 2·12 램프 함수

시간과 함께 일정 속도로 변화하는 함수를 **램프 함수**(ramp function)라고 한다. 그 라플라스 변환은 다음과 같이 구해진다.

$$\mathcal{L}[at] = \int_0^\infty ate^{-st} dt \qquad (2\cdot47)$$

부분 적분법에 의해서

$$\mathcal{L}[at] = \left[\frac{ate^{-st}}{-s} \right]_0^\infty + \int_0^\infty \frac{ae^{-st}}{s} dt = \frac{a}{s^2} \qquad (2\cdot48)$$

2·6 라플라스 변환의 공식

본서의 이해에 필요한 범위에서 라플라스 변환의 주요 공식을 설명해 본다.

(1) 선형성

$$F(s) \triangle \mathcal{L}[f(t)] = \int_0^\infty f(t)e^{-st}\,dt$$

적분은 하나의 선형 연산자이고, 라플라스 변환은 시간영역 적분의 한 형태이다. 따라서 다음과 같은 선형성이 성립한다.

$\mathcal{L}[f_1(t)] = F_1(s)$, $\mathcal{L}[f_2(t)] = F_2(s)$일 때

$$\mathcal{L}[f_1(t) + f_2(t)] = F_1(s) + F_2(s) \tag{2·49}$$

이다. 즉, 함수의 합에 대한 라플라스 변환은 개개의 항에 대한 라플라스 변환의 합이다. 함수의 차에 대해서도 동일하다.

$$\mathcal{L}[f_1(t) - f_2(t)] = F_1(s) - F_2(s) \tag{2·50}$$

또한 a를 상수하고 하면

$$\mathcal{L}[af_1(t)] = a\mathcal{L}[f_1(t)] \tag{2·51}$$

이와 같이 함수의 합, 차 및 상수의 곱은 s 영역에서도 그대로 성립한다. 이것은 라플라스 변환이 적분에 의해서 정의되고 있다는 점에서 명백하다. 또한 함수와 함수의 곱이나 몫에 대해서는 이상의 관계는 성립하지 않는다.

예제 2·2

$\sin \omega t = \dfrac{1}{2j}\{e^{j\omega t} - e^{-j\omega t}\}$이므로

$$\mathcal{L}[\sin \omega t] = \frac{1}{2j}\{\mathcal{L}[e^{j\omega t}] - \mathcal{L}[e^{-j\omega t}]\} \tag{2·52}$$

식 (2·36)을 대입하면

$$= \frac{1}{2j}\left\{\frac{1}{s-j\omega} - \frac{1}{s+j\omega}\right\} = \frac{\omega}{s^2 + \omega^2} \tag{2·53}$$

마찬가지로 해서

$$\mathcal{L}[\cos \omega t] = \mathcal{L}\left[\frac{e^{j\omega t} + e^{-j\omega t}}{2}\right] = \frac{1}{2}\{\mathcal{L}[e^{j\omega t}] + \mathcal{L}[e^{-j\omega t}]\}$$

$$= \frac{1}{2}\left\{\frac{1}{s-j\omega} + \frac{1}{s+j\omega}\right\} = \frac{s}{s^2+\omega^2} \tag{2·54}$$

예제 2·3 ·

$$\cosh at = \frac{1}{2}\{e^{at} + e^{-at}\}$$

$$\mathcal{L}[\cosh at] = \frac{1}{2}\{\mathcal{L}[e^{at}] + \mathcal{L}[e^{-at}]\}$$

$$= \frac{1}{2}\left\{\frac{1}{s-a} + \frac{1}{s+a}\right\} = \frac{s}{s^2-a^2}$$

· ·

(2) 미분

도함수의 라플라스 변환을 구해 보자. 라플라스 변환의 정의에서

$$F(s) = \mathcal{L}[f(t)] = \int_0^\infty f(t) \cdot e^{-st} dt \tag{2·55}$$

$\int e^{-st} dt = \dfrac{-e^{-st}}{s}$ 인 것을 고려하여 부분 적분을 행하면

$$F(s) = \left[-\frac{f(t) \cdot e^{-st}}{s}\right]_0^\infty + \frac{1}{s}\int_0^\infty \frac{df(t)}{dt} e^{-st} dt \tag{2·56}$$

$f(t)$는 라플라스 변환 가능하므로 우변 제1항의 상한값은 0이 된다. 또한 제2항의 적분은 $\dfrac{df(t)}{dt}$의 라플라스 변환 정의이다. 즉,

$$\int_0^\infty \frac{df(t)}{dt} e^{-st} dt = \mathcal{L}\left[\frac{df(t)}{dt}\right] \tag{2·57}$$

식 (2·55), (2·56)에서

$$F(s) = \frac{f(+0)}{s} + \frac{1}{s}\mathcal{L}\left[\frac{df(t)}{dt}\right] \tag{2·58}$$

여기서 $f(+0)$는 $t > 0$에서 0에 가까워졌을 때에 $f(t)$의 값을 표시한다. 이것은 예를 들면 계단 함수와 같이 $t = 0$에서 불연속인 경우에 의미가 있다.

식 (2·57)에서 도함수의 라플라스 변환은 다음과 같이 된다.

$$\mathcal{L}\left[\frac{df(t)}{dt}\right] = sF(s) - f(+0) \tag{2·59}$$

특히 $f(+0) = 0$인 경우는 간단해지며 다음 식이 성립한다.

$$\mathcal{L}\left[\frac{df(t)}{dt}\right] = sF(s) \tag{2·60}$$

고차 도함수의 라플라스 변환은 다음과 같다.

$$\mathcal{L}\left[\frac{d^n f(t)}{dt^n}\right] = s^n F(s) - s^{n-1}f(0) - s^{n-2}f^{(1)}(0)\cdots f^{(n-1)}(0)$$

$$\text{예)} \quad \frac{d^2 f(t)}{dt^2} = s^2 F(s) - sf(0) - f^{(1)}(0)$$

예제 2·4 ·

$\sin \omega t$의 라플라스 변환을 미분성질을 이용하여 구하라.

$\dfrac{d}{dt}\cos \omega t = -\omega \sin \omega t$ 이므로

$$\mathcal{L}[\sin \omega t] = -\frac{1}{\omega}\mathcal{L}\left[\frac{d}{dt}\cos \omega t\right] \tag{2·61}$$

식 (2·59)에서

$$= -\frac{1}{\omega}\left\{s\mathcal{L}[\cos \omega t] - [\cos \omega t]_{t=+0}\right\} \tag{2·62}$$

식 (2·54)를 대입하면

$$= -\frac{1}{\omega}\left\{\frac{s^2}{s^2+\omega^2} - 1\right\}$$

$$= \frac{\omega}{s^2+\omega^2} \tag{2·63}$$

이다. 이것은 식 (2·53)과 일치한다.

$\dfrac{d^2 f(t)}{dt^2}$의 라플라스 변환도 이와 같이 하여 구할 수 있다. 우선 $\dfrac{d^2 f(t)}{dt^2}$ $= \dfrac{d}{dt}\left\{\dfrac{df(t)}{dt}\right\}$라 생각하고 식 (2·59)을 적용하면

$$\mathcal{L}\left[\frac{d^2 f(t)}{dt^2}\right] = s\,\mathcal{L}\left[\frac{df(t)}{dt}\right] - f^{(1)}(+0) \qquad (2\cdot64)$$

이다. 단, $f^{(1)}(t) = \dfrac{df(t)}{dt}$ 이다. 재차 식 (2·57)을 적용하면

$$= s\{sF(s) - f(+0)\} - f^{(1)}(+0) \qquad (2\cdot65)$$

이다. 따라서, 다음의 공식을 얻는다.

$$\mathcal{L}\left[\frac{d^2 f(t)}{dt^2}\right] = s^2 F(s) - sf(+0) - f^{(1)}(+0) \qquad (2\cdot66)$$

예제 2·5

다음의 미분방정식을 라플라스 변환을 이용하여 구하라.

$$y''(t) + 4y'(t) + 3y(t) = 0, \quad y(0) = 3, \quad y'(0) = 1$$

$$\mathcal{L}[y'(t)] = sY(s) - y(0) = sY(s) - 3$$

$$\mathcal{L}[y''(t)] = s^2 Y(s) - sy(0) - y'(0) = s^2 Y(s) - 3s - 1$$

위의 미분방정식에 $\mathcal{L}[y'(t)]$, $\mathcal{L}[y''(t)]$ 를 이용하면 다음과 같다.

$$\mathcal{L}[y''(t)] + 4\,\mathcal{L}[y'(t)] + 3\,\mathcal{L}[y(t)] = 0$$

$$s^2 Y(s) - 3s - 1 + 4\{sY(s) - 3\} + 3Y(s) = 0$$

위의 식을 $Y(s)$로 정리하면 다음과 같다.

$$Y(s) = \frac{3s + 13}{s^2 + 4s + 3} = \frac{3s + 13}{(s+1)(s+3)} = \frac{5}{s+1} - \frac{2}{s+3}$$

라플라스 역변환을 취하면 다음과 같다.

$$y(t) = 5e^{-t} - 2e^{-3t}$$

위의 풀이 과정에 대하여 개념도를 그리면 다음과 같다.

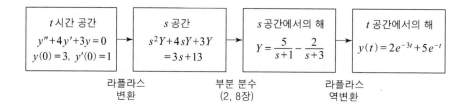

위의 과정을 통하여 2계 미분방정식의 해를 라플라스 변환, 부분분수법, 라플라스 역변환을 이용하여 구하였다.

- 왜 미분방정식을 직접 풀지 않고 라플라스 변환을 사용하는가?

질문에 대한 답은 미분방정식을 직접 푸는 것은 상당히 어렵기 때문이다. 그러나, 라플라스 변환과 대수 연산을 이용하면 직접 푸는 방법보다는 상당히 간단하게 풀 수 있다.

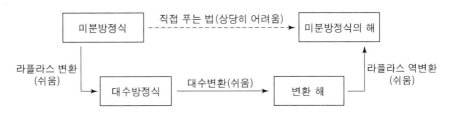

(3) 적분

시간 적분의 라플라스 변환을 구해 보자. 라플라스 변환의 정의에서

$$F(s) = \mathcal{L}[f(t)] = \int_0^\infty f(t)e^{-st}dt \qquad (2·67)$$

부분 적분법에 의해서

$$F(s) = \left[e^{-st}\int f(t)\,dt\right]_0^\infty + s\int_0^\infty \left\{\int f(t)\,dt\right\}e^{-st}dt \qquad (2·68)$$

라플라스 변환 가능한 조건에서 우변 제1항의 상한값은 0이 된다. 또한 제2항은 $\int f(t)\,dt$의 라플라스 변환을 나타내고 있으므로

$$F(s) = \left[-\int f(t)\,dt\right]_{t=+0} + s\mathcal{L}\left[\int f(t)\,dt\right] \qquad (2·69)$$

이다. 따라서

$$\int f(t)\,dt = f^{(-1)}(t) \qquad (2·70)$$

로 쓰는 것으로 하면 다음의 공식이 얻어진다.

$$\mathcal{L}\left[\int f(t)\,dt\right] = \frac{1}{s}F(s) + \frac{1}{s}f^{(-1)}(+0) \qquad (2·71)$$

예제 2·6

$\int u(t)\,dt = t$ 이므로

$$\mathcal{L}[t] = \mathcal{L}\left[\int u(t)dt\right] \tag{2·72}$$

식 (2·71)에서

$$\mathcal{L}\left[\int u(t)dt\right] = \frac{1}{s}\mathcal{L}[u(t)] + \frac{1}{s}[t]_{t=+0} \tag{2·73}$$

$\mathcal{L}[u(t)] = \dfrac{1}{s}$ 이므로

$$\mathcal{L}[t] = \frac{1}{s^2} \tag{2·74}$$

이것은 식 (2·48)과 일치한다.
마찬가지로 해서

$$\mathcal{L}\left[\frac{1}{2}t^2\right] = \mathcal{L}\left[\int t\,dt\right] = \frac{1}{s}\{\mathcal{L}[t]\} + \frac{1}{s}\left[\frac{1}{2}t^2\right]_{t=+0} = \frac{1}{s^3} \tag{2·75}$$

일반적으로

$$\mathcal{L}\left[\frac{1}{n!}t^n\right] = \frac{1}{s^{n+1}} \tag{2·76}$$

이다.

예제 2·7

$F(s) = \dfrac{1}{s(s^2+\omega^2)}$ 에서 $f(t)$를 구하여라.

$\mathcal{L}^{-1}\left[\dfrac{1}{s^2+\omega^2}\right] = \dfrac{1}{\omega}\sin\omega t$ 를 이용하면

$$\mathcal{L}^{-1}\left[\frac{1}{s}\cdot\frac{1}{s^2+\omega^2}\right] = \frac{1}{\omega}\int_0^t \sin\omega\tau\,dt = \frac{1}{\omega}\cdot\frac{1}{\omega}[-\cos\omega\tau]_0^t$$

$$= \frac{1}{\omega}\cdot\frac{1}{\omega}(-\cos\omega t + 1) = \frac{1}{\omega^2}(1-\cos\omega t)$$

(4) t 영역에서의 이동

그림 2·13에 나타내듯이 $f(t-L)$은 $f(t)$와 같은 파형을 가지고 시간적으로 L만큼 뒤진 함수이다.

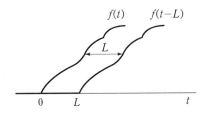

그림 2·13 t 영역에서의 이동

$t < 0$에서 $f(t) = 0$일 경우, $f(t-L)$의 라플라스 변환을 구해 보자. 정의에 의해서

$$\mathcal{L}[f(t-L)] = \int_0^\infty f(t-L)e^{-st}dt$$

$$= \int_0^L f(t-L)e^{-st}dt + \int_L^\infty f(t-L)e^{-st}dt \qquad (2\cdot77)$$

$t < 0$에서는 $f(t) = 0$이므로 $t < L$에서는 $f(t-L) = 0$. 그러므로 윗식의 제1항은 0이 된다. 여기서 $(t-L) = \tau$라 놓으면

$$\mathcal{L}[f(t-L)] = \int_0^\infty f(\tau)e^{-sL}e^{-s\tau}d\tau = e^{-sL}\int_0^\infty f(\tau)e^{-s\tau}d\tau \qquad (2\cdot78)$$

이 식에서 우변의 적분은 $f(t)$의 라플라스 변환 정의임에 틀림이 없으므로 다음의 공식을 얻는다.

$$\mathcal{L}[f(t-L)] = e^{-sL}\mathcal{L}[f(t)] \qquad (2\cdot79)$$

즉, t 영역에서 시간을 L만큼 지연시키면 s 영역에서는 e^{-sL}이 곱해진다.

예제 2·8 •

그림 2·11의 함수는 그림 2·14에 나타내듯이 $t = 0$에서 시작되는 크기 $\dfrac{1}{T}$의 계단 함수 $f_1(t)$와 $t = T$에서 시작되는 크기 $-\dfrac{1}{T}$인 계단 함수 $f_1(t)$의 합이라고 생각할 수 있다.

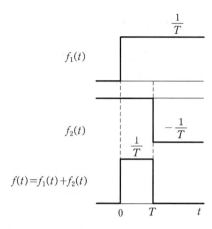

그림 2·14   예제 2·8

$$f(t) = f_1(t) + f_2(t) \tag{2·80}$$

단,

$$f_1(t) = \frac{1}{T} u(t) \tag{2·81}$$

$$f_2(t) = -\frac{1}{T} u(t-T) \tag{2·82}$$

이다. 식 (2·42), (2·79)에서

$$\mathcal{L}[f_1(t)] = \frac{1}{sT} \tag{2·83}$$

$$\mathcal{L}[f_2(t)] = -\frac{1}{sT} e^{-sT} \tag{2·84}$$

그러므로

$$\mathcal{L}[f(t)] = \mathcal{L}[f_1(t)] + \mathcal{L}[f_2(t)] = \frac{1-e^{-sT}}{sT} \tag{2·85}$$

이것은 식 (2·44)와 일치한다.

예제 2·9

$\dfrac{e^{-3s}}{s^3}$ 의 라플라스 역변환을 구하시오.

$\mathcal{L}^{-1}\left[\dfrac{1}{s^3}\right] = \dfrac{t^2}{2}$ 이기 때문에 $\mathcal{L}^{-1}\left[\dfrac{e^{-3s}}{s^3}\right] = \dfrac{(t-3)^2}{2} u(t-3)$

(5) s 영역에서의 이동

$F(s)$에서 s를 σ만큼 평행이동 시키는 $(s+\sigma)$의 경우를 생각해 보자.

$$F(s+\sigma) = \int_0^\infty f(t)e^{-(s+\sigma)t}dt = \int_0^\infty \{f(t)e^{-\sigma t}\}e^{-st}dt \qquad (2\cdot86)$$

이 적분은 $f(t)e^{-\sigma t}$의 라플라스 변환 정의이므로

$$\mathcal{L}[f(t)e^{-\sigma t}] = F(s+\sigma) \qquad (2\cdot87)$$

이다. 즉, s 영역에서 s를 $(s+\sigma)$로 바꿔 놓으면 t 영역에서는 $e^{\sigma t}$가 곱해진다.

예제 2·10

단위 계단 함수 $u(t)$를 s영역에서 σ만큼 평행이동 시켜라.

$$\mathcal{L}[e^{-\sigma t}] = \mathcal{L}[u(t)\cdot e^{-\sigma t}] = \frac{1}{s+\sigma} \qquad (2\cdot88)$$

즉, $(2\cdot36)$이 얻어진다.

예제 2·11

램프 함수 t를 s영역에서 σ만큼 평행이동 시켜라.

식 $(2\cdot46)$에서 $\mathcal{L}[t] = \dfrac{1}{s^2}$이다. 이것에 식 $(2\cdot85)$를 적용하면

$$\mathcal{L}[te^{-\sigma t}] = \frac{1}{(s+\sigma)^2} \qquad (2\cdot89)$$

이다.

예제 2·12

$\sin\omega t$와 $\cos\omega t$를 s영역에서 σ만큼 평행이동 시켜라.

식 $(2\cdot53)$에서 $\mathcal{L}[\sin\omega t] = \dfrac{\omega}{s^2+\omega^2}$이므로 식 $(2\cdot87)$를 적용하면

$$\mathcal{L}[e^{-\sigma t}\sin\omega t] = \frac{\omega}{(s+\sigma)^2+\omega^2} \qquad (2\cdot90)$$

마찬가지로 해서

$$\mathcal{L}[e^{-\sigma t}\cos\omega t] = \frac{s+\sigma}{(s+\sigma)^2+\omega^2} \qquad (2\cdot91)$$

이다.

예제 2·13 ·

$2te^{-3t}$를 s영역으로 이동하라.

$$\frac{2}{(s+3)^2}$$

· ·

자동 제어 이론에서 항상 이용되는 함수의 라플라스 변환표를 표 2·1에 나타낸다. 또한 표 2·2는 라플라스 변환의 주요 공식이다.

표 2·1 상용 라플라스 변환표

NO	$f(t)$	$F(s)$	NO	$f(t)$	$F(s)$
1	$\delta(t)$	1	6	$te^{-\sigma t}$	$\dfrac{1}{(s+\sigma)^2}$
2	$u(t)$	$\dfrac{1}{s}$	7	$\sin \omega t$	$\dfrac{\omega}{s^2+\sigma^2}$
3	t	$\dfrac{1}{s^2}$	8	$\cos \omega t$	$\dfrac{s}{s^2+\sigma^2}$
4	$\dfrac{1}{2}t^2$	$\dfrac{1}{s^3}$	9	$e^{-\sigma t}\sin \omega t$	$\dfrac{\omega}{(s+\sigma)^2+\omega^2}$
5	$e^{-\sigma t}$	$\dfrac{1}{s+\sigma}$	10	$e^{-\sigma t}\cos \omega t$	$\dfrac{s+\sigma}{(s+\sigma)^2+\omega^2}$

(6) 최종값 정리

이 정리는 미분 방정식을 풀어 시간을 무한대로 보내 시스템의 정상 상태 응답을 알아보는데 따르는 어려움을 피할 수 있는 매우 유용한 정리이다. 즉, 시스템이 안정한 경우 다음 식으로부터 미분 방정식을 풀지 않고도 정상 상태값을 쉽게 구할 수 있다.

$$\lim_{t \to \infty} f(t) = \lim_{s \to 0} sF(s) \tag{2·92}$$

이 관계식은 식 (2·56)의 양변에 s를 곱한 후 s를 0으로 보내면 다음의 관계에서 유도됨을 알 수 있다.

$$\lim_{s \to 0} sF(s) = \lim_{s \to 0} \left([-f(t)e^{-st}]_0^\infty \right) + \lim_{s \to 0} \left(\int_0^\infty \frac{df(t)}{dt} e^{-st} dt \right)$$

$$= f(0) + f(\infty) - f(0) = f(\infty) \qquad (2·93)$$

예제 2·14

$F(s) = \dfrac{3s+10}{s^3+2s^2+5s}$ 일 때, $f(t)$의 최종값은?

풀이 최종값의 정리에 의해서

$$\lim_{x \to \infty} f(t) = \lim_{s \to 0} sF(s) = \lim_{s \to 0} \ s \cdot \frac{3s+10}{s(s^2+2s+5)} = \frac{10}{5} = 2$$

(7) 초기값 정리

최종값 정리와 유사하게 계통의 초기 상태를 알아보는데 유용하다.

$$\lim_{t \to 0} f(t) = \lim_{s \to \infty} sF(s) \qquad (2·94)$$

이 정리의 증명은 독자의 몫으로 남긴다.

예제 2·15

다음과 같은 전류의 초기값 $i(0^+)$은?

$$I(s) = \frac{12}{2s(s+6)}$$

풀이 최종값의 정리에 의해서

$$\lim_{t \to 0} i(t) = \lim_{s \to \infty} sI(s) = \lim_{s \to \infty} \ s \cdot \frac{12}{2s(s+6)} = 0$$

표 2·2 라플라스 변환의 주요 공식

1	선형성	$\mathcal{L}[af(t)] = aF(s)$ $\mathcal{L}[f_1(t) \pm f_2(t)] = F_1(s) \pm F_2(s)$
2	미분	$\mathcal{L}\left[\dfrac{df(t)}{dt}\right] = sF(s) - f(+0)$ $\mathcal{L}\left[\dfrac{d^2 f(t)}{dt^2}\right] = s^2 F(s) - sf(+0) - f^{(1)}(+0)$
3	적분	$\mathcal{L}\left[\displaystyle\int f(t)dt\right] = \dfrac{1}{s}F(s) + \dfrac{1}{s}f^{(-1)}(+0)$ 단, $f^{(-1)}(t)$ $\qquad = \displaystyle\int f(t)\,dt$
4	t 영역에서의 이동	$\mathcal{L}[f(t) - L] = e^{-sL}F(s)$
5	s 영역에서의 이동	$\mathcal{L}[f(t)e^{-at}] = F(s+a)$
6	최종값	$\displaystyle\lim_{t \to \infty} f(t) = \lim_{s \to 0} sF(s)$
7	초기값	$\displaystyle\lim_{t \to 0} f(t) = \lim_{s \to \infty} sF(s)$
8	합성 적분	$\mathcal{L}^{-1}[F_1(s) \cdot F_2(s)] = \displaystyle\int_0^t f_1(\tau)f_2(t-\tau)d\tau$ $\qquad\qquad\qquad = \displaystyle\int_0^t f_1(t-\tau)f_2(\tau)d\tau$

2·7 라플라스 변환에 의한 미분 방정식의 해법

　　라플라스 변환을 이용하면 미분 방정식의 해법을 완전히 기계적으로 행할 수 있다. 특히 적분 상수 결정의 번거로움이 없고 초기값이 자동적으로 처리되는 특징이 있다.

　　일례로서 그림 2·15에 나타내는 전기 저항 R과 정전 용량 C로 구성된 전기 회로를 생각하고 그 단자 $1-1'$ 에 전압 $v_i(t)$를 인가한 경우, 단자 $2-2'$ 에 표시되는 전압 $v_o(t)$를 구해 보자. 단자 $2-2'$ 에서는 전류를 취하지 않는 경우를 생각하는 것으로 하면 R을 흐르는 전류와 C를 흐르는 전류는 동일하다. 이 전류를 $i(t)$라 하면 다음의 회로 방정식이 성립된다(부록 A·1 참조).

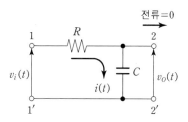

그림 2·15   *RC* 회로

$$i(t) = C \frac{dv_o(t)}{dt} \tag{2·95}$$

$$v_i(t) - v_o(t) = Ri(t) \tag{2·96}$$

식 (2·95)을 식 (2·96)에 대입하면

$$T \frac{dv_o(t)}{dt} + v_o(t) = v_i(t), \qquad T = CR \tag{2·97}$$

이 미분 방정식의 양변을 라플라스 변환하면

$$\mathcal{L}\left[T \frac{dv_o(t)}{dt} \right] + \mathcal{L}\left[v_o(t) \right] = \mathcal{L}\left[v_i(t) \right] \tag{2·98}$$

이다. 여기서

$$\mathcal{L}\left[v_o(t) \right] = V_o(s), \qquad \mathcal{L}\left[v_i(t) \right] = V_i(s)^* \tag{2·99}$$

로 놓으면 도함수의 라플라스 변환의 공식에서

$$\mathcal{L}\left[\frac{dv_o(t)}{dt} \right] = sV_o(s) - v_o(0) \tag{2·100}$$

단, $v_o(0) : v_o(t)$의 초기값이다.

식 (2·98), (2·100)에서

$$sTV_o(s) + V_o(s) = V_i(s) + Tv_o(0) \tag{2·101}$$

$V_o(s)$에 대해서 풀면

$$V_o(s) = \frac{1}{Ts+1} V_i(s) + \frac{T}{Ts+1} v_o(0) \tag{2·102}$$

---

* 본서에서는 t의 함수로서의 표현을 소문자, s의 함수로서의 표현을 대문자로 쓰기로 한다.

인가 전압 $v_i(t)$를 주면 그 라플라스 변환 $V_i(s)$가 정해진다. 한편, $v_o(t)$의 초기값 $v_o(0)$도 주어지고 있으므로 식 (2·102)에서 $V_o(s)$가 정해진다. 이 $V_o(s)$는 s의 함수이지만 이것을 t의 함수로 고치기 위해서는 라플라스 역변환을 행하면 좋다.

$$\therefore\ v_o(t) = \mathcal{L}^{-1}\,[V_o(s)]$$

$$= \mathcal{L}^{-1}\left[\frac{1}{Ts+1}\,V_i(s)\right] + \mathcal{L}^{-1}\left[\frac{T}{Ts+1}\,v_o(0)\right] \quad (2\cdot103)$$

다음에 몇 가지의 $v_i(t)$, $v_o(0)$에 대해서 $v_o(t)$를 구해 보자.

(1) $v_i(t)=u(t)$, 초기값=0인 경우

$u_i(t)$의 $v_i(t)$에 대해서는

$$V_i(s) = \mathcal{L}\,[u(t)] = \frac{1}{s} \quad (2\cdot104)$$

이므로

$$v_o(t) = \mathcal{L}^{-1}\left[\frac{1}{(Ts+1)s}\right] \quad (2\cdot105)$$

이다. 이대로는 라플라스 변환표에서 역변환 유형이 발견되지 않으므로 부분 분수(partial fraction)로 분해해 본다.

$$\frac{1}{(Ts+1)s} = \frac{K_1}{s} + \frac{K_2}{Ts+1} \quad (2\cdot106)$$

이 식의 각항은 모두 라플라스 변환표에 기재되어 있다. 즉,

$$\frac{1}{s} \to 1 \text{이므로} \qquad \frac{K_1}{s} \to K_1 \quad (2\cdot107)$$

$$\frac{1}{s+\sigma} \to e^{-\sigma t} \text{이므로} \qquad \frac{K_2}{Ts+1} \to \frac{K_2}{T}\,e^{-t/T} \quad (2\cdot108)$$

이다. 따라서, $v_o(t)$는 다음과 같이 된다.

$$v_o(t) = K_1 + \frac{K_2}{T}\,e^{-t/T} \quad (2\cdot109)$$

여기서 K_1, K_2를 결정할 필요가 있다. 그러려면 식 (2·106)의 우변을 통분하면

$$\frac{1}{(Ts+1)s} = \frac{(K_1 T + K_2)s + K_1}{(Ts+1)s} \tag{2·110}$$

양변의 분모는 같으므로 이 식이 항등적으로 성립하기 위해서는 양변 분자의 s 에 관한 동일 차수인 항의 계수가 같아야 한다. 즉, 양변 분자의 s의 계수, 상수 항 각각의 비교에서

$$\left.\begin{array}{l} K_1 T + K_2 = 0 \\ K_1 = 1 \end{array}\right\} \tag{2·111}$$

이것을 연립 방정식으로 풀면

$$K_1 = 1, \quad K_2 = -T \tag{2·112}$$

식 (2·112)을 식 (2·109)에 대입하면

$$\therefore \ v_o(t) = 1 - e^{-t/T} \tag{2·113}$$

이것이 구하는 t의 함수로서의 해이다.

(2) $v_i(t) = t$, 초기값=0인 경우

$$V_i(s) = \mathcal{L}[v_i(t)] = \mathcal{L}[t] = \frac{1}{s^2} \tag{2·114}$$

이므로

$$V_o(s) = \frac{1}{s^2(Ts+1)} \tag{2·115}$$

분모에 s^2이 존재하는 경우, 부분 분수로 분해하기 위해서는 $\dfrac{1}{s^2}$의 항과 $\dfrac{1}{s}$ 의 항이 필요하다. 이 점을 고려하여 식 (2·115)을 부분 분수로 분해하면

$$\frac{1}{s^2(Ts+1)} = \frac{K_1}{s^2} + \frac{K_2}{s} + \frac{K_3}{Ts+1} \tag{2·116}$$

우변을 통분하면

$$\frac{1}{s^2(Ts+1)} = \frac{(K_3 + K_2 T)s^2 + (K_1 T + K_2)s + K_1}{s^2(Ts+1)} \tag{2·117}$$

분자를 비교하면

$$K_3 + K_2 T = 0, \quad K_1 T + K_2 = 0, \quad K_1 = 1 \tag{2·118}$$

여기서 K_1, K_2, K_3를 구하면

$$K_1 = 1, \quad K_2 = -T, \quad K_3 = T^2 \tag{2·119}$$

이것을 식 (2·116)에 대입하면

$$\frac{1}{s^2(Ts+1)} = \frac{1}{s^2} - \frac{T}{s} + \frac{T^2}{Ts+1} \tag{2·120}$$

라플라스 변환표를 참조하면

$$\frac{1}{s^2} \rightarrow t \tag{2·121}$$

$$\frac{T}{s} \rightarrow T \tag{2·122}$$

$$\frac{T^2}{Ts+1} = \frac{T}{s+1/T} \rightarrow Te^{-t/T} \tag{2·123}$$

따라서, $v_o(t)$는 다음과 같이 된다.

$$\therefore\ v_o(t) = \mathcal{L}^{-1}[V_o(s)] = t - T(1 - e^{-t/T}) \tag{2·124}$$

식 (2·113) 및 식 (2·124)로 표시된 $v_o(t)$의 시간적인 경과를 그림 2·15에 나타낸다.

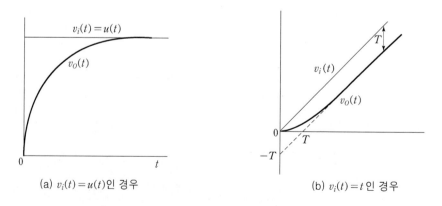

     (a) $v_i(t) = u(t)$인 경우   (b) $v_i(t) = t$인 경우

그림 2·16 $v_o(t)$의 시간적 경과

(3) $v_i(t) = v(t)$, 초기값 $= v_o(0)$인 경우

식 (2·103) 우변 제2항의 역변환은 라플라스 변환표를 참조하면

$$\frac{Tv_o(0)}{Ts+1} = \frac{v_o(0)}{s+1/T} \ \rightarrow \ v_o(0)e^{-t/T} \tag{2·125}$$

이것과 식 (2·113)을 중첩시켜 $v_o(t)$가 구해진다.

$$\therefore \ v_o(t) = 1 - e^{-t/T} + v_o(0)e^{-t/T} \tag{2·126}$$

이 예에서 볼 수 있듯이 라플라스 변환을 응용하여 미분 방정식을 풀기 위해서는 다음의 순서에 의하면 편리하다.

(i) 주어진 미분 방정식을 라플라스 변환한다. 그렇게 하면 항상 미분 방정식은 s에 관한 대수 방정식이 된다.

(ii) 이 대수 방정식을 푼다. 그렇게 하면 미지의 변수는 s의 함수로서 나타내어진다.

(iii) 라플라스 역변환에 의해서 미지 변수를 s의 함수에서 t의 함수로 고친다.

이상의 순서에서 라플라스 변환 및 역변환을 행하는 데에 식 (2·34), (2·37)의 정적분을 계산할 필요는 없이 라플라스 변환표를 참조하면 편리하다.

선형 제어 이론에서는 미분 방정식이 선형인 경우만을 취급하지만 이 경우 위의 (ii)의 해는 s에 관한 유리식으로 나타내어진다. 이 유리식은 그대로의 형태로는 라플라스 변환표에 표시되지 않은 것이 많지만 부분 분수로 분해하면 라플라스 변환표의 형태로 된다. 그 일반적인 방법에 대해서 다음 절에서 설명한다.

2·8 부분 분수로의 분해

부분 분수법을 사용하는 이유는, 복잡한 다항식으로 구성된 분수 함수를 직접 라플라스 역변환하기 어렵기 때문에 사용한다.

즉, 1차의 분수함수로 나누어 놓은 후 라플라스 역변환을 하기 위해 사용한다. 여기서, 1차의 분수함수로 나누는 과정이 부분 분수법이다.

앞에서 설명한 것처럼 상계수 선형 미분 방정식의 s 영역에 관한 해는 유리식이다. 이것을 다음과 같이 표시한다.

$$F(s) = \frac{N(s)}{D(s)} = \frac{b_0 s^m + b_1 s^{m-1} + \cdots\cdots + b_{m-1} s + b_m}{s^n + a_1 s^{n-1} + \cdots\cdots + a_{n-1} s + a_n} \quad (2\cdot127)$$

여기서 $a_1, a_2, \cdots, a_n, b_0, b_1, \cdots, b_m$ 은 실수, m, n 은 양($+$)의 정수이다. 분모 최고 차수 s^n 의 계수는 인수 분해에 편리하도록 1로 해둔다. 실제의 제어계에서는 분자 차수가 분모 차수보다 높게 되지는 않는다. 즉, $m \leq n$ 이다.

그런데 식 (2·127)의 라플라스 역변환을 구하기 위해서는 앞절에서 설명했듯이 우선 이 식을 부분 분수로 분해하지 않으면 안된다. 그렇기 때문에 분모 $D(s)$ 를 인수로 분해할 필요가 있으나 실수의 범위에 한하면 각 인수는 1차식이나 2차식이다. 그러나 복소수까지 범위를 확장하면 2차식은 또한 1차 인수로 분해된다. 이와 같이 복소수까지를 포함하는 것으로 하여 $D(s)$ 를 1차 인수로 분해하면 다음 식을 얻는다. 단, $s_1, s_2, \cdots, s_n$ 은 방정식 $D(s) = 0$ 의 근이다.

$$D(s) = (s - s_1)(s - s_2) \cdots (s - s_n) \quad (2\cdot128)$$

식 (2·128)을 고려하면 식 (2·127)는 다음과 같이 부분 분수로 분해된다.

$$F(s) = \frac{N(s)}{D(s)}$$

$$= \frac{K_1}{s - s_1} + \frac{K_2}{s - s_2} + \cdots\cdots + \frac{K_i}{s - s_i} + \cdots\cdots + \frac{K_n}{s - s_n} \quad (2\cdot129)$$

계수 $K_1, K_2, \cdots\cdots, K_n$ 은 앞절에서 설명한 바와 같이 하여 결정할 수 있다. 특히 일반식이 필요한 경우는 다음과 같이 하여 계수가 구해진다. 계수 K_i 를 결정하기 위해서 양변에 $(s - s_i)$ 를 곱하면

$$\frac{N(s)(s - s_i)}{D(s)} = K_1 \frac{s - s_i}{s - s_1} + K_2 \frac{s - s_i}{s - s_2} + \cdots$$

$$+ K_i + \cdots + K_n \frac{s - s_i}{s - s_n} \quad (2\cdot130)$$

이 식의 좌변에서 분모 $D(s)$ 도 $(s - s_i)$ 라는 인수를 포함하고 있으므로 분자의 인수 $(s - s_i)$ 로 약분되어 좌변에 $(s - s_i)$ 의 인수는 남지 않는다. 위의 식에서

$s = s_i$로 놓으면 K_i가 정해진다.

$$\left[\frac{N(s)(s-s_i)}{D(s)} \right]_{s=s_i} = K_i \tag{2·131}$$

이 방법으로 모든 항의 계수를 결정할 수가 있다.

이들 계수는 아래와 같이 다른 형태로 표시할 수도 있다. 즉, 식 (2·131) 좌변의 분모, 분자를 $(s-s_i)$의 인수로 약분하지 않으면 0/0이라는 부정형이 되어 있다. 이 부정형의 극한값을 구하기 위해서 분모, 분자를 각각 s로 미분하면

$$\left[\frac{N(s)(s-s_i)}{D(s)} \right]_{s=s_i} = \left[\frac{N^{(1)}(s)(s-s_i)+N(s)}{D^{(1)}(s)} \right]_{s=s_i}$$

$$= \left[\frac{N(s)}{D^{(1)}(s)} \right]_{s=s_i}$$

따라서

$$K_i = \left[\frac{N(s)}{D^{(1)}(s)} \right]_{s=s_i} \tag{2·132}$$

이다. 식 (2·131) 대신에 식 (2·132)을 이용해서 계수를 결정해도 좋다.

예제 2·16 **실근의 경우** ·

$$F(s) = \frac{a_1 s + a_0}{(s+\alpha)(s+\beta)} = \frac{K_1}{s+\alpha} + \frac{K_2}{s+\beta} \tag{2·133}$$

식 (2·131)를 적용하면

$$\left. \begin{array}{l} K_1 = \left[\dfrac{(a_1 s + a_0)(s+\alpha)}{(s+\alpha)(s+\beta)} \right]_{s=-\alpha} = \dfrac{-a_1\alpha + a_0}{-\alpha+\beta} \\[4mm] K_2 = \left[\dfrac{(a_1 s + a_0)(s+\beta)}{(s+\alpha)(s+\beta)} \right]_{s=-\beta} = \dfrac{-a_1\beta + a_0}{-\beta+\alpha} \end{array} \right\} \tag{2·134}$$

식 (2·133)의 역변환은 표 2·1을 참조하면

$$\therefore f(t) = \mathcal{L}^{-1}[F(s)] = K_1 e^{-\alpha t} + K_2 e^{-\beta t} \tag{2·135}$$

이와 같이 방정식 $D(s)=0$의 근이 실수인 경우는 지수 함수가 나타난다. 그리고 양(+)의 근인 경우 $f(t)$는 시간과 함께 증가, 음(−)의 근인 경우는 감소한다.

예제 2·17 영근의 경우 ·

예제 2·16에서 $\alpha = 0$인 경우를 생각한다.

$$F(s) = \frac{a_1 s + a_0}{s(s+\beta)} = \frac{K_1}{s} + \frac{K_2}{s+\beta} \tag{2·136}$$

식 (2·131)를 적용하면

$$\left.\begin{array}{l} K_1 = \left[\dfrac{(a_1 s + a_0)s}{s(s+\beta)} \right]_{s=0} = \dfrac{a_0}{\beta} \\[4mm] K_2 = \left[\dfrac{(a_1 s + a_0)(s+\beta)}{s(s+\beta)} \right]_{s=-\beta} = \dfrac{-a_1\beta + a_0}{-\beta} \end{array}\right\} \tag{2·137}$$

식 (2·136)의 역변환은 표 2·1을 참조하면

$$\therefore f(t) = \mathcal{L}^{-1}[F(s)] = K_1 + K_2 e^{-\beta t} \tag{2·138}$$

이와 같이 방정식 $D(s) = 0$인 영근에 대해서는 상수항이 나타난다. 이것은 식 (2·135)의 제1항 $K_1 e^{-at}$의 $\alpha \to 0$의 극한과 일치한다.

예제 2·18 허근의 경우 ·

$$F(s) = \frac{a_1 s + a_0}{(s-j\omega)(s+j\omega)} = \frac{a_1 s + a_0}{s^2 + \omega^2} \tag{2·139}$$

실제의 물리계에서 유도된 $F(s)$에서는 그 분모 $D(s)$의 계수는 실수이다. 그러므로 $j\omega$가 방정식 $D(s) = 0$의 근이면 이것과 켤레인 $-j\omega$도 또한 근이다. 이와 같이 허근은 언제나 켤레 형태로 나타난다.

그런데 식 (2·139)를 부분 분수로 분해하여 다음과 같이 놓는다.

$$F(s) = \frac{K_1}{s-j\omega} + \frac{K_2}{s+j\omega} \tag{2·140}$$

K_1 및 K_2는 식 (2·131)에서 다음과 같이 정해진다.

$$\left.\begin{array}{l} K_1 = \left[\dfrac{(a_1 s + a_0)(s-j\omega)}{(s-j\omega)(s+j\omega)} \right]_{s=j\omega} = \dfrac{a_1}{2} + \dfrac{a_0}{2j\omega} \\[4mm] K_2 = \left[\dfrac{(a_1 s + a_0)(s+j\omega)}{(s-j\omega)(s+j\omega)} \right]_{s=-j\omega} = \dfrac{a_1}{2} - \dfrac{a_0}{2j\omega} \end{array}\right\} \tag{2·141}$$

식 (2·140)의 역변환은

$$\therefore \; f(t) = \mathcal{L}^{-1}\,[F(s)] = K_1 e^{j\omega t} + K_2 e^{-j\omega t}$$

$$= K_1(\cos\omega t + j\sin\omega t) + K_2(\cos\omega t - j\sin\omega t)$$

$$= (K_1 + K_2)\cos\omega t + j(K_1 - K_2)\sin\omega t$$

식 (2·141)을 대입하면

$$f(t) = a_1\cos\omega t + \frac{a_0}{\omega}\sin\omega t \qquad (2\cdot142)$$

이와 같이 허근에 대해서는 사인파가 나타난다.

별 해   식 (2·139)를 다음과 같이 생각할 수 있다.

$$F(s) = a_1\frac{s}{s^2 + \omega^2} + \frac{a_0}{\omega}\frac{\omega}{s^2 + \omega^2} \qquad (2\cdot143)$$

라플라스 변환표에서

$$\frac{s}{s^2 + \omega^2} \;\to\; \cos\omega t \qquad (2\cdot144)$$

$$\frac{\omega}{s^2 + \omega^2} \;\to\; \sin\omega t \qquad (2\cdot145)$$

따라서,

$$\therefore \; f(t) = \mathcal{L}^{-1}\,[F(s)] = a_1\cos\omega t + \frac{a_0}{\omega}\sin\omega t \qquad (2\cdot146)$$

이다. 이것은 식 (2·142)과 일치하고 있다.

예제 2·19   복소근의 경우 ·

$$F(s) = \frac{a_1 s + a_0}{(s + \sigma - j\omega)(s + \sigma + j\omega)} = \frac{a_1 s + a_0}{(s + \sigma)^2 + \omega^2} \qquad (2\cdot147)$$

이 경우도 예제 2·18과 마찬가지로 분모 $D(s)$의 계수가 실수이어야 하므로 방정식 $D(s) = 0$의 근은 켤레 복소수의 형태로 나타난다.

그런데 식 (2·147)를 부분 분수로 분해하면

$$F(s) = \frac{K_1}{s + \sigma - j\omega} + \frac{K_2}{s + \sigma + j\omega} \qquad (2\cdot148)$$

K_1 및 K_2는 식 (2·131)를 이용해서 다음과 같이 구해진다.

$$K_1 = \left[\frac{(a_1 s + a_0)(s + \sigma - j\omega)}{(s + \sigma - j\omega)(s + \sigma + j\omega)} \right]_{s = -\sigma + j\omega}$$

$$= \frac{-a_1\sigma + a_0 + ja_1\omega}{2j\omega}$$

$$K_2 = \left[\frac{(a_1 s + a_0)(s + \sigma + j\omega)}{(s + \sigma - j\omega)(s + \sigma + j\omega)} \right]_{s = -\sigma - j\omega} \qquad (2\cdot149)$$

$$= \frac{a_1\sigma - a_0 + ja_1\omega}{2j\omega}$$

식 (2·148)의 역변환은

$$\therefore f(t) = \mathcal{L}^{-1}[F(s)]$$

$$= K_1 e^{(-\sigma + j\omega)t} + K_2 e^{(-\sigma - j\omega)t}$$

$$= e^{-\sigma t}\{K_1(\cos \omega t + j\sin \omega t) + K_2(\cos \omega t - j\sin \omega t)\}$$

$$= e^{-\sigma t}\{(K_1 + K_2)\cos \omega t + j(K_1 - K_2)\sin \omega t\}$$

식 (2·149)을 대입하면

$$= e^{-\sigma t}\left\{ a_1\cos \omega t + \frac{a_0 - a_1\sigma}{\omega}\sin \omega t \right\} \qquad (2\cdot150)$$

이와 같이 복소근의 경우도 사인파가 나타난다. 그리고 그 진폭이 시간과 함께 지수 함수적으로 변화한다. 이 모양은 복소근의 실수부 $-\sigma$에 대한 부호의 $+\cdot-$에 따라서 달라지며 다음과 같이 된다.

(i) 실수부 > 0인 경우 : 진폭이 시간과 함께 증대(발산 진동).

(ii) 실수부 = 0인 경우 : 진폭이 시간적으로 변화하지 않는다(지속 진동).

(iii) 실수부 < 0인 경우 : 진폭이 시간과 함께 감소(감쇠 진동).

별 해
$$F(s) = \frac{a_1(s + \sigma) + a_0 - a_1\sigma}{(s + \sigma)^2 + \omega^2} \qquad (2\cdot151)$$

로 생각하면 표 2·1에서

$$\frac{s + \sigma}{(s + \sigma)^2 + \omega^2} \rightarrow e^{-\sigma t}\cos \omega t \qquad (2\cdot152)$$

$$\frac{\omega}{(s + \sigma)^2 + \omega^2} \rightarrow e^{-\sigma t}\sin \omega t \qquad (2\cdot153)$$

그러므로

$$\therefore f(t) = \mathcal{L}^{-1}[F(s)]$$

$$= a_1 e^{-\sigma t} \cos \omega t + \frac{a_0 - a_1 \sigma}{\omega} e^{-\sigma t} \sin \omega t \tag{2·154}$$

이것은 식 (2·150)와 일치하고 있다.

이상의 예제에서 $F(s)$의 역변환 $f(t)$의 성질은 $F(s)$의 분모 $D(s)$를 0으로 놓은 방정식 $D(s)=0$인 근의 성질에 의해서 정해진다는 것을 알 수 있다. 즉, 이 근이 실근인가 복소근인가, 또한 근의 실수부가 양(+)인가 음(−)인가에 따라서 다음과 같이 된다.

$$
\begin{cases}
\text{실근의 경우}
\begin{cases}
\text{근} > 0\text{인 경우} \cdots f(t)\text{는 지수 함수적으로 증가} \\
\text{근} = 0\text{인 경우} \cdots f(t)\text{는 일정} \\
\text{근} < 0\text{인 경우} \cdots f(t)\text{는 지수 함수적으로 감소}
\end{cases} \\
\text{복소근의 경우}
\begin{cases}
\text{근의 실수부} > 0\text{인 경우} \cdots f(t)\text{는 발산 진동} \\
\text{근의 실수부} = 0\text{인 경우} \cdots f(t)\text{는 지속 진동} \\
\text{근의 실수부} < 0\text{인 경우} \cdots f(t)\text{는 감쇠 진동}
\end{cases}
\end{cases}
$$

2·9 중근의 경우

방정식 $D(s)=0$의 근이 중근인 경우는 부분 분수로 분해하는 방법을 다소 변경할 필요가 있다. 즉, $s=s_1$이 $D(s)=0$의 k중근인 경우, 중근에 관련된 항은 분모가 각각

$$(s-s_1)^k, (s-s_1)^{k-1}, \cdots, (s-s_1)$$

인 x개의 항으로 분해하지 않으면 안된다. 예를 들면

$$F(s) = \frac{N(s)}{D(s)} = \frac{N(s)}{(s-s_1)^k(s-s_2)(s-s_3)\cdots\cdots}$$

$$= \frac{K_{1k}}{(s-s_1)^k} + \frac{K_{1k-1}}{(s-s_1)^{k-1}} + \cdots\cdots + \frac{K1}{s-s_1}$$

$$+ \frac{K_2}{s-s_2} + \frac{K_3}{s-s_3} + \cdots\cdots \qquad (2\cdot155)$$

이 경우도 식 (2·116) 이하와 같이 하여 계수를 결정할 수가 있다. 또한 일반 식이 필요한 경우는 다음과 같이 하면 좋다.

식 (2·155)에 $(s-s_1)^k$를 곱하면

$$\frac{N(s)}{D(s)}(s-s_1)^k = K_{1k} + K_{1k-1}(s-s_1) + \cdots\cdots + K_{11}(s-s_1)^{k-1}$$
$$+ (s-s_1)^k \left\{ \frac{K_2}{s-s_2} + \frac{K_3}{s-s_3} + \cdots\cdots \right\} \qquad (2\cdot156)$$

여기서 $s=s_1$으로 놓으면 K_{1k}가 정해진다.

$$\left[\frac{N(s)}{D(s)}(s-s_1)^k \right]_{s=s_1} = K_{1k} \qquad (2\cdot157)$$

다음에 식 (2·156)를 s에 대해서 미분하면

$$\frac{d}{ds}\left\{ \frac{N(s)}{D(s)}(s-s_1)^k \right\} = K_{1k-1} + 2K_{1k-2}(s-s_1) + \cdots$$
$$+ K_{11}(k-1)(s-s_1)^{k-2}$$
$$+ k(s-s_1)^{k-1}\left\{ \frac{K_2}{s-s_2} + \frac{K_3}{s-s_3} + \cdots \right\}$$
$$+ (s-s_1)^k \frac{d}{ds}\left\{ \frac{K_2}{s-s_2} + \frac{K_3}{s-s_3} + \cdots \right\} \qquad (2\cdot158)$$

여기서 $s=s_1$으로 놓으면 K_{1k-1}이 구해진다.

$$\left[\frac{d}{ds}\left\{ \frac{N(s)}{D(s)}(s-s_1)^k \right\} \right]_{s=s_1} = K_{1k-1} \qquad (2\cdot159)$$

같은 순서를 반복하면

$$\left.\begin{array}{l} \left[\dfrac{1}{2!} \dfrac{d^2}{ds^2}\left\{ \dfrac{N(s)}{D(s)}(s-s_1)^k \right\} \right]_{s=s_1} = K_{1k-2} \\ \cdots\cdots\cdots\cdots\cdots\cdots\cdots\cdots\cdots\cdots\cdots\cdots\cdots\cdots\cdots \\ \left[\dfrac{1}{(k-1)!} \dfrac{d^{k-1}}{ds^{k-1}}\left\{ \dfrac{N(s)}{D(s)}(s-s_1)^k \right\} \right]_{s=s_1} = K_{11} \end{array}\right\} \qquad (2\cdot160)$$

K_2 이하는 식 (2·131)를 이용하여 구할 수 있다. 여기서 모든 계수를 결정할 수 있게 된 것이 된다.

보 기

식 (2·116)의 계수를 위에서 설명한 일반식을 이용하여 구해 본다.

$$
\left.
\begin{array}{l}
K_1 = \left[\dfrac{s^2}{s^2(Ts+1)} \right]_{s=0} = 1 \\[3mm]
K_2 = \left[\dfrac{d}{ds} \dfrac{s^2}{s^2(Ts+1)} \right]_{s=0} = \left[\dfrac{-T}{(Ts+1)^2} \right]_{s=0} = -T \\[3mm]
K_3 = \left[\dfrac{Ts+1}{s^2(Ts+1)} \right]_{s=-1/T} = T^2
\end{array}
\right\} \quad (2\cdot161)
$$

이것은 식 (2·119)과 일치하고 있다.

2·10 최종값, 초기값

t가 ∞에 가까워진 경우의 함수 $f(t)$의 극한값을 그 함수의 **최종값**(final value)이라고 한다. 식 (2·129)의 최종값을 구해 본다. 이 식의 역변환을 구하면

$$
\begin{aligned}
f(t) &= \mathcal{L}^{-1}[F(s)] \\
&= K_1 e^{s_1 t} + K_2 e^{s_2 t} + \cdots + K_i e^{s_i t} + \cdots + K_n e^{s_n t}
\end{aligned}
\quad (2\cdot162)
$$

2·8절에서 설명한 것에서 식 (2·160)의 각 항에 대하여 다음을 알 수 있다.

(i) $s_1, s_2, \cdots, s_n$의 실수부가 음(−)인 항은 지수적으로 또는 진동하면서 감쇠하고 $t \to \infty$에서 0이 된다.

(ii) $s_1, s_2, \cdots, s_n$이 0과 같은 항은 그 항의 계수와 같은 일정값이며 $t \to \infty$로 되어도 변하지 않는다.

(iii) $s_1, s_2, \cdots, s_n$이 순허수의 항은 진폭 일정한 지속 진동이 되어 $t \to \infty$에서는 값이 정해지지 않는다.

(iv) $s_1, s_2, \cdots, s_n$의 실수부가 양(+)인 항은 지수적으로 증대되거나 또는 진폭이 증가해 가는 발산 진동이 된다.

이상에서 만약 (ⅲ) 및 (ⅳ)의 항을 포함하지 않으면 $f(t)$의 최종값은 (ⅱ)인 경우의 계수와 같은 것이 된다.

(ⅰ), (ⅱ)의 경우에만 한정하는 조건은 $sF(s)=0$의 분모를 0으로 놓은 방정식 근의 실수부가 (−)인 것, 바꿔 말하면 $sF(s)$가 s 평면의 우반부에 극점을 갖지 않는 것이다. 이러한 점에서 다음의 정리를 얻을 수 있다.

최종값의 정리

함수 $f(t)$와 그 1차 도함수 $f^{(1)}(t)$가 모두 라플라스 변환이 가능하고 $\mathcal{L}[f(t)]=F(s)$라고 할 때, $sF(s)$가 s 평면의 우반부에 극점을 갖지 않으면 다음 식이 성립한다.

$$\lim_{t \to \infty} f(t) = \lim_{s \to 0} sF(s) \tag{2·163}$$

보 기 ··

식 (2·136)의 최종값을 구해 보자. $\beta > 0$이면 최종값의 정리가 적용 가능하여

$$\lim_{t \to \infty} f(t) = \lim_{s \to 0} sF(s) = \lim_{s \to 0} \frac{(a_1 s + a_0)}{s(s+\beta)} = \frac{a_0}{\beta} = K_1$$

이것은 $t \to \infty$인 경우 식 (2·138)의 $f(t)$가 취하는 극한값과 일치하고 있다.

예제 2·20 ··

$F(s) = \dfrac{5}{s(s^2 + s + 2)}$ 에 대해 $f(\infty)$ 최종값을 구하시오.

$$\lim_{t \to \infty} f(t) = \lim_{s \to 0} sF(s) = \lim_{s \to 0} \frac{5}{s^2 + s + 2} = \frac{5}{2}$$

라플라스 변역환을 이용하여 풀어서 증명하면 다음과 같다.

$$F(s) = \frac{5}{2} \cdot \frac{1}{s} + \frac{a}{s + \dfrac{1+3j}{2}} + \frac{b}{s + \dfrac{1-3j}{2}}$$

$$f(t) = \mathcal{L}^{-1}[F(s)] = \frac{5}{2} + ae^{-\frac{1+3j}{2}t} + be^{-\frac{1-3j}{2}t}$$

$$f(\infty) = \frac{5}{2}$$

따라서, 최종값의 정리를 이용하여 구한 값과 같음을 알 수 있다.

. . . .

$t \to 0$인 경우의 $f(t)$의 극한값을 그의 **초기값**(initial value)이라고 한다. 초기값에 관해서도 최종값의 정리와 대응하는 다음의 정리가 성립한다.

초기값의 정리

함수 $f(t)$의 그 1차 도함수가 라플라스 변환이 가능하고 $\mathcal{L}[f(t)] = F(s)$이고 $\lim_{s \to \infty} sF(s)$가 존재하면 초기값은 다음 식으로 주어진다.

$$\lim_{t \to 0} f(t) = \lim_{s \to \infty} sF(s) \tag{2·164}$$

2·11 Matlab 예제

3×3 행렬 A 만들기 $A = \begin{bmatrix} 1 & 2 & 3 \\ 4 & 5 & 6 \\ 7 & 8 & 9 \end{bmatrix}$	
$A = [\,1\ 2\ 3\,;\,4\ 5\ 6\,;\,7\ 8\ 9\,]\,;$	결과 $A = \begin{matrix} 1 & 2 & 3 \\ 4 & 5 & 6 \\ 7 & 8 & 9 \end{matrix}$

행렬의 덧셈, 뺄셈, 곱셈, 나눗셈 $\quad A = \begin{bmatrix} 1 & 2 \\ 3 & 4 \end{bmatrix},\quad B = \begin{bmatrix} 1 & 0 \\ 0 & -1 \end{bmatrix}$	
$A = [\,1\ 2\,;\,3\ \ 4\,]\,;$ $B = [\,1\ 0\,;\,0\ -1\,]\,;$ $Y1 = A + B$	결과 $Y1 = \begin{matrix} 2 & 2 \\ 3 & 3 \end{matrix}$
$Y2 = A - B$	$Y2 = \begin{matrix} 0 & 2 \\ 3 & 5 \end{matrix}$
$Y3 = A * B$	$Y3 = \begin{matrix} 1 & -2 \\ 3 & -4 \end{matrix}$
$Y4 = A\,/\,B$	$Y4 = \begin{matrix} 1 & -2 \\ 3 & -4 \end{matrix}$

벡터의 곱셈, 나눗셈 $A = [\ 1\ \ 2\ ], \quad B = [\ 3\ \ 4\ ]$	
$A = [\ 1\ \ 2\ ]$; $B = [\ 3\ \ 4\ ]$; $Y1 = A. * B$	결과 $\quad Y1 = 3\ \ 8$
$Y2 = A. / B$	$Y2 = 0.3333\ \ 0.5000$

.*(. /)는 원소대 원소의 곱셈(나눗셈)이다.

행렬의 거듭 제곱 $\quad A = \begin{bmatrix} 1 & 2 \\ 3 & 4 \end{bmatrix}^2$	
$A = [\ 1\ \ 2\ ;\ 3\ \ 4\ ]$; $Y1 = A \wedge 2$	결과 $\quad Y1 = \begin{matrix} 7 & 10 \\ 15 & 22 \end{matrix}$
$Y2 = A. \wedge 2$	$Y2 = \begin{matrix} 1 & 4 \\ 9 & 16 \end{matrix}$

$A \wedge 2 = A * A$

$A. \wedge 2$ 행렬 A의 각 원소를 거듭 제곱한 것과 같다.

행렬의 단위 행렬 $\quad A = \begin{bmatrix} 1 & 0 & 0 \\ 0 & 1 & 0 \\ 0 & 0 & 1 \end{bmatrix}$	
$A = \text{eye}(3)$	결과 $\quad A = \begin{matrix} 1 & 0 & 0 \\ 0 & 1 & 0 \\ 0 & 0 & 1 \end{matrix}$

eye는 단위 행렬 함수이다.

행렬의 역 행렬 $A = \begin{bmatrix} 1 & 2 & 3 \\ 4 & 5 & 6 \\ 7 & 8 & 9 \end{bmatrix}, \quad B = A^{-1}$	
$A = [\ 1\ 2\ 3\ ;\ 4\ 5\ 6\ ;\ 7\ 8\ 9\ ]$; $B = \text{inv}(A)$	결과 $B = \begin{matrix} -0.4504 & 0.9007 & -0.4504 \\ 0.9007 & -1.8014 & 0.9007 \\ -0.4504 & 0.9007 & -0.4504 \end{matrix}$

inv는 역행렬 변환 함수이다.

행렬의 판별식(determinant) $\quad A = \begin{bmatrix} 1 & 2 & 3 \\ 4 & 5 & 6 \\ 7 & 8 & 9 \end{bmatrix}$	
$A = [\ 1\ 2\ 3\ ;\ 4\ 5\ 6\ ;\ 7\ 8\ 9\ ]\ ;$ $B = \det(A)$	$B = 0$

det는 판별식 변환 함수이다.

행렬의 고유치(eigen value) $\quad A = \begin{bmatrix} 1 & 2 & 3 \\ 4 & 5 & 6 \\ 7 & 8 & 9 \end{bmatrix}$	
$A = [\ 1\ 2\ 3\ ;\ 4\ 5\ 6\ ;\ 7\ 8\ 9\ ]\ ;$ $B = \mathrm{eig}(A)$	$B = \begin{matrix} 16.1168 \\ -1.1168 \\ 0 \end{matrix}$

eig는 고유치 함수이다.

전치 행렬 $\quad B = A^T = \begin{bmatrix} 1 & 2 \\ 3 & 4 \end{bmatrix}^T$	
$A = [\ 1\ 2\ ;\ 3\ 4\ ]\ ;$ $B = A!$	결과 $\quad B = \begin{matrix} 1 & 2 \\ 3 & 4 \end{matrix}$

부분 분수 $A(s) = \dfrac{2s^2 + 3s + 1}{s^2 + 2s + 3} = K + \dfrac{r_1}{s - s_1} + \dfrac{r_2}{s - s_2}$	
num $= [\ 2\ \ 3\ \ 1\ ]\ ;$ den $= [\ 1\ \ 2\ \ 3\ ]\ ;$ $[\ r\ \ s\ \ K\ ] = \mathrm{residue}(\mathrm{num},\ \mathrm{den})$	결과 $\quad r = \begin{matrix} -0.5000 + 1.4142\,i \\ -0.5000 + 1.4142\,i \end{matrix}$ $s = \begin{matrix} -1.0000 + 1.4142\,i \\ -1.0000 + 1.4142\,i \end{matrix}$ $K = 2$

num은 분자의 다항식, den은 분모의 다항식 계수이다.

residue는 부분 분수 전개 함수이다.

K는 몫에 해당한다.

복소수: complex.m

		결과 값
x=1+3i; y=3-2i;	복소수의 입력	
z=x+y; disp(z)		4.0000 + 1.0000i
z1=x-y; disp(z1)	복소수의 사칙 연산	-2.0000 + 5.0000i
z2=x*y; disp(z2)		9.0000 + 7.0000i
z3=x/y; disp(z3)		-0.2308 + 0.8462i
a=abs(x); disp(a)	복소수의 크기	3.1623
c=conj(x); disp(c)	켤레 복소수	1.0000 - 3.0000i
g=angle(x); disp(g)	복소수의 편각	1.2490

복소수 Matlab 연산

위의 프로그램은 복소수의 값 입력, 크기, 켤레 복소수, 위상 그리고 사칙 연산에 대해 보이고 있다. abs(x)는 복소수의 절대값, 즉 크기를 구하는 함수이다. 그리고 conj(x)는 허수부에 (-)를 곱한 값이 결과 값으로 나온다. 그리고 angle(x)는 복소수의 편각을 결과값으로 되돌린다. 그리고 disp 함수는 화면에 결과 값을 출력한다.

행렬: matrix.m

A=[1 2 5;2 3 6;3 7 5]; B=[5 -1 7;7 -5 6;8 0 -2];	행렬 입력	결과 값		
x=A+B; disp(x)		6	1	12
		9	-2	12
		11	7	3
x1=A-B; disp(x1)	행렬의 사칙 연산	-4	3	-2
		-5	8	0
		-5	7	7
x2=A*B; disp(x2)		59	-11	9
		79	-17	20
		104	-38	53
d1=det(A); disp(z1)	행렬의 행렬식	14		
d2=det(b); disp(z2)		268		
i1=inv(A); disp(i1)	행렬의 역행렬	-1.9286	1.7857	-0.2143
		0.5714	-0.7143	0.2857
		0.3571	-0.0714	-0.0714
i2=inv(B); disp(i2)		0.0373	-0.0075	0.1082
		0.2313	-0.2463	0.0709
		0.1493	-0.0299	-0.0672

행렬의 Matlab 연산

위의 프로그램은 Matlab에서 행렬의 입력, 사칙 연산, 행렬식(determinant), 그리고 역행렬을 구하는 식과 함수에 대해 설명하고 있다. det(A)는 행렬 A의 행렬식을 구해주고, inv(A)는 행렬 A의 역행렬을 구해주는 함수이다. 이외에 Matlab에서 사용되는 행렬식의 연산에 관련된 함수로는 행렬의 크기를 결과 값으로 되돌리는 size(A) 함수와 행렬 원소의 개수를 구하는 length(A), 그리고 일차 독립인 행의 개수를 구하는 rank(A) 함수가 있다.

연습문제

1. $\omega = 0, 1, 2, 3, 10, 30, 100$의 각각에 대해서 복소수 $\dfrac{1}{1+j0.1\omega}$ 의 절대값과 편각을 구하여라. 또한 그 결과를 복소 평면에 플롯해 보아라.

2. 다음 식을 sin, cos의 형태로 고쳐라.
   (1) $Ae^{j\omega t} + Be^{-j\omega t}$
   (2) $Ae^{-\alpha t}e^{j(\omega t + \varphi)} - Be^{-\alpha t}e^{-j(\omega t + \varphi)}$

3. 다음 식으로 지수 함수의 형태로 고쳐라.
   (1) $A\sin\omega t + B\cos\omega t$
   (2) $e^{\alpha t}\sin(\omega t + \varphi)$

4. 다음 복소수의 절대값과 편각을 구하여라.

$$\frac{(43+j81)(9+j11)}{j36(9+j25)(7-j9)}$$

5. 함수 $F(s) = (s+1)/(s-1)$을 이용해서 s 평면에서 직선 그룹 $\sigma = \text{const}$ 및 $\omega = \text{const}$의 $F(s)$ 평면에 대한 사상을 구하여라. 또한 이들 s 평면상의 직선군은 서로 직교하여 있으나 $F(s)$ 평면에서의 사상은 어떻게 되고 있는가?

6. 다음 함수의 라플라스 변환을 구하여라.
   (1) $f(t) = e^{-\alpha t} - e^{-\beta t}$
   (2) $f(t) = \sinh \alpha t$
   (3) $f(t) = \cos\omega_1 t - \cos\omega_2 t$
   (4) $f(t) = \sin(\omega t + \varphi)$
   (5) $f(t) = \sinh\alpha t - \sin\alpha t$
   (6) $f(t) = e^{-4t}\cos 314 t$
   (7) $f(t) = 1 + 2t + 4t^2$
   (8) $f(t) = te^{-3t}$
   (9) $f(t) = t\sin\omega t$
   (10) $f(t) = u(t-T), \quad T : \text{상수}$

7. 그림 2·17에 나타내는 함수의 라플라스 변환을 구하여라. 또한 $T \to 0$의 극한에서는 어떻게 되는가?

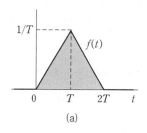

(a)

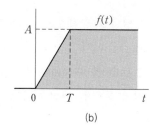

(b)

그림 2·17 문제 7

8. 그림 2·18에 나타내는 반복 파형의 라플라스 변환을 구하여라.

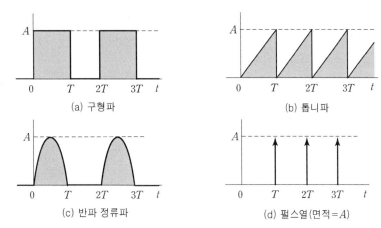

(a) 구형파

(b) 톱니파

(c) 반파 정류파

(d) 펄스열(면적$=A$)

그림 2·18 문제 8

9. 다음의 미분 방정식을 라플라스 변환하여라.

(1) $L\dfrac{di(t)}{dt} + Ri(t) + \dfrac{1}{C}\int i(t)dt = E$, $E = \text{const}$

(2) $M\dfrac{d^2x(t)}{dt^2} + D\dfrac{dx(t)}{dt} + Kx(t) = F_0\sin\omega t$, $F_0 = \text{const}$

(3) $T\dfrac{dx(t)}{dt} + x(t) = V_o t$, $V_o = \text{const}$

10. 라플라스 변환을 이용해서 다음의 미분 방정식을 풀어라.

(1) $10\dfrac{dx(t)}{dt} + x(t) = 100$, $x(0) = 5$

(2) $\dfrac{d^2x(t)}{dt^2} + 4x(t) = 0$, $x(0) = 1$, $x^{(1)}(0) = 2$

(3) $\dfrac{dx(t)}{dt} = -y(t)$, $\dfrac{dy(t)}{dt} = -2x(t) - y(t)$, $x(0) = y(0) = 1$

11. 다음에 있는 함수 $F(s)$의 라플라스 역변환 $f(t)$를 구하여라.

(1) $F(s) = \dfrac{2}{s^2 + 6s + 8}$

(2) $F(s) = \dfrac{5s+6}{s(s+1)(s+2)}$

(3) $F(s) = \dfrac{4}{s^2 + 4}$

(4) $F(s) = \dfrac{s+6}{s^2 + 8s + 20}$

(5) $F(s) = \dfrac{1}{s^3 + s^2 + s}$

(6) $F(s) = \dfrac{5s+3}{(s+1)(s^2 + 2s + 5)}$

(7) $F(s) = \dfrac{1}{s(s+1)^2}$

(8) $F(s) = \dfrac{s+3}{s(s+1)^2(s+2)}$

(9) $F(s) = \dfrac{e^{-2s}}{s}$ (10) $F(s) = \dfrac{e^{-2s}}{s(s+1)}$

12. 최종값의 정리를 이용해서 앞 문제에 관한 $f(t)$의 최종값을 구하여라. 또한, 이들이 앞 문제에서 구한 $f(t)$의 극한과 일치하는지를 확인하여라.

3장

전달 함수

3·1 자동 제어계와 신호 전달

　자동 제어계는 여러 요소의 조합으로 구성되어 있다. 이러한 요소의 하나에 어떤 원인이 가해지면 그 요소의 상황이 변화한다. 이 제1요소에 발생한 상황의 변화, 즉 결과는 제2요소의 상황을 변화시키는 원인이 된다. 그 결과는 또한 제3요소의 상황을 변화시키는 원인이 된다. 이와 같이 하여 자동 제어계에서는 원인, 결과, 원인, 결과, ……의 연쇄가 이루어지고 있다.

　그런데 자동 제어계를 구성하고 있는 요소에는 기계적인 것, 유체적인 것, 열적인 것, 전기적인 것, 또는 그들이 조합된 것 등 여러 가지의 형식이 있다. 또한 요소의 상황을 변화시키는 원인이 되는 물리량이나 그 결과로서 변화를 일으키는 물리량은 변위, 속도, 힘, 유량 등의 역학량, 열량, 온도 등의 열적량, 전압, 전류

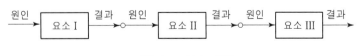

그림 3·1 신호 전달

등의 전기적량 등 여러 가지이다. 그 위에 어떤 요소의 원인이 되는 물리량과 결과가 되는 물리량이 동일 종류의 양이라고는 한정되지 않는다. 그러나 물리량의 종류는 달라도 자동 제어계의 구성 요소는 그 상황을 변화시키는 물리량의 변화를 수신하고 거기에 응답하여 다른 물리량의 변화를 일으키며 이것을 다음의 요소로 송신하고 있다고 볼 수가 있다. 이 경우에 요소 사이에서 송·수신되고 있는 것은 에너지나 물질이 아니라 일종의 신호이다. 이 의미에서 요소의 상황을 변화시키는 원인이 되는 물리량을 **입력 신호**(input signal), 그 결과 변화를 일으킨 물리량에서 다음의 요소로 전달하는 것을 **출력 신호**(output signal)라고 한다. 요소의 조합에 대해서도 전체 요소에 대한 입력 신호, 출력 신호를 생각할 수 있다.

자동 제어계의 동작을 생각하기 위해서는 제어계의 외부에서 가해진 신호가 그 제어계 내부에서 어떻게 전송되고 변환되며 증폭되어 외부로 나가는지를 명백히 하지 않으면 안된다. 이와 같은 요소간의 신호 전달 특성을 취급하는 경우에는 요소의 내부 구조, 에너지의 발생이나 소비, 물질의 변화라는 사물의 성질은 필요가 없고 주어진 입력 신호와 거기에 대한 출력 신호의 관계를 알면 충분하다.

그러므로 그림 3·2와 같이 요소 내부의 사정은 모두 블랙 박스(black box) 내에 넣어 입력 신호와 출력 신호의 관계에만 주목한다. 이와 같은 관계를 표시하는 것이 다음 절에 설명하는 전달 함수이다. 이 전달 함수에 의해서 요소의 신호 전달 특성을 양적으로 표현할 수가 있다.

그림 3·2 입력 신호와 출력 신호

3·2 전달 함수에 의한 신호 전달 특성의 표현

앞의 3·1에서 설명했듯이 우리들이 구하고자 하는 것은 입력 신호와 출력 신호 간의 신호 전달 특성이다. 그런데 어떤 요소의 출력 신호는 그 요소의 성질과 입력 신호에 의해서 정해지지만 입력 신호가 어떻게 변해도, 즉 그 크기나 시간적인 변화가 어떠해도, 입력 신호와 출력 신호의 관계를 일정하게 표현할 수 있는 방법이 있으면 이것은 그 요소의 신호 전달 특성을 일정하게 표시하는 것이 매우 적합한 방법일 것이다.

일례로서 이상적인 증폭기의 신호 전달 특성을 생각해 본다. 이 증폭기에 입력 전압 $v_i(t)$를 인가하면 거기에 비례한 출력 전압 $v_o(t)$가 얻어진다.

$$v_o(t) = K_a v_i(t) \tag{3·1}$$

여기서 비례 상수 K_a는 증폭기의 이득(증폭도)이라고 불리우는 것이다.

그런데 이 경우에 $v_i(t)$가 원인이 되어 결과 $v_o(t)$를 발생시킨 것이므로 $v_i(t)$가 입력 신호, $v_o(t)$가 출력 신호이다. 이 입력 신호와 출력 신호의 관계를 나타내는 가장 간단한 표현법으로서 $v_o(t)$와 $v_i(t)$의 비를 구해 보면

$$\frac{v_o(t)}{v_i(t)} = K_a \tag{3·2}$$

가 되어 이 증폭기에 고유 상수가 된다. 이 관계는 입력 신호, 출력 신호가 어떤 크기라도 어떤 파형(시간적인 경과)이라도 성립한다. 따라서, 식 (3·2)의 값을 가지고 이 증폭기의 신호 전달 특성을 표현할 수가 있다.

이 경우에 그림 3·3(b)와 같이 증폭기 이득을 블록 속에 써넣고 입력 신호와 출력 신호를 화살표로 나타내어 두면 신호 전달의 이미지가 명료하게 표현된다.

다음에 그림 3·4와 같이 저항 R_1, R_2로 전압 $v_i(t)$를 분압하고 단자 $2-2'$에

그림 3·3 이상적인 증폭기

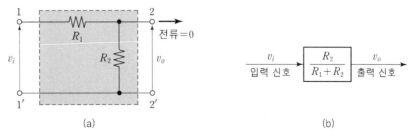

그림 3·4 저항 분압기

서 전압 $v_o(t)$를 인출하는 분압기를 생각해 본다. 단자 $2-2'$에서 전류를 취하지 않으면

$$v_o(t) = \frac{R_2}{R_1+R_2}\, v_i(t) \tag{3·3}$$

이 경우도 입력 신호 $v_i(t)$와 출력 신호 $v_o(t)$의 관계를 나타내는 데에 $v_o(t)$와 $v_i(t)$의 비를 구해 보면

$$\frac{v_o(t)}{v_i(t)} = \frac{R_1}{R_1+R_2} \tag{3·4}$$

가 되어 저항값만으로 결정되는 상수가 된다. 이것은 입력 신호의 크기나 파형에 관계없으므로 이상적인 증폭기인 경우와 같이 식 (3·4)를 가지고 이 분압기의 신호 전달 특성을 표시할 수가 있다. 그림 3·4(b)의 블록 선도를 사용하는 것도 마찬가지이다.

조금더 복잡한 예로서 그림 3·5와 같이 저항 R과 정전 용량 C로 구성되어 있는 전기 회로를 생각해 본다(2·7절 참조).

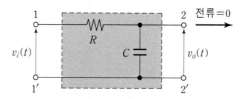

그림 3·5 RC 회로

$v_i(t)$로서 단위 계단 함수 및 단위 램프 함수를 생각하면 $v_o(t)$는 식 (2·111), (2·122)에서 다음과 같이 된다.

(ⅰ) $v_i(t) = u(t)$, $v_o(0)=0$인 경우

$$v_o(t) = 1 - e^{-t/T}, \qquad T = CR$$

(ⅱ) $v_i(t) = t$, $v_o(0)=0$인 경우

$$v_o(t) = t - T(1 - e^{-t/T})$$

여기서 입력 신호 $v_i(t)$와 출력 신호 $v_o(t)$의 관계를 구하기 위해서 비 $v_o(t)/v_i(t)$를 계산하면 (i)의 경우와 (ii)의 경우에서 명백히 다른 결과를 발생한다. 즉, 비 $v_o(t)/v_i(t)$는 $v_i(t)$의 파형에 따라서 달라지며 이 회로의 신호 전달 특성 표시로서 사용하는 것은 불가능하다.

한편, 식 (2·100)에서 $v_o(0)=0$이라고 하면

$$V_o(s) = \frac{1}{Ts+1} V_i(s) \tag{3·5}$$

$V_o(s)$와 $V_i(s)$의 비를 구하면

$$G(s) = \frac{V_o(s)}{V_i(s)} = \frac{1}{Ts+1} \tag{3·6}$$

이것은 s의 함수이지만 그 파라미터 T는 회로 상수 C, R에만 의해서 결정되며 어떤 $v_i(t)$의 파형에 대해서도 변하지 않는다.

그림 3·3의 경우도 마찬가지로 신호 전달 특성을 비 $V_o(s)/V_i(s)$로 표시할 수가 있다.

$$G(s) = \frac{V_o(s)}{V_i(s)} = \frac{R_2}{R_1+R_2} \tag{3·7}$$

이 함수가 $v_i(t)$의 크기나 파형에 관계되지 않는 것은 물론이고 우변을 보면 저항 R_1, R_2만으로 결정되는 이 요소 고유의 함수인 것이 명백하다.

이와 같이 출력 신호의 라플라스 변환과 입력 신호의 라플라스 변환에 대한 비를 구하면 그것은 입력 신호의 파형이나 크기에 관계없는 s의 함수이며, 게다가 그 요소에 고유한 함수이다. t 영역에서는 입력 신호와 출력 신호의 관계, 즉 신호 전달 특성을 일반적으로 비 $v_o(t)/v_i(t)$로 표시할 수 없지만 s 영역에서는 비 $V_o(s)/V_i(s)$를 가지고 신호 전달 특성을 일반적으로 표시할 수가 있다.

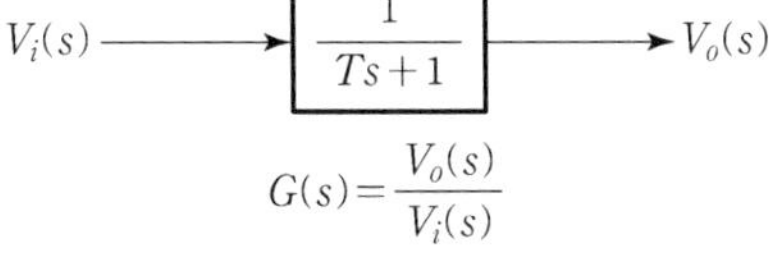

$$G(s) = \frac{V_o(s)}{V_i(s)}$$

그림 3·6 블록 선도

이와 같이 모든 초기값을 0으로 한 경우에 출력 신호의 라플라스 변환과 입력 신호의 라플라스 변환에 대한 비를 **전달 함수**(transfer function)라고 한다.

$$\frac{\mathcal{L}[\text{출력 신호}]}{\mathcal{L}[\text{입력 신호}]} = \text{전달 함수}(s\text{의 함수}) \qquad \text{단, 초기값} = 0$$

반대로

$$\mathcal{L}[\text{출력 신호}] = \text{전달 함수}(s\text{의 함수}) \times \mathcal{L}[\text{입력 신호}]$$

이다.

그림 3·5의 예에서는 입력 신호와 출력 신호의 관계가 미분 방정식 (2·95)로 주어지며 그 전달 함수는 식 (3·6)과 같이 분수식이 되었다. 일반적으로 제어계의 입·출력 신호간의 관계는 상계수 선형 상미분 방정식으로 주어지므로 그 전달 함수는 s에 관한 유리식, 즉 s에 관한 다항식을 분자, 분모로 하는 분수식이 된다. 특히 식 (3·7)과 같이 상수가 되는 경우는 s의 항만으로 생각해 두어도 좋다. 더욱이 입력 신호와 출력 신호가 반드시 동일 차수를 가지지는 않기 때문에 식 (3·2)나 식 (3·4)와 같이 전달 함수가 무차원으로는 한정되지 않는다. 예를 들면 서보 전동기(그림 1·5)에서 입력 신호를 전압, 출력 신호를 각도로 하면 그 전달 함수는 [각도]/[전압]의 차원을 가진다.

더욱이 여기서 초기값을 0과 같다고 하는 것에 대해서 유의해야 한다. 그림 3·5의 예에서 $v_o(0) \neq 0$이라면 콘덴서에 초기 전하가 있고 $t = 0$에서 에너지가 축적되고 있는 것이 된다. 이와 같이 $t = 0$에서 축적 에너지가 있으면 입력 신호가 없어도 출력 신호가 나오기 때문에 입력 신호와 출력 신호 전달 특성이 일정하게 정해지지 않게 된다. 그 때문에 초기값 0인 상태를 생각한 것이다. 또한 이밖에 다음의 이유도 있다. 즉, 식 (2·100)을 보면 초기값 $v_o(0)$이 있는 경우는 여기에 근거하여 출력 신호에

$$\frac{1}{Ts+1} Tv_o(0)$$

의 항이 가해진다는 것을 알 수 있다. 여기서 $1/(Ts+1)$은 이 요소의 전달 함수이므로 이 항은 입력 신호 $Tv_o(0)$에 대한 출력 신호이다. 따라서 $v_o(0) \neq 0$인

경우는 전달 함수가 $1/(Ts+1)$이며 입력 신호가 $V_i(s)$에서 $V_i(s)+Tv_o(0)$으로 변했다고 보아도 좋다. 그렇게 하면 초기값이 존재해도 그것은 입력 신호가 변화한 것뿐이며 전달 함수에는 영향을 주지 않게 된다. 원래 요소의 신호 전달 특성은 그 요소 고유의 것이며 입력 신호의 크기나 파형, 초기값의 유무에 관계하지 않는 것이라야 한다. 이 생각에서 초기값을 일종의 입력 신호로 보고 전달 함수가 변하지 않는다고 하는 쪽이 타당하다. 이상과 같은 생각에서 전달 함수를 구할 때에 초기값을 0으로 둔 것이다.

3·3 전달 함수의 예

앞 절에서는 전기 회로에 대해서 전달 함수를 구했다. 이 절에서는 그 이외의 제어계에 대한 예를 들어 본다.

예제 3·1 **직선 운동계** ·

그림 3·7에 나타내는 스프링 – 질량 – 댐퍼계에서 스프링 상수 $K_s[\text{N/m}]$, 질량 $M[\text{kg}]$, 점성 감쇠 계수 $D[\text{N/(m/s)}]$라 할 때, 외력 $f(t)[\text{N}]$을 입력 신호, 변위 $x(t)[\text{m}]$를 출력 신호로 하는 전달 함수를 구해 보자. 단, 운동은 일직선상으로 구속되어 있다고 한다.

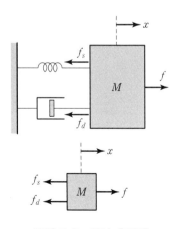

그림 3·7 직선 운동계

풀이   변위 x를 평형 위치에서 측정하는 것으로 한다. 질량 M에 작용하는 힘은 외력 $f(t)$ 이외에 스프링의 힘 $f_s(t) = K_s x(t)$와 제동력 $f_d(t) = D dx/dt$이다. 이 제어계의 운동 방정식은 부록 A·2에서

$$M \frac{d^2 x(t)}{dt^2} = f(t) - f_s(t) - f_d(t)$$

$$= f(t) - K_s x(t) - D \frac{dx(t)}{dt}$$

모든 초기값을 0으로 놓고 라플라스 변환하면

$$s^2 M X(s) = F(s) - K_s X(s) - sDX(s) \tag{3·9}$$

이다. 단,

$$\mathcal{L}[x(t)] = X(s), \qquad \mathcal{L}[f(t)] = F(s) \tag{3·10}$$

이다. 따라서, 전달 함수 $G(s)$는 다음과 같이 된다.

$$\therefore G(s) = \frac{X(s)}{F(s)} = \frac{1}{Ms^2 + Ds + K_s} \, [\text{m/N}] \tag{3·11}$$

예제 3·2   **회전 운동계** ·

관성 모멘트 J, 점성 감쇠 계수 D인 회전 운동계에 토크 τ를 작용시킬 때, 토크 τ를 입력 신호, 각속도 ω를 출력 신호로 하는 전달 함수를 구해 보자. 또한 각변위 θ를 출력 신호로 하는 경우는 어떻게 되는가?

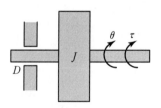

그림 3·8 회전 운동계

풀이   관성 모멘트 J에 작용하는 토크는 τ와 제동력 $Dd\theta/dt$이므로 운동 방정식은 부록 A·2에서

$$J \frac{d^2 \theta}{dt^2} = \tau - D \frac{d\theta}{dt} \tag{3·12}$$

각속도를 ω라 하면

$$\omega = \frac{d\theta}{dt} \tag{3·13}$$

식 (3·12), (3·13)에 의해서

$$J \frac{d\omega}{dt} + d\omega = \tau \tag{3·14}$$

초기값을 0으로 하여 라플라스 변환을 하면

$$sJ\Omega(s) + D\Omega(s) = T(s) \tag{3·15}$$

이다. 단,

$$\Omega(s) = \mathcal{L}[\omega(t)], \qquad T(s) = \mathcal{L}[\tau(t)] \tag{3·16}$$

식 (3·15)에서 T를 입력 신호, Ω을 출력 신호로 하는 전달 함수 $G_1(s)$는 다음과 같이 된다.

$$\therefore G_1(s) = \frac{\Omega(s)}{T(s)} = \frac{1}{Js + D} = \frac{K}{Ts + 1} \tag{3·17}$$

단,

$$K = \frac{1}{D}, \qquad T = \frac{J}{D} \tag{3·18}$$

이다. 한편, 초기값을 0으로 하여 식 (3·13)을 라플라스 변환하면

$$\Omega(s) = s\Theta(s) \tag{3·20}$$

단,

$$\Theta(s) = \mathcal{L}[\theta(t)] \tag{3·20}$$

이다. 이것에서

$$\therefore G_2(s) = \frac{\Theta(s)}{\Omega(s)} = \frac{1}{s} \tag{3·21}$$

식 (3·17), (3·21)에서 T를 입력 신호, Θ를 출력 신호로 하는 전달 함수 $G_3(s)$는 다음과 같이 된다.

$$\therefore G_3(s) = \frac{\Theta(s)}{T(s)} = \frac{\Omega(s)}{T(s)} \frac{\Theta(s)}{\Omega(s)} = \frac{K}{s(Ts + 1)} \tag{3·22}$$

이상의 관계는 그림 3·9에서 나타낸다.

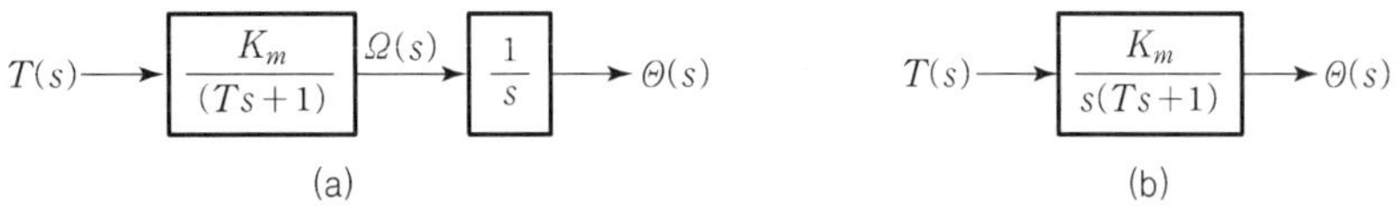

그림 3·9 그림 3·8 제어계의 전달 함수

예제 3·3 **물 가열기** ·

그림 3·10과 같은 잘 열절연된 수조 내에서 전열에 의해서 물을 가열하는 장치가 있다. 이 수조에 유입하여 유출하는 물의 유량 $q[l/s]$를 일정하게 하면 수조 수위가 일정하게 되고, 따라서 수조 내에 있는 물의 열용량 $C[kcal/°C]$도 일정하다고 생각된다. 전열의 소비 전력을 $[kcal/s]$로 환산하여 $p_i[kcal/s]$로 할 때에 소비 전력을 입력 신호로 하며 물의 온도 상승을 출력 신호로 하는 전달 함수를 구해 보자.

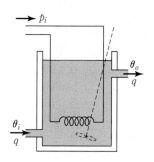

그림 3·10 물 가열기

풀이 시간 dt 사이의 열량 평형식은 다음과 같다.

$$\underbrace{Cd(\theta_o - \theta_i)}_{\substack{\text{축적되는} \\ \text{열량}}} + \underbrace{\rho cq(\theta_o - \theta_i)dt}_{\substack{\text{물이 가지고} \\ \text{가는 열량}}} = \underbrace{p_i dt}_{\substack{\text{전열이 주는} \\ \text{열량}}} \tag{3·23}$$

단, θ_o는 물의 출구 온도$[°C]$, θ_i는 입구 온도$[°C]$, $(\theta_o - \theta_i)$는 온도 상승$[°C]$, ρ는 물의 밀도$[kg/l]$, c는 물의 비열$[kcal/kg/°C]$, ρcq는 온도차 $1[°C]$에서 매초 물이 가지고 가는 열량이다. $\rho cq = 1/R_t$로 놓으면 R_t는 $1[kcal/s]$의 열류를 생기게 하는 데에 요하는 온도차, 즉 열저항이다(전기 저항, 전류, 전압의 관계에서 유추한다). 또한 온도 상승 $\theta_o - \theta_i = \theta$로 놓으면 식 (3·23)은

$$C\frac{d\theta}{dt} + \frac{1}{R_i}\theta = p_i \tag{3·24}$$

θ의 초기값을 0으로 하여 윗식을 라플라스 변환하면

$$sC\Theta(s) + \frac{1}{R_t}\Theta(s) = P_i(s) \tag{3·25}$$

단,

$$\Theta(s) = \mathcal{L}[\theta], \qquad P_i(s) = \mathcal{L}[p_i] \tag{3·26}$$

이다. 식 (3·25)에서 $P_i(s)$를 입력 신호, $\Theta(s)$를 출력 신호로 하는 전달 함수 $G(s)$는

$$\therefore \ G(s) = \frac{\Theta(s)}{P_i(s)} = \frac{R_t}{CR_ts+1} = \frac{R_t}{Ts+1}$$

단, $T = CR_t$ (3·27)

예제 3·4 **타여자 직류 발전기**······················

타여자 직류 발전기의 계자 전압을 입력 신호, 발생 전압을 출력 신호로 하는 전달 함수를 구하여라.

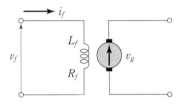

그림 3·11 타여자 직류 발전기

풀이 계자 권선의 인덕턴스를 L_f, 저항을 R_f라 하면 계자 회로의 회로 방정식은

$$L_f \frac{di_f}{dt} + R_f i_f = v_f \tag{3·28}$$

이 계자 전류 i_f에 의해서 계자 자속 ϕ를 발생한다. 철심의 자기 포화 및 자기 히스테리시스를 무시하면 ϕ는 i_f에 비례한다.

$$\phi = K_\phi i_f \tag{3·29}$$

발전기가 일정 회전수로 회전하고 있으면 발생 전압 v_g는 계자 자속 ϕ에 비례한다.

$$v_g = K_g \phi \tag{3·30}$$

모든 초기값을 0으로 해서 이상의 식을 라플라스 변환하면

$$\left.\begin{array}{l} sL_fI_f(s) + R_fI_f(s) = V_f(s) \\[2mm] \Phi(s) = K_\phi I_f(s) \\[2mm] V_g(s) = K_g \Phi(s) \end{array}\right\} \tag{3·31}$$

단,

$$\left.\begin{array}{ll} I_f(s) = \mathcal{L}[i_f], & V_f(s) = \mathcal{L}[v_f] \\[2mm] \Phi(s) = \mathcal{L}[\phi], & V_o(s) = \mathcal{L}[v_g] \end{array}\right\} \tag{3·32}$$

이다. 식 (3·31)에서

$$\frac{I_f(s)}{V_f(s)} = \frac{1}{L_f s + R_f} = \frac{K_f}{T_f s + 1}$$

$$\frac{\Phi(s)}{I_f(s)} = K_\phi \tag{3·33}$$

$$\frac{V_g(s)}{\Phi(s)} = K_g$$

단,

$$K_f = \frac{1}{R_f}$$

$$T_f = \frac{L_f}{R_f} \tag{3·34}$$

이다. 식 (3·33)에서 $V_f(s)$를 입력 신호, $V_g(s)$를 출력 신호로 하는 전달 함수 $G(s)$는 다음과 같이 된다.

$$\therefore \ G(s) = \frac{V_g(s)}{V_f(s)} = \frac{I_f(s)}{V_f(s)} \ \frac{\Phi(s)}{I_f(s)} \ \frac{V_g(s)}{\Phi(s)}$$

$$= \frac{K_f K_\phi K_g}{T_f s + 1} \tag{3·35}$$

이상의 관계를 도시하면 그림 3·12가 된다.

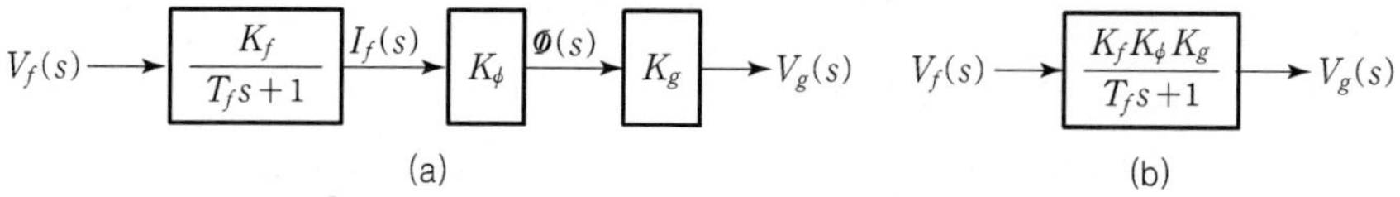

그림 3·12 타여자 직류 발전기의 전달 함수

예제 3·5 전기자 제어 직류 전동기 ·

계자 전류가 일정한 직류 전동기의 전기자 전압을 입력 신호, 부하의 각속도를 출력 신호로 하는 전달 함수를 구해 보자. 단, 부하는 관성 모멘트와 점성 마찰로 한다. 또한 부하의 회전각을 출력 신호로 하면 어떻게 되는가?

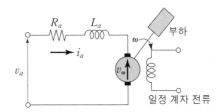

그림 3·13 전기자 제어 직류 전동기

풀이   전기자의 저항을 R_a, 인덕턴스를 L_a라 하면 다음의 회로 방정식이 성립된다.

$$L_a \frac{di_a}{dt} + R_a i_a + v_\omega = v_a \tag{3·36}$$

단, v_ω는 전기자의 회전에 의해서 생기는 기전력이며, 계자 전류가 일정(바꿔 말하면 계자 자속이 일정)하므로 각속도 ω에 비례한다.

$$v_\omega = K_\omega \omega \tag{3·37}$$

계자 자속과 전기자 전류의 상호 작용에 의해서 전동기는 토크 τ를 발생한다. 계자 자속이 일정하므로 전동기 토크 τ는 전기자 전류 i_a에 비례한다.

$$\tau = K_t i_a \tag{3·38}$$

부하는 관성 모멘트와 점성 마찰이므로 회전 부분의 운동 방정식은 다음과 같이 된다.

$$J \frac{d\omega}{dt} + D\omega = \tau \tag{3·39}$$

단, J, D는 각각 부하와 전동기를 합산한 관성 모멘트 및 점성 감쇠 계수로 한다.

모든 초기값을 0으로 하여 식 (3·36)~식 (3·39)를 라플라스 변환하면 다음 식이 얻어진다.

$$\left. \begin{aligned} sL_a I_a(s) + R_a I_a(s) + V_\omega(s) &= V_a(s) \\ V_\omega(s) &= K_\omega \Omega(s) \\ T(s) &= K_t I_a(s) \\ sJ\Omega(s) + D\Omega(s) &= T(s) \end{aligned} \right\} \tag{3·40}$$

단,

$$\left. \begin{aligned} I_a(s) &= \mathcal{L}[i_a], & V_\omega &= \mathcal{L}[v_\omega] \\ V_a(s) &= \mathcal{L}[v_a], & \Omega(s) &= \mathcal{L}[\omega], & T(s) &= \mathcal{L}[\tau] \end{aligned} \right\} \tag{3·41}$$

식 (3·40)에서 입력 신호 $V_a(s)$, 출력 신호 $\Omega(s)$ 이외를 소거한다. 제3식, 제4식에서

$$I_a(s) = \frac{1}{K_t}(Js + D)\Omega(s) \tag{3·42}$$

식 (3·40) 제 2 식과 식 (3·42)를 식 (3·40) 제 1 식에 대입하면

$$\frac{1}{K_t}(L_a s + R_a)(Js + D)\Omega(s) + K_\omega \Omega(s) = V_a(s) \tag{3·43}$$

여기서 $V_a(s)$를 입력 신호, $\Omega(s)$를 출력 신호로 하는 전달 함수 $G_1(s)$는 다음 식과 같이 된다.

$$\therefore\ G_1(s) = \frac{\Omega(s)}{V_a(s)} = \frac{K_t}{(L_a s + R_a)(Js + D) + K_\omega K_t} \tag{3·44}$$

보통 전기자 인덕턴스 L_a를 무시할 수 없으므로 전달 함수 $G_1(s)$는 다음 식이 된다.

$$G_1(s) = \frac{\Omega(s)}{V_a(s)} = \frac{K_m}{T_m s + 1} \tag{3·45}$$

단,

$$K_m = \frac{K_t}{R_a D + K_\omega K_t}, \qquad T_m = \frac{R_a J}{R_a D + K_\omega K_t} \tag{3·46}$$

각변위를 θ라 하면 각속도 ω는

$$\omega = \frac{d\theta}{dt} \tag{3·47}$$

초기값을 0으로 하여 라플라스 변환하면

$$\omega(s) = s\Theta(s) \tag{3·48}$$

단,

$$\Omega(s) = \mathcal{L}[\theta] \tag{3·49}$$

따라서

$$\frac{\Theta(s)}{\Omega(s)} = \frac{1}{s} \tag{3·50}$$

$V_a(s)$를 입력 신호, $\Theta(s)$를 출력 신호로 하는 전달 함수 $G_2(s)$는 식 (3·45), (3·50)에서

$$\therefore\ G_2(s) = \frac{\Theta(s)}{V_a(s)} = \frac{\Omega(s)}{V_a(s)}\frac{\Theta(s)}{\Omega(s)} = \frac{K_m}{s(T_m s + 1)} \tag{3·51}$$

이다.

이상의 관계는 그림 3·14로 나타낸다.

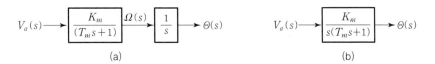

그림 3·14 전기자 제어 직류 전동기의 전달 함수

3·4 전달 함수의 물리적 의의, 중량 함수

앞에서 설명하였듯이 전달함수는 시스템의 출력 신호(라플라스 변환 함수)를 입력 신호(라플라스 변환 함수)로 나눈 함수로 정의한다. 시스템을 표현할 때 전달함수를 이용하는 이유는, 미분방정식을 풀지 않고서도 전달함수의 분모부와 분자부 인수들로부터 시스템의 특성을 알아낼 수 있기 때문이다.

다시 말하면, 시스템의 안정성에 대한 정보를 제공하기 때문에 제어 시스템의 해석과 설계에 많이 사용된다. 주의할 점은 시스템 안의 초기상태는 모두 0으로 놓는다. 왜냐하면 전달함수는 입력 신호가 출력 신호에 전달되는 특성을 표시하기 위한 것이기 때문이다.

어떤 요소 또는 제어계(요소의 집합)의 입력 신호 $x(t)$, 출력 신호를 $y(t)$, 각각의 라플라스 변환을 $X(s)$, $Y(s)$라 할 때, 전달 함수 $G(s)$는 정의에 의해서

$$G(s) = \frac{Y(s)}{X(s)} \tag{3·52}$$

이 관계를 도시하는 데에 그림 3·15의 표현법을 이용한다.

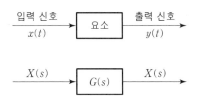

그림 3·15 입력 신호, 출력 신호와 전달 함수

즉, 그림 3·3(b)와 같은 블록 내에 전달 함수를 써넣고 화살표로 신호를 표시한다. 또한 식 (3·52)를 고쳐 쓰면

$$Y(s) = G(s)X(s) \tag{3·53}$$

또는

$$y(t) = \mathcal{L}^{-1}[G(s)X(s)] \tag{3·54}$$

이 관계를 이용하면 요소 또는 제어계의 전달 함수 $G(s)$를 이미 알고 있는 경우, 임의의 입력 신호 $x(t)$에 대한 출력 신호 $y(t)$가 다음의 순서로 구해진다. 단, 모든 초기값이 0인 경우이다.

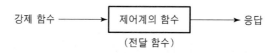

그림 3·16 여기 함수의 응답

(i) 입력 신호의 라플라스 변환 $\mathcal{L}[x(t)] = X(s)$를 구한다.

(ii) 식 (3·53)에서 $Y(s)$를 구한다.

(iii) $Y(s)$의 역변환 $\mathcal{L}^{-1}[Y(s)]$를 구한다. 이것이 구하는 출력 신호 $y(t)$이다.

이 경우, 입력 신호 $x(t)$는 제어계의 상황을 바꾸는 원인인 구동력을 표시하며 출력 신호 $y(t)$는 이 강제력에 대해 제어계가 나타내는 응답을 표시하고 있다. 이와 같은 의미에서 입력 신호를 **여자 함수**(excitation function 또는 forcing function), 출력 신호를 그 제어계의 **응답**(response)이라고 한다.

시스템 해석에 있어서 응답 특성은 크게 다음과 같이 나뉘어진다.

시스템 해석 ┬ 시간 영역 ┬ 단위 임펄스 응답 ─ 기계 진동 분야에서 많이 사용
            │   ├ 계단 응답
            │   ├ 인디셜 응답
            │   └ 램프 응답
            └ 주파수 영역 ─ 주파수 응답

시간 영역에서 여자 함수에 따른 응답은 다음과 같다.

	(여자 함수)		(응답)
단위 임펄스 함수	→	임펄스 응답(impulse response)
계단 함수	→	계단 응답(step response)
단위 계단 함수	→	인디셜 응답(indicial response)*
램프 함수	→	램프 응답(ramp response)

이미 설명한 바와 같이 전달 함수 $G(s)$는 제어계의 구성과 그 상수로 정해지는 제어계 고유의 함수이며 입력 신호, 즉 강제 함수의 형태에는 관계없다.

그런데 단위 임펄스 함수를 입력 신호로 할 경우의 응답, 즉 임펄스 응답은 특별한 의미를 갖는다. 즉, 입력 신호 $\delta(t)$의 라플라스 변환 $\mathcal{L}[\delta(t)] = 1$이므로 임펄스 응답을 $g(t)$라 하면 식 (3·54)에서

$$g(t) = \mathcal{L}^{-1}[G(s)] \tag{3·55}$$

이다. 또는

$$G(s) = \mathcal{L}[g(t)] \tag{3·56}$$

이다. 즉

> 어떤 제어계의 임펄스 응답은 그 제어계에 대한 전달 함수의 라플라스 역변환과 같다.

반대로

> 전달 함수는 임펄스 응답의 라플라스 변환이다.

전달 함수는 그 제어계에 고유한 함수이므로 임펄스 응답도 또한 그 제어계에 고유하다. 철도의 직원이 테스트 망치로 차량을 두드리고 있는 것도, 우리들이 수박을 두드려보는 것도 거기에는 고유한 임펄스 응답에 해당하는가 어떤가를 검정하고 있는 것이다.

---

* 인덱스(index)가 되는 응답이라는 의미, indicial은 index, indicate와 동일 어원의 단어이다.

3·5 선형 근사(I)

3·2에서 설명한 바와 같이 전달 함수를 구하기 위해서는 다음의 순서에 의한다.

(i) 제어계의 물리량, 즉 신호간의 관계를 나타내는 미분 방정식을 만든다.
(ii) 모든 초기값을 0으로 하여 미분 방정식의 라플라스 변환을 구한다.
(iii) 입력 신호, 출력 신호 이외의 변수를 소거한다.
(iv) 출력 신호와 입력 신호의 비를 구한다.

이 방법을 행하기 위해서는 제어계의 미분 방정식이 선형 상미분 방정식일 것,
바꿔 말하면 모든 양이 1차 결합으로 표시되어 있을 필요가 있다. 즉, 변수의 미
분, 적분은 포함되어 있어도 지장이 없으나 곱, 몫, 거듭제곱이 존재하고 있으면
전달 함수를 유도할 수 없다.

선형이라는 의미는 중첩의 정리(principle of superposition)이 성립하는 것
이다.

● **중첩의 정리** : 어느 선형의 물리계에 입력 신호 $x_1(t)$를 가했을 때의 출력 신
호가 $y_1(t)$, $x_2(t)$를 가했을 때의 출력 신호가 $y_2(t)$이며, λ_1, λ_2를 임의
상수로 할 때 입력 신호는 $\lambda_1 x_1(t) + \lambda_2 x_2(t)$를 가했을 경우의 출력 신호는
$\lambda_1 y_1(t) + \lambda_2 y_2(t)$이다.

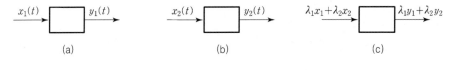

(a) (b) (c)

그림 3·17 중첩의 정리

엄밀히 말하면 실제 시스템에서 완전히 선형인 것은 거의 없다. 예를 들면
대표적인 선형 특성을 나타내는 금속의 전기 저항과 같은 것도 소전류의 경
우와 대전류의 경우에서는 온도차가 생겨 동일 저항값이 되지 않는다.

그 때문에 전류가 크게 변화하는 경우는 엄밀한 의미로 선형이라고 할 수
없다. 그러나 보통의 의미에서는 선형으로서 조금도 지장이 없다. 전기 저항

만큼 넓은 범위에 걸쳐서 선형이라고 간주할 수 없어도 대개의 물리량은 변화 범위가 작으면 부분적으로 선형으로서 표시할 수가 있다. 특히 제어 공학에서는 평형 상태에서의 변화분만을 취급하는 것이 보통이므로 그 변화 범위 내에서는 선형으로 생각해 두면 이론적인 취급이 간단하게 되어 편리하다.

다음은 실제의 비선형 시스템을 선형화하여 선형 시스템으로 바꾸는 과정들에 대해 예제를 통해 알아본다.

예제 3·6 **액체의 유체 저항** ·

원형관 속을 흐르는 층류에 대해서는 다음의 Hagen-Poiseulle 법칙이 성립한다 (레이놀즈 수 <2,400~3,000).

$$q = \frac{\pi D^4 p}{128 \mu L} \tag{3·57}$$

단, q : 유량, D : 지름, L : 길이, p : 압력차, μ : 점성 계수

식 (3·57)은 압력차와 유량에 관해서 선형이다. 옴의 법칙(Ohm's law)과의 유추에서 압력차/유량을 유체 저항 R_h로 하면 이것은 디음과 같이 p, q에 관계없는 상수가 된다.

$$R_h = \frac{p}{q} = \frac{128 \mu L}{\pi D^4} \tag{3·58}$$

이것에 대하여 난류, 예를 들면 밸브나 오리피스를 통하는 액체 흐름에 대해서는 다음 식이 성립한다.

$$q = C_d A \sqrt{\frac{2g}{\rho} p} \tag{3·59}$$

단, C_d : 유량 계수, A : 오리피스 단면적, g : 중력 가속도, ρ : 액체 밀도

이 경우에 수두차와 유량의 관계는 비선형이다. 그러나 그림 3·18과 같이 평형 동작점(p_0, q_0) 주위의 미소 변화 Δp, dq를 생각하면 이 범위에서는 Δp와 Δq의 관계를 직선으로 근사할 수 있다. 그리고 Δp와 Δq의 비를 유체 저항 R_h라 하면

$$R_h = \frac{\Delta p}{\Delta q} \tag{3·60}$$

이다. 변화가 작으면

$$\frac{\Delta p}{\Delta q} \simeq \frac{dp}{dq}$$

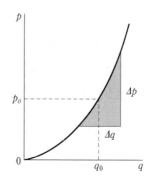

그림 3·18 난류 특성

로 볼 수 있으므로

$$R_h = \frac{dp}{dq} = \frac{1}{dp/dp} = \frac{\sqrt{2\rho p}}{C_d A \sqrt{g}} = \frac{2p_0}{q_0} \tag{3·61}$$

이다. 즉, R_h는 원점에서 동작점에 그은 직선 기울기의 2배와 같다.

이 유체 저항을 이용하면 미소 변화에 대해서 다음의 비례 관계(선형 관계)가 얻어진다.

$$\Delta q = \frac{1}{R_h} \Delta p \tag{3·62}$$

예제 3·7   액면계 ·

플랜트에 급수하기 위한 수조를 그림 3·19에 나타낸다. 유출쪽의 특성을 그림과 같이 집중한 유체 저항 R_h로 표시하고 유입 유량을 입력 신호, 수조 수위를 출력 신호로 하는 전달 함수를 구하여라. 단, 수조의 단면적을 A라 한다.

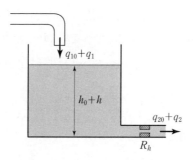

그림 3·19 액면계

풀이   그림 3·18과 같이 평형 동작점에서의 변화분만을 생각하고 또한 번거로움을 피하기 위해 일일이 $\varDelta$를 붙이는 것을 생략하면* 유출 유량 $q_2(t)$는

$$p_2(t) = \frac{1}{R_h} h(t) \tag{3·63}$$

유입 유량과 유출 유량의 차가 수조에 축적되므로 q_1, q_2, h의 평형값을 q_{10}, q_{20}, h_0 라 하면

$$\{(q_{10}+q_1(t))-(q_{20}+q_2(t))\}dt = Ad(h_0+h(t)) \tag{3·64}$$

평형 상태에서는 유입 유량 q_{10}은 유출 유량 q_{20}과 같고 또한 h_0는 일정하므로

$$\{q_1(t)-q_2(t)\}dt = Adh(t)$$

이다. 즉,

$$q_1(t)-q_2(t) = A\frac{dh(t)}{dt} \tag{3·65}$$

이다. 모든 초기값을 0으로 하여 식 (3·63), (3·65)를 라플라스 변환하면

$$\left.\begin{array}{l} Q_2(s) = \dfrac{1}{R_h} H(s) \\[2mm] Q_1(s) - Q_2(s) = sAH(s) \end{array}\right\} \tag{3·66}$$

제1식을 제2식을 대입하면

$$Q_1(s) - \frac{1}{R_h} H(s) = sAH(s) \tag{3·67}$$

따라서, 구하는 전달 함수 $G(s)$는

$$\therefore\ G(s) = \frac{H(s)}{Q_1(s)} = \frac{1}{As+1/R_h} = \frac{K}{Ts+1} \tag{3·68}$$

단, $K = R_h,\quad T = AR_h$

이것은 전기 저항-정전 용량 회로와 같은 전달 함수이다. 그리고 이런 경우의 R_h를 전기 저항에 대응시키면 수조 단면적 A는 정전 용량 C에 대응한다. 또한 수위는 전압에, 유량은 전류에 대응한다.

---

* 이후 본서에서는 특히 아무말이 없는한 평형점에서의 변화분을 생각하며 여기에 $\varDelta$를 붙이지 않고 표시하기로 한다.

3·6 선형 근사(II)

제어계의 미분 방정식이 편미분 방정식인 경우도 미소 변화를 생각하는 것에 의해서 선형 근사를 할 수가 있다. 예제에 의해서 설명해 본다.

예제 3·8 진공관 ·

진공관의 양극 전류 i_p는 그리드 전압 v_g와 양극 전압 v_p의 함수이다.

$$i_p = i_p(v_g, v_p) \tag{3·69}$$

이 함수는 고유한 $\dfrac{3}{2}$ 제곱 법칙이며 또한 2변수 함수로 선형은 아니다. 그래서 변화분에 대해서 생각하는 것으로 하면

$$\Delta i_p = \left(\frac{\partial i_p}{\partial v_g}\right)_{v_p=\text{const}} \Delta v_g + \left(\frac{\partial i_p}{\partial v_p}\right)_{v_g=\text{const}} \Delta v_p \tag{3·70}$$

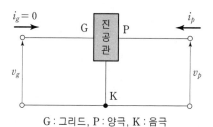

G : 그리드, P : 양극, K : 음극

그림 3·20 진공관

여기서 $(\partial i_p / \partial v_g)_{v_p=\text{const}}$ 는 그림 3·21(a)의 특성 곡선, 즉 v_p를 일정하게 했을 때에 $i_p - v_g$ 특성에서 구할 수 있다.

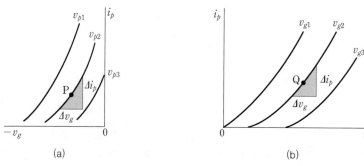

(a)   (b)

그림 3·21 진공관 특성

그림 3·21에서 지정된 v_p에서 지정된 i_p가 되는 점 P(동작점이라고 한다)를 구하고 이 점에서 특성 곡선으로 접선을 그어 Δi_p, Δv_g를 구하면

$$\left(\frac{\partial i_p}{\partial v_g}\right)_{v_p = \text{const}} = \left(\frac{\Delta i_p}{\Delta v_g}\right)_{\text{P}}$$

로서 식 (3·70) 우변 제1항의 계수가 정해진다. 마찬가지로 그림 3·21(b)의 $i_p - v_p$ 특성에서

$$\left(\frac{\partial i_p}{\partial v_p}\right)_{v_g = \text{const}} = \left(\frac{\Delta i_p}{\Delta v_p}\right)_{\text{Q}}$$

로서 식 (3·84) 우변 제2항의 계수가 정해진다.

변화분을

$$\Delta i_p \rightarrow i_p, \qquad \Delta v_g \rightarrow v_g, \qquad \Delta v_p \rightarrow v_p$$

또한

$$\left(\frac{\Delta i_p}{\Delta v_p}\right)_{\text{Q}} = \frac{1}{r_p} v_p \tag{3·71}$$

$$\left(\frac{\Delta i_p}{\Delta v_g}\right)_{\text{P}} = g_m \tag{3·72}$$

이라고 쓰기로 하면

$$i_p = g_m v_g + \frac{1}{r_p} v_p \tag{3·73}$$

이다. 이와 같이 하여 i_p, v_g, v_p의 관계를 1차식으로 근사할 수 있었다. 여기서 g_m은 상호 컨덕턴스(mutual conductance), r_p는 양극 내부 저항(anode internal resistance)이라 불리운다.

예제 3·9   2상 서보 전동기(two phase servomotor) · · · · · · · · · · · · · · · · · · ·

교류 서보 전동기로서 가장 널리 사용되고 있는 전동기이다. 이것은 일종의 2상 농형 유도 전동기로서 고정자가 서로 직교하는 위치에 제어 권선, 여자 권선이라 불리우는 2조의 권선을 가지고 있다. 이 두 권선에는 서로 90° 위상차가 있는 교류 전압을 인가해 둔다. 이 전동기의 토크 τ와 각속도 ω의 관계는 그림 3·22와 같이 고저항 회전자의 유도 전동기 성질을 나타낸다. 이 그림에서 명백하듯이 제어 권선의 전압(제어 전압 e_c)의 크기를 변화시키는 것에 의해서 각속도를 변화시킬 수가 있다. 또한, 회전 방향을 역전시키기 위해서는 제어 전압의 극성을 반대로 하면 좋다.

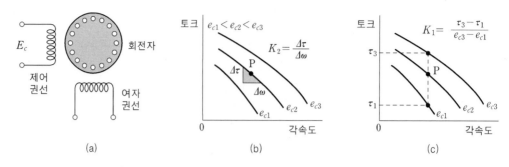

그림 3·22 2상 서보 전동기

2상 서보 전동기를 사용할 경우, 문제로 되고 있는 응답의 속도는 교류 전원 주파수에 비해서 늦으므로 교류 전원의 1사이클 이내에서의 변화까지 생각할 필요는 없다. 따라서, e_c로서 순시값이 아닌 실효값을 구하고 그 시간적인 경과를 고려하면 충분하다. 그런데 전동기 토크 τ는 이와 같은 제어 전압 e_c와 각속도 ω의 함수이므로

$$\tau = \tau(e_c, \omega) \tag{3·74}$$

변화분만을 고려하면

$$\Delta\tau = K_1 \Delta e_c - K_2 \Delta\omega \tag{3·75}$$

여기서 $K_1 = \partial\tau / \partial e_c$, $K_2 = -\partial\tau / \partial\omega$는 실측 특성의 동작점 부근에 있어서 기울기에서 구한다(그림 3·22 참조). 또한 토크 τ는 각속도 ω의 증가와 함께 감소하기 때문에 K_2의 앞에 ($-$)부호를 붙였다. 이렇게 하면 K_1, K_2 모두 ($+$)이다.

이 서보 전동기의 부하가 관성 모멘트 τ의 점성 마찰 D인 경우, 앞의 3·3의 예제 3·2와 마찬가지로 다음의 운동 방정식이 성립하다.

$$J \frac{d\Delta\omega}{dt} + D\Delta\omega = \Delta\tau = K_1 \Delta e_c - K_2 \Delta\omega \tag{3·76}$$

모든 초기값을 0으로 하여 라플라스 변환을 하면

$$(Js + D)\Delta\Omega(s) = K_1 \Delta E_c(s) - K_2 \Delta\Omega(s) \tag{3·77}$$

여기서 ΔE_c를 입력 신호, $\Delta\Omega$를 출력 신호로 하는 전달 함수 $G(s)$는

$$\therefore G(s) = \frac{\Delta\Omega(s)}{\Delta E_c(s)} = \frac{K_1}{Js + D + K_2} = \frac{K}{Ts + 1}$$

$$K = \frac{K_1}{D + K_2}, \qquad T = \frac{J}{D + K_2} \tag{3·78}$$

이다.

예제 3·10 안내 밸브 서보모터(pilot valve servomotor) · · · · · · · · · · · · · · · ·

안내 밸브와 서보모터의 조합은 유압식 서보 기구에 매우 많이 사용된다. 이 서보 모터는 피스톤과 실린더로 구성되어 있으며 파워 실린더(power cylinder)라고 불리우는 것도 있다. 안내 밸브는 원통 모양의 슬리브(sleeve)와 그 내측에 밀접하여 축방향으로 움직이는 스풀(spool)로 구성되어 있다. 슬리브에는 포트(port)라는 직사각형의 구멍이 뚫려 있다. 스풀이 중립 위치에 있을 때는 스풀이 서보를 막고 있다. 이 위치에서 스풀이 이동하면 그 움직임에 비례하여 포트가 열린다. 스풀이 오른쪽으로 움직였다고 하면 포트 1 및 2의 각각 왼쪽이 열리고 유압은 포트 1을 통해서 실린더 우측실에 들어가고 피스톤을 왼쪽으로 움직인다. 실린더 좌측실의 기름은 포트 2를 통해서 배유구로 되돌아간다. 반대로 스풀이 왼쪽으로 움직이면 포트의 오른쪽이 열리고 압유는 포트 2에서 실린더 좌측실로 들어가며 피스톤을 오른쪽으로 움직인다. 실린더 우측실의 기름은 포트 1을 통해서 배유구로 되돌아간다.

이와 같은 안내 밸브 서보모터의 스풀 움직임 x를 입력 신호, 피스톤 움직임 y를 출력 신호로 하는 전달 함수를 구해 보자.

스풀이 중립의 위치에서 오른쪽으로 x만큼 움직이면 포트는 면적 Bx만큼 열린다. 포트를 통하는 기름 유량을 구하는 데에 포트를 일종의 오리피스라 생각하고 식 (3·59)을 적용하면 포트 1을 통하는 기름의 유량은 다음과 같이 표시된다.

$$q = C_d Bx \sqrt{\frac{2g}{\rho}(p_s - p_1)} \tag{3·79}$$

단, q : 압유 유량, C_d : 유량 계수, B : 포트의 폭, x : 스풀의 움직임(=포트의 열림), g : 중력 가속도, ρ : 기름의 밀도, p_s : 공급 압력, p_1 : 포트 1의 출구 압력

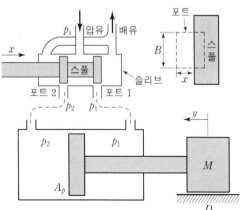

그림 3·23 안내 밸브 서보모터

여기서 다음의 가정을 둔다.

（ⅰ） 포트 이외 즉 배관, 안내 밸브, 유압 실린더 내에서 압력 손실은 없다.

（ⅱ） 유량 계수 C_d는 흐름의 방향, 포트 열림의 대소에 관계없이 일정하다.

（ⅲ） 기름의 유동에 대해서 관성을 생각하지 않는다.

（ⅳ） 기름에 압축성이 없다.

（ⅴ） 기름의 누수가 없다.

（ⅰ）의 가정에 따르면 피스톤 좌측실의 압력과 포트 2 입구의 압력은 같다. 이것을 p_2라고 한다. 또한 가정 （ⅲ）〜（ⅴ）에서 포트 2를 통하는 유량은 포트 1을 통하는 유량과 같다. 포트 2에 대해서도 식 (3·79)과 마찬가지로

$$q = C_d Bx \sqrt{\frac{2g}{\rho}(p_2 - 0)} \tag{3·80}$$

이 성립된다. 단, 배유쪽의 압력을 0으로 한다.

식 (3·79), (3·80)에서

$$p_s - p_1 = p_2 = \frac{\rho}{2g}\frac{1}{C_d{}^2 B^2}\frac{q^2}{x^2} \tag{3·81}$$

피스톤 단면적을 A_p라 하면 부하에 가하는 조작력은 피스톤 좌우의 압력차 $A_p(p_1 - p_2)$이다. $p_1 - p_2 = p_l$이라 놓으면

$$p_l = p_1 - p_2 = p_s - \frac{\rho}{2g}\frac{1}{C_d{}^2 B^2}\frac{q^2}{x^2} \tag{3·82}$$

이다. 이 식에서 x를 파라미터로서 p_l과 q의 관계를 구하면 그림 3·24과 같이 된다.

그림 3·24의 가로축은 부하에 가하는 조작력에 비례하고 세로축은 뒤에서 설명하듯이 피스톤 속도에 비례하고 있다(식 (3·84) 참조). 이것은 조작력 − 속도 특성이

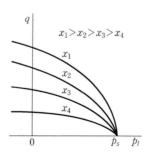

그림 3·24 안내 밸브 서보모터의 특성

며 그림 3·22의 토크-속도 특성과 동종의 것이고 2상 서보 전동기와 안내 밸브 서보모터는 유사한 성질을 가지고 있다는 것을 알 수 있다.

그런데 식 (3·82)에서

$$q = C_d Bx \sqrt{\frac{g}{\rho}(p_s - p_l)} \tag{3·83}$$

피스톤 단면적을 A_p라 하면 시간 dt 사이에 실린더를 유입하는 기름 체적은 qdt, 피스톤이 배제된 기름 체적은 $A_p dy$이다. 가정 (ⅳ), (ⅴ)에서 이들은 같으므로

$$qdt = A_p dy$$

이다. 즉,

$$q = A_p \frac{dy}{dt} \tag{3·84}$$

이다.

부하의 질량을 M, 점성 감쇠 계수를 D라 하면 운동 방정식은

$$M \frac{d^2 y}{dt^2} = A_p p_l - D \frac{dy}{dt} \tag{3·85}$$

이상에서 이 제어계의 미분 방정식을 구할 수 있었다. 그러나 식 (3·83)은 비선형이므로 변화분을 생각하여 선형화한다. 우선 식 (3·83)에서 $p_s = \text{const}$이므로

$$\Delta q = \frac{\partial q}{\partial x} \Delta x + \frac{\partial q}{\partial p_l} \Delta p_l$$

이것을 다음과 같이 놓는다.

$$\Delta q = K_1 \Delta x - K_2 \Delta p_l \tag{3·86}$$

계수 K_1, K_2는

$$\left. \begin{array}{l} K_1 = C_d B \sqrt{\dfrac{g}{\rho}(p_s - p_l)} \\[3mm] K_2 = \dfrac{C_d B}{2} \sqrt{\dfrac{g}{\rho}} \dfrac{x}{\sqrt{p_s - p_l}} = \dfrac{q}{2(p_s - p_l)} \end{array} \right\} \tag{3·87}$$

식 (3·84)에서

$$\Delta q = A_p \frac{d\Delta y}{dt} \tag{3·88}$$

식 (3·85)에서

$$M \frac{d^2 \Delta y}{dt^2} + D \frac{d\Delta y}{dt} = A_p \Delta p_l \qquad (3\cdot89)$$

모든 초기값을 0으로 하여 식 (3·86), (3·88), (3·89)을 라플라스 변환하면

$$\left.\begin{array}{l} \Delta Q(s) = K_1 \Delta X(s) - K_2 \Delta P_l(s) \\[2mm] \Delta Q(s) = s A_p \Delta Y(s) \\[2mm] s^2 M \Delta Y(s) + s D \Delta Y(s) = A_p \Delta P_l(s) \end{array}\right\} \qquad (3\cdot90)$$

여기서 입력 신호 $\Delta X(s)$, 출력 신호 $\Delta Y(s)$ 이외를 소거한다. 우선 제 1 식과 제 2 식에서

$$\Delta P_l(s) = \frac{K_1}{K_2} \Delta X(s) - s \frac{A_p}{K_2} \Delta Y(s) \qquad (3\cdot91)$$

이것을 제 3 식에 대입하면

$$s^2 M \Delta Y(s) + s D \Delta Y(s) = \frac{K_1 A_p}{K_2} \Delta X(s) - s \frac{A_p^{\,2}}{K_2} \Delta Y(s) \qquad (3\cdot92)$$

여기서, 전달 함수 $\Delta Y(s)/\Delta X(s)$는 다음과 같이 된다.

$$\therefore \quad \frac{\Delta Y(s)}{\Delta X(s)} = \frac{\dfrac{K_1}{K_2} A_p}{s \left\{ Ms + \left(D + \dfrac{A_p^{\,2}}{K_2} \right) \right\}} = \frac{K}{s(Ts+1)} \qquad (3\cdot93)$$

단,

$$K = \frac{K_1 A_p}{D K_2 + A_p^{\,2}}, \qquad T = \frac{M K_2}{D K_2 + A_p^{\,2}} \qquad (3\cdot94)$$

이다. 특히 고속, 강력한 조작을 행할 경우 이외는 유압 실린더의 조작력에 비해서 관성력, 점성 마찰력을 무시할 수 없으므로

$$K \simeq \frac{K_1}{A_p} = C_d \frac{B}{A_p} \sqrt{\frac{g}{\rho} (p_2 - p_1)}, \qquad T \simeq 0 \qquad (3\cdot95)$$

이 되며, 전달 함수 $\Delta Y(s)/\Delta X(s)$는 다음과 같이 간단해진다.

$$\therefore \quad \frac{\Delta Y(s)}{\Delta X(s)} \simeq \frac{K}{s} \qquad (3\cdot96)$$

3·7 수송 지연 계통

전달 요소의 응답에는 입력 신호에는 어느 일정 시간 늦어지는 것뿐이며 동일 파형을 나타내는 것이 있다. 예를 들면 철판이나 플라스틱판의 압연기에서 판의 두께를 제어하려고 할 경우, 롤의 바로 아래에서 두께를 검출할 수가 없고 검출단은 롤에서 어느 일정 거리 d만큼 떨어진 위치에 두지 않으면 안된다. 그렇게 하면 검출은 반드시 시간의 지연을 수반한다. 이 시간을 L, 압연 속도를 V라 하면

$$L = \frac{d}{V} \tag{3·97}$$

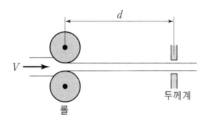

그림 3·25 압연기

이와 같은 특성을 갖는 시스템을 **수송 지연 계통**(systems with transportation lags)이라고 한다. 이밖에도 관로에서 유체를 수송하는 경우 등 일정 거리를 유한 속로로 수송할 때는 부동작 시간을 수반한다. 이와 같은 경우, 입력 신호 $f(t)$에 대해서 출력 신호는 부동작 시간 L만큼 늦어지고 같은 형이 되므로 $f(t-L)$에서 표시되는 부동작 시간 요소의 전달 함수는 따라서 e^{-sL}로 나타낼 수 있다.

$$\frac{\mathcal{L}[f(t-L)]}{\mathcal{L}[f(t)]} = \frac{e^{-sL}\mathcal{L}[f(t)]}{\mathcal{L}f(t)} = e^{-sL} \tag{3·98}$$

3·8 Matlab 예제

전달 함수, 특성 방정식의 근, 근으로부터의 특성 방정식 $$G(s) = \frac{4}{s^2 + 3s + 2}$$	
num = 4 ; den = [1 3 2] ; r = roots (den)	$r = -1 \quad -2$
poly (r)	1 3 2
printsys (num, den)	$\dfrac{4}{s^2 + 3s + 2}$

roots 특성 방정식의 근을 구하는 함수

poly 근으로부터 특성 방정식을 구하는 함수

printsys 분자 분모 다항식으로부터 전달함수를 구하는 함수

연습문제

1. 그림 3·26에 있는 전기 회로의 전달 함수 $V_o(s)/V_i(s)$를 구하여라.

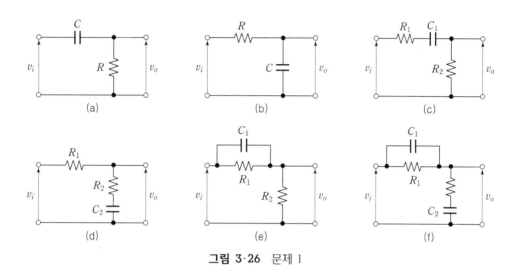

그림 **3·26** 문제 1

2. 그림 3·27의 스프링계의 등가 스프링 상수를 구하여라.

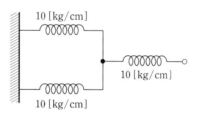

그림 **3·27** 문제 2

3. 그림 3·28의 스프링 - 대시포트계의 전달 함수 $X_o(s)/X_i(s)$를 구하여라.

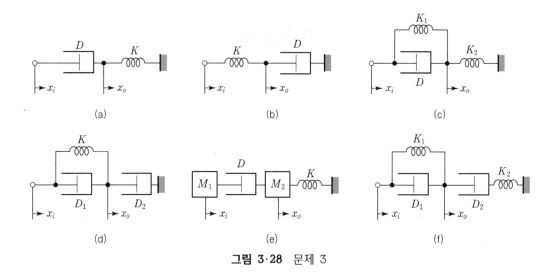

그림 **3·28** 문제 3

4. 그림 3·29의 질량–스프링–대시포트계의 전달 함수 $X_o(s)/X_i(s)$를 구하여라.

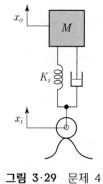

그림 **3·29** 문제 4

5. 그림 3·30의 기어열에서 θ_1축의 등가 관성 모멘트를 구하여라.

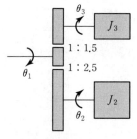

$J_2 = 3,500\,[\text{g·cm}^2]$ $J_3 = 2,400\,[\text{g·cm}^2]$

그림 **3·30** 문제 5

6. 그림 3·31의 유체 커플링계의 전달 함수 $\Theta_3(s)/T(s)$를 구하여라. 단, 유체 커플링에 의해서 전달되는 토크는 $D(d/dt)(\theta_1 - \theta_2)$와 같다.

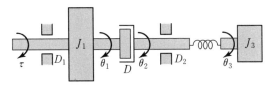

그림 3·31　문제 6

7. 그림 3·32와 같이 전동기의 회전 운동을 피니언 래크에 의해서 직선 운동으로 변환하여 테이블을 움직이는 장치가 있다. 테이블 및 래크의 질량을 M, 점성 감쇠 계수를 D라 하면 이들은 전동기에서 어떠한 부하에 상당하는가? 단, 테이블의 움직임 1[m]는 전동기 축의 n회전에 해당한다.

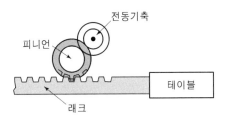

그림 3·32　문제 7

8. 일정 저항을 부하한 직류 발전기에서 계자 전압을 입력 신호, 부하 단자 전압을 출력 신호로 하는 전달 함수를 구하여라. 단, 계자 회로 저항 = 200[Ω], 계자 회로 인덕턴스 = 48[H], 전기자 저항 = 0.80[Ω], 전기자 인덕턴스=76[mH], 부하 저항=5.0[Ω], 또한 계자 전류 0.1[A]의 변화에 대해서 유기 기전력은 85[V] 변화하는 것으로 한다.

9. 타여자 직류 발전기와 일정 계자의 직류 전동기를 그림 3·33과 같이 구성시켰을 때, 워드 레오너드 방식의 전달 함수 $\Omega(s)/V_f(s)$를 구하여라. 단, 부하의 관성 모멘트 J, 점성 감쇠 계수 D(모두 전동기를 포함한다)이다.

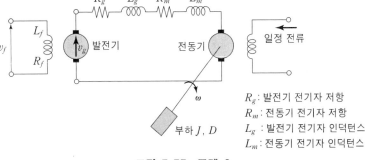

그림 3·33　문제 9

10. 그림 3·34와 같은 액면계가 있다. 탱크는 원통형이며 지름이 각각 $D_1 = 0.8\,[\text{m}\phi]$, $D_2 = 0.6\,[\text{m}\phi]$, 정상 상태에서 $q_1 = 5\,[l/\text{min}]$, $h_1 = 1.2\,[\text{m}]$, $h_2 = 1.0\,[\text{m}]$, 전달 함수 $H_2(s)/Q_1(s)$를 구하여라.

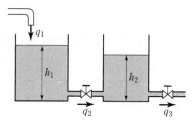

그림 3·34 문제 10

11. 그림 3·35의 유압 링크 기구의 전달 함수 $Y(s)/Z(s)$를 구하여라.

[주] 로드 R은 변형하지 않으므로 3점 A, B, C는 언제나 일직선상에 있다. R이 수직인 위치에서 안내 밸브가 중립의 위치에 있다고 하고 그 위치에서 A, B, C의 변위를 측정하면 해석 기하학에서의 3점이 일직선상에 있는 조건에서

$$\frac{z-x}{l_1} = \frac{x+y}{l_2}$$

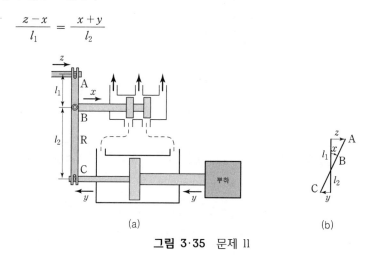

(a) (b)

그림 3·35 문제 11

12. 그림 3·36과 같은 공기 회로의 전달 함수 $P_o(s)/P_i(s)$를 구하여라.

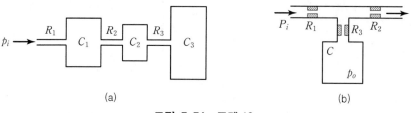

(a) (b)

그림 3·36 문제 12

13. 그림 3·37과 같이 노즐 플래퍼와 벨로스로 구성되어 있는 공기압계가 있다. 노즐, 플래퍼간의 틈 x_1을 입력 신호, 벨로스의 변형 x_2를 출력 신호로 하는 전달 함수로 구하여라. 단, 기준 상태에서 공급 공기압 $p_s = 1.0\,[\text{kg/cm}^2]$, 노즐 배압 $p_1 = 0.75\,[\text{kg/cm}^2]$, 분출 유량 $= 110\,[\text{cm}^3/\text{s}]$, 이 상태에서 p_1을 $0.05\,[\text{kg/cm}^2]$만큼 증가하면 분출 유량은 $3.5\,[\text{cm}^3/\text{s}]$ 증가하고 x_1을 $0.005\,[\text{mm}]$만큼 움직이면 p_1은 $0.15\,[\text{kg/cm}^2]$ 변화한다. 또한 벨로스는 유효 면적 $= 9.6\,[\text{cm}^2]$, 내용적 $= 28\,[\text{cm}^3]$, 등가 스프링 상수 $= 0.76\,[\text{kg/mm}]$ 이다.

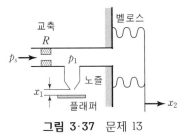

그림 3·37 문제 13

[주]   노즐 플래퍼(nozzle flapper)는 변위를 공기압으로 변환하는 요소이다. 플래퍼를 움직여서 노즐과의 틈 x_1을 바꾸면 노즐에서 분출하는 공기의 유량 q_1이 변화한다. 이 q_1은 틈 x_1과 노즐 배압 q_1의 함수이다.

$$q_1 = q_1(x_1,\ p_1)$$

q_1이 변화하면 교축 R을 통과하는 유량도 변화하고 이 부분의 압력 강하가 변화한다. 그러므로 노즐 배압 p_1이 변화한다. 이와 같이 하여 x_1의 변화를 p_1의 변화로 변환할 수 있다.

또한 벨로스는 공기 회로 용량으로 간주할 수가 있으며 p_1의 변화에 의해서 벨로스가 신축되어 x_2가 변화된다. 이때, 벨로스에 작용하는 모든 압력과 변형 x_2 사이에 스프링과 같은 비례 관계가 성립되어 등가 스프링 상수를 생각할 수가 있다.

14. 수은 온도계의 감온부는 그림 3·38과 같이 열저항에 둘러싸인 열용량으로 대표된다. 여기서 수온을 측정할 때, 지시 온도·수온의 전달 함수를 구하여라.

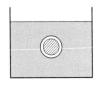

그림 3·38 문제 14

15. 그림 3·39와 같이 농도 c_s의 용질을 물로 엷게 하여 농도 c의 용액을 만드는 희석 탱크가 있다. c를 일정값으로 제어하기 위해서 용질 유량 q_s를 조절하는 경우를 상정하여 전달 함수 $C(s)/Q_s(s)$를 구

하여라. 단, 물의 유량 q_w는 용질 유량 q_s에 비해서 매우 크며 또한 일정값이 되도록 제어되고 있다. 따라서, $q \simeq q_w = \text{const}$가 되며 또한 탱크내 용액의 용적도 일정값 V로 되어 있다.

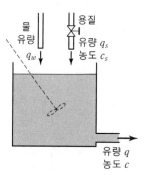

그림 3·39 문제 15

4장

블록 선도와 신호 흐름 선도

4·1 블록 선도에 의한 신호 흐름 특성의 표현

전달 함수를 이용하면 요소의 신호 전달 특성을 수식화할 수가 있었다. 자동 제어계는 이와 같은 요소의 조합으로 구성되어 있으므로 제어계의 수식적인 취급은 전달 함수를 조합시켜서 행할 수가 있다. 그러나 복잡한 구성의 제어계에서는 기하학적으로 도시하는 쪽이 알기 쉽고 계산이 간단해지며 오류가 적어지는 장점이 있다. 이 목적에 이용되는 것이 **블록 선도**(block diagram)와 **신호 흐름 선도**(signal flow graph)이다.

블록 선도는 블록과 화살표를 이용하여 전체 시스템을 입·출력 관계로 간소하게 표현하는 방법이며, 신호 흐름 선도는 마디(node), 가지(branch), 이득(gain)을 이용하여 전체 시스템을 입·출력 관계로 간소하게 표현하는 방법이다.

3장에서 우리는 전달함수로 시스템을 표현하는 방법을 배웠다. 그러면 블록 선도와 신호 흐름도를 사용하면 무슨 잇점이 있는 것일까? 다음에 해답이 있다.

- **전달함수** 시스템 내부에서 전개되는 구체적인 신호 흐름을 알 수 없다. 단지, 입력과 출력의 관계만 보여준다.
- **블록 선도와 신호 흐름도** 시스템 내부의 구체적인 신호 흐름을 알 수 있다.

블록 선도에 의한 표현에는 다음의 약속이 있다.

(i) 전달 요소를 블록으로 둘러싸고 그 속에 전달 함수를 써넣는다(전달 함수 대신에 인디셜 응답 등 그 요소 고유의 신호 전달 특성을 써넣는 경우도 있다).

(ii) 입력 신호, 출력 신호를 화살표로 표시하고 그 화살표에 신호의 기호를 써 둔다. 신호는 반드시 화살표 방향으로 전해지고 그 반대 방향으로는 전해 지지 않는다. 즉, 신호 전달의 방향은 단방향적(unilateral)이다.

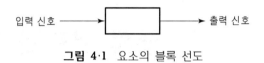

그림 4·1 요소의 블록 선도

(iii) 블록 선도에서 신호의 합 또는 차는 각각 그림 4·2(a), (b)와 같이 표시한 다. 이와 같이 신호의 대수합을 나타내는 점을 **가합점**(summing point) 이라고 한다. 가합점의 표현에는 그림 4·2(c), (d)와 같은 방법도 있다. 어느 쪽의 경우나 (+), (−)의 부호와 신호가 전해지는 방향을 명시할 필요가 있다.

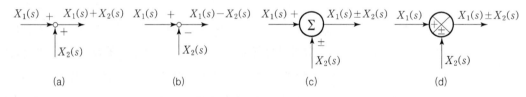

그림 4·2 가합점

(iv) 동일 신호를 몇 개인가의 요소에 가하기 위해서 인출하는 경우는 그림 4·3과 같이 표시한다. 이와 같이 신호의 인출을 표시하는 점을 **인출점**

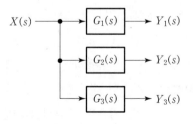

그림 4·3 인출점

(branch point 또는 take-off point)이라고 한다.

인출점은 에너지나 물질의 분류를 나타내는 것은 아니므로 인출점을 지나쳐도 전달되는 신호에는 변화가 없다.

자동 제어계의 블록 선도는 신호의 전달법에 따라서 위와 같은 블록, 가합점, 인출점을 조합시키면 완성할 수 있다.

그림 1·7에 나타낸 전기식 서보 기구의 블록 선도를 구해 보자. 이 제어계에서 각 요소의 전달 함수를 다음과 같다고 한다.

$$\text{입력축 퍼텐쇼미터}: \frac{V_i(s)}{\Theta_i(s)} = K_p$$

$$\text{출력축 퍼텐쇼미터}: \frac{V_o(s)}{\Theta_o(s)} = K_p$$

$$\text{증폭기}: \frac{V_a(s)}{v_e(s)} = K_a$$

$$\text{서보 전동기}+\text{부하}: \frac{\Theta_o(s)}{V_a(s)} = \frac{K_m}{s(T_m s + 1)}$$

단, θ_i, θ_o : 각각 입력축, 출력축의 회전각, v_i, v_o : 각각 입력축, 출력축 퍼텐쇼미터 발생 전압, v_e : 증폭기 입력 전압($=v_i - v_o$), v_a : 증폭기 출력 전압

각 요소를 신호가 전달되는 순서로 나열하면 그림 4·4가 된다(이것은 그림 1·6과 같다). 즉, 입력축 퍼텐쇼미터는 θ_i의 신호를 받아서 신호 v_i를 낸다. 출력축 퍼텐쇼미터도 신호 θ_o를 받아서 신호 v_o를 낸다. v_i와 v_o의 차 v_e가 증폭기에서 증폭되어 v_a가 되고 이것이 서보 전동기에 가해진다. 이 서보 전동기(부하를 포함한다)의 출력 신호가 θ_o이다. 다음에 각 요소의 전달 함수를 각각 블록에 넣으면 그림 4·5가 된다. 이것이 구하는 블록 선도이다.

이상은 직접 육안 관찰에 의해서 블록 선도를 그렸으나 조직적으로 구하기 위해서는 다음의 순서에 의하면 좋다.

(i) 제어계의 모든 신호간의 관계를 나타내는 방정식을 세운다. 이것은 일반적으로 미분 방정식이지만 라플라스 변환의 형태로 표시한다. 이상의 예에서 이것을 행하면

$$V_i(s) = K_p \Theta_i(s) \tag{4·1}$$

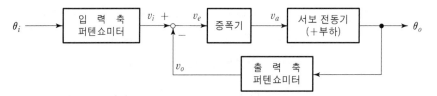

그림 4·4 그림 1·7의 블록 선도

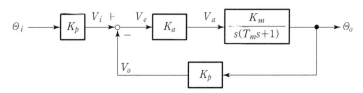

그림 4·5 그림 1·7의 블록 선도

$$V_o(s) = K_p \Theta_o(s) \tag{4·2}$$

$$V_e(e) = V_i(s) - V_o(s) \tag{4·3}$$

$$V_a(s) = K_a V_e(s) \tag{4·4}$$

$$\Theta_o(s) = \frac{K_m}{s(T_m s + 1)} V_a(s) \tag{4·5}$$

(ii) 이상의 식에 표시된 신호 전부를 신호 전달의 순서로, 즉 입력쪽에서 출력쪽으로 차례차례 나열한다. 이 예에서는 $\Theta_i(s)$에 의해서 $V_i(s)$를 발생시키고 $V_i(s)$와 $V_o(s)$의 차에서 $V_e(s)$를 발생시키고 $V_e(s)$에 의해서 $V_a(s)$를 발생시키고 V_a에서 $\Theta_i(s)$를 발생시킨다. 그러므로 그림 4·6(a)와 같이 $\Theta_i(s)$, $V_i(s)$, $V_e(s)$, $V_a(s)$, $\Theta_o(s)$의 순서로 나열된다.

(iii) $\Theta_i(s)$와 $V_i(s)$의 관계는 식 (4·1)에서 주어진다. 이것을 블록 선도화하면 그림 4·6(b)가 된다.

(iv) 다음에 식 (4·3)을 이용해서 $V_i(s)$와 $V_e(s)$의 관계를 블록 선도화하면 그림 4·6(c)가 된다.

(v) 식 (4·4)를 이용해서 $V_e(s)$와 $V_a(s)$의 관계를 블록 선도화하면 그림 4·6 (d)를 얻는다.

(vi) 식 (4·5)를 이용해서 $V_a(s)$와 $\Theta_o(s)$의 관계를 블록 선도화하면 그림 4·6 (e)가 된다.

(vii) 식 (4·2)를 이용해서 $\Theta_o(s)$와 $V_o(s)$의 관계를 블록 선도화하면 그림 4·6 (f)가 생긴다. 이것이 구하는 블록 선도이며 그림 4·5와 일치하고 있다.

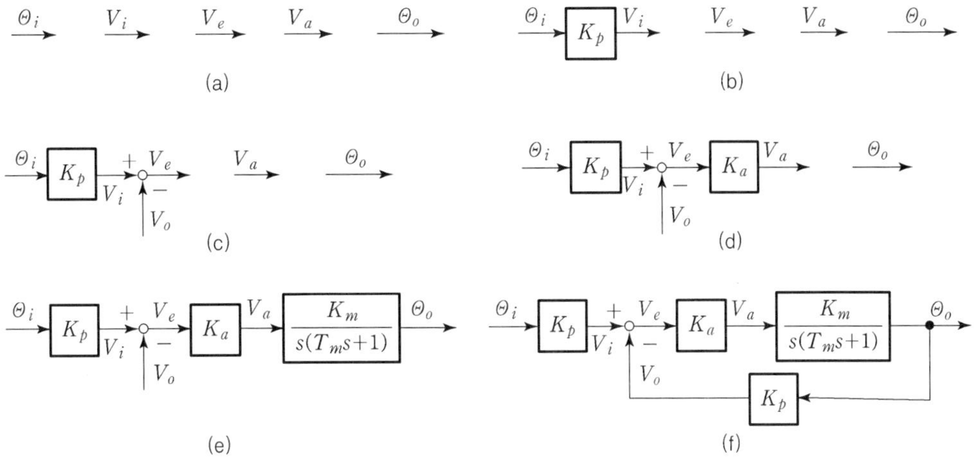

그림 4·6   그림 1·7 제어계의 블록 선도

4·2 블록 선도의 등가 변환

블록 선도가 복잡한 경우, 이후의 고찰에 불필요한 신호를 소거하여 간단화해 놓는 쪽이 편리하다. 무엇보다도 이것은 이론적인 취급상의 일이며 실제의 장치에서 신호를 바꾸거나 없애버리는 의미는 아니다. 블록 선도는 구성을 나타내는 것이 아니라 신호의 전달법을 나타내는 것이다.

우선 전달 요소의 기본적인 결합에 대해서 생각해 보자. 여기에서는 다음의 세 가지가 있다.

① 직렬 결합(series connection) 또는 캐스케이드 결합(cascade connection)
② 병렬 결합(parallel connection)
③ 피드백 결합(feedback connection)

(1) 직렬 결합

제1요소의 출력 신호가 제2요소의 입력 신호로 되는 경우를 말한다.

전달 함수가 각각 $G_1(s)$, $G_2(s)$라는 두 개의 요소를 직렬 결합한 경우를 생각하기로 한다(그림 4·7).

제어계 전체의 입력 신호가 $X(s)$, 출력 신호가 $Z(s)$이므로 제어계 전체의 전달 함수 $F(s)$는

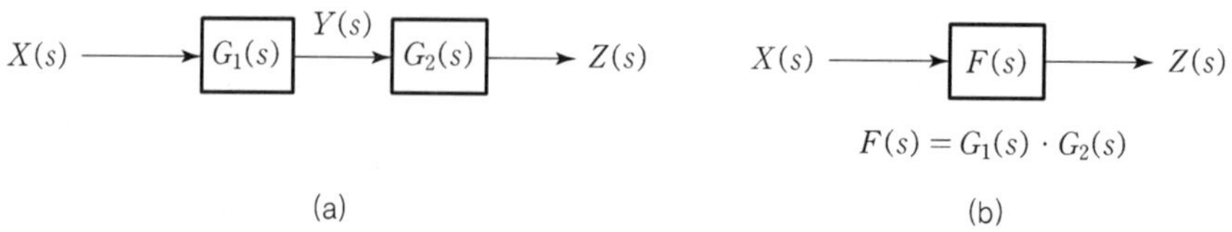

$$F(s) = \frac{Z(s)}{X(s)} = \frac{Y(s)}{X(s)} \frac{Z(s)}{Y(s)} \tag{4·6}$$

그런데

$$G_1(s) = \frac{Y(s)}{X(s)} , \qquad G_2(s) = \frac{Z(s)}{Y(s)} \tag{4·7}$$

그러므로

$$F(s) = G_1(s) \, G_2(s) \tag{4·8}$$

이다. 즉, 직렬 결합에 의해서 전달 함수 $F(s)$는 각 요소 전달 함수의 곱이 된다.

(2) 병렬 결합

몇 개의 요소를 입력측에서는 인출점으로, 출력측에서는 가합점으로 연결한 경우를 말한다.

전달 함수가 각각 $G_1(s)$, $G_2(s)$인 두 가지 요소를 병렬로 결합한 경우를 생각한다. 그림 4·8을 참조하면

$$Z(s) = Y_1(s) + Y_2(s)$$

$$= G_1(s)X(s) + G_2(s)X(s)$$

$$= [G_1(s) + G_2(s)] X(s) \tag{4·9}$$

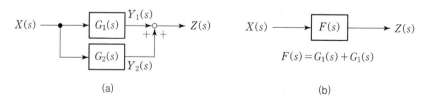

(a)

$$F(s) = G_1(s) + G_1(s)$$

(b)

그림 4·8 병렬 결합

제어계 전체의 전달 함수 $G(s)$는

$$G(s) = \frac{Z(s)}{X(s)} = G_1(s) + G_2(s) \tag{4·10}$$

이다. 즉, 병렬 결합에 의해서 전달 함수 $G(s)$는 각각의 합이 된다.

(3) 피드백 결합

출력 신호를 그대로 또는 적당한 전달 요소를 통해서 입력측에 피드백하여 제어계의 입력 신호에 더하거나(정피드백) 또는 빼는(부피드백) 경우를 말한다.

● 부피드백(negative feedback)인 경우

그림 4·9를 참조하면

$$\begin{aligned} C(s) &= G(s)E(s) \\ &= G(s)[R(s) - B(s)] \\ &= G(s)[R(s) - H(s)C(s)] \end{aligned}$$

이다. 즉,

$$[1 + G(s)H(s)]\,C(s) = G(s)R(s) \tag{4·11}$$

이다.

　제어계 전체의 전달 함수 $F(s)$는

$$F(s) = \frac{C(s)}{R(s)} = \frac{G(s)}{1 + G(s)H(s)} \tag{4·12}$$

이다.

그림 4·9　피드백 결합(부피드백)

● 정피드백(positive feedback)인 경우

$$F(s) = \frac{C(s)}{R(s)} = \frac{G(s)}{1 - G(s)H(s)} \tag{4·13}$$

(a)

(b)

$$F(s) = \frac{G(s)}{1 - G(s)\,H(s)}$$

그림 4·10 피드백 결합(정피드백)

● 단일 피드백

특히 출력 신호를 그대로 피드백하는 경우, 즉 피드백 요소의 전달 함수 $H(s)=1$인 경우를 단일 피드백(unity feedback)이라고 한다.

식 (4·12)에서 $H(s)=1$로 놓으면 이 경우에 전체의 전달 함수 $F(s)$가 얻어진다.

$$F(s) = \frac{C(s)}{R(s)} = \frac{G(s)}{1 + G(s)} \tag{4·11}$$

이것 이외에도 여러 가지의 블록 선도 등가 변환이 있다. 기본적인 것을 표 4·1에 나타내었으며, 그 결과는 간단한 계산에 의해서 쉽게 확인된다. 이와 같은 블록 선도의 등가 변환은 일종의 대수 연산이라고 생각해 두면 좋다.

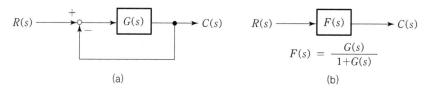

(a)

(b)

$$F(s) = \frac{G(s)}{1 + G(s)}$$

그림 4·11 단일 피드백

등가 변환의 조작을 하여도 전체 전달 함수는 변하지 않는다. 자세히 말하면 변환 전후에서

(i) 입·출력점 간에 있는 전달 함수의 곱이 불변

(ii) 루프가 존재하는 경우는 그 루프에 따른 전달 함수의 곱이 불변

이라는 것이다.

표 4·1 블록 선도의 등가 변환

No	변환 조작	변환 전	변환 후
1	직렬 결합	$X \to G_1 \xrightarrow{Y} G_2 \to Z$	$X \to G_1G_2 \to Z$
2	병렬 결합	X → G_1, G_2 → $\pm$ → Z	$X \to G_1 \pm G_2 \to Z$
3	피드백 결합	$X \xrightarrow{+} \mp \to G \to Z$, H	$X \to \dfrac{G}{1 \pm GH} \to Z$
4	인출점을 요소의 앞으로 이동	$X \to G \to Z$, Z	X → $G \to Z$, $G \to Z$
5	인출점을 요소의 뒤로 이동	$X \to G \to Z$, X	$X \to G \to Z$, $1/G \to X$
6	가합점을 요소의 앞으로 이동	$X \to G \to + \to Z$, $+Y$	$X \to +$, $Y \to 1/G \to +$, $\to G \to Z$
7	가합점을 요소의 뒤로 이동	$X \to + \to G \to Z$, $+Y$	$X \to G \to +$, $Y \to G \to +$, $\to Z$

예제 4·2 ·

그림 4·12(a)의 블록 선도를 간단화해 보자.

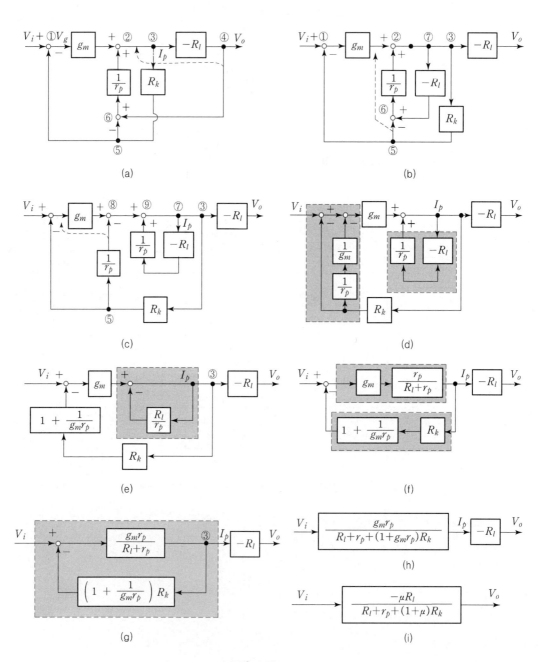

그림 4·12

(ⅰ) 그림 4·12(a)의 인출점 ④를 블록 $[-R_l]$의 앞으로 이동하면 그림 4·12(b)가 된다(표 4·1 No.4 참조).

(ⅱ) 가합점 ⑥을 블록 $[1/r_p]$의 뒤로 이동하고 또한 이것과 가합점 ②의 위치를 교환하면 그림 4·12(c)를 얻는다(표 4·1 No.7 참조).

(ⅲ) 가합점 ⑧을 블록 $[g_m]$의 앞으로 이동하면 그림 4·12(d)가 된다(표 4·1 No.4 참조).

(ⅳ) 그림 4·12(d)에 있는 파선 내의 직렬, 병렬 부분을 정리하면 그림 4·12(e)를 얻는다.

(ⅴ) 그림 4·12(e)에 있는 파선 내의 피드백 결합을 간단화하면 그림 4·12(f)가 된다. 여기서

$$\frac{1}{1+R_l/r_p} = \frac{r_p}{R_l+r_p}$$

(ⅵ) 그림 4·12(f)에 있는 파선 내의 직렬 결합을 정리하면 그림 4·12(g)를 얻는다.

(ⅶ) 그림 4·12(g)의 파선내 피드백 결합을 간단화하면 그림 4·12(h)가 된다. 여기서

$$\frac{\dfrac{g_m r_p}{R_l+r_p}}{1+\dfrac{g_m r_p}{R_l+r_p}\left(1+\dfrac{1}{g_m r_p}\right)R_h} = \frac{g_m r_p}{R_l+r_p+(1+g_m r_p)R_h}$$

(ⅷ) 그림 4·12(h)의 직렬 결합을 정리하면 그림 4·13(i)를 얻는다. 단, $\mu = g_m r_p$ 이다.

그림 4·12(a)~(e)의 블록 선도에서 R_h를 통해서 I_p가 피드백되고 있는 모양을 잘 알 수 있다.

또한 이 블록 선도를 이용하는 방법과 3·6에 있는 해석적인 방법의 장·단점을 비교하기 바란다.

4·3   제어계의 블록 선도와 외란의 취급

자동 제어계의 블록 선도는 4·1 및 4·2에서 설명한 방법을 이용해서 요소의 전달 함수를 조합시키면 구성할 수 있다. 예를 들면 그림 4·5는 자동 제어계 블록 선도의 일례이다. 일반적으로는 그림 4·13과 같이 된다.

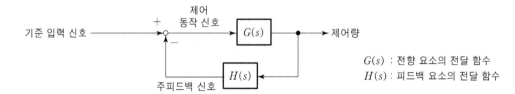

그림 4·13   자동 제어계의 블록 선도

제어계의 각 구성 요소에 관한 전달 함수가 주어지면 비교적 간단히 제어계의 블록 선도를 작성할 수가 있다. 그러나 여기서 문제가 되는 것은 외란의 취급법이다. 실제로 제어계에 작용하는 외란은 종류가 많고 그것을 동시에 고려하는 것은 번잡하므로 하나씩 별개로 취급한다. 보통은 가장 영향이 큰 것 하나를 고려하면 충분하다.

일례로서 그림 4·4의 서보 기구에서 부하 토크 $T_l(s)$가 가해진 경우를 생각해 보자. 3·3절에서 설명했던 바와 같이 서보 전동기에서는 다음 식이 성립된다.

$$\left.\begin{array}{l} V_a(s) - V_\omega(s) = R_a I_a(s) \\[6pt] T(s) = K_t I_a(s) \\[6pt] sJ\Omega(s) + D\Omega(s) = T(s) - T_l(s) \\[6pt] V_\omega(s) = K_\omega \Omega(s) \end{array}\right\} \tag{4·15}$$

단, 제3식에는 부하 토크 $T_l(s)$를 고려하고 있다. 식 (4·15)에서 블록 선도를 그리면 그림 4·14(a)를 얻는다. 이것을 순차로 간단화하면 그림 4·14(a) → (b) → (c)와 같이 된다.

여기서

$$K_1 = \frac{R_a}{DR_a + K_\omega K_t} = K_m \frac{R_a}{K_t}, \qquad T_m = \frac{JR_a}{DR_a + K_\omega K_t} \tag{4·16}$$

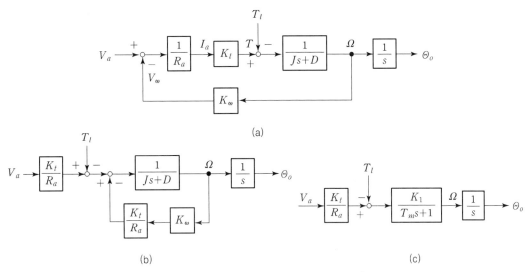

(a)

(b)   (c)

그림 4·14 $T_l(s)$의 영향

그림 4·5의 서보 전동기 블록을 그림 4·14(c)로 바꿔 놓으면 그림 4·5는 그림 4·15와 같이 된다. 이것이 외란 $T_l(s)$를 고려한 경우의 블록 선도이다.

이 예에서 유추할 수 있듯이 외란의 영향을 고려하면 피드백 제어계의 일반적인 블록 선도는 그림 4·16과 같이 된다. 이때, 제어량 $C(s)$는 목표값 $R(s)$ 및

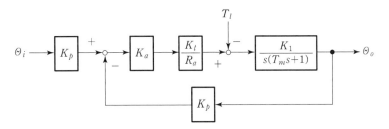

그림 4·15 $T_l(s)$가 있는 경우의 제어계 블록 선도

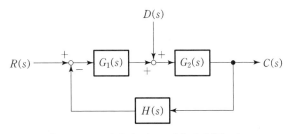

그림 4·16   외란이 있는 경우의 블록 선도

외란 $D(s)$가 각각 단독으로 가해진 경우의 $C(s)$를 중첩시켜 얻을 수 있다.

$$C(s) = \frac{G(s)}{1+G(s)H(s)} R(s) + \frac{G_2(s)}{1+G(s)H(s)} D(s) \qquad (4\cdot17)$$

여기서 $G(s) = G_1(s)G_2(s)$는 전향 요소의 전달 함수, $H(s)$는 피드백 요소의 전달 함수이다. 또한 $G(s)H(s)$는 루프를 일순한 경우, 전달 함수의 곱이며 **루프 전달 함수**(loop transfer function)라고 한다. 이것은 루프의 한 곳을 열었을 경우, 그 점 전·후 사이의 전달 함수이므로 **개루프 전달 함수**(open loop transfer function)라고 한다. 이것에 대해서 제어계 전체의 전달 함수

$$F(s) = \frac{C(s)}{R(s)} = \frac{G(s)}{1+G(s)H(s)} \qquad (4\cdot18)$$

를 **폐루프 전달 함수**(closed loop transfer function)라고 한다. 이 폐루프 전달 함수는 $R(s)$에서 $C(s)$로의 전달 함수이다.

그림 4·16에서 외란의 가합점을 블록 $G_2(s)$의 뒤로 옮기면 그림 4·17을 얻는다.

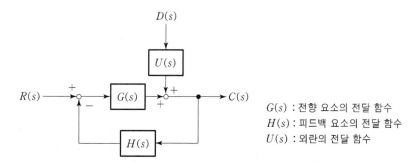

그림 4·17 외란이 있는 경우의 블록 선도

$G(s)$: 전향 요소의 전달 함수
$H(s)$: 피드백 요소의 전달 함수
$U(s)$: 외란의 전달 함수

제어계의 일반적인 블록 선도로서 그림 4·17을 이용해도 좋다. 이때는

$$C(s) = \frac{G(s)}{1+G(s)H(s)} R(s) + \frac{U(s)}{1+G(s)H(s)} D(s) \qquad (4\cdot19)$$

여기서 외란을 취급하는 경우의 주의점을 알아 본다. 그림 4·18(a)와 같이 발생 전압 v_g의 발전기에 급하게 부하 전류 i_l을 인가했을 때에 단자 전압 v_o는

$$v_o = v_g - \left(R_a i_l + L_a \frac{di_l}{dt} \right) \qquad (4\cdot20)$$

이다. 이 관계는 블록 선도에서는 그림 4·18(b)로 나타내어진다. 즉, v_g에서 발

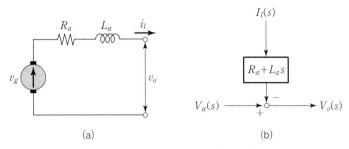

그림 4·18 외란이 부하 전류인 경우

전기의 내부 임피던스 $(R_a + sL_a)$ 속의 전압 강하는 부하쪽 전압 강하에 비해 매우 작아 무시하기로 한다.

이것에 대해서 그림 4·19(a)와 같이 부하 전류의 변화가 스위치 S의 투입에 근거한 경우는 스위치의 개폐를 직접 블록 선도에 표현할 수가 없다. 이것은 스위치의 개폐, 즉 부하 저항 변화가 블록 내에 있는 전달 함수의 파라미터 변화를 발생시키기 때문이다. 블록 선도는 어디까지 전달 함수가 일정한 것을 조건으로 하고 있다. 따라서 외란의 영향을 블록 선도에 표시하려면 파라미터의 변화로서는 안되고 신호의 변화로서, 즉 가합점에서 덧셈 또는 뺄셈을 행할 수 있는 물리량의 변화로서 표현하지 않으면 안된다.

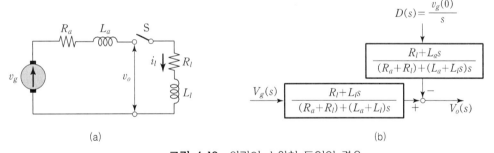

그림 4·19 외란이 스위치 투입인 경우

그림 4·19(a)의 경우에 대해서 이와 같은 연구를 하면 그림 4·19(b)의 블록 선도가 된다. 단, $v_g(0)$는 스위치 투입시($t=0$)에서의 v_g값이다.

$$V_o(s) = \frac{R_l + L_l s}{R_a + R_l + (L_a + L_l)s} V_g(s) - \frac{R_a + L_a s}{R_a + R_l + (L_a + L_l)s}$$
$$- \frac{v_g(0)}{s} \qquad (4\cdot21)$$

또한, 상세한 것은 부록 A·4를 참조하기 바란다.

4·4 블록 선도 작성상의 주의(블록 구분)

앞에서 설명한 바와 같은 블록 선도에서 신호는 반드시 화살표의 쪽으로 단방
향적으로 전달된다. 바꿔 말하면 어떤 블록의 출력 신호는 그 블록을 통해서 입
력 신호에 영향을 주는 것이 아니다. 그러므로 두 개의 요소를 직렬 결합하면 합
성한 전달 함수는 각 요소 전달 함수의 곱이 된다. 이와 같은 성질을 갖게 하기
위해서는 블록 선도 작성시 제어계를 서로 간섭하지 않는 독립적인 블록을 나눌
필요가 있다. 이것은 간단한 제어계에서는 쉽게 실행될 수 있으나 복잡한 제어계
에서는 요소간의 간섭 상태를 알 수 없으므로 오류를 범할 수가 있다.

일례로서 그림 4·20(a)와 그림 4·21(a)와 같은 두 개의 회로를 생각해 보자.
그림 4·20의 회로에서는 증폭기의 입력측과 출력측은 완전히 독립되어 서로 간섭
하지 않으므로 그 블록 선도는 그림 4·20(b)가 되어 4·20(c)와 같이 간단화된다.

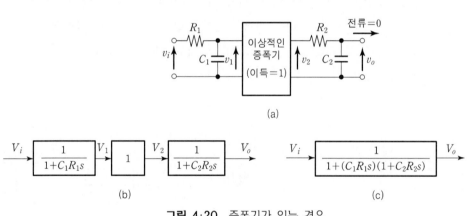

그림 **4·20** 증폭기가 있는 경우

이것에 대해서 그림 4·21(a)의 회로도 언뜻보아 그림 4·20(a)와 같다고 생각
되며 그림 4·20(b)의 블록 선도로 표시해도 좋을듯하다. 그러나 실제로 회로 방
정식을 세워서 블록 선도를 만들면 그림 4·21(d)가 되고 명백히 그림 4·20(c)와
다르다. 이것은 R_2, C_2를 흐르는 전류에 의한 R_1 속의 전압 강하를 고려하지
않았기 때문이다. 바꿔 말하면 R_2, C_2의 부분은 거기에 선행하는 R_1, C_1의 부분
에 일종의 부하 효과를 미쳐서 각각을 독립적인 블록으로 할 수 없음에도 불구하
고 이들을 독립적인 블록으로 나눈 것에 잘못의 원인이 있다. 이와 같이 후단 부분
이 전단 부분에 영향을 주고 있는 점을 경계로서 블록 구분하여서는 안된다.

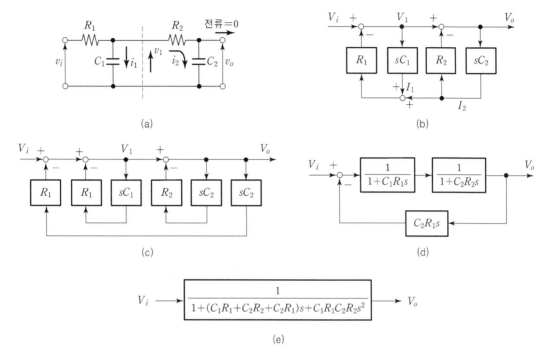

(a)

(b)

(c)

(d)

(e)

그림 4·21 증폭기가 없는 경우

여기서 그림 4·21(a)의 블록 선도를 구해 보자. 이 회로의 회로 방정식은 다음과 같다.

$$
\left.
\begin{aligned}
V_1(s) &= V_i(s) - R_1[I_1(s) + I_2(s)] \\
V_o(s) &= V_1(s) - R_2 I_2(s) \\
I_1(s) &= s C_1 V_1(s) \\
I_2(s) &= s C_2 V_2(s)
\end{aligned}
\right\}
\tag{4·22}
$$

이것은 블록 선도에 표시하면 그림 4·21(b)가 된다. 이 블록 선도를 차례로 간단화하여 가면 그림 4·21(c), (d), (e)와 같이 된다. 그림 4·21(d)에서 sC_2R_1의 블록이 R_2, C_2 부분의 R_1, C_1 부분에 대한 부하 효과를 표시하고 있다.

4·5 신호 흐름 선도에 의한 신호 전달 특성의 표현

앞에서 설명한 바와 같이 블록 선도의 작성시에 있어서는 제어계를 서로 간섭하지 않는 독립적인 블록으로 나눌 필요가 있었다. 복잡한 제어계를 이와 같은 독립된 블록으로 나누려고 하면 블록의 수가 작아지고 각 블록의 전달 함수가 복잡해지지 않을 수 없다. 또한 블록 선도에서는 각 블록간에 나타내는 신호 이외의 신호가 소실되어 버리며, 이 소실된 신호를 구하려고 하면 제어계의 미분 방정식으로 되돌아오지 않으면 안되는 불편함이 있다. 이것에 대해서 메이슨(S. J. Mason)이 창시한 **신호 흐름 선도**(signal flow graph)는 블록 선도보다 훨씬 상세히 제어계의 신호 전달 상황을 표시할 수가 있고, 또한 블록 구분에 대해서 특별한 고려를 요하지 않으므로 앞에서 말한 불편함을 극복할 수 있다. 신호 흐름 선도는 신호 전달의 상황을 위상 기하학적으로 표시하므로 **신호 위상 선도**라고 불리우는 경우도 있다.

일반적으로 블록 선도는 신호 전달의 매크로적인 상황을 나타내는 데에 적합하고 신호 흐름 선도는 마이크로적인 상황을 나타내는 데에 적합하다.

그런데 신호 흐름 선도는 **마디**(node)와 **가지**(branch)로 구성되는 선도이다. 여기에서 말하는 마디, 가지는 전기 회로망에서 말하는 마디, 가지와는 다른 의미로 사용되고 있으므로 혼동하지 않도록 주의하기 바란다. 신호 흐름 선도에서 마디는 신호를 표시하며 가지는 마디와 마디 사이를 연결하며 화살표 방향으로 신호가 전해지는 방향을 표시한다. 또한 이 가지에는 **트랜스미턴스**(transmittance)를 더 써넣어 신호가 가지를 통하는 사이에 트랜스미턴스에 따른 변화를 받는 것을 표시하고 있다.

신호 x_1, x_2 사이에 식 (4·23)의 관계가 있을 때, 블록 선도에서는 그림 4·22 (a)로 표시하였다.

$$x_2 = t_{12} \, x_1 \tag{4·23}$$

이것에 대해서 신호 전달 선도에서는 그림 4·22(b)로 나타낸다. 즉, 마디 1, 2는

(a) 블록 선도 (b) 신호 흐름

그림 4·22 마디와 가지

각각 신호 x_1, x_2를 표시하며 가지 1 — 2의 화살표 방향은 마디 1에서 마디 2로 신호가 전달되는 것을 표시한다. 그리고 가지에 더 써넣은 t_{12}는 신호 x_1이 t_{12} 배되어 신호 x_2로 되는 것을 나타낸다. t_{12}는 트랜스미턴스 또는 **이득**(gain)이라 불리우며 x_1을 입력 신호, x_2를 출력 신호로 하는 전달 함수라 생각해도 좋다. 따라서, 트랜스미턴스는 s(또는 $j\omega$)의 함수이다.

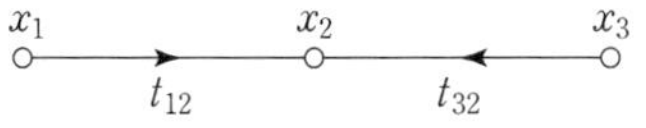

$$\underset{t_{12}}{\xrightarrow{\hspace{1cm}}} \quad \underset{t_{32}}{\xleftarrow{\hspace{1cm}}}$$

$x_1 \qquad\qquad x_2 \qquad\qquad x_3$

그림 4·23 입력 신호가 2개인 경우

다음에 식 (4·24)의 관계가 성립하는 제어계를 생각해 보자.

$$x_2 = t_{12}\, x_1 + t_{32}\, x_3 \tag{4·24}$$

x_2는 x_1과 x_3에 의해서 정해지기 때문에 신호 흐름 선도는 x_1에서 x_2에 도달하는 트랜스미턴스 t_{12}의 가지와 x_3에서 x_2에 도달하는 트랜스미턴스 t_{32}의 가지로 이루어진다. 이와 같이 하나의 마디에 2개 이상의 신호가 들어가는 경우는 그 마디를 표시하는 신호는 들어오는 모든 신호의 합이다.

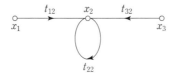

그림 4·24 자기 루프

또한 식 (4·25)에서 신호간의 관계를 나타낼 때, 그 신호 전달 선도는 그림 4·24와 같이 표시된다.

$$x_2 = t_{12}\, x_1 + t_{22}\, x_2 + t_{32}\, x_3 \tag{4·25}$$

이 경우, 마디 x_2에 들어오는 신호 속에 자기의 값 x_2에 의해서 정해지는 성분 $t_{22}\, x_2$가 있다. 이것에 대해 신호 흐름 선도상에서 마디 x_2에서 나와서 x_2로 들어가는 루프상의 가지가 생긴다. 이와 같은 가지를 **자기 루프**(self-loop)라고 한다.

이상의 예에서 나타낸 신호 흐름 선도의 규약을 정리하면 다음과 같이 된다.

（ⅰ）마디는 신호를 표시한다. 어떤 마디에 2개 이상의 신호가 들어가는 경우는 그 마디가 나타내는 신호는 그들의 합이다.

(ⅱ) 마디가 나타내는 신호는 그 마디에서 나오는 모든 가지로 전해진다.

(ⅲ) 신호는 가지를 화살표 방향으로만 진행한다.

(ⅳ) 어떤 가지에 들어온 신호는 그 가지의 트랜스미턴스배로 되어 그 가지가 끝나고 있는 마디로 들어간다.

블록 선도와 신호 흐름 선도의 표현법을 비교하면 표 4·2와 같다.

표 4·2 블록 선도와 신호 흐름 선도의 비교

종류	블록 선도	신호 흐름 선도
전달 요소	$X \rightarrow \boxed{G} \rightarrow Y = GX$	$X \circ \xrightarrow{\quad} \circ\ Y = GX$ G
가합점	$X + \rightarrow Z = X \pm Y$ $\pm$ Y	X 1 $Z = X \pm Y$ Y ± 1
인출점	$X \bullet \rightarrow X$, X	X 1 X 1 X

예제 4·3

그림 4·12에 나타낸 귀환 증폭기의 신호 흐름 선도를 그려 보자.

우선 신호를 입력쪽에서 출력쪽으로 순서대로, 즉 V_i, V_g, I_p, V_k, V_p, V_o의 순서로 늘어 놓으면 그림 4·25(a)가 된다. 다음에 이들 신호간의 관계식 (4.5)를 가지로서 표시하면 그림 4·25(b), (c), (d), (e), (f)가 된다. 이들을 중첩시키면 그림 4·25(g)의 신호 흐름 선도가 완성된다.

또한 트랜스미턴스의 차원은 다음과 같이 된다.

$$[\text{트랜스미턴스}] = \frac{[\text{그 가지가 끝나는 마디가 표시하는 신호}]}{[\text{그 가지가 시작되는 마디가 표시하는 신호}]}$$

이 관계를 당연한 것이지만 신호 흐름 선도에 잘못이 없는지 확실히 하는 데에 유용하다. 예를 들면 그림 4·25에서 V_i, V_g, V_k, V_p, V_o는 전압이므로 이들을 연결

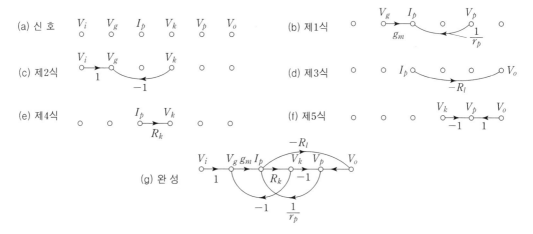

그림 4·25 그림 3·27 증폭기의 신호 흐름 선도

하고 있는 가지의 트랜스미턴스는 무차원이어야 한다. 이것에 대해서 I_p는 전류이므로 가지 $V_g \rightarrow I_p$의 트랜스미턴스는 컨덕턴스의 차원을, 또한 가지 $I_p \rightarrow V_k$의 트랜스미턴스는 저항의 차원을 가지고 있지 않으면 안된다.

여기에서 신호 흐름 선도에 관련하여 종종 사용되는 용어에 대해서 설명한다.

- **입력 마디**(input node 또는 source) : 신호가 나오는 가지만을 가지고 있는 마디. 예 그림 4·25에서의 V_i

- **출력 마디**(output node 또는 sink) : 신호가 들어오는 가지만을 가지고 있는 마디. 예 그림 4·22에서의 x_2

  입력 마디, 출력 마디를 모든 신호 흐름 선도에 있다고는 한정하지 않는다. 예를 들면 그림 4·25(g)에서 V_i는 입력 마디이지만 V_o는 출력 마디가 아니다. 그러나 이 제어계에서는 V_i가 입력 신호, V_o가 출력 신호이므로 마디 V_o도 출력 마디로 되어 있는 쪽이 이후의 취급에도 편리하다. 그러므로 그림 4·26과 같이 새로운 마디 V_o'를 부가하여 V_o와 V_o' 사이를 트랜스미턴스가 1과 같은 가지로 연결해 두면 해석하는데 편리하다.

- **경로**(path) : 동일한 마디를 두 번 이상 지나지 않고 연속된 화살표 방향으로 통과할 수 있는 가지의 연속. 예 그림 4·26에 있어서의 $V_i - V_g - I_p - V_o - V_o'$, $V_i - V_g - I_p - V_k - V_g$ 등

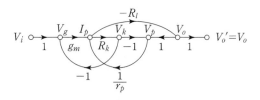

그림 4·26 출력 마디의 부가

- **전향 경로**(forward path) : 입력 마디에서 출력 마디로 향하는 경로 중에서 동일 마디를 2회 이상 통과하지 않는 것. 예 그림 4·26에 있어서의 $V_i - V_g$ $-I_p - V_o - V_o'$ 등

  · 전향 경로가 아닌 예 : $V_i - V_g - I_p - V_k - V_p - I_p - V_o - V_o'$(마디 I_p를 2 회 통과한다)

- **루프**(loop) : 어떤 마디에서 출발하여 동일 마디를 2회 이상 통과하지 않고 원래의 마디로 되돌아오는 경로. 예 그림 4·26에 있어서의 $V_g - I_p - V_k - V_g$, $I_p - V_k - V_p - I_p$, $I_p - V_o - V_p - I_p$. 그러나 $V_g - I_p - V_k - V_p - I_p - V_k - V_g$ 는 마디 I_p, V_k를 2회씩 통하기 때문에 루프는 아니다.

- **경로 트랜스미턴스**(path transmittance) : 경로를 구성하는 각 가지의 트랜스미턴스곱. **경로 이득**(path gain)이라고도 한다.

- **루프 트랜스미턴스**(loop transmittance) : 루프를 구성하는 각 가지의 트랜스미턴스곱. **루프 이득**(loop gain)이라고도 한다.

4·6 신호 흐름 선도의 등가 변환

신호 흐름 선도도 블록 선도와 마찬가지로 등가 변환을 행할 수가 있다. 우선 그 기본 법칙부터 설명하다.

(1) 직렬 결합

표 4·3을 참조하면

$$x_3 = t_{23} x_2 = t_{12} t_{23} x_1 \tag{4·26}$$

표 4·3 변환 법칙

NO	종류	변환 전	변환 후
1	직렬 결합	$x_1 \xrightarrow{t_{12}} x_2 \xrightarrow{t_{23}} x_3$	$x_1 \xrightarrow{t_{12} \cdot t_{23}} x_3$
2	병렬 결합	$x_1 \underset{t_2}{\overset{t_1}{\rightrightarrows}} x_2$	$x_1 \xrightarrow{t_1+t_2} x_2$
3	성상 – 환상	$t_{10},\ t_{02},\ t_{30},\ t_{04}$ (x_0 중심, x_1, x_2, x_3, x_4)	$x_1 x_2$: $t_{10} \cdot t_{02}$, $x_3 x_2$: $t_{30} \cdot t_{02}$, $x_1 x_4$: $t_{10} \cdot t_{04}$, $x_3 x_4$: $t_{30} \cdot t_{04}$
4	자기 루프	$x_1 \xrightarrow{1} x_2 \xrightarrow{1} x_3$, x_2 자기루프 t	$x_1 \xrightarrow{\frac{1}{1-t}} x_3$

이다. 즉, 직렬 결합된 가지는 그들의 트랜스미턴스곱과 같은 트랜스미턴스를 가진 가지로 치환할 수가 있다.

(2) 병렬 결합

표 4·3을 참조하면

$$x_2 = t_1 x_1 + t_2 x_1 = (t_1 + t_2) x_1 \tag{4·27}$$

이다. 즉 병렬 결합된 가지는 그들의 트랜스미턴스합과 같은 트랜스미턴스를 가진 가지로 치환할 수가 있다.

(3) 성상 결합과 환상 결합

표 4·3을 참조하면

$$x_2 = t_{02}\, x_0 = t_{02}(t_{10}\, x_1 + t_{30}\, x_3) = t_{10}\, t_{02}\, x_1 + t_{30}\, t_{02}\, x_3 \tag{4·28}$$

$$x_4 = t_{04}\, x_0 = t_{04}(t_{10}\, x_1 + t_{30}\, x_3) = t_{10}\, t_{04}\, x_1 + t_{30}\, t_{04}\, x_3 \tag{4·29}$$

이다. 이 관계를 이용해서 성상 결합에서 환상 결합으로 변환할 수가 있다. 이 변환을 행한 후의 각 가지의 트랜스미턴스를 표 4·3에 나타낸다.

(4) 자기 루프

표 4·3의 NO 4와 같이 가지 루프를 단순 가지로 변환하는 것을 생각해 보자. 마디 x_2에 들어오는 신호는 마디 x_1에서 오는 x_1과 자기 루프에서 오는 tx_2이므로

$$x_1 + tx_2 = x_2$$

x_2에 대해서 풀면

$$x_2 = \frac{1}{1-t} x_1 \tag{4·30}$$

이다. 즉, 트랜스미턴스 t의 자기 루프는 트랜스미턴스 $\dfrac{1}{1-t}$의 단순 가지로 치환할 수 있다.

예제 4·4

그림 4·25(g)의 신호 흐름 선도를 간단화하여라.

풀이　우선 $V_k \to V_g$인 가지의 시작점과 종착점을 마디 I_p로 이동시키면 그림 4·27(a)와 같이 트랜스미턴스 $-g_m R_k$이 자기 루프가 가능하다. 다음에 마디 V_p는 성상 접속의 공통점이므로 이것을 환상 접속으로 변환하면 그림 4·27(b)가 된다. $I_p-[-R_l]-V_o-[1/r_p]-I_p$의 경로는 그림 4·27(c)와 같이 하나의 루프(루프 트랜스미턴스 R_l/r_p)와 하나의 가지

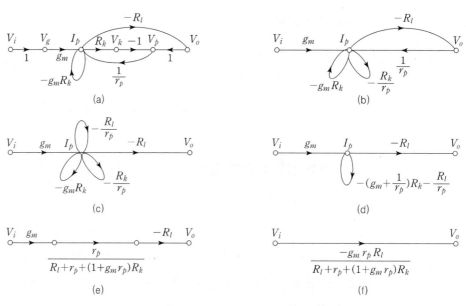

(a)

(b)

(c)

(d)

(e)

(f)

그림 4·27　신호 흐름 선도의 간단화

(트랜스미턴스 $-R_l$)로 생각할 수 있다.

그림 4·27(c)에서 마디 I_p는 3개의 자기 루프를 가지므로 이들의 합을 구하면 그림 4·27(d)가 된다. 더욱이 이 자기 루프를 단순 가지로 변환하면 그림 4·27(e)가 되며 그 트랜스미턴스는

$$\frac{1}{1+R_l/r_p+(g_m+1/r_p)R_k} = \frac{r_p}{R_l+r_p+(1+g_mr_p)R_k} \tag{4·31}$$

가 된다. 그림 4·27(e)는 또한 그림 4·27(f)와 같이 간단화되며 그 트랜스미턴스는

$$\frac{-g_mr_pR_l}{R_l+r_p+(1+g_mr_p)R_k} \tag{4·32}$$

이 된다. 이것은 그림 4·12(i)와 일치하고 있다.

4·7 합성 트랜스미턴스

4·6절의 예에서도 알 수 있듯이 신호 흐름 선도를 간단화하여 제어계 전체의 합성 트랜스미턴스를 구하려면 블록 선도를 간단화하는 것과 거의 같은 수고를 요하고 제법 번잡하다. 신호 흐름 선도가 주어지면 이와 같은 방법에 의하지 않고도 선도의 위상 기하학적인 관계에 주목하여 직접 육안 관찰에 의해서 제어계 전체의 합성 트랜스미턴스를 구할 수가 있다. 이것은 신호 흐름 선도에 관한 장점 중의 하나이다.

신호 흐름도로부터 임의의 두 마디 사이의 전달 함수를 체계적으로 구하는 공식이 메디슨(S.J.Mason)에 의해 개발되었으며 이를 **메이슨의 이득 공식**이라 한다.

다음에는 이득 공식을 (1) 전향 경로가 하나이고, 루프가 서로 접촉하지 않는 경우 (2) 전향 경로가 하나이고, 루프가 서로 접촉하는 경우 (3) 일반적인 경우 ((1)(2) 경우를 모두 포함하는)에 대하여 각각 알아보자.

(1) 전향 경로가 하나이고 루프가 서로 접촉하지 않는 경우

그림 4·28(a)와 같이 몇 개의 루프가 공통 마디를 가지지 않을 때, 이들의 루프는 서로 접촉하지 않는다고 한다. 그런데 이 예에서 전향 경로의 경로 트랜스미턴스를 P_0, 각 루프의 루프 트랜스미턴스를 각각 L_1, L_2, L_3라 하면

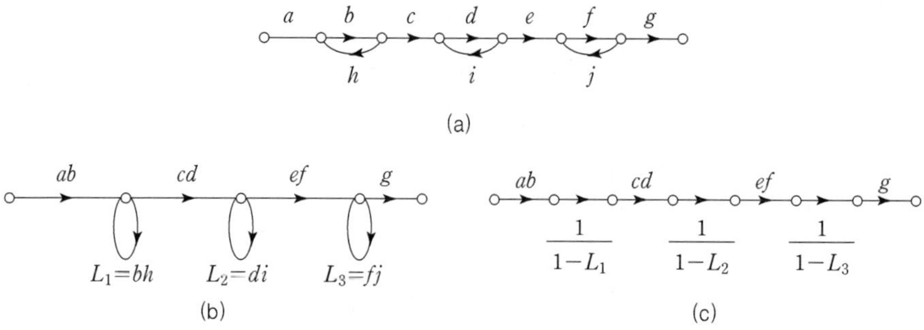

그림 4·28 합성 트랜스미턴스(1)

$$P_0 = abcdefg$$

$$L_1 = bh, \qquad L_2 = di, \qquad L_3 = fj$$

이들의 루프를 그림 4·28(b)와 같이 자기 루프로 변환하고 또한 자기 루프를 단순 가지로 변환하면 그림 4·28(c)가 된다. 그림 4·28(c)에서 제어계 전체의 합성 트랜스미턴스 G는 다음과 같이 된다.

$$G = P_0 \frac{1}{1-L_1} \frac{1}{1-L_2} \frac{1}{1-L_3}$$

$$= \frac{P_0}{1-(L_1+L_2+L_3)+(L_1L_2+L_2L_3+L_3L_1)-L_1L_2L_3} \qquad (4\cdot33)$$

이 예에서 추측할 수 있듯이 일반적으로 전향 경로가 하나이고 서로 접촉하지 않는 루프가 많이 있는 경우, 합성 트랜스미턴스는 다음과 같이 된다.

$$G = \frac{P_0}{\Delta} \qquad (4\cdot34)$$

단,

$P_0 =$ 전향 경로의 경로 트랜스미턴스

$\Delta = 1 - \sum($루프 트랜스미턴스$)$

$\qquad + \sum($2개 루프의 루프 트랜스미턴스곱$)$

$\qquad - \sum($3개 루프의 루프 트랜스미턴스곱$)$

$\qquad + \cdots\cdots$ $\qquad\qquad (4\cdot35)$

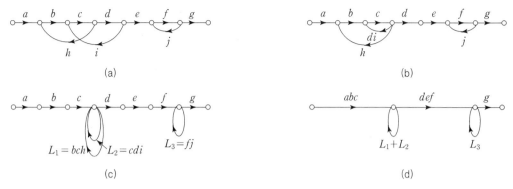

그림 4·29 합성 트랜스미턴스(2)

(2) 전향 경로가 하나이고 루프가 서로 접촉하는 경우

그림 4·29의 대해서 생각한다. 경로 트랜스미턴스 및 루프 트랜스미턴스를 각각 다음과 같이 놓는다.

$$P_0 = abcdefg$$

$$L_1 = bch, \qquad L_2 = cdi, \qquad L_3 = fj$$

그림 4·29(a)에서 가지 i의 시작점을 하나 앞의 마디로 옮기면 그림 4·29(b)가 된다. 또한, 그림 4·29(b)의 루프를 자기 루프로 변환하면 그림 4·29(c)가 된다. 그림 4·29(c)에서 자기 루프 L_1과 L_2는 병렬로 되어 있으므로 이것을 정리하면 그림 4·29(d)가 된다. 이와 같이 서로 접촉하는 루프는 각각 루프 트랜스미턴스의 합과 같은 루프 트랜스미턴스를 가진 단일 루프로 치환한다. 그림 4·29(d)에서 합성 트랜스미턴스는 다음과 같이 된다.

$$G = \frac{P_0}{[1-(L_1+L_2)](1-L_3)}$$

$$= \frac{P_0}{1-(L_1+L_2+L_3)+(L_1L_3+L_2L_3)} \qquad (4\cdot36)$$

식 (4·33)과 식 (4·36)을 비교해서 알아낸 것은 후자의 분모에 곱 L_1L_2의 항을 빼는 것이다.

이 경우도 합성 트랜스미턴스는 식 (4·34)로 표시되지만 $\varDelta$에 관해서는 식 (4·35) 속에서 서로 접촉하는 루프곱의 항이 없어져서 다음과 같이 고쳐진다.

$$\Delta = 1 - \sum(\text{루프 트랜스미턴스})$$

$$+ \sum(\text{서로 접촉하지 않은 2개 루프의 곱})$$

$$- \sum(\text{서로 접촉하지 않은 3개 루프의 루프 트랜스미턴스곱})$$

$$+ \cdots\cdots\cdots \tag{4·37}$$

(3) 일반적인 경우

앞 절 (1), (2)에서 알 수 있듯이 (1), (2)를 포함하는 모든 일반적인 경우에 대해 합성 트랜스미터는 다음과 같이 나타낼 수 있다.

$$G = \frac{\sum P_k \Delta_k}{\Delta} \tag{4·38}$$

단,

$$\Delta = 1 - \sum(\text{각 루프의 루프 트랜스미턴스})$$

$$+ \sum(\text{서로 접촉하지 않은 2개 루프의 트랜스미턴스곱})$$

$$- \sum(\text{서로 접촉하지 않은 3개 루프의 루프 트랜스미턴스곱})$$

$$+ \cdots\cdots\cdots \tag{4·39}$$

이다. 여기서 $\sum$는 모든 조합에 대해서의 총합이다.

$$P_k = \text{제 } k \text{번째 전향 경로의 경로 트랜스미턴스} \tag{4·40}$$

$$\Delta_k = \text{제 } k \text{번째 전향 경로에 접촉하지 않는(공통 마디를 갖지 않는다)}$$
$$\text{부분의 } \Delta \text{값} \tag{4·41}$$

앞에서 설명한 (1), (2), (3)항의 경우는 모두 이 식에 포함된다. 식 (4·38)의 증명은 메이슨(Mason)의 논문을 참조하는 것으로 하고 여기에서는 그 사용법의 실례를 나타낸다.

윗식은 언뜻 복잡해 보이지만 P_k, Δ_k, Δ의 값은 신호 흐름 선도에서 육안 관찰에 의해서 구해진다. 이것은 블록 선도의 간단화에 비해서 매우 편리한 방법이다. 특히, 복합한 제어계일수록 그 특징이 발휘된다.

예제 4·5

다음의 블록 선도를 신호 흐름도를 바꾸고, $\dfrac{C(s)}{R(s)}$, $\dfrac{E(s)}{R(s)}$, $\dfrac{C(s)}{E(s)}$ 에 대한 전달함수를 구하여라.

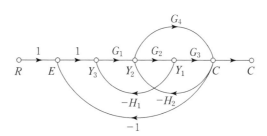

그림 4·30 블록 선도

풀이 위의 블록 선도는 다음의 과정으로 신호 흐름도를 바꿀 수 있다.

① 변수 표시. ⇒ 신호 흐름도에 R, E, Y_3, Y_2, Y, C를 표시한다.

② 전향 경로 이득 표시. 이득이 없으면 1로 표시. ⇒ 신호 흐름도에 G_1, G_2, G_3를 표시한다.

③ 루프 그리고 이득 표시. 이득이 없으면 1로 표시. ⇒ 신호 흐름도에 H_1, H_2, G_4를 표시한다.

그림 4·31 예제 4·5

전달함수는 다음과 같다.

a. $\dfrac{C(s)}{R(s)} = \dfrac{1}{\triangle}\{\, G_1 G_2 G_3 + G_1 G_4 \,\}$

$\triangle = 1 + G_1 G_2 H_1 + G_2 G_3 H_2 + G_1 G_2 G_3 + G_4 H_2 + G_1 G_4$

b. $\dfrac{E(s)}{R(s)} = \dfrac{(1 + G_1 G_2 H_1 + G_2 G_3 H_2 + G_4 H_2)}{\triangle}$

분자항은 모두 비접촉 루프이다.

c. $\dfrac{C(s)}{E(s)} = \dfrac{G_1 G_2 G_3 + G_1 G_4}{1 + G_1 G_2 H_1 + G_2 G_3 H_2 + G_4 H_2}$

분자항에 비접촉 루프는 없다.

4·8 Matlab 예제

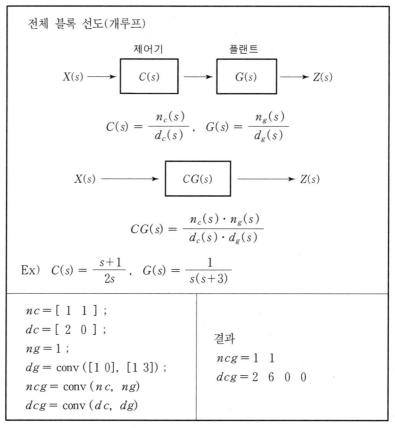

전체 블록 선도(개루프)

$$C(s) = \frac{n_c(s)}{d_c(s)}, \quad G(s) = \frac{n_g(s)}{d_g(s)}$$

$$CG(s) = \frac{n_c(s) \cdot n_g(s)}{d_c(s) \cdot d_g(s)}$$

Ex) $C(s) = \dfrac{s+1}{2s}, \quad G(s) = \dfrac{1}{s(s+3)}$

$nc = [\ 1 \ \ 1\ ]$; $dc = [\ 2 \ \ 0\ ]$; $ng = 1$; $dg = \mathrm{conv}\,([1\ 0],\ [1\ 3])$; $ncg = \mathrm{conv}\,(nc,\ ng)$ $dcg = \mathrm{conv}\,(dc,\ dg)$	결과 $ncg = 1\ \ 1$ $dcg = 2\ \ 6\ \ 0\ \ 0$

conv 명령어는 분자는 분자끼리, 분모는 분모끼리 곱하게 해준다.

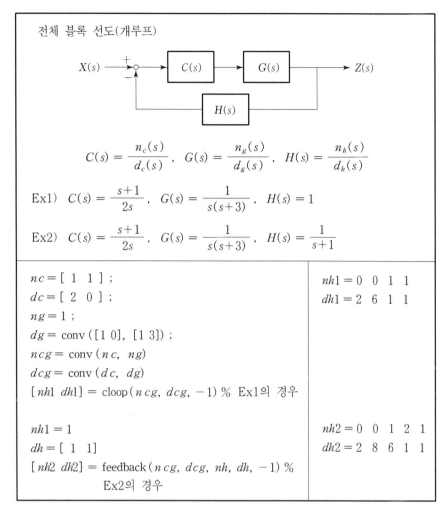

전체 블록 선도(개루프)

$$X(s) \longrightarrow \overset{+}{\underset{-}{\circ}} \longrightarrow \boxed{C(s)} \longrightarrow \boxed{G(s)} \longrightarrow Z(s)$$

$$\boxed{H(s)}$$

$$C(s) = \frac{n_c(s)}{d_c(s)}, \quad G(s) = \frac{n_g(s)}{d_g(s)}, \quad H(s) = \frac{n_h(s)}{d_h(s)}$$

Ex1)　$C(s) = \dfrac{s+1}{2s}, \quad G(s) = \dfrac{1}{s(s+3)}, \quad H(s) = 1$

Ex2)　$C(s) = \dfrac{s+1}{2s}, \quad G(s) = \dfrac{1}{s(s+3)}, \quad H(s) = \dfrac{1}{s+1}$

$nc = [\ 1 \ \ 1\ ]$;	$nh1 = 0 \ \ 0 \ \ 1 \ \ 1$
$dc = [\ 2 \ \ 0\ ]$;	$dh1 = 2 \ \ 6 \ \ 1 \ \ 1$
$ng = 1$;	
$dg = \text{conv}\,([1\ 0],\ [1\ 3])$;	
$ncg = \text{conv}\,(nc,\ ng)$	
$dcg = \text{conv}\,(dc,\ dg)$	
$[\,nh1\ dh1] = \text{cloop}\,(ncg,\ dcg,\ -1)$ % Ex1의 경우	
$nh1 = 1$	$nh2 = 0 \ \ 0 \ \ 1 \ \ 2 \ \ 1$
$dh = [\ 1 \ \ 1\ ]$	$dh2 = 2 \ \ 8 \ \ 6 \ \ 1 \ \ 1$
$[\,nh2\ dh2] = \text{feedback}\,(ncg,\ dcg,\ nh,\ dh,\ -1)$ %　Ex2의 경우	

여기서　-1은 부궤환(negative feedback)을 나타낸다.

부궤환이 상수인 폐루프 전달함수를 구하기 위해 cloop 명령어를 사용한다.

부궤환이 전달함수 형태인 폐루프 전달함수를 구하기 위해 feedback 명령어를 사용한다.

연습문제

1. 그림 4·5에 나타낸 서보 기구의 블록 선도를 간단화하여라.

2. 그림 4·32의 블록 선도를 간단화하여라.

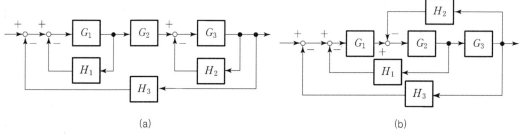

(a)   (b)

그림 4·32 문제 2

3. 문제 2의 블록 선도를 신호 흐름 선도로 고쳐 그려라. 다음에 이 신호 흐름 선도의 합성 트랜스미턴스를 구하고 문제 2의 결과와 비교하여라.

4. 3장 문제 1의 있는 전기 회로의 블록 선도를 그려라. 다음에 이 블록 선도를 간단화해서 전달 함수 $V_o(s)/V_i(s)$를 구하여라.

5. 문제 4를 신호 흐름 선도를 이용해서 풀어라.

6. 3장 문제 2에 있는 기계계의 블록 선도를 그려라. 다음에 이 블록 선도를 간단화해서 전달 함수 $X_o(s)/X_i(s)$를 구하여라.

7. 문제 6을 신호 흐름 선도를 이용해서 풀어라.

8. 3장의 문제 10을 블록 선도를 이용해서 풀어라.

9. 문제 8을 신호 흐름 선도를 이용해서 풀어라.

10. 3장의 문제 11을 블록 선도를 이용해서 풀어라.

11. 3장의 문제 11을 신호 흐름 선도를 이용해서 풀어라.

12. 3장의 '3·3 전달 함수의 예'의 예제 3·5를 블록 선도를 이용해서 풀어라.

13. 문제 12를 신호 흐름 선도를 이용해서 풀어라.

14. 그림 4·21(a) 회로의 신호 흐름 선도를 그리고 전달 함수 $V_o(s)/V_s(s)$를 구하여라.

15. 그림 4·33의 제어계에서 외란 $D(s)$의 제어량 $C(s)$에 대한 영향은 피드백이 있고 없음에 따라서 어

떻게 변하는가? 또한, K_1의 대소는 어떻게 작용하는가?

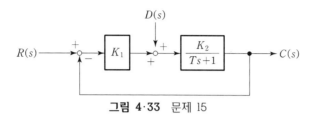

그림 4·33 문제 15

16. 그림 4·34의 제어계에서 편차 $R(s) - C(s)$가 언제나 0이 되도록 하기 위해서는 $G_3(s)$를 어떻게 선택하면 좋은가?

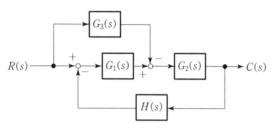

그림 4·34 문제 16

17. 그림 4·35는 진공관식 안정화 전원이다. 여기서 R_i는 직류 전원 v_i의 내부 저항이다.

분압 저항 R_1, R_2를 통하는 전류는 i_l에 비해서 무시할 수 있고 또한 i_{p1}도 i_{p2}에 비해서 무시할 수 있다. 진공관 T_1은 5극관이 내부 저항이 매우 크기 때문에 $\Delta i_{p1} \simeq g_{m1} \Delta v_{g1}$으로 놓을 수가 있다. 단, 상호 인덕턴스 $g_{m1} = 0.25\,[\text{m}\mho]$, 진공관 T_2의 내부 저항 및 증폭 상수는 각각 $r_{p2} = 250\,[\Omega]$, $\mu_2 = 2$이다. 또한 $R_i = 100\,[\Omega]$, $R_3 = 100\,[\text{M}\Omega]$, $R_2/(R_1 + R_2) = 0.5$, R_l은 $1{,}000 \sim 10{,}000\,[\Omega]$의 범위에서 변화한다. 이 안정화 전원에 대해서 다음의 물음에 답하여라.

(1) v_i가 $1\,[\text{V}]$ 변화되었을 때, v_o는 얼마나 변화되는가?

(2) 부하 전류가 $100\,[\text{mA}]$ 증가하면 v_o는 얼마나 저하되는가?

(3) 정전압 방전관 T_3의 단자 전압 v_r이 $0.05\,[\text{V}]$ 변동되면 출력 전압은 어떻게 변하는가?

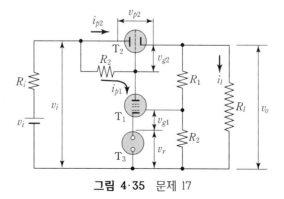

그림 4·35 문제 17

18. 다음의 신호 흐름도에서 $\dfrac{C(s)}{R(s)}$ 전달함수를 구하여라.

a.

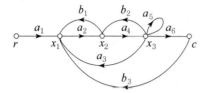

b.

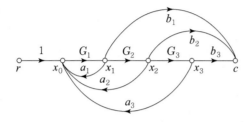

5장

과도 응답

5·1 전달 함수의 기본형

3장의 예제에서 볼 수 있듯이 서로 다른 제어 요소라도 전달 함수는 동일 형식의 것이 꽤 많다. 이들을 정리하여 여러 종류의 기본형을 설정하면 요소나 제어계의 전달 함수는 이러한 기본형의 어느 쪽인가에 해당하거나 또는 기본형의 조합이 된다. 이 장과 다음 장에서는 기본형의 전달 함수를 가진 요소의 응답에 대해서 설명한다.

전달 함수의 기본형에는 다음의 것이 있다.

(1) 비례 요소

출력 신호 $y(t)$가 입력 신호 $x(t)$에 비례하는 것이다.

$$y(t) = Kx(t) \qquad (5 \cdot 1)$$

비례 상수 K는 **비례 감도**(proportional sensitivity) 또는 **비례 이득**(proportional gain)이라 불리운다. 전달 함수 $G(s)$는

$$G(s) = \frac{Y(s)}{X(s)} = K \qquad (5 \cdot 2)$$

예 : 스프링(변위 ∝ 힘), 전기 저항(전압 ∝ 전류), 열저항(온도차 ∝ 열류), 유체 저항
(압력차 ∝ 유량) 등

(2) 적분 요소

출력 신호 $y(t)$가 입력 신호 $x(t)$의 적분에 비례하는 것이다.

$$y(t) = \frac{1}{T} \int x(t)\, dt \tag{5·3}$$

이 식을 고쳐 쓰면 다음과 같이 된다.

$$\frac{dy(t)}{dt} = \frac{1}{T} x(t) \tag{5·4}$$

즉, 적분 요소에서는 출력 신호 $y(t)$의 변화 속도가 입력 신호 $x(t)$에 비례
한다. 전달 함수는

$$G(s) = \frac{Y(s)}{X(s)} = \frac{1}{Ts} \tag{5·5}$$

예 : 수조 주입 유량과 수위, 전동기 회전수와 회전각, 안내 밸브의 열림과 유압 실린더
의 피스톤 변위 등

(3) 1차 시스템

입력 신호 $x(t)$와 출력 신호 $y(t)$ 사이에 다음의 1차 미분 방정식이 성립하
는 시스템을 **1차 시스템**이라 한다.

$$T \frac{dy(t)}{dt} + y(t) = Kx(t) \tag{5·6}$$

여기서 T는 **시정수**(time constant), K는 **이득 상수**(gain constant)라고 불
리운다. 전달 함수 $G(s)$는

$$G(s) = \frac{Y(s)}{X(s)} = \frac{K}{Ts+1} \tag{5·7}$$

예 : 전기 저항+전기 용량(그림 3·5), 공기 회로 저항+공기 회로 용량(그림 3·23),
열저항+열용량(그림 3·10), 액체 저항+수조 단면적(그림 3·22), 서보 전동기의
전압과 회전수(그림 3·13, 그림 3·28), 직류 발전기의 계자 전압과 유기 기전력
(그림 3·11) 등

(4) 미분 요소

출력 신호 $y(t)$가 입력 신호 $x(t)$의 미분에 비례하는 것이다.

$$y(t) = T \frac{dx(t)}{dt} \tag{5·8}$$

전달 함수 $G(s)$는

$$G(s) = \frac{Y(s)}{X(s)} = Ts \tag{5·9}$$

예 : 상호 인덕턴스($v_2 = (di_1/dt)$), 속도 발전기 등

(5) 2차 시스템

입력 신호 $x(t)$와 출력 신호 $y(t)$ 사이에 다음의 2차 미분 방정식이 성립하는 시스템을 **2차 시스템**이라 한다.

$$a_2 \frac{d^2 y(t)}{dt^2} + a_1 \frac{dy(t)}{dt} + a_0 y(t) = x(t) \tag{5·10}$$

전달 함수 $G(s)$는

$$G(s) = \frac{Y(s)}{X(s)} = \frac{1}{a_2 s^2 + a_1 s + a_0} \tag{5·11}$$

이 전달 함수 $G(s)$는 종종 다음의 형태로 쓰여진다.

$$G(s) = \frac{1}{a_0} \frac{\omega_n^2}{s^2 + 2\zeta\omega_n s + \omega_n^2} \tag{5·12}$$

단,

감쇠 계수(damping factor) : $\zeta = \dfrac{a_1}{2\sqrt{a_0 a_2}}$ $\qquad$ (5·13)

비감쇠 고유 각주파수(undamped natural angular frequency) :

$$\omega_n = \sqrt{\frac{a_0}{a_2}} \tag{5·14}$$

이다.

예 : LCR 회로 : $L\dfrac{d^2 q}{dt^2} + R\dfrac{dq}{dt} + \dfrac{1}{C}q = v$, 단 q : 전하

$$\zeta = \frac{R}{2}\sqrt{\frac{C}{L}}, \qquad \omega_n = \frac{1}{\sqrt{LC}}$$

질량 + 점성 마찰 + 스프링계(그림 3·7) : $M\dfrac{d^2x}{dt^2}+D\dfrac{dx}{dt}+K_s x=f$

$$\zeta=\dfrac{D}{2\sqrt{K_s M}}\ ,\qquad \omega_n=\sqrt{\dfrac{K_s}{M}}$$

(6) 부동작 시간 요소

출력 신호 $y(t)$는 입력 신호 $x(t)$와 동일 파형이지만 일정 시간 L만큼 지연되는 것이다. L은 **부동작 시간**(dead time)이라고도 불리운다.

$$y(t)=x(t-L) \tag{5·15}$$

전달 함수 $G(s)$는

$$G(s)=\dfrac{Y(s)}{X(s)}=e^{-sL} \tag{5·16}$$

예 : 3·7절 참조

5·2 과도 응답

3장의 '3·3 전달 함수의 예'에서 설명했던 것처럼 전달 함수 $G(s)$를 가진 요소에 입력 신호 $X(s)$를 가한 경우의 출력 신호는

$$Y(s)=G(s)X(s) \tag{5·17}$$

역변환을 하면

$$y(t)=\mathcal{L}^{-1}[G(s)X(s)] \tag{5·18}$$

입력 신호 $x(t)$를 인가한 경우, 그것이 원인이 되어 $y(t)$를 발생시킨다. 이때, $y(t)$가 새로운 정상 상태에 도달할 때까지 나타나는 과도적인 경과를 **과도 응답**(transient response)이라고 한다.

$x(t)$로서 부여한 함수형에 따라서 과도 응답 $y(t)$는 달라진다. 따라서, $x(t)$로서 여러 가지의 함수형을 부여하면 그 수만큼 과도 응답이 있다. 그러나 보통 과도 응답으로서 다음과 같은 응답을 고려한다.

(1) 임펄스 응답(impulse response)

단위 임펄스 함수는 폭은 0이고, 높이는 무한대이면서 면적은 1인 함수이다.

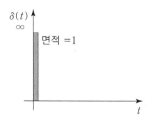

$$\delta(t) = \begin{cases} \infty & t = 0 \\ 0 & t \neq 0 \end{cases}, \quad \int_{-\infty}^{\infty} \delta(t)\,dt = 1$$

단위 임펄스 함수를 입력 신호로 하는 과도 응답이며 중량 함수와 같다(3장 '3·4 전달 함수의 물리적 의의, 중량 함수' 참조).

$$x(t) = \delta(t), \quad 즉 \quad \mathcal{L}[\delta(t)] = X(s) = 1 \tag{5·19}$$

임펄스 응답 $g(t)$는

$$g(t) = \mathcal{L}^{-1}[G(s)] \tag{5·20}$$

이다. 즉, 임펄스 응답은 전달 함수의 라플라스 역변환과 같다.

임펄스 함수를 실제로 구현하는 것은 불가능하다. 따라서, 계단 함수를 입력으로 대신한 계단 응답이 더 유용하다.

(2) 계단 응답(step response)

계단 함수를 입력 신호로 한 경우의 과도 응답을 계단 응답이라고도 한다. 특히 단위 계단 함수를 입력 신호로 한 경우의 응답을 **인디셜 응답**(indicial response)이라고 한다. 그래프는 표 5·1에 있다.

$$이 \ 경우 \quad x(t) = u(t), \quad 즉 \quad \mathcal{L}[u(t)] = X(s) = \frac{1}{s} \tag{5·21}$$

인디셜 응답을 $f(t)$라 하면

$$f(t) = \mathcal{L}^{-1}\left[\frac{G(s)}{s}\right] \tag{5·22}$$

단순히 과도 응답이라고 하는 경우는 계단 응답을 가리키는 경우가 많다.

계단 응답이 실제 문제에서 기준 입력으로 많이 쓰이기 때문에 시간 영역 해석법 가운데 가장 많이 사용된다. 특히 제어 시스템 해석에서 널리 사용된다.

(3) 램프 응답(ramp response)

일정 속도 V로 변화하는 함수 $f(t) = Vt$를 램프 함수(ramp function)라고 한다. 이 램프 입력(정속도 입력이라고도 말한다)에 대한 출력 신호를 램프 응답이라고 한다. 특히 입력의 변화 속도 V가 단위인 경우를 단위 램프 응답(unit ramp response)이라고 한다. 이 단위 램프 입력은

$$x(t) = t, \qquad 즉 \qquad X(s) = \frac{1}{s^2} \tag{5·23}$$

이것에 대해서 단위 램프 응답을 $h(t)$라 하면

$$h(t) = \mathcal{L}^{-1} \left[\frac{G(s)}{s^2} \right] \tag{5·24}$$

또한 단위 램프 응답을 미분하면 인디셜 응답이 되며 인디셜 응답을 미분하면 임펄스 응답이 된다.

예제 5·1 적분 요소 ·

적분 요소의 전달 함수는 $G(s) = 1/Ts$이므로 그 과도 응답은 다음과 같이 된다.

$$(i) \ 임펄스 \ 응답 \qquad g(t) = \mathcal{L}^{-1} \left[\frac{1}{Ts} \right] = \frac{1}{T} u(t) \tag{5·25}$$

$$(ii) \ 인디셜 \ 응답 \qquad f(t) = \mathcal{L}^{-1} \left[\frac{1}{Ts^2} \right] = \frac{t}{T} \tag{5·26}$$

표 5·1 적분 요소의 과도 응답

	임펄스 응답	인디셜 응답	단위 램프 응답
입력			
출력			

(iii) 단위 램프 응답 $\qquad h(t) = \mathscr{L}^{-1} \left[\dfrac{1}{Ts^3} \right] = \dfrac{1}{2T} t^2 \qquad$ (5·27)

5·3 1차 시스템

1차 시스템의 전달 함수는 다음 식으로 나타낸다.

$$G(s) = \frac{K}{Ts+1} \tag{5·28}$$

이 요소의 임펄스 응답, 인디셜 응답 및 단위 램프 응답은 각각 다음과 같다.

(ⅰ) 임펄스 응답 $\qquad g(t) = \mathscr{L}^{-1} \left[\dfrac{K}{Ts+1} \right] = \dfrac{K}{T} e^{-t/T} \qquad$ (5·29)

(ⅱ) 인디셜 응답 $\qquad f(t) = \mathscr{L}^{-1} \left[\dfrac{K}{s(Ts+1)} \right] = K(1 - e^{-t/T}) \qquad$ (5·30)

(ⅲ) 단위 램프 응답 $h(t) = \mathscr{L}^{-1} \left[\dfrac{K}{s^2(Ts+1)} \right] = K[t - T(1 - e^{-t/T})]$

$$\tag{5·31}$$

그림 5·1에 $e^{-t/T}$ 및 $(1 - e^{-t/T})$를 나타낸다. 그림을 위한 Matlab 프로그램은 부록을 참조하면 된다. 1차 요소의 인디셜 응답은 그림 5·1과 같이 증가해 가고

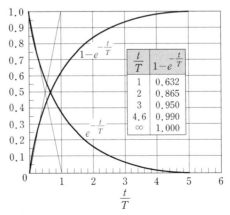

그림 5·1 1차 요소의 인디셜 응답 및 임펄스 응답

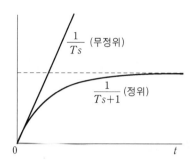

그림 5·2 정위와 무정위

$t \to \infty$에서 최종값 K가 된다. 이와 같이 인디셜 응답이 일정값으로 안정되는 성질을 **자기 평형성**(self-regulation)이라고 한다. 1차 요소는 자기 평형성이 있는 예이며 적분 요소는 자기 평형성이 없는 예이다. 또한 자기 평형성을 가지는 것을 **정위**(static)라고도 한다. 자기 평형성을 가지지 않는 것을 **무정위**(astatic)라고 한다.

식 (5·30)에서 $t=0$에서의 미분 계수를 구하면 다음과 같이 된다.

$$\left[\frac{df(t)}{dt} \right]_{t=0} = \left[\frac{K}{T} e^{-t/T} \right]_{t=0} = \frac{K}{T} \tag{5·32}$$

따라서, 인디셜 응답에 대해서 $t=0$에서 접선을 그으면 $t=T$에서 최종값과 교차한다.

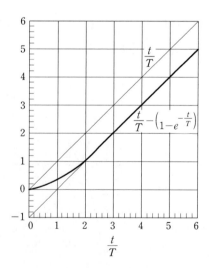

그림 5·3 1차 요소의 단위 램프 응답

또한 인디셜 응답은 $t=T$에서 최종 평형값의 $63.2[\%]$, $t=3T$에서 $95[\%]$, $t=4.6T$에서 $99[\%]$의 값을 취한다. 이들은 종종 참조되는 수치이다. 이와 같이 T는 1차 요소의 인디셜 응답 속도를 부여하는 파라미터이다. 즉, T가 작으면 응답은 빠르고 T가 크면 응답은 늦다. 이 의미에서 T를 **시정수**(time constant)라고 한다. 이것에 대해서 K는 인디셜 응답의 크기를 부여하는 파라미터이며 **이득 상수**(gain constant)라고 불리운다.

다음에 단위 램프 응답을 도시하면 그림 5·3과 같이 입력 t보다 점차 늦어지며 직선 $K(t-T)$에 점차 가까워진다. 즉, 출력 신호는 최종적으로는 입력 신호보다 시간 T만큼 늦어진다. 또한 출력 신호는 최종적으로 입력 신호보다 KT만큼 작아진다고 볼 수도 있다. 그림을 위한 Matlab 프로그램은 부록을 참조한다.

다음은 1차 시스템의 예인 물탱크 시스템을 이용하여 단위 계단 응답을 알아보자.

● **물탱크 시스템의 단위 계단 응답**

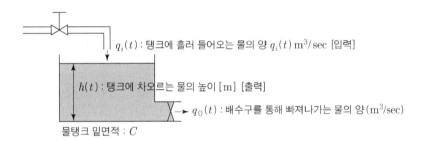

$q_i(t)$: 탱크에 흘러 들어오는 물의 양 $q_i(t)\,\mathrm{m^3/sec}$ [입력]

$h(t)$: 탱크에 차오르는 물의 높이 [m] [출력]

$q_0(t)$: 배수구를 통해 빠져나가는 물의 양($\mathrm{m^3/sec}$)

물탱크 밑면적 : C

토리첼리의 원리를 이용하여 물탱크 시스템을 모델링하면 다음과 같다.

● **토리첼리의 원리** : $q_0(t) \propto h^2(t)$ (비례)

해석을 간편하게 하기 위해 선형으로 근사화

$$q_0(t) \propto h(t) \;\Rightarrow\; q_0(t) = \frac{h(t)}{R}\;(\,R\text{은 상수})$$

탱크에 축적되는 물의 양 = 물높이의 변화율 × 물탱크의 밑면적

$$C\frac{dh(t)}{dt} = q_i(t) - q_0(t) = q_i(t) - \frac{h(t)}{R}$$

입력: $q_i(t)$, 출력: $h(t)$, 전달함수: $G(s) = \dfrac{H(s)}{Q_i(s)}$

$$sH(s) = \frac{1}{C}\,Q_i(s) - \frac{1}{RC}\,H(s)$$

$$Q_i(s) = C\Big[s + \frac{1}{RC}\Big]H(s)$$

$$\frac{H(s)}{Q_i(s)} = \frac{\dfrac{1}{C}}{s + \dfrac{1}{RC}}$$

$$H(s) = \frac{\dfrac{1}{C}}{s + \dfrac{1}{RC}} \cdot Q_i(s)$$

$$= \frac{\dfrac{1}{C}}{s + \dfrac{1}{RC}} \cdot \frac{1}{s} = \frac{R}{s} - \frac{R}{s + \dfrac{1}{RC}} = R\left(\frac{1}{s} - \frac{R}{s + \dfrac{1}{RC}}\right)$$

$$h(t) = R\Big(1 - e^{\frac{t}{RC}}\Big)$$

$RC = \tau$: 시정수(time constant)

- 계단 응답을 주었을 때 τ 시간 후에 최종치의 63%에 이름. τ가 작을수록 계단 응답이 계단 함수 응답에 가까워진다.
- 시정수 τ를 작게 하기 위해서는 탱크의 용량 C를 줄이거나, 배수 구 상수 R을 작게 하여야 함.

● 시스템의 계단 응답

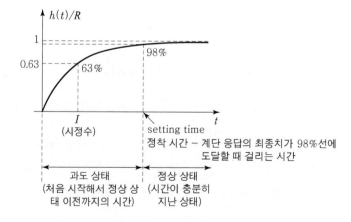

5·4　2차 시스템

2차 시스템의 미분 방정식 (5·10)에서 $a_0 = 1$인 경우, 단위 계단 입력에 대해서 출력 신호 $y(t)$의 최종값은 1이 된다. $a_0 \neq 1$인 경우도 상수배만큼 상이하므로 이하 $a_0 = 1$의 경우를 생각하기로 한다. 즉, 전달 함수로서

$$G(s) = \frac{\omega_n^2}{s^2 + 2\zeta\omega_n s + \omega_n^2} \tag{5·33}$$

을 생각한다. 이 2차 시스템의 과도 응답을 구하기 위해서 식 (5·33)의 분모를 인수 분해하여 다음과 같이 놓는다.

$$s^2 + 2\zeta\omega_n s + \omega_n^2 = (s - s_1)(s - s_2) \tag{5·34}$$

단, s_1, s_2는 다음 방정식의 근이다.

$$s^2 + 2\zeta\omega_n s + \omega_n^2 = 0 \tag{5·35}$$

근 s_1, s_2는 ζ와 1의 대소에 따라서 다음과 같이 복소근, 중근, 실근이 된다.

$$\zeta < 1\text{인 경우(복소근)}: \left.\begin{array}{l} s_1 = -\zeta\omega_n + j\omega_n\sqrt{1 - \zeta^2} \\ s_2 = -\zeta\omega_n - j\omega_n\sqrt{1 - \zeta^2} \end{array}\right\} \tag{5·36}$$

$$\zeta = 1\text{인 경우(중근)}: \quad s_1 = s_2 = -\omega_n \tag{5·37}$$

$$\zeta > 1\text{인 경우(실근)}: \left.\begin{array}{l} s_1 = -\zeta\omega_n + \omega_n\sqrt{\zeta^2 - 1} \\ s_2 = -\zeta\omega_n - \omega_n\sqrt{\zeta^2 - 1} \end{array}\right\} \tag{5·38}$$

(1) 임펄스 응답

2차 시스템의 임펄스 응답은 다음 식으로 주어진다.

$$g(t) = \mathcal{L}^{-1}\left[\frac{\omega_n^2}{s^2 + 2\zeta\omega_n s + \omega_n^2}\right] = \mathcal{L}^{-1}\left[\frac{K_1}{s - s_1} + \frac{K_2}{s - s_2}\right] \tag{5·39}$$

● $\zeta < 1$인 경우

s_1, s_2는 켤레 복소근, 계수 K_1, K_2는 식 (2·131)에서

$$K_1 = \left[\frac{\omega_n{}^2(s-s_1)}{(s-s_1)(s-s_2)} \right]_{s=s_1} = \frac{\omega_n{}^2}{s_1-s_2} = \frac{\omega_n}{2j\sqrt{1-\zeta^2}}$$
$$K_2 = \left[\frac{\omega_n{}^2(s-s_2)}{(s-s_1)(s-s_2)} \right]_{s=s_2} = -\frac{\omega_n{}^2}{s_1-s_2} = -\frac{\omega_n}{2j\sqrt{1-\zeta^2}} \tag{5·40}$$

임펄스 응답 $g(t)$는 식 (5·39)에서

$$g(t) = K_1 e^{s_1 t} + K_2 e^{s_2 t} \tag{5·41}$$

이것에 식 (5·36), (5·40)를 대입하면

$$g(t) = \frac{\omega_n}{\sqrt{1-\zeta^2}} e^{-\zeta\omega_n t} \frac{e^{j\sqrt{1-\zeta^2}\,\omega_n t} - e^{-j\sqrt{1-\zeta^2}\,\omega_n t}}{2j}$$
$$= \frac{\omega_n}{\sqrt{1-\zeta^2}} e^{-\zeta\omega_n t} \sin(\sqrt{1-\zeta^2}\,\omega_n t) \tag{5·42}$$

이다. 즉, 감쇠 진동이 된다.

- **$\zeta=1$인 경우**

    s_1, s_2는 등근으로 $-\omega_n$과 같다. 따라서, $G(s)$는 다음과 같이 된다.

$$G(s) = \frac{\omega_n{}^2}{(s+\omega_n)^2} \tag{5·43}$$

표 2·1의 NO.6에서 이 식의 역변환은

$$g(t) = \omega_n{}^2 t e^{-\omega_n t} \tag{5·44}$$

이다.

- **$\zeta > 1$인 경우**

    s_1, s_2는 실근, 부분 분수의 계수 K_1, K_2는

$$K_1 = \frac{\omega_n{}^2}{s_1-s_2} = \frac{\omega_n}{2\sqrt{\zeta^2-1}}$$
$$K_2 = -\frac{\omega_n{}^2}{s_1-s_2} = -\frac{\omega_n}{2\sqrt{\zeta^2-1}} \tag{5·45}$$

이다. 따라서, 임펄스 응답 $g(t)$는

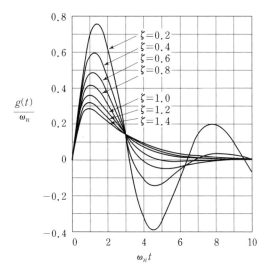

그림 5·4　2차 시스템의 임펄스 응답

$$g(t) = \frac{\omega_n}{\sqrt{\zeta^2-1}}\ e^{-\zeta\omega_n t}\ \frac{e^{\sqrt{\zeta^2-1}\,\omega_n t}-e^{-\sqrt{\zeta^2-1}\,\omega_n t}}{2}$$

$$= \frac{\omega_n}{\zeta^2-1}\, e^{-\zeta\omega_n t}\sinh\left(\sqrt{\zeta^2-1}\,\omega_n t\right) \tag{5·46}$$

그림 5·4에 여러 가지의 ζ에 대한 임펄스 응답을 나타낸다. 그림을 위한 Matlab 프로그램은 부록을 참조한다.

(2) 인디셜 응답

인디셜 응답 $f(t)$는 다음 식으로 주어진다.

$$f(t) = \mathcal{L}^{-1}\left[\frac{\omega_n^2}{s(s^2+2\zeta\omega_n s+\omega_n^2)}\right] \tag{5·47}$$

임펄스 응답의 경우와 마찬가지로 부분 분수로 분해하면

$$\frac{\omega_n^2}{s(s^2+2\zeta\omega_n s+\omega_n^2)} = \frac{\omega_n^2}{s(s-s_1)(s-s_2)}$$

$$= \frac{K_0}{s} + \frac{K_1}{s-s_1} + \frac{K_2}{s-s_2} \tag{5·48}$$

- **ζ < 1인 경우**

식 (5·48) 우변의 계수 K_0, K_1, K_2를 결정한다.

$$K_0 = \left[\frac{\omega_n^2 s}{s(s^2 + 2\zeta\omega_n s + \omega_n^2)} \right]_{s=0} = 1 \tag{5·49}$$

$$K_1 = \left[\frac{\omega_n^2(s - s_1)}{s(s - s_1)(s - s_2)} \right]_{s=s_1} = \frac{\omega_n^2}{s_1(s_1 - s_2)}$$

식 (5·36)을 대입하면

$$K_1 = \frac{1}{(-\zeta + j\sqrt{1 - \zeta^2})(2j\sqrt{1 - \zeta^2})}$$

분모, 분자에 $(-\zeta - j\sqrt{1 - \zeta^2})$를 곱해서 유리화하면

$$K_1 = \frac{-\zeta - j\sqrt{1 - \zeta^2}}{2j\sqrt{1 - \zeta^2}} \tag{5·50}$$

이 식에서 j를 $-j$로 치환하면 K_2가 얻어진다.

$$K_2 = \frac{\zeta - j\sqrt{1 - \zeta^2}}{2j\sqrt{1 - \zeta^2}} \tag{5·51}$$

이상에서 인디셜 응답은

$$f(t) = K_0 + K_1 e^{s_1 t} + K_2 e^{s_2 t}$$

$$= 1 - \frac{e^{-\zeta\omega_n t}}{2j\sqrt{1 - \zeta^2}} \left[(\zeta + j\sqrt{1 - \zeta^2}) e^{j\sqrt{1 - \zeta^2}\,\omega_n t} \right.$$

$$\left. + (-\zeta + j\sqrt{1 - \zeta^2}) e^{-j\sqrt{1 - \zeta^2}\,\omega_n t} \right] \tag{5·52}$$

$$= 1 - \frac{e^{-\zeta\omega_n t}}{\sqrt{1 - \zeta^2}} \left[\zeta\sin(\sqrt{1 - \zeta^2}\,\omega_n t) \right.$$

$$\left. + \sqrt{1 - \zeta^2}\cos(\sqrt{1 - \zeta^2}\,\omega_n t) \right]$$

$$= 1 - \frac{e^{-\zeta\omega_n t}}{\sqrt{1 - \zeta^2}} \sin\left(\sqrt{1 - \zeta^2}\,\omega_n t + \tan^{-1}\frac{\sqrt{1 - \zeta^2}}{\zeta} \right) \tag{5·53}$$

● $\zeta = 1$인 경우

식 (5·48)은 다음과 같이 변한다.

$$\frac{\omega_n{}^2}{s(s^2 + 2\zeta\omega_n s + \omega_n{}^2)} = \frac{\omega_n{}^2}{s(s+\omega_n)^2}$$

$$= \frac{K_0}{s} + \frac{K_1}{(s+\omega_n)^2} + \frac{K_2}{s+\omega_n} \qquad (5·54)$$

여기서

$$\left.\begin{array}{l} K_0 = \left[\dfrac{\omega_n{}^2 s}{s(s+\omega_n)^2} \right]_{s=0} = 1 \\[4mm] K_1 = \left[\dfrac{\omega_n{}^2(s+\omega_n)^2}{s(s+\omega_n)^2} \right]_{s=-\omega_n} = -\omega_n \\[4mm] K_2 = \left[\dfrac{d}{ds} \dfrac{\omega_n{}^2(s+\omega_n)^2}{s(s+\omega_n)^2} \right]_{s=-\omega_n} = -1 \end{array}\right\} \qquad (5·55)$$

이다. 따라서, 식 (5·59)의 역변환은

$$f(t) = K_0 + K_1 t e^{-\omega_n t} + K_2 e^{-\omega_n t}$$
$$= 1 - e^{-\omega_n t}(\omega_n t + 1) \qquad (5·56)$$

이다.

● $\zeta > 1$인 경우

식 (5·52)의 j를 근호 속으로 넣으면 $\zeta > 1$인 경우의 식이 얻어진다.

$$f(t) = 1 - \frac{e^{-\zeta\omega_n t}}{2\sqrt{\zeta^2 - 1}} \left[(\zeta + \sqrt{\zeta^2 - 1}) e^{\sqrt{\zeta^2 - 1}\,\omega_n t} \right.$$

$$\left. + (-\zeta + \sqrt{\zeta^2 - 1}) e^{-\sqrt{\zeta^2 - 1}\,\omega_n t} \right]$$

$$= 1 - \frac{e^{-\zeta\omega_n t}}{\sqrt{\zeta^2 - 1}} \sinh\left(\sqrt{\zeta^2 - 1}\,\omega_n t + \tanh^{-1}\frac{\sqrt{\zeta^2 - 1}}{\zeta} \right) \qquad (5·57)$$

그림 5·5에 여러 가지의 ζ에 대한 인디셜 응답을 나타낸다. 그림을 위한 Matlab 프로그램은 부록을 참조하면 된다.

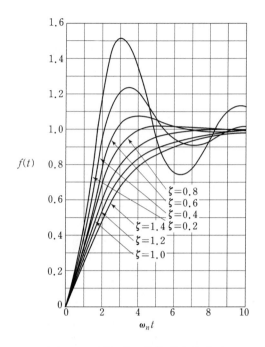

그림 5·5 2차 시스템의 인디셜 응답

(3) 단위 램프 응답

단위 램프 응답은 다음 식으로 주어진다.

$$h(t) = \mathcal{L}^{-1}\left[\frac{\omega_n^2}{s^2(s^2 + 2\zeta\omega_n s + \omega_n^2)}\right] \tag{5·58}$$

네모 괄호 안을 부분 분수로 분해하여 보자.

$$\frac{\omega_n^2}{s^2(s^2 + 2\zeta\omega_n s + \omega_n^2)} = \frac{\omega_n^2}{s^2(s-s_1)(s-s_2)}$$

$$= \frac{K_1}{s^2} + \frac{K_2}{s} + \frac{K_3}{s-s_1} + \frac{K_4}{s-s_2} \tag{5·59}$$

- $\zeta < 1$인 경우

계수 K_1, K_2, K_3, K_4를 결정하면

$$K_1 = \left[\frac{\omega_n^2 s^2}{s^2(s^2 + 2\zeta\omega_n s + \omega_n^2)}\right]_{s=0} = 1 \tag{5·60}$$

$$K_2 = \left[\frac{d}{ds}\frac{\omega_n^2 s^2}{s^2(s^2+2\zeta\omega_n s+\omega_n^2)}\right]_{s=0} = -\frac{2\zeta}{\omega_n} \tag{5·61}$$

$$K_3 = \left[\frac{\omega_n^2(s-s_1)}{s^2(s-s_1)(s-s_2)}\right]_{s=s_1} = \frac{\omega_n^2}{s_1^2(s_1-s_2)}$$

$$= \frac{2\zeta\sqrt{1-\zeta^2}-j(2\zeta^2-1)}{2\omega_n\sqrt{1-\zeta^2}} \tag{5·62}$$

$$K_4 = \left[\frac{\omega_n^2(s-s_2)}{s^2(s-s_1)(s-s_2)}\right]_{s=s_2} = -\frac{\omega_n^2}{s_2^2(s_1-s_2)}$$

$$= \frac{2\zeta\sqrt{1-\zeta^2}+j(2\zeta^2-1)}{2\omega_n\sqrt{1-\zeta^2}} \tag{5·63}$$

식 (5·59)의 역변환은

$$h(t) = K_1 t + K_2 + K_3 e^{s_1 t} + K_4 e^{s_2 t}$$

$$= t - \frac{2\zeta}{\omega_n} + \frac{e^{-\zeta\omega_n t}}{\omega_n\sqrt{1-\zeta^2}}\left[(2\zeta^2-1)\sin\sqrt{1-\zeta^2}\,\omega_n t\right.$$

$$\left. + 2\zeta\sqrt{1-\zeta^2}\cos\sqrt{1-\zeta^2}\,\omega_n t\right]$$

$$= t - \frac{2\zeta}{\omega_n}\left\{1 - \frac{e^{-\zeta\omega_n t}}{2\zeta\sqrt{1-\zeta^2}}\right.$$

$$\left. \times \sin\left(\sqrt{1-\zeta^2}\,\omega_n t + \tan^{-1}\frac{2\zeta\sqrt{1-\zeta^2}}{2\zeta^2-1}\right)\right\} \tag{5·64}$$

● **$\zeta=1$인 경우**

이 경우는 다음과 같이 분해된다.

$$h(t) = \mathcal{L}^{-1}\left[\frac{\omega_n^2}{s^2(s+\omega_n)^2}\right]$$

$$= \mathcal{L}^{-1}\left[\frac{K_1}{s^2} + \frac{K_2}{s} + \frac{K_3}{(s+\omega_n)^2} + \frac{K_4}{s+\omega_n}\right] \tag{5·65}$$

계수 K_1, K_2, K_3, K_4는

$$K_1 = \left[\frac{{\omega_n}^2 s^2}{s^2(s+\omega_n)^2} \right]_{s=0} = 1$$

$$K_2 = \left[\frac{d}{ds} \frac{{\omega_n}^2 s^2}{s^2(s+\omega_n)^2} \right]_{s=0} = -\frac{2}{\omega_n}$$

$$K_3 = \left[\frac{{\omega_n}^2(s+\omega_n)^2}{s^2(s+\omega_n)^2} \right]_{s=-\omega_n} = 1$$

$$K_4 = \left[\frac{d}{ds} \frac{{\omega_n}^2(s+\omega_n)^2}{s^2(s+\omega_n)^2} \right]_{s=-\omega_n} = \frac{2}{\omega_n}$$

(5·66)

식 (5·65)의 역변환은

$$h(t) = K_1 t + K_2 + K_3 te^{-\omega_n t} + K_4 e^{-\omega_n t}$$

$$= t - \frac{2}{\omega_n} + te^{-\omega_n t} + \frac{2}{\omega_n} e^{-\omega_n t}$$

$$= t - \frac{2}{\omega_n}\left\{ 1 - e^{-\omega_n t}\left(1 + \frac{1}{2}\omega_n t \right) \right\}$$

(5·67)

● **$\zeta > 1$인 경우**

식 (5·64)와 마찬가지로 하면

$$h(t) = t - \frac{2\zeta}{\omega_n} + \frac{e^{-\zeta\omega_n t}}{\omega_n\sqrt{\zeta^2-1}}$$

$$\times \left[(2\zeta^2-1)\sinh(\sqrt{\zeta^2-1}\,\omega_n t) \right.$$

$$\left. + 2\zeta\sqrt{\zeta^2-1}\,\cosh(\sqrt{\zeta^2-1}\,\omega_n t) \right]$$

$$= t - \frac{2\zeta}{\omega_n}\left\{ 1 - \frac{e^{-\zeta\omega_n t}}{2\zeta\sqrt{\zeta^2-1}} \right.$$

$$\left. \times \sinh\left(\sqrt{\zeta^2-1}\,\omega_n t + \tanh^{-1}\frac{2\zeta\sqrt{\zeta^2-1}}{2\zeta^2-1} \right) \right\}$$

(5·68)

여러 가지의 ζ에 대한 단위 램프 응답을 그림 5·6에 나타낸다(부록의 Matlab 프로그램 참조). 어느 쪽도 $t \to \infty$가 되면 직선 $t - 2\zeta/\omega_n$에 점차 가까워진다. 이 점근선은 시점 $2\zeta/\omega_n$에서 출발하는 정속도 입력에 평행한 직선이다. 장시간

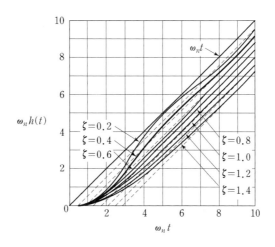

그림 5·6 2차 시스템의 단위 램프 응답

경과 후는 출력 신호가 입력 신호보다 시간 $2\zeta/\omega_n$만큼 늦어지고 있다고 생각해도 좋으며 또한 크기가 $2\zeta/\omega_n$만큼 작다고 생각해도 좋다.

이상 설명한 2차 시스템의 과도 응답은 임펄스 응답, 스텝 응답, 램프 응답 모두 $\zeta > 1$이면 비진동적(non-oscillatory)이며, $\zeta < 1$이면 진동적(oscillatory)이다. $\zeta = 1$인 경우가 진동을 일으키는지 일으키지 않는지의 정확한 한계점이다. 이러한 경우를 제어 상태에 주목하여 각각 다음과 같이 부른다.

$\zeta > 1$인 경우 : **과제동**(over damping)　　　　　**비진동적(대수적)**

$\zeta = 1$인 경우 : **임계 제동**(critical damping)　　　**임계적**

$\zeta < 1$인 경우 : **부족 제동**(under damping)　　　**진동적**

또한 그림 5·4, 5·5 및 그림 5·6에서 볼 수 있듯이 ζ가 작을수록 진동의 감쇠가 적고 극한의 $\zeta = 0$에서는 진폭이 일정한 지속 진동이 된다. 이와 같이 ζ는 진동의 감쇠 정도를 표시하므로 **제동비**(damping ratio)라고 불리운다.

예제 5·2

1장 '1·3 피드백 제어계의 구성'의 예제 1·2에서 설명한 전기식 서보 기구의 과도 응답에 대해서 생각해 보자.

이 제어계의 블록 선도 및 신호 흐름 선도는 그림 5·7이 된다(그림 4·5 참조).

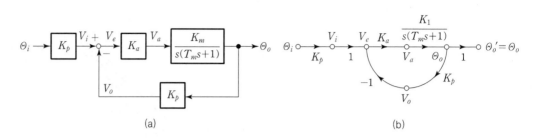

그림 5·7 '1·3'의 예제 1·2의 전기식 서보 기구 블록 선도와 신호 흐름 선도

이 제어계의 폐루프 전달 함수 $F(s)$를 구하면

$$F(s) = \frac{\Theta_o(s)}{\Theta_i(s)} = \frac{\dfrac{K_p K_a K_m}{s(T_m s + 1)}}{1 + \dfrac{K_p K_a K_m}{s(T_m s + 1)}}$$

$$= \frac{\dfrac{K_p K_a K_m}{T_m}}{s^2 + \dfrac{1}{T_m} s + \dfrac{K_p K_a K_m}{T_m}} \tag{5·69}$$

가 된다. 이것은 전형적인 2차계이며 식 (5·13)과 비교하면

$$\omega_n = \sqrt{\frac{K_p K_a K_m}{T_m}}, \qquad \zeta = \frac{1}{2\sqrt{K_p K_a K_m T_m}} \tag{5·70}$$

이 제어계의 과도 응답은 이 절에서 설명한 대로이며 입력 신호 θ_i가 계단 함수의 경우는 그림 5·5의 응답을, θ_i가 램프 함수의 경우는 그림 5·6의 응답을 나타낸다.

여기서 증폭기 이득 K_a와 전동기 시정수 T_m의 영향을 생각해 본다. K_a가 커지면 ω_n이 커지고 응답은 빨라지지만 동시에 ζ가 작아져 진동적으로 된다. 또한 T_m이 커지면 ω_n이 작아지고 응답이 늦어짐과 동시에 ζ가 작아져 진동적으로 된다.

5·5 감쇠 진동의 성질

2차 시스템의 인디셜 응답에 나타나는 감쇠 진동에 대해서 고찰해 보자. 임펄스 응답이나 램프 응답의 감쇠 진동도 마찬가지로 생각하면 좋다.

부족 제동인 경우의 인디셜 응답은 식 (5·53)로 표시된다. 이것을 다시 쓰면

$$f(t) = 1 - \frac{e^{-\zeta \omega_n t}}{\sqrt{1-\zeta^2}} \sin\left(\sqrt{1-\zeta^2}\, \omega_n t + \tan^{-1} \frac{\sqrt{1-\zeta^2}}{\zeta}\right) \qquad (5·71)$$

이다.

이 제2항은 정현파의 진동이지만 그 진폭은 시간과 함께 지수적으로 감소하고 있다. 이런 의미에서 위와 같은 진동을 **감쇠 진동**(damped oscillation)이라고 한다.

이 진동의 각주파수(원진동수) ω는 식 (5·76)에서 구해진다.

$$\omega = \omega_n \sqrt{1-\zeta^2} \qquad (5·72)$$

즉, 각주파수 ω(**고유 각주파수**라고 한다)는 제동비 ζ가 작을수록 높아지고 $\zeta = 0$인 경우에 ω_n과 같게 된다. 바꿔 말하면 ω_n은 제동 작용이 작용하지 않는 경우의 각주파수이며 그 의미에서 ω_n을 **비제동 고유 각주파수**(undamped natural frequency)라고 한다. 그러므로 제동 작용이 커짐에 따라서 ω는 작아진다.

다음에 이 진동의 진폭은 지수 함수 $e^{-\zeta \omega_n t}$에 따라서 감소한다. 즉, $\zeta \omega_n$(종종 감쇠도 σ라고도 쓴다)의 값이 커질수록 진폭의 감쇠는 신속하고 $\zeta \geq 1$이 되면 진동을 발생하지 않게 된다. 반대로 ζ가 작을수록 진폭의 감쇠가 완만해지고 $\zeta = 0$이 되면 감쇠가 없는, 즉 시간적으로 진폭이 변화하지 않는 지속 진동이 된다. $\zeta < 0$인 경우는 음$(-)$의 감쇠, 바꿔 말하면 시간과 함께 진폭이 증대하는 **발산 진동**[**증가 진동**(increasing oscillation)이라고도 한다]이 된다.

감쇠 진동은 그림 5·8과 같은 경과를 밟는다(부록의 Matlab 프로그램 참조). 이 곡선에서의 피크(peak)와 골(valley), 즉 극값을 구하기 위해서 식 (5·71)을 미분하여 0으로 놓으면

$$\frac{\zeta \omega_n e^{-\zeta \omega_n t}}{\sqrt{1-\zeta^2}} \sin\left(\omega t + \tan^{-1} \frac{\sqrt{1-\zeta^2}}{\zeta}\right)$$

$$- \omega_n e^{-\zeta \omega_n t} \cos\left(\omega t + \tan^{-1} \frac{\sqrt{1-\zeta^2}}{\zeta}\right) = 0 \qquad (5·73)$$

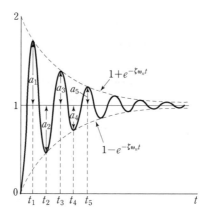

그림 5·8 감쇠 진동

이것에서

$$\tan\left(\omega t + \tan^{-1}\frac{\sqrt{1-\zeta^2}}{\zeta}\right) = \frac{\sqrt{1-\zeta^2}}{\zeta} \tag{5·74}$$

이다. 따라서

$$\omega t = n\pi \qquad (\because\ n = 0,\ 1,\ 2,\ \cdots) \tag{5·75}$$

이며, 즉

$$t = \frac{n\pi}{\omega_n\sqrt{1-\zeta^2}} \tag{5·76}$$

을 만족하는 시점 t에서 $f(t)$는 극값을 취한다. 서로 이웃한 피크와 피크의 간격(골과 골의 간격도 같다)은 다음과 같이 된다. 이것이 이 진동의 주기이다.

$$주기 = \frac{2\pi}{\omega_n\sqrt{1-\zeta^2}} \tag{5·77}$$

이것은 식 (5·72)에서 얻어지는 주기와 일치하고 있다.

식 (5·76)의 시점에서 진동의 극값을 a_n으로 하면 식 (5·71)의 제2항에서

$$a_n = -\frac{e^{-n\pi\zeta/\sqrt{1-\zeta^2}}}{\sqrt{1-\zeta^2}}\sin\left(n\pi + \tan^{-1}\frac{\sqrt{1-\zeta^2}}{\zeta}\right)$$

$$= (-1)^{n+1}e^{-n\pi\zeta/\sqrt{1-\zeta^2}} \tag{5·78}$$

이와 같이 a_n은 ζ만의 함수이다. 그림 5·9에 ζ와 a_1, a_2, a_3, a_4의 관계를 나타낸다(부록의 Matlab 프로그램 참조).

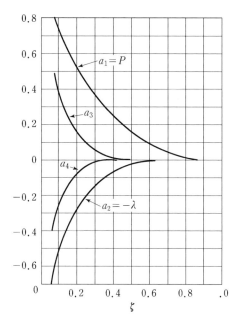

그림 5·9 ζ와 a_1, a_2, a_3, a_4, P, λ의 관계

$(n+2)$번째의 극값은

$$a_{n+2} = (-1)^{n+3} e^{-(n+2)\pi\zeta/\sqrt{1-\zeta^2}} \tag{5·79}$$

a_{n+1}와 a_n의 비를 구하면

$$\lambda = \frac{a_{n+2}}{a_n} = e^{-2\pi\zeta/\sqrt{1-\zeta^2}} \tag{5·80}$$

이다. 즉, n을 포함하지 않는 일정값이 된다. 이 비를 **진폭 감쇠비**(amplitude damping ratio)라고 하고 1 사이클 사이에 얼마만큼 진폭이 감쇠하는지를 나타내고 있다.

$$\lambda = \frac{a_3}{a_1} = \frac{a_5}{a_3} = \cdots\cdots = \frac{a_4}{a_2} = \frac{a_6}{a_4} = \cdots\cdots \tag{5·81}$$

식 (5·78)과 식 (5·80)를 비교하면 다음 식이 성립하고 있다는 것을 알 수 있다.

$$\lambda = -a_2 \tag{5·82}$$

즉, 진폭 감쇠비는 제2반파의 진폭과 같다. 따라서, 그림 5·9의 a_2와 ζ의 관계를 그대로 λ와 ζ의 관계로서 이용할 수 있다.

$\zeta < 1$인 경우, 2차 요소의 인디셜 응답은 그림 5·8에 나타내듯이 1을 중심으

로 하여 진동을 반복한다. 그리고 그 진폭은 a_1, a_2, a_3, …로 차례로 감쇠되어 간다. 이것을 예를 들면 '5·4' 예제 5·2의 입력 신호 θ_i와 출력 신호 θ_o의 관계로 볼 때, 계단 모양의 입력 신호에 대하여 출력 신호는 여기에 추종하려고 하지만 시점 t_1에서 a_1만큼 초과해버린다. 그 뒤도 a_1, a_3, …의 초과를 나타내지만 최초의 값 a_1을 **최대 오버슈트**(maximum overshoot)라고 부르고 있다. 이것을 P라고 쓰기로 하면 그 값은 식 (5·83)에 $n=1$을 대입하면

$$P = a_1 = e^{-\pi\zeta/\sqrt{1-\zeta^2}} \tag{5·88}$$

오버슈트 P는 ζ만의 함수이므로 역시 감쇠 특성을 나타내는 척도가 된다. 그림 5·9에 감쇠 계수 ζ와 오버슈트 P의 관계를 나타낸다.

'5·4'와 같이 진폭의 감쇠는 지수 함수 $e^{-\zeta\omega_n t}$에 따른다. 즉, 감쇠는 $\sigma = \zeta\omega_n$에 의해서 결정된다. 여기서 σ는 단위 시간에 대한 감쇠를 표시하고 있다. 이것에 대해서 진폭 감쇠비 λ은 1 사이클당의 감쇠를 표시하고 있다. 그림 5·10에 나타내는 두 개의 진동 A, B는 $\sigma = \zeta\omega_n$이 동일하지만 1 사이클당의 감쇠는 다르다.

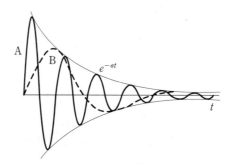

그림 5·10 감쇠 특성

일반적으로 높은 주파수의 진동을 발생하는 제어계에서는 빠른 응답이 요구되고 있으며, 따라서 비교적 짧은 시간을 문제로 하고 있다. 반대로 낮은 주파수의 진동을 일으키는 제어계에서는 긴 시간의 응답이 문제이다. 이와 같은 관점에서 감쇠의 정도를 표시하는 데에 단위 시간에서의 감쇠를 나타내는 σ(**감쇠도**(damping factor)라고 한다)보다도 1 사이클당의 감쇠를 나타내는 λ가 많이 이용된다. 또한 감쇠 계수 ζ도 λ만의 함수이므로 λ와 마찬가지로 사용된다.

σ, ζ는 방정식 (5·35)에 대한 근의 s 평면에 있는 위치와 다음의 관계가 있다. 2차계가 진동적일 경우, 방정식 (5·35)의 두 근은 켤레가 되며

$$s_1, \ s_2 = -\sigma \pm j\omega$$
$$= -\zeta\omega_n \pm j\omega_n\sqrt{1-\zeta^2} \qquad (5\cdot84)$$

이다. 즉, 가로 좌표는 $-\sigma = -\zeta\omega_n$, 세로 좌표는 $\pm j\omega = \pm j\omega_n\sqrt{1-\zeta^2}$ 이다 (그림 5·11).

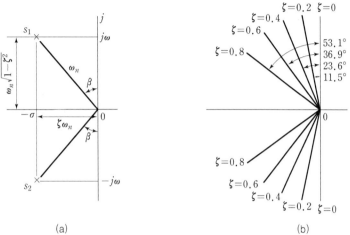

(a)   (b)

그림 5·11 특성근의 위치

또한 원점 0에서 점 s_1, s_2에 이르는 거리는

$$\overline{0s_1} = \overline{0s_2} = \omega_n \qquad (5\cdot85)$$

직선 $0s_1$의 허수축에 대한 각도를 β라 하면

$$\beta = \sin^{-1}\zeta \qquad (5\cdot86)$$

이와 같이 근의 실수부는 감쇠를, 허수부는 각주파수를 부여한다. 또한 근의 절대값, 즉 원점에서의 거리는 비감쇠 고유 각주파수를 허수축과 이루는 각 β는 감쇠 계수 ζ를 부여한다.

예제 5·3

비제동 고유 주파수(undamped natural frequency)와 감쇠비(damping ratio)를 계산하여 시간 영역 특성을 예측하라.

1. 전달함수 $F(s) = \dfrac{9}{s^2 + 9s + 9}$

$$\omega_n = \sqrt{9} = 3, \quad \zeta = \frac{9}{2\omega_n} = 1.5 \quad \Rightarrow \quad \text{과제동(over damping)}$$

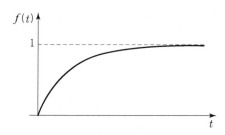

2. 전달함수 $F(s) = \dfrac{9}{s^2 + 3s + 9}$

$$\omega_n = \sqrt{9} = 3, \quad \zeta = \frac{3}{2\omega_n} = 0.5 \quad \Rightarrow \quad \text{부족 제동(under damping)}$$

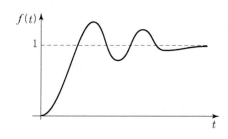

5·6 폐루프 과도 응답

그림 5·12에 나타내는 피드백 제어계의 과도 응답에 대해서 생각한다. 이 제어계의 제어량은 다음 식으로 주어진다.

$$C(s) = \frac{G(s)}{1 + G(s)H(s)} R(s) + \frac{U(s)}{1 + G(s)H(s)} D(s) \qquad (5\cdot87)$$

$R(s)$와 $D(s)$가 주어지면 이 식에 의해서 $C(s)$가 정해지고, 그 라플라스 역변환으로서 과도 응답 $c(t)$가 구해진다.

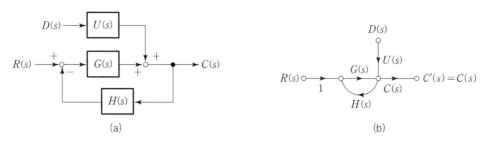

그림 5·12　피드백 제어계

　　$R(s)$와 $D(s)$가 주어지면 이 식에 의해서 $C(s)$가 정해지고, 그 라플라스 역변환으로서 과도 응답 $c(t)$가 구해진다.

　　$R(s)$ 또는 $D(s)$의 어느 쪽인가에 단위 임펄스가 가해졌을 때의 과도 응답을 생각하기로 하자. 이와 같은 경우 $C(s)$를 부분 분수로 분해하면

$$C(s) = \frac{K_1}{s - s_1} + \frac{K_2}{s - s_2} + \cdots + \frac{K_n}{s - s_n} \tag{5·88}$$

이다. 단, s_1, s_2, $\cdots$, s_n은 특성 방정식

$$1 + G(s)H(s) = 0 \tag{5·89}$$

의 근이다. 식 (5·88)의 라플라스 역변환은

$$c(t) = K_1 e^{s_1 t} + K_2 e^{s_2 t} + \cdots + K_n e^{s_n t} \tag{5·90}$$

이다. 특성 방정식의 근은 일반적으로 복소수이다. 특성근의 일반항을

$$s_i = \sigma_i + j\omega_i \tag{5·91}$$

으로 놓으면 이 근에 대응하는 과도 응답 성분은 다음 식이 된다.

$$K_i e^{(\sigma_i + j\omega_i)t} = K_i e^{\sigma_i t}(\cos \omega_i t + j \sin \omega_i t) \tag{5·92}$$

　　실존하는 제어계의 특성 방정식은 실수 계수이며 $s_i = \sigma_i + j\omega_i$와 컬레인 $\overline{s_i} = \sigma_i - j\omega_i$도 이 방정식의 근이 되고 있다. 과도 응답 중 s_i에 대한 항과 $\overline{s_i}$에 대한 항을 정리하면 식 (2·150)과 마찬가지로 다음과 같은 실수의 시간 함수가 된다.

$$A_i e^{\sigma_i t} \cos \omega_i t + B_i e^{\sigma_i t} \sin \omega_i t = C_i e^{\sigma_i t} \cos(\omega_i t + \varphi_i) \tag{5·98}$$

단, A_i, B_i, C_i, φ_i : 상수

$\omega_i=0$인 경우, 즉 실수 특성근인 경우는 과도 응답 성분은 지수 함수가 되고
또한

(ⅰ) $\sigma_i > 0$인 경우 : 단조 증가. 그 증가의 비율은 σ_i가 클수록 크다.

(ⅱ) $\sigma_i = 0$인 경우 : 시간과 함께 변화하지 않는다.

(ⅲ) $\sigma_i < 0$인 경우 : 단조 감쇠. 감쇠 비율은 $|\sigma_i|$가 클수록 크다.

$\omega_i \neq 0$인 경우는 과도 응답 성분이 진동적으로 되고 그 각주파수는 근의 허수
부 ω_i와 같다. 즉, ω_i가 클수록 주파수는 높아진다. 한편 근의 실수부는 진폭의
감쇠 상태를 나타낸다.

(ⅰ) $\sigma_i > 0$인 경우 : 발산 진동(증가 진동). σ_i가 클수록 진폭의 증가가 급
격하다.

(ⅱ) $\sigma_i = 0$인 경우 : 지속 진동. 진폭이 일정하다.

(ⅲ) $\sigma_i < 0$인 경우 : 감쇠 진동. $|\sigma_i|$가 클수록 진폭의 감쇠가 급하다.

이와 같이 과도 응답의 성질은 특성 방정식에 관한 근의 s 평면상 위치에 따라서
결정된다. 이 관계를 도시한 것이 그림 5·13이다. 또한, 복소근은 반드시 켤레인

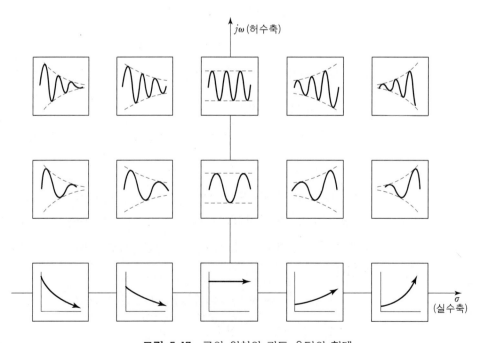

그림 5·13 근의 위치와 과도 응답의 형태

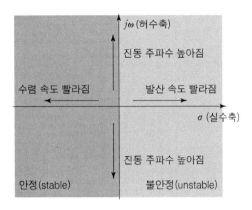

그림 5·14 근의 위치와 시스템의 특성

근을 가지고 실수축에 관해 대칭이 되므로 실수축에서 윗쪽의 반만을 나타내었다.

이상과 같이 특성 방정식에 관한 근의 소재가 정해지면 거기에 대응하는 임펄스 응답 성분이 어떤 형태를 취하는가가 명백해진다. 계단 응답이나 램프 응답의 형태도 마찬가지이다.

● **극점의 위치에 따른 시스템 안정도**

극점이 s평면상에 어느 곳에 위치하느냐에 따라 다음과 같은 성질을 알 수 있게 되었다.

（ⅰ） 극점은 시스템의 특성에 거의 결정적인 영향을 미친다.

（ⅱ） 극점이 좌(우)반 평면에 있으면 시스템은 (불)안정하다.

（ⅲ） 극점이 좌(우)반 평면에 있으면서 허수축으로부터 멀어질수록 수렴(발산) 속도가 빨라지며, 실수축으로부터 멀어질수록 진동 주파수가 증가한다.

다음은 영점이 시스템 특성에 어떤 영향을 주는지 알아보자. 극점은 시스템의 안정도에 직결되어 있으며, 정상 상태와 과도 상태 모두에서 시스템의 출력 응답에 큰 영향을 미친다.

영점은 극점처럼 시스템 특성에 결정적인 영향을 주지는 않는다. 그러나, 영점도 위치에 따라서 시스템 출력에 적잖은 영향을 준다. 간단한 시스템을 통해 알아보자. $s = z$는 시스템 영점이고 실수라고 가정한다.

$$G(z) = -\frac{2}{z} \cdot \frac{s-z}{(s+1)(s+2)}$$

단위 계단 응답 $R(s) = \dfrac{1}{s}$

출력 $C(s) = G(s)R(s) = -\dfrac{2}{z} \cdot \dfrac{s-z}{s(s+1)(s+2)}$

$$= \dfrac{1}{s} - \dfrac{2\left(1+\dfrac{1}{z}\right)}{s+1} + \dfrac{1+\dfrac{2}{z}}{s+2}$$

$$C(t) = 1 - 2\left(1+\dfrac{1}{z}\right)e^{-t} + \left(1+\dfrac{2}{z}\right)e^{-2t}, \;\; t \geq 0$$

과도 상태 $-1 < z < 1$에 속하면 시스템 출력에 영향을 준다.

$t \to \infty$인 정상 상태에서는 거의 영향을 주지 못한다.

z가 음수일 때와 양수일 때 나누어서 응답에 대하여 생각해 보자.

- **z가 음수일 때**

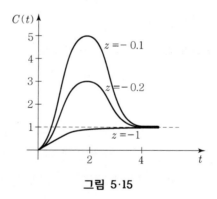

그림 5·15

그림 5·15에서 z가 음수일 때, 즉 좌반평면 영점일 때,

과도 상태에서 시스템의 출력은 기준 입력 1을 넘는 현상이 나타남.

　⇒ 오버슈트(overshoot)

영점이 허수축에 가까울수록 심해진다.

- **z가 양수일 때**

그림 5·16에서 z가 양수일 때, 즉 우반평면 영점일 때,

과도 상태에서 출력이 기준 입력과 반대 방향으로 나오는 현상이 나타남.

　⇒ 언더슈트(undershoot)

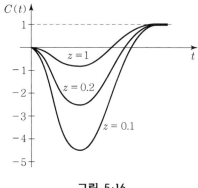

그림 5·16

크기는 영점이 허수축에 가까울수록 심해진다.

위의 예제로부터 영점이 s평면상에 어느 곳에 위치하느냐에 따라 다음과 같은 성질을 알 수 있다.

(i) 영점이 허수축으로부터 멀리 떨어져 있으면 영점은 시스템 출력에 거의 영향을 주지 않는다.

(ii) 영점이 허수축에 가깝고 좌반평면(우반평면)에 있으면 오버슈트(언더슈트) 현상을 일으킨다.

5·7　극점, 영점의 배치와 과도 응답

'5·6'에서 특성근의 실수부와 허수부를 알면 이 특성근에 대응하는 과도 성분의 감쇠와 주파수가 정해진다는 것을 설명했다. 그러면 이와 같은 과도 성분의 크기는 어떻게 되는가?

폐루프 전달 함수가 다음 식으로 표시되는 제어계의 인디셜 응답을 생각해 보자.

$$F(s) = \frac{C(s)}{R(s)} = \frac{K(s-z_1)(s-z_2)\cdots\cdots(s-z_m)}{(s-p_1)(s-p_2)\cdots\cdots(s-p_n)} \tag{5·94}$$

단위 계단 입력 $r(t) = u(t)$의 라플라스 변환은

$$R(s) = \frac{1}{s} \tag{5·95}$$

이므로 인디셜 응답은 다음 식의 라플라스 역변환과 같다.

$$C(s) = \frac{K(s-z_1)(s-z_2)\cdots(s-z_m)}{s(s-p_1)(s-p_2)\cdots(s-p_n)} \tag{5·96}$$

이것을 부분 분수로 전개하면 다음 식을 얻는다.

$$C(s) = \frac{K_0}{s} + \frac{K_1}{s-p_1} + \frac{K_2}{s-p_2} + \cdots\cdots + \frac{K_n}{s-p_n} \tag{5·97}$$

이 식의 라플라스 역변환은 다음 식으로 표시된다.

$$c(t) = K_0 + K_1 e^{p_1 t} + K_2 e^{p_2 t} + \cdots\cdots + K_n e^{p_n t} \tag{5·98}$$

$e^{p_1 t}$, $e^{p_2 t}$, $e^{p_n t}$에 대해서는 앞에 '5·6'에서 설명한 것과 같으므로 K_0, K_1, $\cdots\cdots$, K_n이 정해지면 인디셜 응답이 결정된다.

이들의 계수, 예를 들면 K_1은 식 (2·131)에서

$$K_1 = [\,C(s)(s-p_1)\,]_{s=p_1} = \frac{K(p_1-z_1)\cdots\cdots(p_1-z_n)}{p_1(p_1-p_2)\cdots\cdots(p_1-p_n)} \tag{5·99}$$

여기서 p_1은 원점 0에서 점 P_1으로 향하는 벡터, (p_1-p_2)는 점 P_2에서 점 P_1으로 향하는 벡터(그림 5·17 참조)이기 때문에

$$K_1 = \frac{K \times \overrightarrow{\mathrm{Z_1 P_1}} \times \cdots\cdots \times \overrightarrow{\mathrm{Z_n P_1}}}{\overrightarrow{\mathrm{0 P_1}} \times \overrightarrow{\mathrm{P_2 P_1}} \times \cdots\cdots \times \overrightarrow{\mathrm{P_n P_1}}}$$

$$= K \times \frac{\text{각 영점에서 } \mathrm{P_1} \text{으로 향하는 벡터의 곱}}{\text{원점 및 각 극점에서 } \mathrm{P_1} \text{으로 향하는 벡터의 곱}} \tag{5·100}$$

가 된다. 이 식에서 K_1의 크기와 편각이 구해진다.

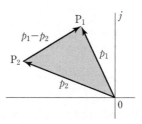

그림 5·17   벡터 $(p_1 - p_2)$

이하, 마찬가지로 해서 $K_2, \cdots, K_n$이 정해진다. K_0도 마찬가지로 구해진다.

$$K_0 = [sC(s)]_{s=0} = \frac{K(0-z_0)(0-z_2)\cdots\cdots(0-z_n)}{(0-p_1)(0-p_2)\cdots\cdots(0-p_n)}$$

$$= K \times \frac{\overrightarrow{Z_1 0} \times \overrightarrow{Z_2 0} \times \cdots \times \overrightarrow{Z_n 0}}{\overrightarrow{P_1 0} \times \overrightarrow{P_2 0} \times \cdots \times \overrightarrow{P_n 0}}$$

$$= K \times \frac{\text{각 영점에서 원점으로 향하는 벡터의 곱}}{\text{각 극점에서 원점으로 향하는 벡터의 곱}} \tag{5·101}$$

이와 같이 해서 폐루프 전달 함수의 극점과 영점의 배치가 주어지면 그들 상호 간의 거리와 방향으로 인디셜 응답의 각 성분 계수가 구해진다.

예제 5·4 ·

$$F(s) = \frac{C(s)}{R(s)} = \frac{16(s+2)}{(s+1)(s+4-j4)(s+4+j4)} \tag{5·102}$$

극점과 영점의 배치는 그림 5·18과 같이 된다. $z_1 = -2$, $p_1 = -1$, $p_2 = -4+j4$, $p_3 = -4-j4$. $C(s)$는

$$C(s) = \frac{16(s+2)}{s(s+1)(s+4-j4)(s+4+j4)}$$

$$= \frac{K_0}{s} + \frac{K_1}{s+1} + \frac{K_2}{s+4-j4} + \frac{K_0}{s+4+j4} \tag{5·103}$$

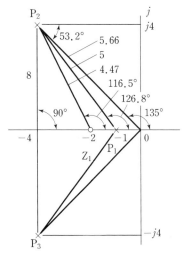

그림 5·18 계수의 결정

그림 5·18을 참조하여 계수 K_0, K_1, $\cdots$, K_3을 구한다.

$$K_0 = 16 \times \frac{\overrightarrow{Z_1 0}}{\overrightarrow{P_1 0} \times \overrightarrow{P_2 0} \times \overrightarrow{P_3 0}}$$

$$= 16 \times \frac{2 \angle 0°}{1 \times 5.66 \times 5.66 \angle 0° - 45° + 45°}$$

$$= 1 \tag{5·104}$$

$$K_1 = 16 \times \frac{\overrightarrow{Z_1 P_1}}{\overrightarrow{0 P_1} \times \overrightarrow{P_2 P_1} \times \overrightarrow{P_3 P_1}}$$

$$= 16 \times \frac{1 \angle 0°}{1 \times 5 \times 5 \angle 180° - 53.2° + 53.2°}$$

$$= 0.64 \angle -180° = -0.64 \tag{5·105}$$

$$K_2 = 16 \times \frac{\overrightarrow{Z_1 P_2}}{\overrightarrow{0 P_2} \times \overrightarrow{P_1 P_2} \times \overrightarrow{P_3 P_2}}$$

$$= 16 \times \frac{4.47 \angle 116.5°}{5.66 \times 5 \times 8 \angle 135° - 126.8° + 90°}$$

$$= 0.315 \angle -235.3° \tag{5·106}$$

K_3는 K_2의 켤레 복소수이므로 편각의 부호만이 바뀐다.

$$K_3 = 0.315 \angle -124.7° \tag{5·107}$$

식 (5·103)∼식 (5·107)에서

$$c(t) = 1 - 0.64 e^{-t} + 0.315 e^{-4t} [e^{+j(4t + 124.7°)} + e^{-j(4t + 124.7°)}]$$

$$= 1 - 0.64 e^{-t} + 0.63 e^{-4t} \cos (4t + 124.7°) \tag{5·108}$$

이상과 같이 폐루프 전달 함수의 극점과 영점의 배치를 알면 인디셜 응답을 결정할 수가 있다.

이와 같이 인디셜 응답의 각 성분 계수에 대해서 식 (5·100)에서 다음의 것을 알 수 있다.

(ⅰ) 원점에서 가까운 극점에 대응하는 성분의 계수는 원점에서 먼 극점에 대응하는 성분의 계수보다 크다.

(ⅱ) 극점의 가까이에 영점이 있으면 이 극점에 대응하는 성분의 계수는 작아진다.

(ⅲ) 극점과 영점이 근접하여 존재하면 이들이 다른 극점에 미치는 영향은 서로 상쇄하기 때문에 이들의 존재는 생각하지 않아도 좋다.

(ⅳ) 허수축 및 나머지 극점에서 멀리 떨어진 위치에 있는 극점이나 영점은 나머지 극점에 대응하는 성분의 계수에 영향을 주지 않는다고 보아도 좋다.

허수축에 가까운 극점에 대응하는 성분은 감쇠가 적고, 또 원점에 가까운 극점에 대응하는 성분은 계수가 크기 때문에 이들 극점이 $t=0$에 가까운 부분을 제외하고 과도 응답의 대부분을 결정하는 것이 된다. 이와 같이 과도 응답의 주요부를 결정하는 극점(특성근)을 **우세근**(dominant root 또는 control pole)이라고 한다.

그림 5·19에 극점, 영점의 배치가 간단한 경우의 인디셜 응답을 나타낸다. 이

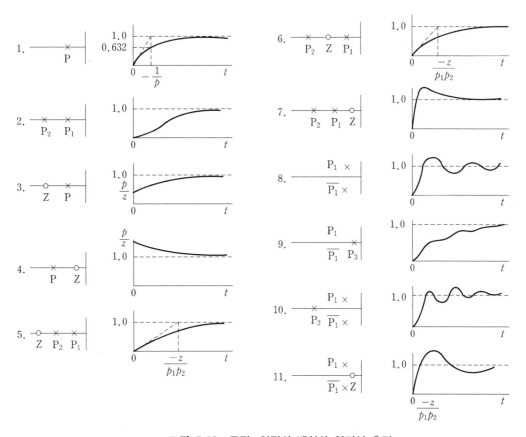

그림 5·19 극점, 영점의 배치와 인디셜 응답

그림에서 실수 극점을 첨가하면, 예를 들면 그림 5·19 1 → 2, 3 → 5, 4 → 6, 4 → 7, 8 → 9, 8 → 10의 경우와 같이 속응성이 나빠진다는 것을 알 수 있다. 또한 반대로 실수의 영점을 첨가하면 이 그림 1 → 3, 1 → 4, 2 → 5, 2 → 6, 2 → 7, 8 → 11의 경우와 같이 응답이 빨라진다는 것을 알 수 있다.

5·8 Matlab 예제

M5.1: Fig 5_1.m

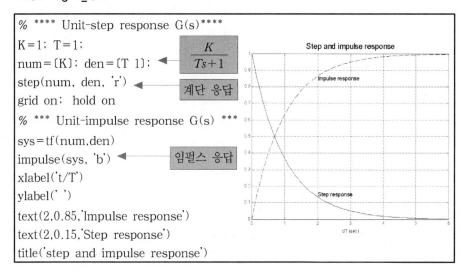

```
% **** Unit-step response G(s)****
K=1; T=1;
num=[K]; den=[T 1];          K/(Ts+1)
step(num, den, 'r')          계단 응답
grid on; hold on
% *** Unit-impulse response G(s) ***
sys=tf(num,den)
impulse(sys, 'b')            임펄스 응답
xlabel('t/T')
ylabel(' ')
text(2,0.85,'Impulse response')
text(2,0.15,'Step response')
title('step and impulse response')
```

그림 5·20 1차 시스템의 인디셜 응답 및 임펄스 응답

전달 함수 $G(s) = \dfrac{K}{Ts+1}$ 에 대한 인디셜 응답과 임펄스 응답을 구한다. 편의상 이득 상수 K와 시정수 T의 값을 각각 1로 하였다. 분자와 분모를 각각 변수 num과 den으로 선언하고 계단 함수 및 임펄스 함수를 이용하여 그래프를 그렸다.

계단 함수는 num과 den 변수를 매개로 하여 계단 응답을 그리는 명령어이다. 위에서는 계단 함수의 사용법 중에서 그래프에 색을 바꾸는 명령을 사용하였다.

임펄스 함수는 tf(transfer functions)함수에 의해 구해진 전달함수 변수인

sys를 가지고 임펄스 응답을 구현한다. 계단 함수에서 사용하였던 그래프의 색을 바꾸는 기능이 동일하게 적용된다. 여기서 tf(transfer functions)함수는 분모(den)와 분자(num)를 이용하여 연속 시간계 전달 함수를 구현하는 명령어이다.

Matlab에서 주석문은 '%'로 시작하고, 프로그램은 '%' 이후의 문장은 무시하고 실행된다.

'hold on'이라는 명령어는 먼저 그린 그래프에 다음 그림을 겹쳐 그리기 위한 것이며, 'grid on' 명령어는 화면에 보조선을 그리는 명령어이다.

'title'이라는 함수는 그래프의 맨 위에 그래프의 제목을 쓸 때 사용된다.

Matlab에서 text를 그래프에 추가 할 때는 작은 따옴표(' ')를 사용한다. 그리고 x축과 y축이 어떤 값들을 갖는지를 설명 할 때는 'xlabel'과 'ylabel' 함수를 쓴다.

M5.3: Fig 5_3.m

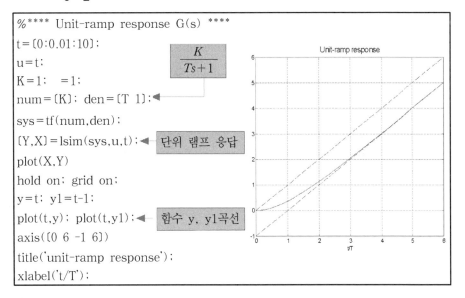

그림 5·21 1차 시스템의 단위 램프 응답

전달 함수는 $G(s) = \dfrac{K}{Ts+1}$ 에 대한 단위 램프 응답을 구한다.

단위 램프 응답을 구현하기 위해 사용된 함수는 lsim 함수로, 이 함수는 임의의 입력에 대한 시간 응답을 구현하는 함수이다. 매개 변수로 전달 함수 변수인 sys와 시간 벡터 변수인 t 그리고 t에 대한 입력 함수인 u를 사용한다.

plot(x,y) 함수는 벡터 X에 대응하는 Y를 그래프에 나타내는 함수이다.

x=[0:0.01:10]은 변수 x의 범위와 정밀도를 나타내는데 x=[시작값: 정밀도: 마지막값]로 표현되어 있다. 여기서 정밀도의 값이 작을수록 그래프는 좀더 세밀하게 표현된다.

axis 함수는 그래프를 출력하는 범위를 말한다. 즉 axis([xmin xmax ymin yma])로 표현된다.

M5.6: Fig 5_6.m

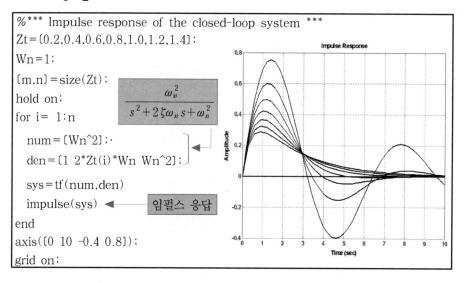

```
%*** Impulse response of the closed-loop system ***
Zt=[0.2,0.4,0.6,0.8,1.0,1.2,1.4];
Wn=1;
[m,n]=size(Zt);
hold on;
for i= 1:n
    num=[Wn^2];·
    den=[1 2*Zt(i)*Wn Wn^2];
    sys=tf(num,den)
    impulse(sys)
end
axis([0 10 -0.4 0.8]);
grid on;
```

$$\frac{\omega_n^2}{s^2+2\zeta\omega_n s+\omega_n^2}$$

임펄스 응답

그림 5·22　2차 시스템의 임펄스 응답

전달 함수 $G(s) = \dfrac{\omega_n^2}{s^2+2\zeta\omega_n s+\omega_n^2}$ 에 대해 임펄스 함수를 이용하여 2차 요소의 임펄스 응답을 구한다.

ζ(제동비)를 Zt라는 변수로 선언하고 있는데 그 값을 일일이 선언하는 번거로움을 덜기 위해 1*n 행렬로 선언하였다. M 5.2에서 사용한 방법을 이용하여 선언하면 Zt = [0.2: 0.2:1.4]와 같다. 여기서 0.2는 정밀도이기 보다는 Zt의 값이

0.2씩 변화한다는 의미이다. 어느 것을 사용하여도 Zt의 값은 같다. 이후의 다른
프로그램에서도 Zt는 ζ의 변수를 의미한다.

ω_n(비감쇠 고유 각주파수)을 Wn이라는 변수로 선언하고 그 값에 1을 대입하
였다.

프로그램에서 for 구문을 사용하고 있는데, C 언어에서 for문과 동일한 기능을
한다. for i = 1:n라고 선언하면 for문 안의 식을 n번 실행한다는 것이다. 그리
고 Zt(i)는 Zt라는 행렬로 선언된 변수의 i번째 값을 의미한다. 마지막의 end는
for문의 끝을 나타낸다.

axis M5.3 참조, grid on, hold on, xylabel M5.1 참조.

M5.7: fig 5_7.m

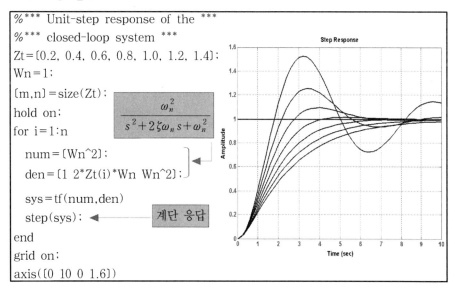

그림 5·23 2차 시스템의 인디셜 응답

전달 함수 $G(s) = \dfrac{\omega_n^2}{s^2 + 2\zeta\omega_n s + \omega_n^2}$ 를 이용하여 M5.6과 같이 계단 함수를
이용하여 인디셜 응답을 구한다.

for구문, Zt 변수 선언법 M5.6 참조, axis M5.3 참조

M5.8: Fig5_8.m

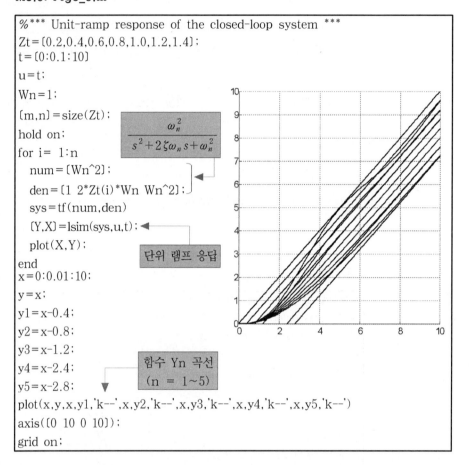

```
%*** Unit-ramp response of the closed-loop system ***
Zt=[0.2,0.4,0.6,0.8,1.0,1.2,1.4];
t=[0:0.1:10]
u=t;
Wn=1;
[m,n]=size(Zt);
hold on;
for i= 1:n
  num=[Wn^2];
  den=[1 2*Zt(i)*Wn Wn^2];
  sys=tf(num,den)
  [Y,X]=lsim(sys,u,t);
  plot(X,Y);
end
x=0:0.01:10;
y=x;
y1=x-0.4;
y2=x-0.8;
y3=x-1.2;
y4=x-2.4;
y5=x-2.8;
plot(x,y,x,y1,'k--',x,y2,'k--',x,y3,'k--',x,y4,'k--',x,y5,'k--')
axis([0 10 0 10]);
grid on;
```

$$\frac{\omega_n^2}{s^2+2\zeta\omega_n s+\omega_n^2}$$

단위 램프 응답

함수 Yn 곡선 (n = 1~5)

그림 5·24 2차 시스템의 단위 램프 응답

전달 함수 $G(s)=\dfrac{\omega_n^2}{s^2+2\zeta\omega_n s+\omega_n^2}$ 에 대해 lsim 함수를 이용하여 2차 요소의 램프 응답을 구한다.

앞에서 plot 함수를 설명할 때 빠진 것이 선의 모양인데 plot 함수에서는 선의 색뿐만 아니라 선의 모양도 결정할 수 있다. 이것은 plot 함수뿐만 아니라 다른 함수에서도 동일하게 적용된다. plot(x,y,'k--')에서 k는 선의 색깔(검정)이고 '--'는 선의 모양을 의미한다. 즉, 선을 점선으로 그리겠다는 것이다. 물론 사용자가 원하는 다른 유형 예를 들면 '**'나 혹은 '%%' 모양들도 찍을 수 있다. 여기서 유의해야 할 점은 '-' 이렇게 하나만 넣을 경우 점선이 아닌 직선이 나온다는 것이다.

여러 개의 그래프를 그릴 때 매번 plot 함수를 써주지 않고도 위에서 사용한 방법을 사용하면 한번에 여러 개의 그래프를 동시에 그릴 수 있다.

for구문, Zt 변수 선언법 M5.6 참조, axis M5.3 참조.

M5.10: Fig5_10.m

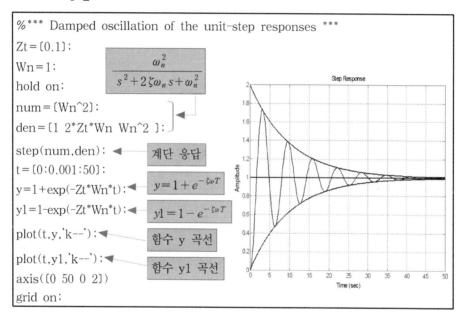

그림 5·25 감쇠 진동

그림 5.25의 전달 함수를 이용하여 Zt = 0.1일 때의 그래프를 구한다.

exp(-Zt*Wn*t) 함수는 지수 함수를 표현하는데 사용되는 지수 함수이다. 그래프는 감쇠진동을 좀더 명확히 보기위해 x축의 범위를 0~50까지로 설정해 놓았다. 그리고 전달함수에 의한 그래프의 감쇠진동 피크 값이 y = 1+exp(-Zt*Wn*t)와 y1 = 1-exp(-Zt*Wn*t)함수의 그래프 선상에 있음을 알 수 있다.

axis, plot M5.3 참조, titlle, xylabel M5.1 참조

M5.11: Fig5_11.m

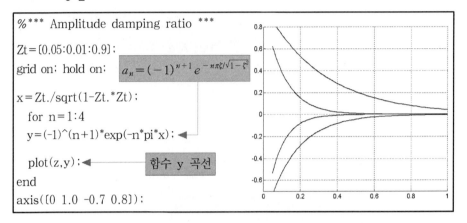

```
%*** Amplitude damping ratio ***
Zt=[0.05:0.01:0.9];
grid on; hold on;
x=Zt./sqrt(1-Zt.*Zt);
  for n=1:4
  y=(-1)^(n+1)*exp(-n*pi*x);
  plot(z,y);
end
axis([0 1.0 -0.7 0.8]);
```

$a_n = (-1)^{n+1} e^{-n\pi\zeta/\sqrt{1-\zeta^2}}$

함수 y 곡선

그림 5·26 ζ와 a_1. a_2, a_3, a_4, P, λ의 관계

그래프는 ζ(제동비), 진동의 극값(a_n) 그리고 λ(진폭 감쇠비)의 관계식에서 얻어진 $a_n = (-1)^{n+1} e^{-n\pi\zeta/\sqrt{1-\zeta^2}}$라는 식에 n의 값을 각각 대입하였을 경우를 나타낸 것이다.   sqrt(1-Zt.*Zt)는 함수 안에 있는 식의 제곱근을 구하는 함수이다. 즉 $\sqrt{1-Zt^2}$의 근을 구하는 함수이다. 그러나 여기서 Zt^2을 Matlab의 일반 수학식인 Zt^2이라고 표현하지 않고 Zt.*Zt라고 표현한 것은 Zt가 행렬값이기 때문이다. 만약 Zt^2라고 쓸 경우 프로그램은 오류 메시지를 나타낸다. 행렬값의 계산에 있어서 가장 중요한 연산자가 바로 .*연산자인데 곱하기 연산자 앞의 도트(.) 연산자는 절대 빠져서는 안된다. 이 연산자는 같은 크기의 행렬끼리의 곱에서 대응하는 요소의 연산을 수행하도록 하는 연산자이다.

plot M5.1 참조, for 구문 M5.6 참조.

M5.18: Fig 5_18.m

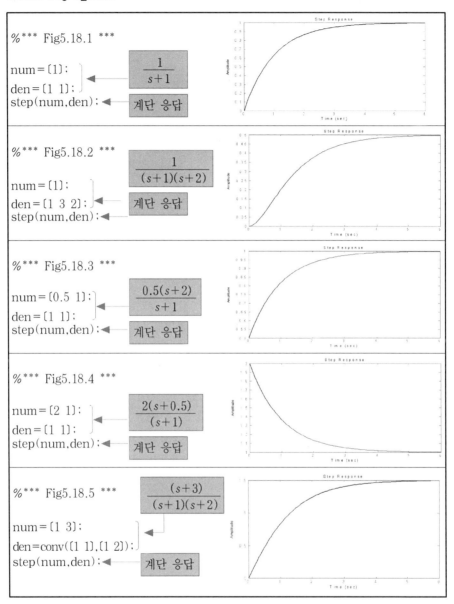

그림 5·27(a) 극점, 영점의 배치와 인디셜 응답

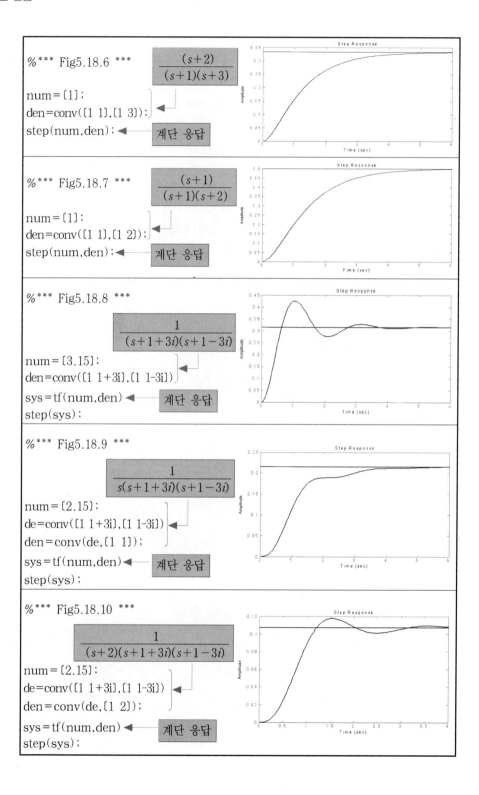

%*** Fig5.18.6 ***

$$\frac{(s+2)}{(s+1)(s+3)}$$

num=[1];
den=conv([1 1],[1 3]);
step(num,den);   계단 응답

%*** Fig5.18.7 ***

$$\frac{(s+1)}{(s+1)(s+2)}$$

num=[1];
den=conv([1 1],[1 2]);
step(num,den);   계단 응답

%*** Fig5.18.8 ***

$$\frac{1}{(s+1+3i)(s+1-3i)}$$

num=[3.15];
den=conv([1 1+3i],[1 1-3i])
sys=tf(num,den)   계단 응답
step(sys);

%*** Fig5.18.9 ***

$$\frac{1}{s(s+1+3i)(s+1-3i)}$$

num=[2.15];
de=conv([1 1+3i],[1 1-3i])
den=conv(de,[1 1]);
sys=tf(num,den)   계단 응답
step(sys);

%*** Fig5.18.10 ***

$$\frac{1}{(s+2)(s+1+3i)(s+1-3i)}$$

num=[2.15];
de=conv([1 1+3i],[1 1-3i])
den=conv(de,[1 2]);
sys=tf(num,den)   계단 응답
step(sys);

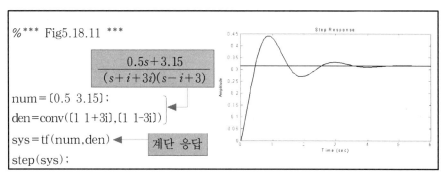

그림 5·27(b) 극점 영점의 배치와 인디셜 응답

영점 $z_1 = -a_1$, 극점 $p_1 = -a_2$, $p_2 = -a_3$일 때의 전달 함수가

$$G(s) = \frac{K(s+a_1)}{(s+a_2)(s+a_3)}$$ 됨을 이용하여 각각의 영점과 극점의 배치에 따른 인

디셜 응답을 구한다. 극점과 영점의 배치는 책을 참조 하면 된다.

연습문제

1. 전달 함수 $K/(1+sT)$를 가진 요소의 인디셜 응답과 그 최종값의 차는 어떻게 되는가? 또한 이것을 편로그 방안지상에 플롯하면 어떤 곡선이 얻어지는가?ㅊ

2. 문제 1의 결과를 이용해서 인디셜 응답이 1차 요소의 것인지 아닌지 검정하는 방법을 연구하여라.

3. 문제 1의 결과를 이용해서 인디셜 응답에서 1차 요소의 시정수를 구하는 방법을 연구하여라.

4. 어떤 요소의 인디셜 응답 시험 결과는 다음과 같았다. 이것에서 전달 함수를 결정하여라.

$t\,[\,\text{min}\,]$	0	2	4	6	8	10	15	20	25	30
$f(t)$	0	27	50	68	81	95	117	130	138	147

5. 어떤 임펄스 응답이 1차 요소인 것인지 아닌지를 검정하려면 어떻게 하면 좋은가? 또한 그 시정수를 결정하는 방법을 연구하여라.

6. 3장의 그림 3·41과 같이 안내 밸브 서보모터에 피드백 링크 R을 부가하면 인디셜 응답은 어떻게 변하는가?

7. 전달 함수 $G(s)$가 다음 식으로 표시되는 제어계가 있다.

$$G(s) = \frac{1}{(sT_1+1)(sT_2+1)}$$

이 제어계의 인디셜 응답을 구하여라.

8. 문제 7에서 인디셜 응답의 실측값에서 시정수 T_1, T_2를 결정하는 방법을 연구하여라. 또한 임펄스 응답을 이용하는 방법은 어떠한가?

9. 전달 함수 $G(s)$가 다음 식으로 표시되는 제어계가 있다.

$$G(s) = \frac{sT_3+1}{(sT_1+1)(sT_2+1)}\, e^{-sL}$$

이 제어계의 인디셜 응답을 $f(t)$, 그 최종값을 $f(\infty)$로 할 때

$$\int_0^\infty [f(\infty)-f(t)]\,dt = L+T_1+T_2-T_3$$

가 성립하는 것을 증명하여라.

10. 어떤 감쇠 진동을 측정해서 그림 5·28와 같은 오실로그램을 얻었다. 이 측정값에서 고유 각주파수, 비 감쇠 고유 각주파수, 감쇠 계수, 진폭 감쇠비 및 감쇠도를 구하여라.

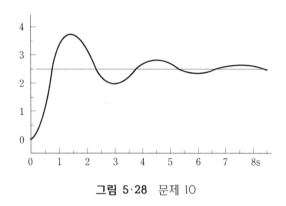

그림 5·28 문제 10

11. 문제 10에 대해서 특성근의 s 평면상 위치를 작도하여라. 또한 각도 β는 얼마인가?

12. 진폭이 1 사이클간에 25[%]로 감소하는 제어계의 ζ 및 β를 구하여라.

13. 단위 램프 응답을 미분하면 인디셜 응답이, 인디셜 응답을 미분하면 임펄스 응답이 되는 것을 나타내어라. 또한 이것을 1차계 및 2차계에 대해서 확인하여라.

14. 수은 온도계는 열용량과 열저항으로 된 1차 지연계라고 생각할 수 있다.
 (1) 10[℃]의 용액 속에 담겨 있는 평형 상태인 온도계를 급하게 80[℃]의 용액 속에 넣으면 지시는 어떻게 변하는가?
 (2) 액온이 10[℃]에서 5[℃/min]의 일정 속도로 상승하면 지시는 어떻게 변하는가? 단, 이 온도계의 시정수는 0.25[min]으로 한다.

15. 그림 5·29에 나타내는 액면 제어계가 있다. 평형 상태에서 플랜트에 공급되는 유량이 100[l/ min]인 경우, 액위는 100[cm]에서 설정값과 일치하고 있다. 이 상태에서 급하게 플랜트로의 공급 유량이 20[l/min]만큼 증가하면 액위는 어떻게 변화하는가? 단, 조절기는 액위의 변화 1[cm]마다 출력 공기압을 0.08[kg/cm²]씩 비례적으로 변하는 것으로 하고 또한 조절 밸브는 그 입력 공기압의 변화 1[kg/cm²]마다 그 통과 유량을 150[l/min]씩 비례적으로 변화하는 것으로 한다. 그리고 탱크는 지름 3[m]의 원통 모양이다.

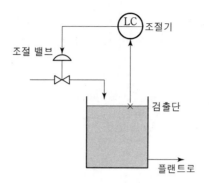

그림 5·29   문제 15

16. 어떤 제어계에서 각 부의 전달 함수가 다음과 같다.

$$제어 \ 대상 : \frac{K}{Ts+1}$$

피드백 요소 : K_1

제어 요소 : K_2

이 제어계의 과도 응답이 1차 지연이 되는 것을 나타내어라. 또한 이때 이득 상수, 시정수는 어떻게 되는가?

17. 문제 16에서 제어 대상의 전달 함수가 2차 지연이면 어떻게 되는가?

18. 식 (5·92), (5·100)를 이용해서 그림 5·19의 결과를 검토하여라.

6장

주파수 응답

6·1 주파수 응답의 개설

  요소 또는 제어계의 입력 신호가 사인파인 경우의 정상 상태 응답을 **주파수 응답**(frequency response)이라고 한다. 선형 요소에 입력 신호로서 사인파를 인가한 경우, 정상 상태에 도달한 후에는 출력 신호도 또한 동일 주파수의 사인파가 나온다. 진폭 A_i, 각주파수 ω인 사인파 입력 신호

$$x(t) = A_i \sin \omega t \tag{6·1}$$

을 생각하면 이것에 대한 출력 신호의 정상 사인파 성분은 동일 주파수이며 진폭과 위상이 다른 사인파

$$y_\omega(t) = A_0 \sin(\omega t + \varphi) \tag{6·2}$$

의 형태로 되므로 입·출력 신호간의 관계, 즉 주파수 응답은 진폭비 A_o/A_i와 위상차 φ를 이용하여 표시할 수가 있다. 물론 이 진폭비와 위상차는 주파수에 의해서 변화한다. 이와 같이 주파수 응답을 주파수 함수로서의 진폭비와 위상차로 표현된다. 제어 공학에서는 이 진폭비를 **이득**(gain), 위상차를 간단히 **위상**(phase)이라고 한다.

전달 함수 $G(s)$에서 s를 $j\omega$로 치환한 함수 $G(j\omega)$를 **주파수 전달 함수**(fre-
quency transfer function)라고 부르지만 이 주파수 전달 함수 $G(j\omega)$의 절대
값 $|G(j\omega)|$는 주파수 응답의 이득과 편각 $\angle G(j\omega)$는 위상과 같은 관계가 있
다. 즉

$$이 \ 득:\quad \frac{A_o}{A_i} = |G(j\omega)| \tag{6·3}$$

$$위 \ 상:\quad \varphi = \angle G(j\omega) \tag{6·4}$$

이 관계는 다음과 같이 하여 유도된다. 즉, 식 (6·1)의 라플라스 변환은

$$X(s) = \mathcal{L}\,[A_i \sin \omega t] = \frac{A_i \omega}{s^2 + \omega^2} \tag{6·5}$$

이므로

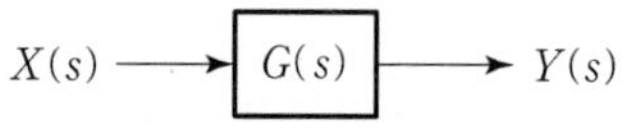

$$X(s) \longrightarrow \boxed{G(s)} \longrightarrow Y(s)$$

그림 6·1 전달 요소

$$Y(s) = G(s)X(s) = G(s)\frac{A_i \omega}{s^2 + \omega^2} \tag{6·6}$$

여기서 $G(s)$는 유리식으로 그 분모는 다음의 1차 인수로 분해된다.

$$G(s) = \frac{N(s)}{D(s)}, \qquad D(s) = (s - s_1)(s - s_2)\cdots\cdots(s - s_n) \tag{6·7}$$

또한

$$s^2 + \omega^2 = (s - j\omega)(s + j\omega) \tag{6·8}$$

이들의 관계를 이용하면 식 (6·6)은 다음과 같이 전개할 수 있다.

$$Y(s) = \frac{K_1}{s - s_1} + \frac{K_2}{s - s_2} + \cdots\cdots + \frac{K_n}{s - s_n} + \frac{K_+}{s - j\omega} + \frac{K_-}{s + j\omega} \tag{6·9}$$

역변환을 하면

$$y(t) = K_1 e^{s_1 t} + K_2 e^{s_2 t} + \cdots\cdots + K_n e^{s_n t} + K_+ e^{j\omega t} + K_- e^{-j\omega t} \tag{6·10}$$

이다. 입력 신호와 동일 각주파수 ω의 정상 사인파 진동을 표시하는 것은 마지
막의 2항뿐이므로

$$y_\omega(t) = K_+ e^{j\omega t} + K_- e^{-j\omega t} \tag{6·11}$$

이다.

식 (2·131)에서

$$K_+ = \left[G(s) \frac{A_i \omega (s-j\omega)}{s^2+\omega^2} \right]_{s=j\omega} = G(j\omega)\frac{A_i}{2j} \tag{6·12}$$

$$K_- = \left[G(s) \frac{A_i \omega (s+j\omega)}{s^2+\omega^2} \right]_{s=-j\omega} = G(-j\omega)\frac{A_i}{-2j} \tag{6·13}$$

여기서

$$G(j\omega) = |G(j\omega)| e^{j\theta}, \qquad \theta = \angle G(j\omega) \tag{6·14}$$

로 놓으면 $G(-j\omega)$는 $G(j\omega)$와 켤레이므로

$$G(-j\omega) = |G(j\omega)| e^{-j\theta} \tag{6·15}$$

이다.

이상의 관계를 식 (6·11)에 대입하면

$$y_\omega(t) = |G(j\omega)| \frac{A_i}{2j} \{ e^{j(\omega t+\theta)} - e^{-j(\omega t+\theta)} \}$$

$$= |G(j\omega)| A_i \sin(\omega t + \theta) \tag{6·16}$$

식 (6·2)와 식 (6·16)을 비교하면 식 (6·3), (6·4)가 바로 구해진다. 이와 같이 전달 함수 $G(s)$가 주어지면 $s \to j\omega$의 치환에 의해서 임의의 ω에 대한 이득 $|G(j\omega)|$와 위상 $\angle G(j\omega)$가 정해지며 주파수 응답이 구해진다.

이와 같이 전달 함수가 주어지면 주파수 응답을 얻을 수 있다. 한편 과도 응답에서 전달 함수가 정해졌으므로 과도 응답을 주면 주파수 응답이 결정되게 된다.

이것과는 반대로 주파수 응답(범위 0~∞인 각 주파수에 있어서의 이득과 위상)을 알고 있으면 과도 응답을 결정할 수가 있다. 즉, 일반적으로 입력 신호가 주기 함수이면 푸리에 급수에 의해서, 또한 비주기 함수이면 푸리에 적분(부록 A·5 참조)에 의해서 이것을 주파수 성분으로 나눌 수가 있다. 주파수 응답을 알고 있으면 이들 개개의 입력 성분에 대한 출력 성분을 간단히 구할 수 있다. 다음에 이러한 출력 성분의 합을 구하면 중첩의 원리에서 명백하듯이 주어진 입력 신호에 대한 과도 응답이 얻어진다.

이와 같이 주파수 응답과 과도 응답은 밀접한 관련이 있으며 한쪽을 주면 다른 쪽을 구할 수가 있다. 그러므로 신호 흐름 특성은 과도 응답으로 표시해도 좋고 범위 0~ ∞인 주파수에서의 게인과 위상으로 표시해도 좋다. 이들 양자는 동일 내용을 별개의 형태로 표현하고 있는 것이기 때문이다. 어느 쪽을 채용하는가는 취급이 편리한지의 관점에서 결정하면 좋다. 자동 제어계의 애널리시스와 신세시스에는 이와 같이 시간 영역에서의 방법과 주파수 영역에서의 방법이 있으나 후자 쪽이 계산을 쉽게 할 수 있으므로 주파수 응답법 쪽이 널리 사용되고 있다.

6·2 주파수 응답의 표현

주파수 응답을 그래프상에 표시하기 위해서는 주파수, 이득, 위상이라는 3개 변수간의 관계를 표시하지 않으면 안된다. 보통 이용되는 표현법은 다음의 세 가지이다.

(1) 벡터 궤적(vector locus)

$G(j\omega)$는 절대값 $|G(j\omega)|$, 편각 $\angle G(j\omega)$를 가진 복소수이므로 복소 평면상에서 하나의 벡터로서 표시된다. 주파수 ω가 0에서 ∞까지 변화 시켰을 때 $G(j\omega)$의 크기와 위상을 극좌표에 도시한 것을 벡터 궤적이라고 한다. 벡터 궤적에는 ω값을 파라미터로서 기입해 둔다. 제어계 루프 전달 함수의 벡터 궤적을 **나이퀴스트 선도**(Nyquist diagram) 또는 **나이퀴스트 궤적**(Nyquist locus)이라고 부른다.

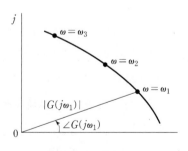

그림 6·2 벡터 궤적

(2) 보드 선도(Bode diagram)

이득 대 주파수의 관계와 위상 대 주파수의 관계를 각각 직교 좌표상에 표시하고 한 쌍으로 한 것을 보드 선도라고 한다. 보통 주파수는 가로축에 로그 눈금으로 나타내고, 게인은 dB(뒤에서 설명)의 단위로 나타낸다.

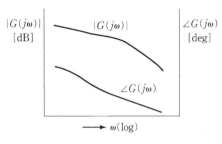

그림 6·3 보드 선도

(3) 이득 - 위상 선도(gain - phase plot)

주파수를 파라미터로서 세로축에 이득, 가로축에 위상을 취해서 표시한 것이다. 자세한 내용은 '6·7 니콜스 선도'를 참조하면 된다. 이득의 단위는 보드 선도와 마찬가지로 dB로 표시하는 것이 보통이다.

● **이득의 단위** : 이득은 로그를 취해서 표시하는 쪽이 편리하다. 이것을 로러스(lorus, logarithmic ratio units의 준말)라고 한다.

그러나 일반적으로 로러스를 그대로 이용하지 않고 종래부터 통신 공학에서 이용되고 있었던 데시벨(decibel, dB)을 유용하고 있다. $|G(j\omega)|$를 dB로 표시하면 $20 \log |G(j\omega)|$이다. 이것에 대해서 로러스는 간단히 $\log |G(j\omega)|$이다. 데시벨의 단위는 통신 공학에서와 같은 물리적인 의미가 아니라 단순히 수치적인 의미밖에 갖고 있지 않다.

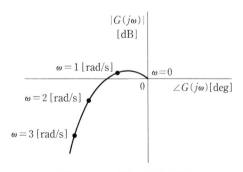

그림 6·4 이득-위상 선도

그림 6·5에 수치와 데시벨의 관계를 표 6·1에 수치, 데시벨, 로러스의 관계를 나타낸다.

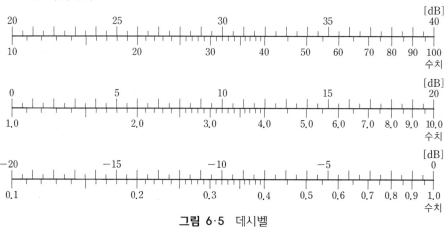

그림 6·5 데시벨

표 6·1 데시벨과 로러스

$\|G(j\omega)\|$	0.001	0.01	0.1	1	10	100	1000
로러스	-3	-2	-1	0	1	2	3
데시벨	-60	-40	-20	0	20	40	60

6·3 벡터 궤적

대표적인 벡터 궤적을 예시한다.

(1) 적분 요소

전달 함수 $G(s)=1/sT$에서 $s \to j\omega$의 치환을 하면 주파수 전달 함수가 얻어진다.

$$G(j\omega) = \frac{1}{j\omega T} \tag{6·17}$$

$1/j$은 시계 방향으로 90° 회전을 나타내기 때문에

$$\left. \begin{array}{l} 이득: |G(j\omega)| = \dfrac{1}{\omega T} \\[2mm] 위상: \angle G(j\omega) = -90° \end{array} \right\} \tag{6·18}$$

이다. 즉, 벡터 궤적은 음$(-)$의 허수축과 일치하며 $\omega=0$에 해당하는 무한 원점

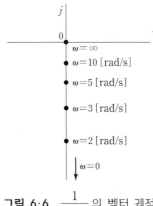

그림 6·6 $\dfrac{1}{j\omega T}$ 의 벡터 궤적

에서 시작되고 ω의 증가와 함께 원점에 가까워져 $\omega \to \infty$에서 원점에 도달한다.

(2) 1차 지연 요소

주파수 전달 함수 $G(j\omega)$는 다음과 같다.

$$G(j\omega) = \frac{K}{1+j\omega T} \tag{6·19}$$

이득과 위상은

$$\left. \begin{array}{l} |G(j\omega)| = \dfrac{|K|}{|1+j\omega T|} = \dfrac{K}{\sqrt{1+(\omega T)^2}} \\[3mm] \angle G(j\omega) = \angle K - \angle(1+j\omega T) = -\tan^{-1}\omega T \end{array} \right\} \tag{6·20}$$

$\omega = 0$에서는 이득 $=K$, 위상$=0°$가 되고 벡터 궤적은 실수축상의 A점$(\overline{0A})$ $=K$이다. 또한 $\omega \to \infty$에서는 이득$\to 0$, 위상$\to -90°$가 되며 음$(-)$인 허수축 을 따라서 원점에 가까워진다. $\omega = 0$와 $\omega \to \infty$의 중간에서는 벡터 궤적이 $0A=$ K를 지름으로 하는 반원이 된다(그림 6·7 참조 : 부록의 Matlab 프로그램 참조). 왜냐하면 B를 벡터 궤적상의 한 점으로 하면 벡터 $0B=$벡터 G 또는 벡터

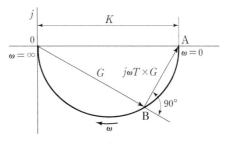

그림 6·7 $\dfrac{1}{1+j\omega T}$ 의 벡터 궤적

$j\omega T \times G$의 방향은 벡터 G를 시계 방향으로 90° 회전시킨 방향이다. 한편, 식 (6·19)에서

$$G(j\omega) + j\omega T \times G(j\omega) = K \qquad (6·21)$$

이 식의 좌변은 각각 벡터 0B, BA이므로

$$\overrightarrow{0B} + \overrightarrow{BA} = K \qquad (6·22)$$

벡터의 덧셈 법칙에 의해서

$$\overrightarrow{0B} + \overrightarrow{BA} = \overrightarrow{0A} = K \qquad (6·23)$$

이다. 즉, $\overrightarrow{0A} = K = \text{const}$, 또한 $\angle 0BA = 90°$이기 때문에 B는 0A를 지름으로 하는 반원상에 있다. 이와 같이 1차 지연의 벡터 궤적은 $\omega = 0$에 대한 게인 상수 K를 실수축상에 취한 점에서 시작되어 ω의 증대와 함께 편각이 $\tan^{-1}\omega T$를 따라서 반원 위를 시계 방향으로 움직여 $\omega \to \infty$에서 원점에 도달한다. 특히 위상이 45° 뒤진 점에서는 실수부와 허수부가 같아지고 $\omega = 1/T$이다.

또한 이 벡터 궤적에 ω의 눈금을 긋기 위해서는 다음과 같이 하면 좋다. 즉, 실수축상에 $\overline{0R} = 1$이 되도록 점 R을 잡는다. 다음에 R에서 실수축에 수직 아래쪽으로 직선 RT를 긋는다. RT상에 $\overline{RS} = \omega T$가 되는 점 S를 잡고 0와 S를 연결하여 이것과 벡터 궤적 원의 교점을 구하면 벡터 궤적의 ω에 대응하는 점이 얻어진다. 다른 ω에 대해서도 마찬가지의 조작을 반복하여 주파수의 눈금을 그을 수 있다(그림 6·8 참조).

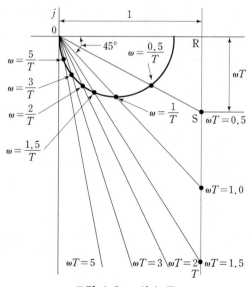

그림 6·8 ω의 눈금

(3) 불완전 미분 요소

다음의 전달 함수 $G(j\omega)$를 생각해 본다.

$$G(j\omega) = \frac{j\omega T}{1+j\omega T} \tag{6·24}$$

이 벡터 궤적은 $\omega=0$에서 이득=0, 위상=90°이다. 즉, 양(+)의 허수축에서 원점에 가까워진다. 또한 $\omega \to \infty$에서 $G(j\omega) \to 1$, 즉 이득 → 1, 위상 → 0°이기 때문에 점 $(1, j0)$에 가까워진다.

식 (6·24)를 고쳐 쓰면

$$G(j\omega) = 1 - \frac{1}{1+j\omega T} \tag{6·25}$$

이 식은 벡터 $G(j\omega)$가 벡터 1과 벡터 $1/(1+j\omega T)$의 차인 것을 나타내고 있다. 벡터 1과 벡터 $1/(1+j\omega T)$는 이미 설명했듯이 알고 있으므로 이들의 차는 평행사변형의 법칙에 의해서 실수축상의 점 1/2을 중심, 반지름 1/2인 원의 윗쪽에 있다(그림 6·9 실선).

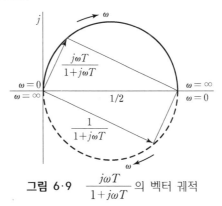

그림 6·9 $\dfrac{j\omega T}{1+j\omega T}$ 의 벡터 궤적

(4) 적분 요소와 1차 지연 요소의 직렬 결합

적분 요소와 1차 지연 요소를 직렬로 결합하면 전달 함수 $G(j\omega)$는 다음과 같이 된다.

$$G(j\omega) = \frac{K}{j\omega(1+j\omega T)} \tag{6·26}$$

ω가 0에 가까운 범위에서는 $G(j\omega)$는 다음과 같이 근사할 수 있다.

$$G(j\omega) \simeq \frac{K}{j\omega} \tag{6·27}$$

즉, 적분 요소와 같이 음(−)의 허수축에 일치한다. 또한 $\omega \to \infty$에 가까워지면

$$G(j\omega) \rightarrow \frac{K}{(j\omega)^2 T} \qquad (6\cdot28)$$

따라서 $\omega \rightarrow \infty$가 되면 이득 $\rightarrow 0$, 위상 $\rightarrow -180°$에 가까워진다. 즉, 벡터 궤적은 음$(-)$의 실수축을 따라서 원점에 가까워진다.

그런데 식 $(6\cdot26)$에서 $G_1 = K/j\omega$, $G_2 = 1/(1+j\omega T)$로 놓으면 복소수의 곱셈 법칙에서

$$\left. \begin{array}{l} |G(j\omega)| = |G_1(j\omega)| \cdot |G_2(j\omega)| \\ \angle G(j\omega) = \angle G_1(j\omega) + \angle G_2(j\omega) \end{array} \right\} \qquad (6\cdot29)$$

이다. 그러므로 $G_1(j\omega)$, $G_2(j\omega)$의 벡터 궤적을 그려 놓으면(그림 6·6, 6·7 참조), $G(j\omega)$의 벡터 궤적은 동일한 ω에 대한 $G_1(j\omega)$, $G_2(j\omega)$에 대한 절대값의 곱을 절대값, 편각의 합을 편각으로 하는 벡터를 차례로 구해가는 것에 의해서 얻어진다(그림 6·10 참조, 부록의 Matlab 프로그램 참조).

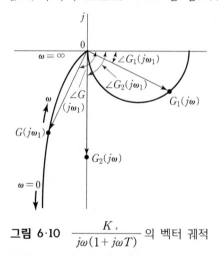

그림 6·10 $\dfrac{K}{j\omega(1+j\omega T)}$ 의 벡터 궤적

(5) 부동작 시간 요소

주파수 전달 함수, 이득, 위상은 다음과 같다.

$$G(j\omega) = e^{-j\omega L} \qquad (6\cdot30)$$

$$\left. \begin{array}{l} \text{이득} : |G(j\omega)| = 1 \\ \text{위상} : \angle G(j\omega) = -\omega L \end{array} \right\} \qquad (6\cdot31)$$

즉, 이득은 항상 1이므로 벡터 궤적은 원점을 중심으로 하는 반지름 1인 원이 며 ω의 증가와 함께 무한히 이 원주상을 시계 방향, 바꿔 말하면 지연 방향으로

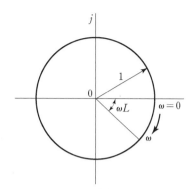

그림 6·11 $e^{-j\omega L}$의 벡터 궤적

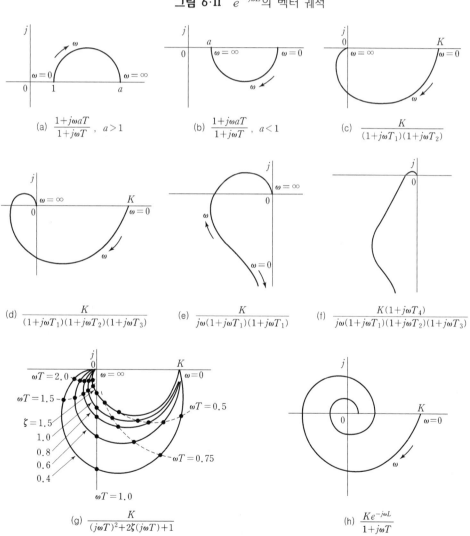

(a) $\dfrac{1+j\omega aT}{1+j\omega T}$, $a>1$

(b) $\dfrac{1+j\omega aT}{1+j\omega T}$, $a<1$

(c) $\dfrac{K}{(1+j\omega T_1)(1+j\omega T_2)}$

(d) $\dfrac{K}{(1+j\omega T_1)(1+j\omega T_2)(1+j\omega T_3)}$

(e) $\dfrac{K}{j\omega(1+j\omega T_1)(1+j\omega T_1)}$

(f) $\dfrac{K(1+j\omega T_4)}{j\omega(1+j\omega T_1)(1+j\omega T_2)(1+j\omega T_3)}$

(g) $\dfrac{K}{(j\omega T)^2+2\zeta(j\omega T)+1}$

(h) $\dfrac{Ke^{-j\omega L}}{1+j\omega T}$

그림 6·12 각종 벡터 궤적의 예

회전한다. 이상의 기본적인 요소의 벡터 궤적을 알면 (3), (4)항에서 설명한 방법의 응용에 의해서 이들 결합의 벡터 궤적을 구할 수가 있다. 그림 6·12에 몇 가지의 예를 나타낸다(부록의 Matlab 프로그램 참조).

6·4 루프 전달 함수의 벡터 궤적과 폐루프 응답

그림 6·13과 같은 직결 피드백계를 생각한다. 폐루프 전달 함수를 주파수 응답으로 표시하여 $F(j\omega)$로 하고 $F(j\omega)$의 이득, 위상각을 각각 $M(\omega)$, $\angle N(\omega)$로 하면

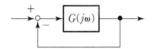

그림 6·13 직결 피드백계

$$F(j\omega) = M(\omega)\,e^{jN(\omega)} \tag{6·32}$$

한편, 식 (6·14)에서

$$F(j\omega) = \frac{G(j\omega)}{1+G(j\omega)} = M(\omega)\,e^{jN(\omega)} \tag{6·33}$$

그림 6·14에서 점 P를 벡터 $G(j\omega)$의 선단, 점 A를 좌표 $(-1+j0)$의 점으로 하면

$$\overrightarrow{AP} = \overrightarrow{A0} + \overrightarrow{0P} = 1 + G(j\omega) \tag{6·34}$$

즉, 식 (6·33)의 분모와 같다. 따라서

$$\frac{\overrightarrow{0P}}{\overrightarrow{AP}} = M(\omega) \angle N(\omega) \tag{6·35}$$

이것에서

$$\left. \begin{aligned} M(\omega) &= \frac{\overrightarrow{0P}}{\overrightarrow{AP}} \\[6pt] \angle N(\omega) &= \overrightarrow{0P}\text{의 편각} - \overrightarrow{AP}\text{의 편각} \\ &= \angle X0P - \angle XAP = \angle AP0 \end{aligned} \right\} \tag{6·36}$$

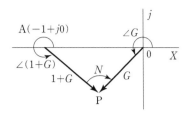

그림 6·14 벡터 G와 $1+G$

이다. 즉, 점 0, A에서 각각 루프 전달 함수 벡터 $G(j\omega)$의 선단 P에 이르는 거리의 비는 폐루프 전달 함수의 이득을 표시하며 또한 점 P에서 점 A와 원점 0을 보는 각 $\angle$AP0는 폐루프 전달 함수의 위상과 같다.

초등 기하학에 의하면 두 꼭지점에서부터 거리의 비가 일정한 점의 궤적은 Apollonius의 원이다. 즉, 그 두 꼭지점을 정비로 내분하는 점과 외분하는 점을 지름의 두 끝으로 하는 원이다.

이것을 이용하여 $M=$ 일정한 점 P의 궤적을 여러 종류의 M값에 대해서 그리면 그림 6·15가 얻어진다. 이것을 **M 궤적**(M locus)이라고 한다.

또한 $\angle N=$ AP0가 일정한 점 P의 궤적은 0A의 수직 이등분선상에 중심을 가지

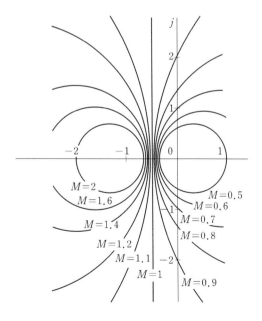

그림 6·15 M 궤적

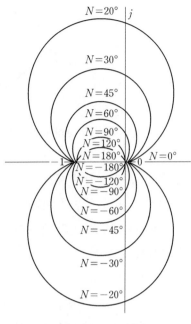

그림 6·16 N 궤적

며 점 0 및 A를 지나는 그림 6·16과 같은 원이다. 이것을 **N 궤적**(N locus)이라 한다.

루프 전달 함수 $G(j\omega)$의 벡터 궤적을 M, N 궤적과 겹쳐서 그리고 $G(j\omega)$의 벡터 궤적상의 여러 점에 대한 M, N의 값을 읽어 보면 폐루프 주파수 응답을 구할 수가 있다.

피드백 제어계에서 이상적인 상태는 제어량이 목표값과 일치하고 있는 것, 바꿔 말하면 $M(\omega)=1$, $N(\omega)=0$을 만족하고 있는 것이다. 제 1 의 조건은 $\overline{0P}=\overline{AP}$, 즉 일순 전달 함수 $G(j\omega)$의 벡터 궤적이 원점 0과 점 $(-1+j0)$을 연결하는 선분의 수직 이등분선상에 있는 것이다. 제 2 의 조건 $N(\omega)=0$은 $G(j\omega)$의 벡터 궤적이 무한 원점에 있는 것이다. 제어계가 동작하는 주파수 범위에서 될 수 있으면 이 조건에 가까운 지점에 벡터 궤적이 위치하고 있지 않으면 안된다. 따라서, $G(j\omega)$의 벡터 궤적은 $-\dfrac{1}{2}$을 지나는 세로선에 가깝고 가능한 원점에서 먼 위치에 있어야 한다. 무엇보다도 이 조건은 제어계가 동작해야 하는 주파수 범위에서 만족되고 있으면 좋다. 일반적으로 이와 같은 주파수 영역은 주파수 영역이다.

또한 위에서 설명한 조건에 $G(j\omega)$의 벡터 궤적이 무한 원점에 있는 것이 요구되고 있으나 이것을 도시할 수가 없으므로 $\dfrac{1}{G(j\omega)}$ 의 벡터 궤적(**역벡터 궤적**이라 한다)을 생각하는 방법도 있다. 그러나 수치적인 계산을 이들의 나이퀴스트 궤적을 이용하여 행하는 것은 꽤 복잡하므로 다음 '6·5 보드 선도'에서 설명하는 보드 선도를 이용하는 것이 보통이다. 무엇보다도 나이퀴스트 선도는 정성적인 이해에 매우 편리한 방법이므로 그 의미로 활용되고 있다.

6·5 보드 선도

벡터궤적은 주파수 응답 $G(j\omega)$를 복소수 평면에서 한 개의 곡선으로 표시한 것이지만 보오드 선도는 이득 $|G(j\omega)|$와 위상차 φ를 반대수 눈금에서 횡축에 ω를 취하고 종축에 $|G(j\omega)|$의 데시벨(decibel)값, 즉 $20\log_{10}|G(j\omega)|$를 취한 것과 종축에 위상 φ를 도(또는 라디안)로 표시한 두 개의 선도로 구성되며, 각각을 이득 곡선 및 위상 곡선이라 한다.

기본적인 전달 함수의 보드 선도(Bode diagram)를 나타내 보자.

(1) 비례 요소

$$G(j\omega) = K$$
$$\left.\begin{array}{l} \text{이득} : \ |G(j\omega)| = 20\log K\,[\text{dB}] \\[2mm] \text{위상} : \ \angle G(j\omega) = 0° \end{array}\right\} \tag{6·37}$$

보드 선도는 편로그 방안지상에 그림 6·17과 같이 그려진다. 즉, 이득은 $20\log K$로 일정하고 위상은 $0°$이다.

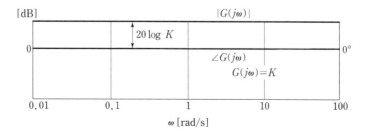

그림 6·17 $G(j\omega)=K$의 보드 선도

(2) 적분 요소

$$G(j\omega) = \frac{1}{j\omega T}$$

$$\left.\begin{array}{l} \text{이득}: \ |G(j\omega)| = 20 \log \frac{1}{\omega T} = -20 \log \omega T \,[\text{dB}] \\[2mm] \text{위상}: \ \angle G(j\omega) = -90° \end{array}\right\} \tag{6·38}$$

이것을 편로그 방안지상에 그리면 그림 6·18과 같이 된다(부록의 Matlab 프로그램 참조). 즉, 위상각은 $-90°$로 일정하며 이득은 일정한 기울기를 가진 직선이다. 이득은 주파수가 10배, 즉 1 디케이드(decade, dec) 증가하면 20[dB]만큼 감소한다. 따라서, 이득 특성의 기울기는 $-20\,[\text{dB/dec}]$이다.[*1]

또한 이 직선은 $\omega = \dfrac{1}{T}$의 주파수이며 0[dB]이 되며 위상 $\angle G(j\omega) = -90°$의 $(-)$부호는 위상의 뒤짐을 나타낸다.

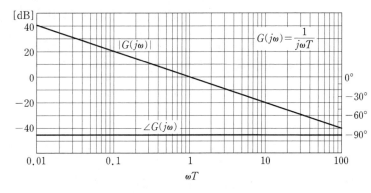

그림 6·18 $\dfrac{1}{j\omega T}$의 보드 선도

(3) 미분 요소

$$G(j\omega) = j\omega T$$

$$\left.\begin{array}{l} \text{이득}: \ |G(j\omega)| = 20 \log \omega T \,[\text{dB}] \\[2mm] \text{위상}: \ \angle G(j\omega) = +90° \end{array}\right\} \tag{6·39}$$

보드 선도는 그림 6·19와 같이 된다(부록의 Matlab 프로그램 참조). 즉, 이득

---

* 주파수가 1 : 2의 차일 때 1 옥타브(Octave, oct)의 차를 말한다. log 2 = 0.3이므로 20[dB/dec]의 기울기는 $20 \times 0.301 \simeq 6\,[\text{dB/oct}]$에 해당한다.

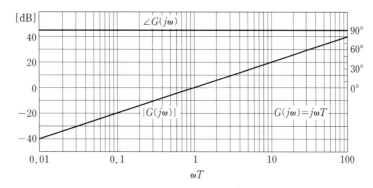

그림 6·19 $j\omega T$의 보드 선도

은 $\omega = \dfrac{1}{T}$ 이며 0[dB]을 자르는 기울기 20[dB/dec]의 직선, 위상은 항상 $+90°$
이다. 여기서 ($+$)부호는 위상의 앞섬을 나타낸다.

또한, 그림 6·19는 그림 6·18과 부호만이 반대인 점에 주의하기 바란다.

(4) 1차 지연 요소

$$G(j\omega) = \frac{1}{1+j\omega T}$$

$$\left.\begin{aligned} \text{게인}: |G(j\omega)| &= 20 \log \frac{1}{\sqrt{1+(\omega T)^2}} \\ &= -20 \log \sqrt{1+(\omega T)^2} \,[\text{dB}] \\ \text{위상}: \angle G(j\omega) &= -\tan^{-1}\omega T \end{aligned}\right\} \tag{6·40}$$

이것을 편로그 방안지에 그리면 그림 6·20의 실선과 같이 된다(부록의 Matlab
프로그램 참조).

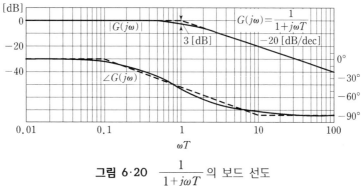

그림 6·20 $\dfrac{1}{1+j\omega T}$ 의 보드 선도

표 6·2 1차 지연 요소의 이득 특성

ωT	$\|1/(1+j\omega T)\|$[dB]	절선 근사[dB]	오차[dB]
0.1	0.3	0	+0.3
0.5	1.0	0	+1.0
0.76	2.0	0	+2.0
1.0	3.0	0	+3.0
1.31	4.3	2.3	+2.0
2.0	7.0	6.0	+1.0
10	20.3	20.0	+0.3

그런데 이득은 식 (6·40)에서

$$\left.\begin{array}{ll} \omega T \ll 1 \text{에 대해서} & |G(j\omega)| \simeq 0\,[\mathrm{dB}] \\[2mm] \omega T \gg 1 \text{에 대해서} & |G(j\omega)| \simeq -20\log\omega T\,[\mathrm{dB}] \end{array}\right\} \tag{6·41}$$

즉, 이득 특성은 $\omega \to 0$일 때 0[dB]의 수평선에, $\omega \to \infty$일 때 -20[dB/dec]의 기울기를 가진 직선에 점차 가까워진다. 이들의 점근선은 $\omega = \dfrac{1}{T}$ 에서 교차한다. 이들 두 개의 점근선, 즉 $\omega < \dfrac{1}{T}$ 에서는 0[dB]의 수평선, $\omega > \dfrac{1}{T}$ 에서 -20[dB/dec]의 기울기를 가진 직선으로 이득 특성을 근사하면 그림 6·20의 파선과 같이 된다. 이 근사의 오차는 표 6·2와 같이 $\omega = \dfrac{1}{T}$ 에서 최대값 3[dB]을 나타낸다.

통상 최대 3[dB]의 오차는 허용되는 범위이므로 1차 지연의 이득 특성은 $\omega = \dfrac{1}{T}$ 을 절점으로 하는 절선으로 근사해도 좋다. 이것은 작도상 매우 편리하다. 이 $\omega = T$의 주파수를 **절점 주파수**(break frequency 또는 corner frequency)라고 한다. 3[dB]의 오차가 허용되지 않는 경우에도 이득과 주파수의 척도가 변하지 않는 한 절점 주파수를 상하, 좌우 어디로 옮겨도 이득 곡선의 형태는 변하지 않고 평행으로 이동할 뿐이므로 그림 6·20의 실선 형태를 한 형지를 1매 만들어 두고 그것을 이용하면 좋다.

다음에 위상 특성은 $\omega T \ll 1$에서 0°에, $\omega T \gg 1$에서 -90°에 점차 가까워진다. 그 중간에서는 식 (6·40)에 나타내듯이 변화한다. 예를 들면 $\omega = \dfrac{1}{T}$ 에서

$\angle G(j\omega)=-45°$로 되고 $\omega \gg \dfrac{1}{T}$이 되면 $-90°$에 점차 가까워진다.

이 위상 특성에도 이득 특성과 같은 형지가 이용된다. 절선 근사는 이득 특성만큼 근사도가 좋지 않지만, 예를 들면 다음의 방법이 있다. 즉, 절점 주파수보다 1[dec] 이하의 주파수에서는 위상$=0°$, 절점 주파수보다 1[dec] 이상의 주파수에서는 위상$=-90°$로 하고 절점 주파수 전후 ±1[dec]의 범위에서는 $\log\omega$에 대해서 직선적으로 변화한다고 한다(그림 6·20 파선). 이 근사의 오차는 표 6·3에 나타내듯이 최대 약 6°이다.

표 6·3 1차 지연 요소의 위상 특성 절선 근사

ωT	$\tan^{-1}\omega T\,[°]$	절선 근사[°]	오차[°]
0.01	0.3	0	+0.5
0.1	5.7	0	+5.7
0.3	16.7	21.7	−5.0
0.5	26.6	31.6	−5.0
1.0	45.0	45.0	0
2.0	63.4	58.4	+5.0
3.0	71.6	66.6	+5.0
10.0	84.3	90.0	+5.7
100.0	89.5	90.0	−0.5

예제 6·1

$G(j\omega)=1+j\omega T$의 보드 선도를 그려라.

풀이　$|G(j\omega)|=20\log|1+j\omega T|=-20\log\left|\dfrac{1}{1+j\omega T}\right|$

$\angle G(\omega)=\angle(1+j\omega T)=-\angle\dfrac{1}{1+j\omega T}$

즉, $\dfrac{1}{(1+j\omega T)}$의 이득, 위상과 함께 부호를 반대로 하면 $1+j\omega T$의 이득, 위상이 된다. 따라서, 구하는 보드 선도는 그림 6·21과 같이 된다. 그림 6·21에서 파선은 절선 근사이다.

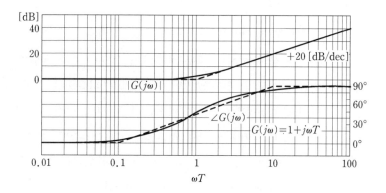

그림 6·21 $(1+j\omega T)$의 보드 선도

(5) 2차 지연 요소

2차 지연 요소의 전달 함수

$$G(s)=\frac{\omega_n^{\,2}}{s^2+2\zeta\omega_n s+\omega_n^{\,2}}=\frac{1}{s^2\left(\dfrac{1}{\omega_n}\right)^2+2\zeta\left(\dfrac{1}{\omega_n}\right)s+1} \qquad (6\cdot42)$$

에 $s \rightarrow j\omega$의 치환을 하면 주파수 전달 함수가 얻어진다.

$$G(j\omega)=\frac{1}{\left(\dfrac{j\omega}{\omega_n}\right)^2+2\zeta\dfrac{j\omega}{\omega_n}+1}=\frac{1}{\left\{1-\left(\dfrac{\omega}{\omega_n}\right)^2\right\}+j2\zeta\dfrac{\omega}{\omega_n}} \qquad (6\cdot43)$$

따라서

$$\text{이득}:\ |G(j\omega)|=\frac{1}{\sqrt{\left\{1-\left(\dfrac{\omega}{\omega_n}\right)^2\right\}^2+\left(2\zeta\dfrac{\omega}{\omega_n}\right)^2}}$$

$$\text{위상}:\ \angle G(j\omega)=-\tan^{-1}\frac{2\zeta\dfrac{\omega}{\omega_n}}{1-\left(\dfrac{\omega}{\omega_n}\right)^2} \qquad (6\cdot44)$$

$$\left.\begin{array}{ll}\text{저주파 영역에서는}\quad \omega/\omega_n\ll1,\ |G(j\omega)|=1 \\[2mm] \text{dB로 표시하면}\qquad\qquad\quad |G(j\omega)|=0\,[\text{dB}]\end{array}\right\} \qquad (6\cdot45)$$

$$\text{고주파 영역에서는 } \omega/\omega_n \gg 1, \ |G(j\omega)| = \cfrac{1}{\left(\cfrac{\omega}{\omega_n}\right)^2}$$

$$\text{dB로 표시하면} \qquad |G(j\omega)| = -40\log\left(\cfrac{\omega}{\omega_n}\right)[\text{dB}]$$

$$(6\cdot46)$$

이득 특성은 저주파 영역에서는 $0[\text{dB}]$에, 고주파 영역에서는 $-40[\text{dB/dec}]$의 기울기를 가진 직선에 점근한다. $\omega = \omega_n$은 절점 주파수로 생각되지만 ω_n 근처의 주파수 영역에서는 실제 이득 특성이 그림 6·22와 같이 점근선과는 현저하게 벗어나며 감쇠 계수 ζ의 값에 따라서 달라진 곡선이 된다. 이것은 2차 공진계의 공진 곡선이기도 하다. 또한 위상은 ω의 증가와 함께 $0°$에서 $-180°$까지 변화하며 $\omega = \omega_n$에서 $-90°$이다.

2차 지연 요소의 이득 특성은 ζ가 $\cfrac{1}{\sqrt{2}}\,(=0.707)$ 이하가 되면 피크를 발생시킨다. 다음에 이 값을 구해 보자. 식 (6·44)에서

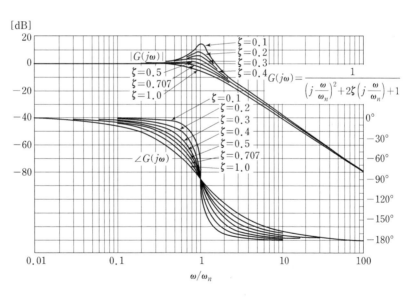

그림 6·22 $1/\left[\left(\cfrac{j\omega}{\omega_n}\right)^2 + 2\zeta\left(\cfrac{j\omega}{\omega_n}\right) + 1\right]$ 의 보드 선도

$$\frac{d|G(j\omega)|}{d\omega} = -\frac{1}{2}\frac{2\left\{1-\left(\frac{\omega}{\omega_n}\right)^2\right\}\left(-2\frac{\omega}{\omega_n}\right)+8\zeta^2\frac{\omega}{\omega_n}}{\left[\left\{1-\left(\frac{\omega}{\omega_n}\right)^2\right\}^2+\left(2\zeta\frac{\omega}{\omega_n}\right)^2\right]^{3/2}}\frac{1}{\omega_n} \quad (6\cdot47)$$

이 식이 0과 같아지는 ω의 값을 ω_p라 하면

$$1-\left(\frac{\omega_p}{\omega_n}\right)^2-2\zeta^2=0$$

이다. 즉,

$$\omega_p=\omega_n\sqrt{1-2\zeta^2} \qquad\qquad (6\cdot48)$$

이 ω_p는 공진 각주파수(resonance angular frequency)이며 ζ가 작을수록 ω_n에 가까워진다.

이득의 최대값, 즉 첨두 공진값(resonance peak value)을 M_p로 쓰기로 하면 식 (6·44)에 식 (6·48)을 대입하면

$$M_p=\frac{1}{\sqrt{\{1-(1-2\zeta^2)\}^2+4\zeta^2(1-2\zeta^2)}}=\frac{1}{2\zeta\sqrt{1-\zeta^2}} \quad (6\cdot49)$$

그림 6·23에 ω_p/ω_n과 ζ의 관계를 나타낸다(부록의 Matlab 프로그램 참조). 또한 그림 6·23에는 고유 각주파수 ω와 ω_n의 비도 나타내고 있다. 양자는 ζ가 작은 범위에서는 거의 일치하지만 ζ가 커지면 차가 벌어진다.

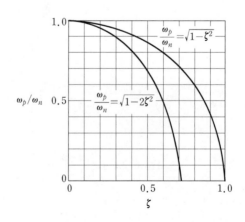

그림 6·23 공진 주파수와 ζ의 관계

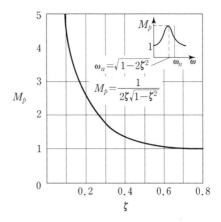

그림 6·24 공진값과 ζ의 관계

그림 6·24는 첨두 공진값 M_p와 ζ의 관계를 나타낸다(부록의 Matlab 프로그램 참조).

(6) 부동작 시간 요소

$$G(j\omega) = e^{-j\omega L}$$

$$\left.\begin{array}{l} \text{이득}: \ |G(j\omega)| = 0 \ [\text{dB}] \\ \text{위상}: \ \angle G(j\omega) = -\omega L \ [\text{rad}] \end{array}\right\} \tag{6·50}$$

이득은 항상 0[dB]이다. 위상은 주파수에 대해서 비례적으로 변화되지만 주파수를 로그 눈금으로 표시하면 그림 6·25와 같이 된다(부록의 Matlab 프로그램 참조).

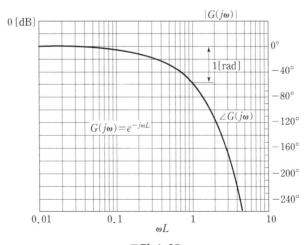

그림 6·25

6·6 전달 함수의 곱에 대한 보드 선도

전달 요소가 직렬로 결합되어 있을 때, 합성 전달 함수는 곱의 형태로 나타내어진다. 이 경우에 전체의 이득 및 위상은 각 항의 이득 및 위상과 어떤 관계가 있을까?

$$G(j\omega) = G_1(j\omega)\, G_2(j\omega) \tag{6·51}$$

라 하면

$$\left. \begin{array}{l} |G(j\omega)| = |G_1(j\omega)| \cdot |G_2(j\omega)| \\[2mm] \angle G(j\omega) = \angle G_1(j\omega) + \angle G_2(j\omega) \end{array} \right\} \tag{6·52}$$

이득을 dB로 표시하면

$$|G(j\omega)| = 20\log\left[\,|G_1(j\omega)| \cdot |G_2(j\omega)|\,\right] [\mathrm{dB}]$$

$$= 20\log|G_1(j\omega)| + 20\log|G_2(j\omega)|\,[\mathrm{dB}]$$

이다. 즉,

$$|G(j\omega)|\,[\mathrm{dB}] = |G_1(j\omega)|\,[\mathrm{dB}] + |G_2(j\omega)|\,[\mathrm{dB}] \tag{6·53}$$

이와 같이 이득을 dB로 표시하면 곱의 이득은 각항 이득의 합이 된다. 위상도 식 (6·52)에서 각항 위상의 합이 된다는 것을 알 수 있다.

보드 선도의 편리한 점은 다음과 같은 점들이다.

(i) 전달 함수가 곱의 형태인 경우, 이득(dB로 표시한다)도 위상도 합의 형태로 표시된다.

(ii) 절선 근사가 가능하다.

(iii) 절선 근사로 불충분한 경우는 형지를 사용한다.

예제 6·2 ···

그림 4·4에 나타낸 전기식 서보 기구에 대해서 루프 전달 함수의 보드 선도를 그려라. 단, $K_b K_a K_m = 12$, $T_m = 0.125$ [s] 이다.

풀이 $K_b K_a K_m = K$로 놓으면 이 제어계의 폐루프 전달 함수 $G(j\omega)$는

$$G(j\omega) = K\frac{1}{j\omega}\,\frac{1}{0.125j\omega + 1} \tag{6·54}$$

이다. 즉, $G(j\omega)$는 K, $1/j\omega$, $1/(0.125j\omega + 1)$인 3항의 곱으로 생각할 수 있다. 제1항

K는 상수이므로 이득 = 21.6[dB] = 일정, 위상 = 0°. 제2항의 이득 특성은 $\omega=1$[rad/s] 이며 0[dB]를 자르는 -20[dB/dec]의 기울기를 가진 직선, 또한 이 위상은 $-90°$, 제3 항은 $\omega=1/0.25=8$[rad/s]에 절점을 가진 1차 지연이다. $G(j\omega)$의 이득 및 위상은 이 상 3가지 항의 이득, 위상 각각의 합으로서 얻어진다. 이들을 그림 6·26에 나타낸다(부록 의 Matlab 프로그램 참조).

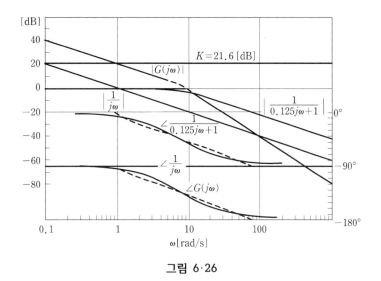

그림 6·26

6·7 니콜스 선도

전달 요소가 직렬로 결합되어 있는 경우는 합성 전달 함수가 곱의 형태로 되므 로 보드 선도상의 가·감산만으로 간단히 이득이나 위상을 구할 수가 있었다. 이 것에 대해서 피드백 결합의 경우는 니콜스 선도(Nichols'chart)를 이용하면 편 리하다.

그림 6·13에 나타내는 단일 피드백계를 생각해 본다. 폐루프 전달 함수의 이득 을 $M(\omega)$, 위상을 $N(\omega)$라 하면

$$F(j\omega)=\frac{G(j\omega)}{1+G(j\omega)}=M(\omega)\,e^{jN(\omega)} \tag{6·55}$$

이 식을 고쳐 쓰면 다음과 같이 된다. 단, $G(j\omega)$의 $(j\omega)$를 생략하고 G라고

약기하고 있다.

$$Me^{jN} = \frac{1}{1+\dfrac{1}{G}} = \frac{1}{1+\dfrac{1}{|G|}e^{-j\angle G}}$$

$$= \frac{1}{1+\dfrac{1}{|G|}\cos\angle G - j\dfrac{1}{|G|}\sin\angle G}$$

이것에서

$$\left.\begin{array}{l} M = \dfrac{1}{\sqrt{1+\dfrac{2}{|G|}\cos\angle G + \dfrac{1}{|G|^2}}} \\[2em] N = \tan^{-1}\dfrac{\sin\angle G}{|G|} \end{array}\right\} \tag{6·56}$$

이 식을 이용하면 $M=$일정의 궤적, $N=$일정의 궤적을, $|G|$를 세로축, $\angle G$를 가로축으로 한 선도, 즉 이득-위상 선도상에 그릴 수가 있다. 이것을 니콜스 선도 또는 $M-N$ 선도(또는 $M-\varphi$ 선도)라 부르고 있다. 그림 6·27에 이것을 나타낸다 (부록의 Matlab 프로그램 참조).

그런데 $|G|\ll 1$ 즉 $|G|\ll 0\,[\mathrm{dB}]$의 범위에서는 식 (6·56)에서

$$M \simeq |G|, \qquad N \simeq \angle G \tag{6·57}$$

이다. 즉, 개루프 전달 함수의 이득 $|G|$가 작은 범위에서는 폐루프의 이득 M이 대부분 $|G|$와 같고 위상 N이 $\angle G$와 거의 같다. 그림 6·27의 아래쪽 부분에서는 이 조건에 가깝다는 것을 발견할 수 있다.

또한 $|G|\gg 1$의 범위에서는

$$M \simeq 1 = 0\,[\mathrm{dB}], \qquad N = 0° \tag{6·58}$$

그림 6·27의 윗쪽 부분에서는 이 조건에 가깝다는 것을 알 수 있다.

일반적으로 $M=$일정, $N=$일정의 궤적은 $\angle G$의 $-180°$의 수직선에 대해서 좌우 대칭이다. $M=$일정의 궤적은 $M>0\,[\mathrm{dB}]$의 범위에서는 $|G|=0\,[\mathrm{dB}]$, $\angle G=180°$의 점을 둘러싸는 폐곡선을 하고 있으며 M이 클수록 $|G|=0\,[\mathrm{dB}]$, $\angle G=-180°$인 점에 가깝다. M이 $0\,[\mathrm{dB}]$ 이하가 되면 궤적은 폐곡선이 아니게 되며 점차 $M=|G|$의 수평선에 가까워진다. 한편, $N=$일정의 궤적은 $|G|=0\,[\mathrm{dB}]$, $\angle G=-180°$의 점에서 방사상으로 출발하는 곡선이며 니콜스 선도 윗쪽에서는 $0°$에, 아래쪽에서는 $\angle G$에 가까워지고 있다.

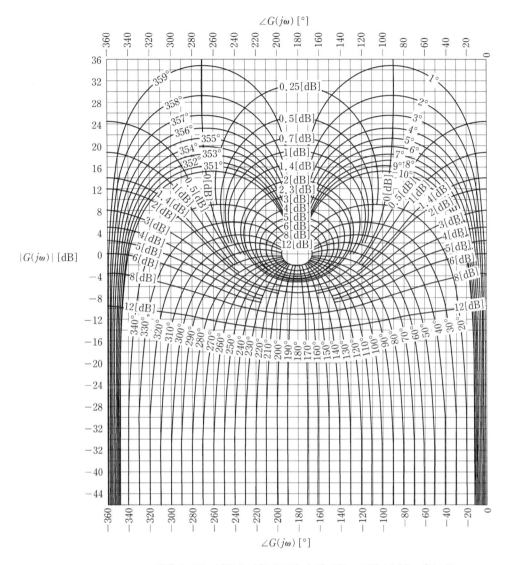

그림 6·27 니콜스 선도(그림 속에 있는 N의 부호는 음($-$))

니콜스 선도를 사용하여 M, N을 구하기 위해서는 다음의 순서에 의한다. 즉

(i) 니콜스 선도상에 루프 전달 함수 $G(j\omega)$의 이득-위상 선도를 그린다.
이 경우에 ω를 파라미터로서 기입해 둔다.

(ii) 다음에 이 선도를 각 점에서 각각의 점을 지나가는 궤적의 M, N값에서
폐루프의 이득과 위상을 읽는다. 이 경우, 그 점을 지나는 궤적이 없으면
그 전후의 궤적에서 내삽법에 의해서 구하면 된다.

예제 6·3 . . . .

그림 4·4의 전기식 서보 기구에 대해서 폐루프 응답을 구하여라.

풀이 그림 6·26의 보드 선도에서 루프 전달 함수의 이득 $|G|$와 위상 $\angle G$가 표 6·4와 같이 판독된다.

표 6·4 개루프 응답

ω[rad/s]	0.5	1	2	3	4	6	8	10	15	20
G[dB]	27.5	21.6	15.6	12.0	9.6	5.0	1.5	-2.0	-8.0	-12.0
$\angle G$	$-92°$	$-96°$	$-103°$	$-110°$	$-116°$	$-126°$	$-135°$	$-141°$	$-152°$	$-158°$

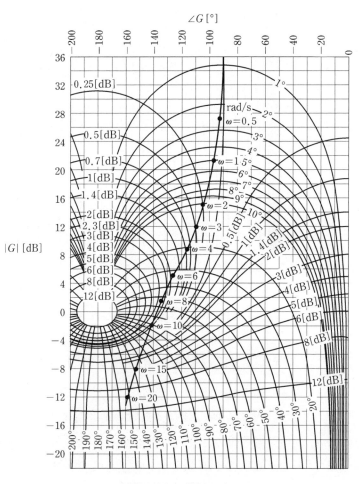

그림 6·28 니콜스 선도

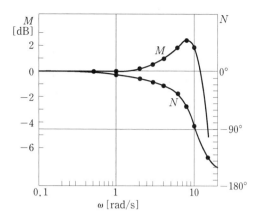

그림 6·29 폐루프 주파수 응답

ω를 파라미터로서 폐루프 응답의 이득을 세로 좌표, 위상을 가로 좌표로 하는 점을 니콜스 선도상에 그리면 그림 6·28이 된다.

다음에 니콜스 선도의 $M=$일정의 궤적, $N=$일정의 궤적을 이용해서 각 점의 M 및 N의 값을 읽으면 표 6·5의 M, N이 된다.

표 6·5 폐루프 응답

ω [rad/s]	0.5	1	2	3	4	6	8	10	15	20
M [dB]	0	0.05	0.25	0.5	0.9	1.8	2.5	1.9	-4.5	-9.5
N	$-2.5°$	$-5°$	$-10°$	$-15°$	$-20°$	$-33°$	$-55°$	$-88°$	$-135°$	$-152°$

이와 같이 하여 구한 폐루프 주파수 응답을 도시하면 그림 6·29가 된다. 이 응답은 피크를 가지며 그 주파수는 $\omega_p=8.0$ [rad/s], M의 피크값은 $M_p=2.5$ [dB] 이다.

이상은 단일 피드백의 경우이였으나 단일 피드백이 아닌 경우도 다음과 같이 다소의 변경을 가하면 니콜스 선도를 이용해서 폐루프 주파수 응답을 구할 수가 있다.

(ⅰ) 루프 전달 함수 $G(j\omega)H(j\omega)$의 보드 선도를 그린다.

(ⅱ) 니콜스 선도상에 $|G(j\omega)H(j\omega)|$를 세로축, $\angle G(j\omega)H(j\omega)$를 가로축에 잡고 $G(j\omega)H(j\omega)$의 이득-위상 선도를 그린다.

(ⅲ) 여러 가지의 ω에 대해서 M 및 N의 값을 읽는다. 이것은 다음의 것을 표시한다.

$$M(\omega)\,e^{jN(\omega)} = \frac{G(j\omega)\,H(j\omega)}{1 + G(j\omega)\,H(j\omega)} \tag{6·59}$$

(ⅳ) $M(\omega)$ 및 $N(\omega)$를 보드 선도에 그린다.

(ⅴ) $1/H(j\omega)$의 보드 선도를 그린다. 이 경우에 다음의 관계를 이용하면 좋다.

$$\left|\frac{1}{H(j\omega)}\right|[\text{dB}] = -|H(j\omega)|\,[\text{dB}]\,, \qquad \angle\,\frac{1}{H(j\omega)} = -\angle H(j\omega)$$
$$\tag{6·60}$$

(ⅵ) $M(\omega)\,[\text{dB}]$와 $|1/H(j\omega)|\,[\text{dB}]$, $N(\omega)$와 $\angle 1/H(j\omega)$의 합을 구하면 폐루프 주파수 응답의 이득 및 위상이 된다. 그 이유는 식 (6·59)에 $1/H(j\omega)$를 곱해 보면 명백하다.

6·8 Matlab 예제

M6.7: Fig 6_7.m

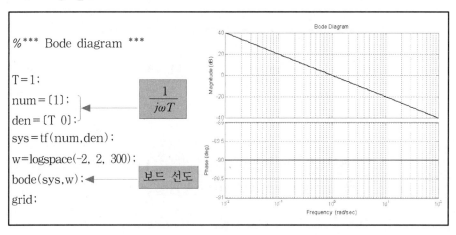

```
%*** Bode diagram ***

T=1;
num=[1];          ←  1/(jωT)
den=[T 0];
sys=tf(num,den);
w=logspace(-2, 2, 300);
bode(sys,w);       ←  보드 선도
grid;
```

그림 6·30 $\dfrac{1}{j\omega T}$ 의 보드 선도

전달 함수 $\dfrac{1}{j\omega T}$ 를 보드 선도로 나타낸 그래프로서 주파수 변화에 따른 이득과 위상의 변화를 보여주고 있다.

linspace와 유사해 보이지만 logspace는 10^X1에서 10^X2까지의 범위에 로그적으로 동일한 공간에 N개의 점을 찍는다.

bode(sys,w)는 sys 전달 함수 변수의 식을 보드 선도상에 그리는 함수로 앞에서 사용한 함수들과 동일하게 사용자가 정의한 ω 값에 따라 그래프를 그린다.

tf M5.1 참조.

M6.19: Fig 6_19.m

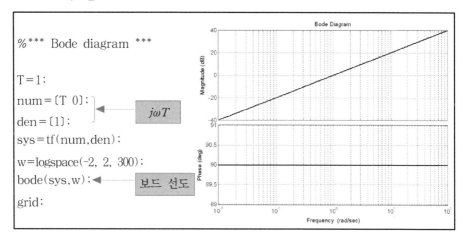

```
%*** Bode diagram ***

T=1;
num=[T 0];        ◄── jωT
den=[1];
sys=tf(num,den);
w=logspace(-2, 2, 300);
bode(sys,w);      ◄── 보드 선도
grid;
```

그림 6·31 $j\omega T$의 보드 선도

그림 6.18과는 반대로 이득은 주파수 변화에 따라 증가하고 위상은 90도인 그래프이다.

tf M5.1 참조. logspace M6.10 참조.

M6.20: Fig 6_20.m

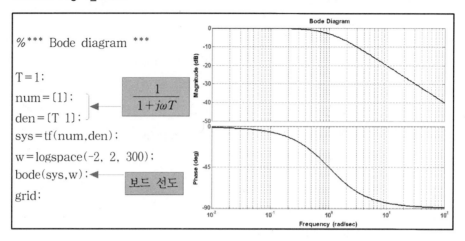

그림 6·32 $\dfrac{1}{1+j\omega T}$ 의 보드 선도

tf M5.1 참조. logspace M6.10 참조.

M6.21: Fig 6_21.m

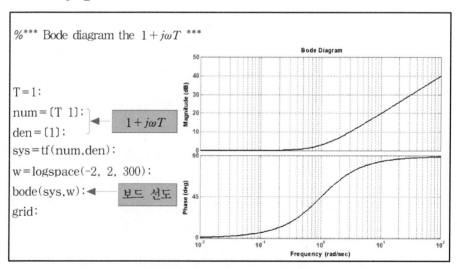

그림 6·33 $1+j\omega T$ 의 보드 선도

tf M5.1 참조. logspace M6.10 참조.

M6.22: Fig 6_22.m

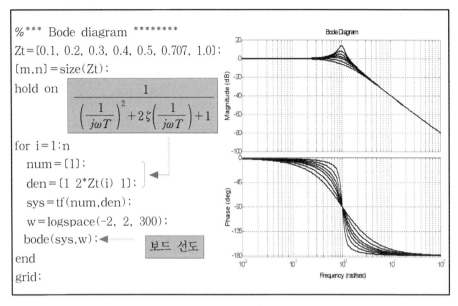

```
%*** Bode diagram ********
Zt=[0.1, 0.2, 0.3, 0.4, 0.5, 0.707, 1.0];
[m,n]=size(Zt);
hold on
```

$$\frac{1}{\left(\dfrac{1}{j\omega T}\right)^2 + 2\,\zeta\left(\dfrac{1}{j\omega T}\right) + 1}$$

```
for i=1:n
  num=[1];
  den=[1 2*Zt(i) 1];
  sys=tf(num,den);
  w=logspace(-2, 2, 300);
  bode(sys,w);        보드 선도
end
grid;
```

그림 6·34 $\dfrac{1}{\left(\dfrac{1}{j\omega T}\right)^2 + 2\,\zeta\left(\dfrac{1}{j\omega T}\right) + 1}$ 의 보드 선도

tf M5.1 참조. for 구문 M5.6 참조. logspace M6.10 참조. bode M6.7 참조.

M6.23: Fig 6_23.m

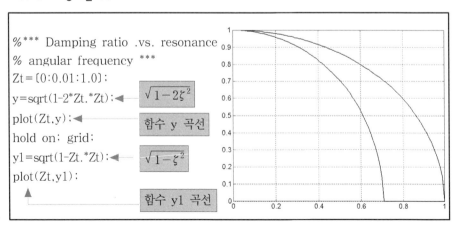

```
%*** Damping ratio .vs. resonance
% angular frequency ***
Zt=[0:0.01:1.0];
y=sqrt(1-2*Zt.*Zt);         √(1-2ζ²)
plot(Zt,y);                 함수 y 곡선
hold on; grid;
y1=sqrt(1-Zt.*Zt);          √(1-ζ²)
plot(Zt,y1);
                            함수 y1 곡선
```

그림 6·35 공진 주파수와 ζ 와의 관계

sqrt(x) 함수는 x의 제곱근을 구하는 함수로, 루트 안에 있는 식의 근을 구하는 명령어이다.

hold on, grid on M5.1 참조,   plot M5.3 참조.

M6.24: Fig 6_24.m

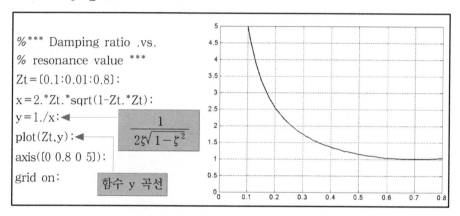

```
%*** Damping ratio .vs.
% resonance value ***
Zt=[0.1:0.01:0.8];
x=2.*Zt.*sqrt(1-Zt.*Zt);
y=1./x;
plot(Zt,y);
axis([0 0.8 0 5]);
grid on;
```

$$\frac{1}{2\zeta\sqrt{1-\zeta^2}}$$

함수 y 곡선

그림 6·36 공진값과 ζ의 관계

hold on, grid on M5.1 참조,   plot, axis M5.3 참조.

M6.25: Fig 6_25.m

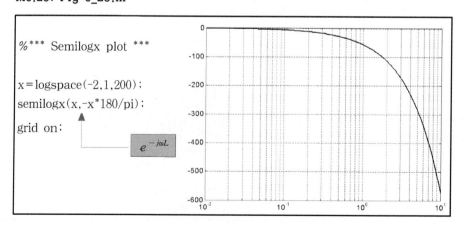

```
%*** Semilogx plot ***

x=logspace(-2,1,200);
semilogx(x,-x*180/pi);
grid on;
```

$$e^{-j\omega L}$$

그림 6·37 $G(j\omega) = e^{-j\omega L}$

지수 함수인 $e^{-j\omega L}$에 대해 그래프로 나타낸 것이다.

semilogx(X,Y)는 plot()함수와 동일한 기능을 하는 함수이지만 x축의 값의
변화가 로그에 기본을 두고 있다. 여기서는 전달 함수가 지수 함수이기 때문에 X
축의 값이 10^X1에서 10X2까지의 범위를 갖는다.

M6.26: Fig 6_26.m

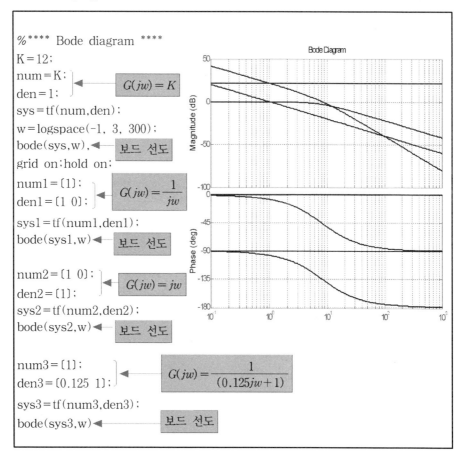

그림 6·38

hold on, grid on, tf M5.1 참조, plot, axis M5.3 참조, logspace, bode M6.7 참조.

M6.27: Fig 6_27.m

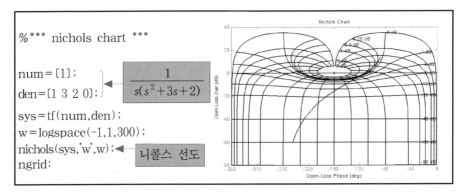

그림 6·39 니콜스 선도

개루프 응답에 대한 니콜스 선도를 나타낸 그래프이다. 니콜스 선도는 연속 시간계의 피드백 결합에 대한 주파수 응답을 그래프로 그리는 함수이다. 니콜스 선도는 Bode 선도에서 보인 Magnitude의 크기와 Phase값을 동일하게 보이고 있다. 그림은 니콜스 선도의 형태를 보이기 위해 전달 함수에 의한 그래프는 흰색으로 바꾸어서 보이지 않게 해 놓았다.

ngrid는 다른 그림에서 grid on 명령어와 동일한 기능을 갖는 nyquist 관련 명령어이다. 이득은 -40에서 40까지 표시하며 위상은 -360° ~ 0° 까지 나타낸다.
tf M5.1 참조, logspace M6.10 참조.

M6.28: Fig 6_28.m

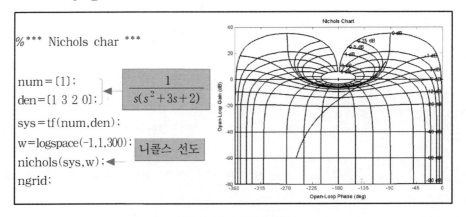

그림 6·40 니콜스 선도

d전달 함수 $G(s) = \dfrac{1}{s^3 + 3s^2 + 2s}$ 에 대한 니콜스 선도를 보인 그래프이다.
M6.27 참조.

M6.29: Fig 6_29.m

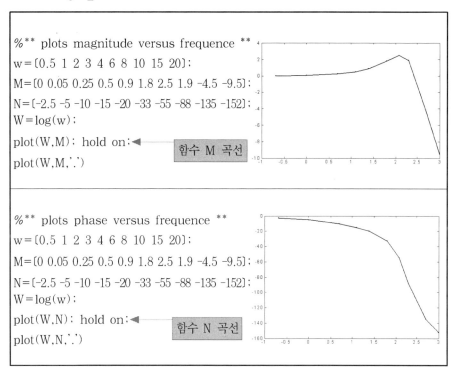

그림 6·41

　각각의 ω 값에 대한 게인 M과 위상 N의 값을 가지고 plot 함수를 사용하여 그래프화하였다. 그림에서는 plot 함수를 두 번 사용하였는데 처음 사용한 plot 함수는 선형의 그래프를 그렸고 두번째 사용한 plot 함수는 그림에서 각각의 데이터에 해당하는 좌표에 점을 찍고 있다.

　plot M5.1 참조

M7.6: Fig 7_6.m

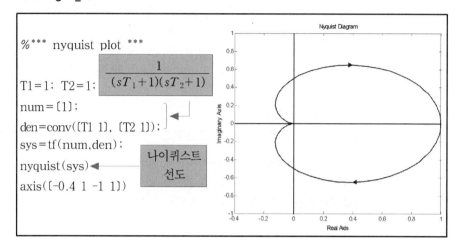

그림 6·42 $G(s)H(s) = \dfrac{1}{(sT_1+1)(sT_2+1)}$

시스템이 안정한지를 판별하기 위해 전달 함수를 nyquist 함수로 그래프화하였다. 여기서 전달 함수는 피드백 제어계의 전달 함수이기 때문에 두개의 전달 함수를 serial로 결합해야 한다. 이때 사용되는 Matlab 함수가 CONV(A,B)이다.

tf M5.1 참조,   conv axis M5.3 참조,   nyquist M6.7 참조

연습문제

1. 다음 전달 함수의 벡터 궤적 개략을 그려라.

(1) $\dfrac{K}{j\omega}$

(2) $\dfrac{K}{(j\omega)^2}$

(3) $\dfrac{K}{(j\omega)^3}$

(4) $\dfrac{K}{1+j\omega T}$

(5) $\dfrac{K}{(1+j\omega T_1)(1+j\omega T_2)}$

(6) $\dfrac{K}{(1+j\omega T_1)(1+j\omega T_2)(1+j\omega T_3)}$

(7) $\dfrac{1+j\omega T_2}{1+j\omega T_1},\quad T_1 > T_2$

(8) $\dfrac{1+j\omega T_2}{1+j\omega T_1},\quad T_1 < T_2$

(9) $\dfrac{K}{j\omega(1+j\omega T)}$

(10) $\dfrac{K}{j\omega(1+j\omega T_1)(1+j\omega T_2)}$

(11) $\dfrac{K}{(j\omega)^2(1+j\omega T)}$

(12) $\dfrac{Ke^{-j\omega L}}{1+j\omega T}$

2. 다음 전달 함수의 주파수 응답을 보드 선도에 그려라.

(1) $\dfrac{1000}{j\omega}$

(2) $\dfrac{100}{(j\omega)^2}$

(3) $\dfrac{10}{(j\omega)^3}$

(4) $\dfrac{100}{1+j\omega}$

(5) $\dfrac{100}{(1+j\omega)(1+0.1j\omega)}$

(6) $\dfrac{5}{(1+j\omega)(1+0.2j\omega)(1+0.1j\omega)}$

(7) $\dfrac{1+0.2j\omega}{1+0.1j\omega}$

(8) $\dfrac{1+j\omega}{1+0.2j\omega}$

(9) $\dfrac{10}{j\omega(1+0.1j\omega)}$

(10) $\dfrac{100}{j\omega(1+0.1j\omega)(1+0.2j\omega)}$

(11) $\dfrac{10(1+0.5j\omega)}{j\omega(1+0.2j\omega)^2(1+j\omega)}$

(12) $\dfrac{1-e^{-2j\omega}}{1+5j\omega}$

3. 그림 6·43의 이득 특성을 가진 주파수 전달 함수를 구하여라. 또한 위상 특성의 개략을 그려라.

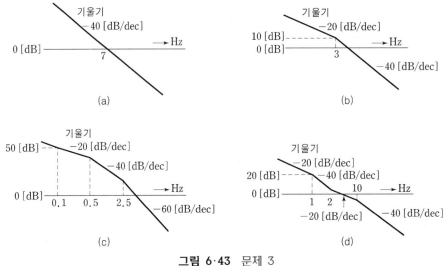

그림 6·43   문제 3

4. 니콜스 선도를 이용해서 문제 2의 루프 전달 함수를 가진 단일 피드백계의 폐루프 응답을 구하여라. 또한 각각의 폐루프 이득의 피크값 M_p 및 그것을 발생하는 주파수 ω_p는 얼마인가?

5. 그림 6·44은 어떤 제어계의 블록 선도이다. 폐루프 주파수 응답을 구하여라. 또한 $K_2=0$으로 하면(이 피드백을 멈추면) 응답은 어떻게 변하는가?

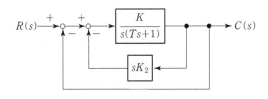

그림 6·44   문제 5

6. 2차계에서 과도량은 25[%]로 하면 M_p 및 ω_p는 얼마가 되는가? 또한 이때 제동비는 얼마인가?

7. 그림 6·45와 같이 1차계에 피드백을 가하면 K_2의 크기에 따라서 이득 상수는 어떻게 변하는가? 또한 절점 주파수는 어떠한가? 결과를 5장의 문제 16과 비교해 보아라.

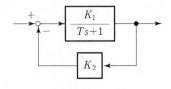

그림 6·45   문제 7

8. 그림 6·46에 나타내는 블록 선도를 가진 제어계가 있다. 이득 상수 K, 시정수 T에 의해서 이 제어계의 M_p, ω_p가 어떻게 변하는가?

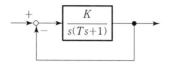

그림 6·46 문제 8

7장

안정도 판별

7·1 피드백 제어계의 안정과 불안정

　1장의 '1·5 피드백 제어계의 특성'에서 설명했듯이 그림 1·4에 있는 온도 제어계 증폭기의 이득이 높으면 과도 응답은 그림 1·13(b)와 같이 진동적이 된다. 이득이 더욱 높아지면 그림 1·13(c)와 같이 발산 진동이 된다. 이와 같은 발산 진동이 발생하면 제어량은 목표값과 관계가 없는 값을 얻게 되고 제어의 목적을 달성하지 못할 뿐만 아니라 장치를 파괴할 염려조차 있다.

　일반적으로 피드백 제어계에서 목표값의 변화나 외란 때문에 진동이 생겨도 그것이 감쇠하면 그 제어계는 안정(stable)하다고 말한다. 이것에 대해서 지속 진동이나 발산 진동이 생기면 그 제어계는 불안정(unstable)하다고 말한다. 예를 들어 진동을 일으켜도 제어량이 단조 증가의 지수 함수가 되는 경우는 제어량은 목표값과 완전히 관계없는 값을 얻게 되므로 이 경우도 또한 불안정한 경우에 포함된다. 이것에 대해서 제어량이 단조롭게 감소하는 지수 함수가 되는 경우는 안정된 경우에 표함된다.

　제어계가 안정되어 있으면 목표값의 외란 때문에 제어량에 변화가 생겨도 이러한 입력 신호가 제거되면 제어량은 재차 옛날로 되돌아 간다. 그러나 불안정한 경우는 목표값의 변화나 외란이 제거되어도 제어량은 옛날로 돌아가지 않고 목표값과 무관계인 값을 얻게 된다.

이와 같은 불안정 현상을 일으키는 것은 피드백 루프가 존재하는 것과 제어 대상이나 제어 장치의 응답에 지연이 있기 때문이다('1·5' 참조). 원래 좋은 결과를 기대하고 피드백 제어를 행한 것이지만 이와 같은 불안정 현상을 일으켜서는 도리어 역효과이다. 그 때문에 제어계의 계획에서 우선 제일로 안정된 제어계를 구성하지 않으면 안된다. 거기에는 주어진 제어계가 안정인지 불안정인지 판별할 필요가 생긴다.

이상과 같이 제어계가 안정되어 있기 위해서는 그 임펄스 응답이 감쇠되지 않으면 안된다. 그를 위해 필요한 조건은 5장의 '5·6 폐루프 과도 응답'에 설명한 것처럼 특성근의 실수부가 (−)인 것이다. 계단 응답이나 램프 응답에 대해서도 정상항을 제외한 과도항은 역시 감쇠하지 않으면 안된다. 그를 위한 조건도 동일하다.

기하학적으로 표시하면 특성근이 s 평면의 우반 평면(허수축을 포함)에 있으면 불안정, 좌반 평면에 있으면 안정하다.

이와 같이 특성 방정식의 근에 대한 실수부의 + · −를 알 수 있으면 안정, 불안정은 바로 판별된다. 그러나 특성 방정식은 일반적으로 고차 방정식이고 그 해를 구하는 것은 실용적으로 불가능에 가깝다. 이 장에서는 특성 방정식을 풀지 않고 안정, 불안정을 판별하는 방법을 설명한다.

그림 7·1 안정 영역과 불안정 영역

7·2 Routh의 안정도 판별법

특성 방정식이 주어진 경우, 그 제어계의 안정도 판별에 대해서 Routh는 다음과 같은 판별법칙을 만들었다.

다음의 특성 방정식을 가진 제어계를 생각한다.

$$a_0 s^n + a_1 s^{n-1} + \cdots + a_{n-1}s + a_n = 0 \tag{7·1}$$

Routh에 의하면 이 제어계가 안정되기 위해서는 다음의 두 가지 조건을 만족해야 한다.

(i) 모든 계수 a_0, a_1, $\cdots$, a_n이 동일 부호일 것. 계수 중에 0이 되는 것이 있어도 안된다. 즉, 특성 방정식에 빠져 있는 항이 있으면 불안정하다.

(ii) 특성 방정식의 계수에서 다음의 배열을 만들고 그 제1열이 모두 동일 부호일 것.

우선 특성 방정식의 계수를 2행으로 늘어 놓는다. 다음에 b_1, 이하를 식 (7·3) 이하를 따라서 계산하여 식 (7·2)와 같은 수열을 만든다.

$$
\begin{array}{llll}
a_0 & a_2 & a_4 & a_6 \quad \cdot \\
a_1 & a_3 & a_5 & a_7 \quad \cdot \\
b_1 & b_3 & b_5 & \quad \cdot \\
c_1 & c_3 & c_5 & \quad \cdot \\
d_1 & d_3 & \cdot \\
e_1 & e_3 & \cdot \\
f_1 & \cdot
\end{array}
\tag{7·2}
$$

단,

$$b_1 = \cfrac{\begin{array}{cc} a_0 & a_2 \\ a_1 & a_3 \end{array}}{a_1} = \frac{a_1 a_2 - a_0 a_3}{a_1} \tag{7·3}$$

$$b_3 = \cfrac{\begin{array}{cc} a_0 & a_4 \\ a_1 & a_5 \end{array}}{a_1} = \frac{a_1 a_4 - a_0 a_5}{a_1} \tag{7·4}$$

....

$$c_1 = \frac{\begin{array}{c} a_1 \quad a_3 \\ b_1 \quad b_3 \end{array}}{b_1} = \frac{b_1 a_3 - a_1 b_3}{b_1} \tag{7·5}$$

$$c_3 = \frac{\begin{array}{c} a_1 \quad a_5 \\ b_1 \quad b_5 \end{array}}{b_1} = \frac{b_1 a_5 - a_1 b_5}{b_1} \tag{7·6}$$

....

$$d_1 = \frac{\begin{array}{c} b_1 \quad b_3 \\ c_1 \quad c_3 \end{array}}{c_1} = \frac{c_1 b_3 - c_1 b_3}{c_1} \tag{7·7}$$

....

여기서 식 (7·2)의 제1열에 주목한다.

$$
\begin{aligned}
&a_0 \\
&a_1 \\
&b_1 \\
&c_1 \\
&d_1 \\
&e_1 \\
&\cdot
\end{aligned}
\tag{7·8}
$$

이 제1열의 배열에 대해서 부호 변화의 유무를 조사하여 부호 변화가 없으면 안정, 부호 변화가 있으면 그 변화 횟수와 같은 개수의 불안정근이 있다고 판정한다.

예제 7·1 ···

$s = -1,\ -2,\ -3,\ -4$인 4개의 근을 가진 특성 방정식을 생각한다.

$$(s+1)(s+2)(s+3)(s+4) = 0$$

즉

$$s^4 + 10s^3 + 35s^2 + 50s + 24 = 0$$

이 특성근의 실수부는 전부 음(−)이며 제어계는 안정되어 있지만 Routh의 방법에 따라서 이 제어계의 안정 판별을 행하여 본다. 우선 s^4, s^3, s^2, s^1, s^0의 각항 계수는 전부 갖추고 있고 모두 양(+)이므로 (ⅰ)의 조건을 만족한다. 다음에 라우스의 배열을 만들어 보면

$$
\begin{array}{c|ccc}
+ & s^4 & 1 & 35 & 24 \\
+ & s^3 & 10 & 50 \\
+ & s^2 & 30 & 24 \\
\\
+ & s^1 & 42 \\
+ & s^0 & 24
\end{array}
\qquad
\begin{array}{l}
\dfrac{10\times35-1\times50}{10}=30, \quad \dfrac{10\times24-1\times0}{10}=24 \\
\\
\dfrac{30\times50-10\times24}{30}=42
\end{array}
$$

제1열의 배열을 보면 전부 양(+)이며 부호 변화가 없다. 그러므로 이 제어계는 안정하다.

예제 7·2

$s=-1,\ -1+j2,\ -1-j2$인 3개의 특성근을 가진 경우를 생각한다.

$$(s+1)\{s-(-1+j2)\}\{s-(-1-j2)\}=0$$

즉,

$$s^3+3s^2+7s+5=0$$

특성근의 실수부는 모두 음(−)이므로 안정되지만 Routh의 안정 판별을 행해 본다. 우선 $s^3,\ s^2,\ s^1,\ s^0$의 각항 계수는 전부 갖추고 있고 모두 양(+)이다.

또한 Routh의 배열을 만들면

$$
\begin{array}{c|cc}
+ & s^3 & 1 & 7 \\
+ & s^2 & 3 & 5 \\
+ & s^1 & \dfrac{16}{3} \\
+ & s^0 & 5
\end{array}
\qquad
\dfrac{3\times7-1\times5}{3}=\dfrac{16}{3}
$$

제1열의 배열을 보면 전부 양(+)으로 부호 변화가 없다. 그러므로 이 제어계는 안정하다.

예제 7·3

$s=1+j4,\ 1-j4,\ -2+j3,\ -2-j3$인 4개의 특성근을 가진 특성 방정식을 생각한다.

$$\{s-(1+j4)\}\{s-(1-j4)\}\{s-(-2-j3)\}\{s-(-2-j3)\}=0$$

즉,

$$s^4 + 4s^3 + 18s^2 + 76s + 221 = 0$$

이 특성 방정식에는 명백히 불안정근이 2개 있으나 Routh의 방법을 적용해 보자. 우선 s^4, s^3, s^2, s^1, s^0의 각항이 갖추어져 있고 그 계수가 모두 양(+)이다. 다음에 Routh의 배열을 만들어 보면,

+	s^4	1	18	221
+	s^3	4	76	
−	s^2	−1	221	$\dfrac{4\times18 - 1\times76}{4} = -1$
+	s^1	960		$\dfrac{-1\times76 - 4\times221}{-1} = 960$
+	s^0	221		

부호 변화 { s^1, s^0 }

제1열의 배열을 보면 부호 변화가 2회 있다. 따라서, 불안정근의 수는 2개이다.

예제 7·4 ....

(i) 특성 방정식이 1차인 경우

$$a_0 s + a_1 = 0 \tag{7·9}$$

$a_0 > 0$, $a_1 > 0$이면 안정하다. 실제로 근을 구해 보면 다음과 같이 실수부는 음(−)이 된다.

$$s = -\frac{a_1}{a_0}$$

(ii) 특성 방정식이 2차인 경우

$$a_0 s^2 + a_1 s + a_2 = 0 \tag{7·10}$$

Routh의 배열을 만들어 보면 다음과 같이 된다.

s^2	a_0	a_2
s^1	a_1	
s^0	a_2	

따라서, 이 제어계가 안정되기 위한 조건은 $a_0 > 0$, $a_1 > 0$, $a_2 > 0$이다. 즉, 계수가 모두 양(+)이면 안정, 계수에 음(−)인 것이 있으면 불안정하다.

(iii) 특성 방정식이 3차인 경우

$$a_0 s^3 + a_1 s^2 + a_2 s + a_3 = 0 \tag{7·11}$$

Routh의 배열을 만들어 보면

$$s^3 \quad \begin{vmatrix} & a_0 & a_2 \end{vmatrix}$$

$$s^2 \quad \begin{vmatrix} & a_1 & a_3 \end{vmatrix}$$

$$s^1 \quad \begin{vmatrix} \dfrac{a_1 a_2 - a_0 a_3}{a_1} \end{vmatrix}$$

$$s^0 \quad \begin{vmatrix} & a_3 \end{vmatrix}$$

따라서, 이 제어계가 안정되기 위한 조건은

$$\left. \begin{array}{l} a_0 > 0, \ \ a_1 > 0, \ \ a_2 > 0, \ \ a_3 > 0 \\[2mm] a_1 a_2 - a_0 a_3 > 0 \end{array} \right\} \tag{7·12}$$

이다.

방정식의 계수에 따라 Routh 배열을 작성하는 과정에서 Routh 배열 중 한 행의 첫 번째 요소가 0인 경우가 생길 수 있다. 이런 경우, 다음 행의 요소들이 무한대가 되어 배열을 계속 만들어 갈 수가 없게 된다.

이를 해결하기 위해 제1열의 0을 임의의 매우 작은 양수 ε으로 대체한 다음 표 작성을 계속하면 된다. 다음의 예제로 이와 같은 문제를 풀어 보기로 한다.

예제 7·5

$$s^4 + s^3 + s^2 + s + 1 = 0$$

각 항의 계수는 양(+)이므로 Routh의 배열을 만들어 보면 다음과 같이 된다.

$$s^4 \quad \begin{vmatrix} 1 & 1 & 1 \end{vmatrix}$$

$$s^3 \quad \begin{vmatrix} 1 & 1 \end{vmatrix}$$

$$s^2 \quad \begin{vmatrix} 0 & 1 \end{vmatrix}$$

제3행째에 0이 나타나고 그 이상 순서가 진행되지 않는다. 이 항을 양(+)의 최소량으로 생각하여 ε으로 놓고 Routh의 배열을 다시 만들어 보면

$$s^4 \quad \begin{vmatrix} 1 & 1 & 1 \end{vmatrix}$$

$$s^2 \quad \begin{vmatrix} 1 & 1 \end{vmatrix}$$

$$s^2 \quad \begin{vmatrix} \varepsilon & 1 \end{vmatrix}$$

$$s^1 \quad \begin{vmatrix} \dfrac{\varepsilon - 1}{\varepsilon} \end{vmatrix}$$

$$s^0 \quad \begin{vmatrix} 1 & 1 \end{vmatrix}$$

안정되기 위해서는 제1열에 부호 변화가 있어서는 안된다. 즉,

$$\varepsilon - 1 > 0 \tag{7·13}$$

이다. ε은 최소량으로 생각했으므로 이 조건은 만족되지 않는다. 따라서, 이 바로 윗 행의 제어계는 안정하다.

또한 Routh 배열의 어느 행에 있는 요소 전부가 0인 경우는 바로 윗 행의 계수로 이루어지는 보조 방정식을 미분한 계수로 Routh 판별을 계속 진행하여 안정·불안정을 판별하는데 이에 관한 예는 생략한다.

7·3 Hurwitz의 안정도 판별법

Hurwitz는 Routh와 독립적으로 다음과 같은 안정도 판별법을 만들었다. 즉, 특성 방정식

$$a_0 s^n + a_1 s^{n-1} + \cdots + a_{n-1}s + a_n = 0 \tag{7·14}$$

을 가진 제어계가 안정되기 위해서는

(ⅰ) 모든 계수 $a_0,\ a_1,\ \cdots,\ a_n$이 존재하고 또한 양(+)일 것.

(ⅱ) 계수를 늘어놓은 다음의 행렬식 $\varDelta$ 및 a_1을 수석으로 하는 소행렬식이 전부 양(+)일 것.

$$\varDelta = \begin{vmatrix} a_1 & a_3 & a_5 & a_7 & \cdots & 0 \\ a_0 & a_2 & a_4 & a_6 & \cdots & 0 \\ 0 & a_1 & a_3 & a_5 & \cdots & 0 \\ 0 & a_0 & a_2 & a_4 & \cdots & 0 \\ \cdots & & & & & \\ 0 & 0 & 0 & \cdots & & a_n \end{vmatrix} \tag{7·15}$$

즉,

$$\varDelta > 0,\ \ \varDelta_2 = \begin{vmatrix} a_1 & a_3 \\ a_0 & a_2 \end{vmatrix} > 0,\ \ \varDelta_3 = \begin{vmatrix} a_1 & a_3 & a_5 \\ a_0 & a_2 & a_4 \\ 0 & a_1 & a_3 \end{vmatrix} > 0,\ \cdots \tag{7·16}$$

이다.

Hurwitz의 안정도 판별법은 Routh의 방법에 비해서 형식이 정리되어 있으나 계산은 매우 불편하다.

예제 7·6

$$a_0 s^3 + a_1 s^2 + a_2 s + a_3 = 0 \tag{7·17}$$

Hurwitz의 행렬식은

$$\Delta = \begin{vmatrix} a_1 & a_3 & 0 \\ a_0 & a_2 & 0 \\ 0 & a_1 & a_3 \end{vmatrix} \tag{7·18}$$

이다.

안정 조건을 구해 보면

$$\Delta = \begin{vmatrix} a_1 & a_3 \\ a_0 & a_2 \end{vmatrix} = a_1 a_2 - a_0 a_3 > 0 \tag{7·19}$$

$\Delta_2 > 0$이면 당연히 $\Delta > 0$이다. 식 (7·19)의 조건은 식 (7·12)와 일치한다.

7·4 나이퀴스트의 안정도 판별법

Routh 또는 Hurwitz의 방법에 의하면 안정, 불안정의 판별은 가능하지만 다음과 같은 단점이 있다.

（ⅰ） 제어계의 설계상 중요한 안정의 정도(상대 안정도)를 알 수가 없다.

（ⅱ） 이들의 판별법은 특성 방정식의 계수를 취급하여 직접 각 요소의 전달 함수에 대한 이득 상수나 시정수와 같은 파라미터로 연결되지 않는다. 식 (5·69)에서도 명백하듯이 어떤 요소의 시정수가 특성 방정식의 몇 개 계수에 들어온다. 따라서, 이 시정수가 안정, 불안정에 어떻게 관계하는지 짐작하기 어렵다.

（ⅲ） Routh나 Hurwitz의 방법은 전달 함수에 시간 지연이 포함된 경우에는 완전히 무력하다.

이러한 이유에서 제어계의 해석에는 아래에 설명하는 나이퀴스트의 안정도 판별법이 주로서 사용된다.

여기서 2장의 '2·3 복소 함수'에서 설명한 등각 사상을 되돌아 보자. 루프 전달 함수 $G(s)H(s)$를 생각하면 s의 값

$$s = \sigma + j\omega$$

에 따라서 함수의 값 $G(s)H(s)$가 정해진다. 바꿔 말하면 s 평면상의 한 점을 주면 여기에 대응하여 $G(s)H(s)$ 평면상에 한 점이 정해진다. 또한 s 평면상의 한 곡선을 주면 여기에 대응하여 $G(s)H(s)$ 평면상에 한 곡선이 정해진다. 더욱이 s 평면상의 어떤 폐곡선으로 둘러싸인 영역을 주면 이것에 대응하여 $G(s)H(s)$ 평면상에 어떤 폐곡선으로 둘러싸인 영역이 정해진다. 예를 들면 그림 7·2와 같이 s 평면상의 직선군 $\sigma = \text{const}$ 및 $\omega = \text{const}$는 $G(s)H(s)$ 평면상에서는 함수 $G(s)H(s)$에 의해서 정해지는 곡선군으로 사상된다. $G(s)H(s)$가 정칙 함수이면 등각 사상의 관계에서 s 평면상의 최소 직사각형 a는 $G(s)H(s)$ 평면상의 미소 직사각형 A로 사상된다.

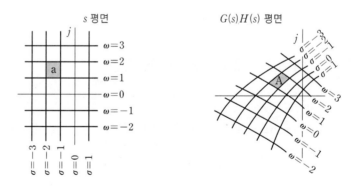

그림 7·2 등각 사상

그런데 $\sigma_1 + j\omega_1$을 특성 방정식

$$1 + G(s)H(s) = 0$$

의 특성근으로 하면 다음 식이 성립한다.

$$G(\sigma_1 + j\omega_1)H(\sigma_1 + j\omega_1) = -1 \tag{7·20}$$

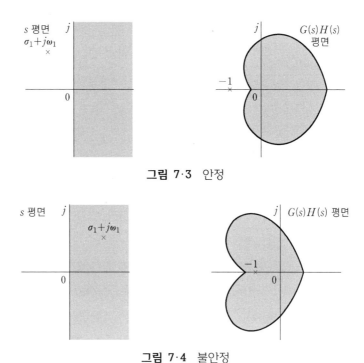

그림 7·3 안정

그림 7·4 불안정

즉 s 평면상 특성근의 $G(s)H(s)$ 평면상 사상은 점 $(-1, j0)$이다. 따라서, s 평면의 우반 평면은 $G(s)H(s)$ 평면에 사상한 영역 내에 점 $(-1, j0)$을 포함하면 s 평면의 우반 평면상에 특성근이 있게 된다. 이 특성근의 실수부는 양($+$)이며 제어계는 불안정하므로 다음의 것을 결론지을 수 있다.

> s 평면의 우반 평면을 $G(s)H(s)$ 평면에 사상한 영역 내에 점 $(-1, j0)$이 있으면 이 제어계는 불안정, 없으면 안정하다

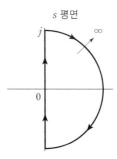

그림 7·5 s 평면의 우반 평면을 둘러싸는 폐곡선

이것을 이용하여 안정도 판별을 하기 위해서는 s 평면의 우반 평면을 GH 평면에 사상할 필요가 있다. s 평면의 우반 평면을 둘러싸는 폐곡선으로 그림 7·5와 같이 허수축과 무한대 반지름의 우반원을 취해서 이 곡선에 관한 $G(s)H(s)$ 평면으로의 사상을 구한다. 그렇게 하면 이 사상된 곡선의 내부는 s 평면의 우반 평면에 대응한다.

● s 평면에 있는 허수축의 사상

허수축상에서는 $s = j\omega$이므로 s 평면 허수축의 GH 평면으로의 사상은 ω가 $-\infty$에서 $+\infty$까지 변화할 때의 $G(j\omega)H(j\omega)$의 값을 플롯하면 얻어진다. 여기서 $G(j\omega)H(j\omega)$는 주파수 전달 함수이므로 ω가 0에서 ∞까지 변화할 때의 $G(j\omega)H(j\omega)$값을 $G(s)H(s)$ 평면상에 플롯하여 얻어지는 궤적은 벡터 궤적(나이퀴스트 궤적이라고도 한다)이다.

따라서, 허수축 상반 부분의 사상은 $G(j\omega)H(j\omega)$의 벡터 궤적으로서 주어진다. 허수축 하반 부분의 사상은 j를 $-j$로 치환한 것에 지나지 않으므로 허수축의 $+ \cdot -$ 방향을 반전하였을 때에 얻어지는 도형, 즉 상기 벡터 궤적의 실수축에 관한 대칭 도형이다. 이와 같이 하여 s 평면 허수축의 GH 평면에서의 사상이 구해진다.

● s 평면에 있는 무한대 반지름인 우반원의 사상

이 곡선상에서는 s는 다음과 같이 표시된다.

$$s = Re^{j\theta}, \qquad R \to \infty, \qquad \frac{\pi}{2} \geq \theta > -\frac{\pi}{2} \qquad (7 \cdot 21)$$

이미 설명한 바와 같이 루프 전달 함수는 일반적으로 다음의 유리식으로 표시된다.

$$G(s)H(s) = \frac{b_0 s^m - b_1 s^{m-1} + \cdots\cdots + b_{m-1}s + b_m}{a_0 s^n - a_1 s^{n-1} + \cdots\cdots + a_{n-1}s + a_n} \qquad (7 \cdot 22)$$

단, $n \geq m$ 이다.*

---

* 식 (7·22)에 $s \to j\omega$의 치환을 바꾸어서 얻을 수 있는 주파수 응답을 생각한다. ω가 ∞에 가까워졌을 때, $n < m$으로 하면 이 주파수 응답의 이득은 무한대에 가깝다. 실제의 요소에서는 예를 들면 분포 용량 등의 존재 때문에 이와 같은 것으로 되는 일은 없다.

무한 반지름인 우반원의 사상을 구하기 위해서 식 (7·22)에 식 (7·21)을 대입하면

$$G(s)H(s) \to \frac{b_0}{a_0} R^{m-n} e^{j(m-n)\theta} \tag{7·23}$$

$R \to \infty$에 대해서

$$\left.\begin{array}{ll} n > m \text{이면} & G(s)H(s) \to 0 \\ n = m \text{이면} & G(s)H(s) \to \dfrac{b_0}{a_0} \end{array}\right\} \tag{7·24}$$

이다. 즉, 무한대 반지름인 우반원은 GH 평면상의 원점 또는 일정점에 사상된다.

일례로서 다음의 루프 전달 함수를 가진 제어계를 생각한다.

$$G(s)H(s) = \frac{K}{(sT_1 + 1)(sT_2 + 1)} \tag{7·25}$$

ω가 0에서 ∞까지 변화할 때, $G(j\omega)H(j\omega)$의 벡터 궤적은 그림 7·6(b)의 실선이며 이것이 s 평면 허수축 상반분의 사상이다. 다음에 이 벡터 궤적을 실수축을 축으로서 되풀이하면 음($-$)의 허수축에 대한 사상이 얻어진다. 또한 s 평면상의 무한대 반지름인 원은 GH 평면의 원점에 사상된다.

이와 같이 하여 그림 7·6(a)에 나타내는 s 평면상의 폐곡선은 그림 7·6(b)에 나타내는 GH 평면상의 폐곡선으로 사상된다는 것을 알았다. 그리고 그림 7·6(a)의 폐곡선을 화살표 모양으로 돌 때, 그 오른쪽에 있는 점의 사

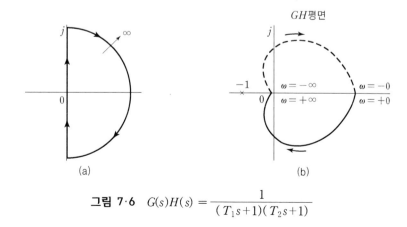

그림 **7·6** $G(s)H(s) = \dfrac{1}{(T_1 s + 1)(T_2 s + 1)}$

상(폐곡선의 내부)은 그림 7·6(b) 폐곡선 진행 방향의 오른쪽(폐곡선의 내부)에 있는 점으로 사상된다.

그런데 이와 같이 하여 s 평면 우반 평면에 대한 GH 평면으로의 사상이 구해졌지만 이 영역 내에 점 $(-1,\ j0)$이 없으므로 이 제어계는 안정하다고 말할 수 있다.

이상의 설명에서 다음의 순서로 안정도 판별을 하면 좋다는 것이 명백해졌다.

(i) ω가 $0 \sim \infty$의 범위에 대해서 일순 전달 함수 $G(j\omega)H(j\omega)$의 벡터 궤적을 그린다.

(ii) 이 벡터 궤적과 실수축에 관해서 대칭인 도형을 구한다. 이것은 ω가 $(-)$의 범위에 대한 벡터 궤적이다.

(iii) 위의 (i), (ii)의 벡터 궤적이 만드는 폐곡선 내부에 점 $(-1,\ j0)$이 있는지 없는지를 명백히 한다. 그리고 폐곡선이 점 $(-1,\ j0)$을 둘러싸는지, 그렇지 않은지를 확실히 한다. 그리고 폐곡선이 점 $(-1,\ j0)$을 둘러싸는 경우 이 제어계는 불안정, 폐곡선이 점 $(-1,\ j0)$을 둘러싸지 않는 경우 이 제어계는 안정하다.

그림 7·7에 앞에 설명한 나이퀴스트의 안정도 판별법을 적용한 예를 나타낸다(부록의 Matlab 프로그램 참조). 그림 7·7(a) 및 (b)의 경우는 이득 상수 K가 어떠한 값을 취해도 벡터 궤적은 점 $(-1,\ j0)$을 둘러싸지 않으므로 안정하다. 이것에 반해서 그림 7·7(c)의 경우는 K가 어느 값 이상이 되면 벡터 궤적인 점 $(-1,\ j0)$을 둘러싸게 되어 불안정해진다.

나이퀴스트의 안정도 판별법에서는 폐곡선이 점 $(-1,\ j0)$을 둘러싸는지 둘러싸지 않는지를 확실히 할 필요가 있었다. 그러나 때로는 이것이 언뜻보아 불명료한 경우가 있다. 이와 같은 경우는 다음의 방법을 이용하면 좋다. 그림 7·8에서 폐곡선 C가 점 A를 둘러싸는지 둘러싸지 않는지를 판정하는 것으로 한다. 폐곡선 C 위에 점 B를 잡고 B가 C 위를 일주할 때, 벡터 AB가 점 A의 주변을 회전(2π 이상)하는지 어떤지를 확인한다. 만약 그림 7·8(a)와 같이 벡터 AB가 점 A의 주위를 회전하지 않으면 폐곡선 C는 점 A를 둘러싸지 않는다. 이것에 대해서 그림 7·8(b)와 같이 벡터 AB가 점 A의 주

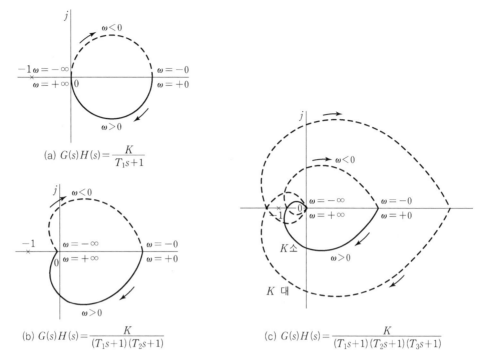

(a) $G(s)H(s) = \dfrac{K}{T_1s+1}$

(b) $G(s)H(s) = \dfrac{K}{(T_1s+1)(T_2s+1)}$

(c) $G(s)H(s) = \dfrac{K}{(T_1s+1)(T_2s+1)(T_3s+1)}$

그림 7·7 나이퀴스트 안정 판별의 예

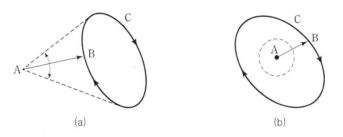

(a)   (b)

그림 7·8 폐곡선 C와 점 A의 관계

위를 회전하면 폐곡선 C는 점 A를 둘러싼다고 판정한다.

그림 7·7(c)에서 이득 상수 K가 큰 경우를 다시 한번 생각해 본다.

그림 7·9에 나타내듯이 벡터 궤적상에 위의 점 B를 잡고 점 $(-1, j0)$를 거쳐 $+\infty$까지 변화할 때, 벡터 AB는 점 A의 주위를 2회전한다. 따라서 이 경우 $(-1, j0)$은 ω가 $-\infty$에서 $+\infty$까지 변화할 때 $G(j\omega)H(j\omega)$의 벡터 궤적에 둘러싸여 있다. 더욱이 이때 벡터 AB는 점 A$(-1, j0)$의 주위를 2회전하지만 이와 같은 경우에 s 평면의 우반 평면에 특성근이 두 개 있다.

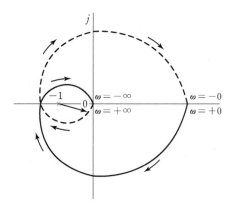

그림 7·9 $G(s)H(s) = \dfrac{K}{(sT_1+1)(sT_2+1)(sT_3+1)}$, K가 큰 경우

(1) $s = 0$이 극점인 경우

　루프 전달 함수의 ω가 $0 \sim +\infty$의 범위에서 벡터 궤적으로서 그림 7·10의 실선이 주어졌다고 하자. $\omega < 0$의 범위에서 벡터 궤적은 대칭 도형으로서 그림 7·10의 파선과 같이 구해진다. 그런데 이와 같이 하여 구한 ω가 $-\infty \sim +\infty$ 범위의 벡터 궤적은 폐곡선이 되지 않는다. 따라서, 나이퀴스트의 안정도 판별을 행할 수 없다. 이것은 왜일까? 그런데 등각 사상을 행할 수 있기 위해서는 함수 $G(s)H(s)$가 해석적이어야 한다. 만약 사상해야 하는 경로 위에 극점이 있으면 이 점을 사상의 영역에서 제외할 필요가 있다. 그런데 그림 7·10의 경우는 $\omega \to 0$에서 게인은 무한대에 가깝고 위상은 $\omega \to +0$에 대해서 $-90°$에, $\omega \to -0$에 대해서 $+90°$에

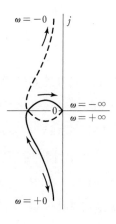

그림 7·10 $s = 0$이 극점인 경우

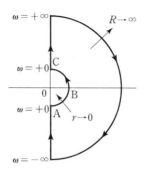

그림 7·11 s의 경로

가깝다. 그러므로 루프 전달 함수는 $\omega = 0$의 근방에서 $K/j\omega$로 근사할 수 있다.

$$G(j\omega)H(j\omega) \simeq \frac{K}{j\omega} \tag{7·26}$$

$j\omega \to s$의 치환을 하면 주파수 전달 함수에서 전달 함수가 구해진다.

즉, $s = 0$은 $G(s)H(s)$의 극점이었다. 그러므로 이 점은 사상에서 제외할 필요가 있었던 것이다.

그림 7·11에 나타내듯이 미소 반지름인 반원 ABC에 의해서 극점 $s = 0$을 사상 범위(s 평면의 우반 평면)에서 제외해 보자. 즉, s 평면 우반 평면의 주변 경로로서 앞에 그림 7·5의 경로를 취했으나 그 대신에 그림 7·11에 있는 굵은 선의 경로를 취하는 것으로 한다. 이것에 의해서 극점 $s = 0$은 사상 범위에 포함되지 않게 된다. 그런데 이 경로 중 미소 반지름인 반원 ABC 위에서

$$s = re^{j\theta} \tag{7·27}$$

로 놓으면 $r \to 0$, 또한 θ는 $-\pi/2$에서 $\pi/2$까지 변화한다. 이 s에 대해서 $G(s)H(s)$의 값은

$$G(s)H(s) \simeq \frac{K}{s} = \frac{K}{r}e^{-j\theta} \tag{7·28}$$

이므로 s가 그림 7·11의 미소 반원상을 $\theta = -\pi/2$에서 $\theta = 0°$을 거쳐 $\theta = \pi/2$까지 움직일 때, 이것에 대응하는 GH 평면상의 점은 무한대 반지름($K/r \to \infty$)인 원 위를 편각 $\pi/2$에서 0을 거쳐 $-\pi/2$까지 움직인다.

이와 같이 해서 s가 그림 7·11의 미소 반원상을 A → B → C로 움직일 때, 나이퀴스트 궤적은 그림 7·12의 무한대 반지름인 원 위를 A → B → C의 방향으로

(시계 방향으로) 반회전한다. 이와 같이 해서 나이퀴스트 궤적은 폐곡선이 되고 안정도 판별이 가능하다. 즉, 그림 7·12와 같이 이 폐곡선이 점 (−1, j0)을 둘러싸지 않으면 안정, 그림 7·12(b)와 같이 둘러싸면 불안정하다.

일반적으로 s = 0이 n차 극점인 경우, 일순 전달 함수 벡터 궤적상의 ω = −0에 해당하는 점에서 ω = +0에 해당하는 점까지 무한대의 반지름으로 시계 방향으로 nπ만큼 회전한다.

그림 7·13, 7·14는 s = 0이 2차 극점인 예이다(부록의 Matlab 프로그램 참조). 그림 7·14에서는 K가 크거나 작아도 불안정하며 어떤 범위 내에 있을 때에만 안정하다.

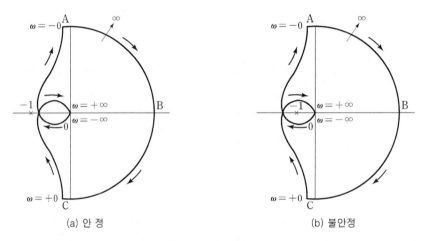

(a) 안 정   (b) 불안정

그림 7·12 안정 판별

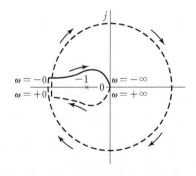

그림 7·13 $\dfrac{K(sT_2+1)}{s^2(sT_1+1)}$, $T_1 > T_2$, 불안정

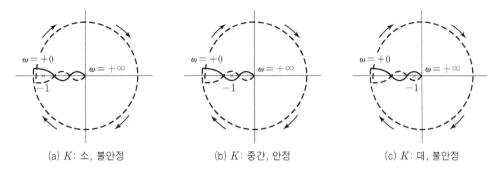

(a) K: 소, 불안정   (b) K: 중간, 안정   (c) K: 대, 불안정

그림 7·14 $G(s)H(s) = \dfrac{K(sT_4+1)(sT_5+1)}{s^2(sT_1+1)(sT_2+1)(sT_3+1)}$

(2) 간략화한 안정도 판별법

이상의 예에서 보면 폐루프 전달 함수의 벡터 궤적이 단조로운 형태를 하고 있을 때는 반드시 $\omega < 0$의 범위에 대한 벡터 궤적을 덧붙이지 않아도 좋다. 또한

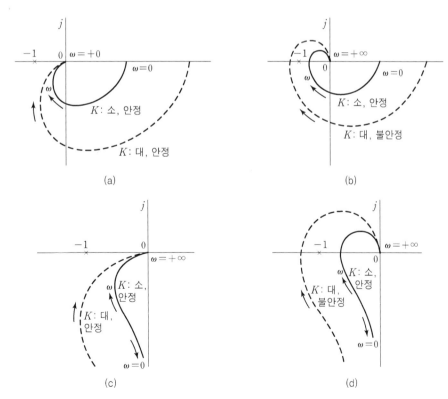

그림 7·15   간략화한 판별법

$s=0$의 극점을 제외하기 위한 무한대 반지름의 부분을 덧붙이지 않아도 안정도 판별이 가능하다는 것을 알 수 있다. 즉,

> ω가 $0 \sim +\infty$의 범위에 대한 일순 전달 함수의 벡터 궤적이 점 $(-1, j0)$을 둘러싸지 않으면 안정, 이 점을 둘러싸면 불안정하다

또한 이것은

> 일순 전달 함수의 벡터 궤적을 ω가 0에서 $+\infty$까지 증가하는 쪽으로 갈 때, 점 $(-1, j0)$을 그 왼쪽으로 보면 안정, 오른쪽으로 보면 불안정하다

라고 해도 좋다. 그림 7·15에 예를 나타낸다(부록의 Matlab 프로그램 참조).

(3) 전달 함수가 s 평면의 우반 평면에 극점을 가진 경우

다음의 루프 전달 함수를 가진 제어계를 생각해 보자.

$$G(s)H(s) = \frac{K}{(s-a)}, \qquad a > 0, \qquad K > 0 \tag{7·29}$$

이 벡터 궤적은 그림 7·16과 같은 원이다. 이제부터 안정도 판별을 행하면 다음의결과를 얻는다.

$$K > a \text{이면} \qquad \text{불안정}$$

$$K < a \text{이면} \qquad \text{안정} \tag{7·30}$$

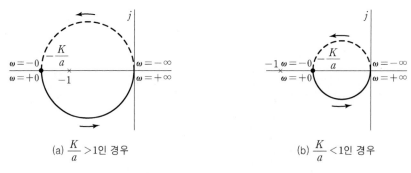

(a) $\dfrac{K}{a} > 1$인 경우   (b) $\dfrac{K}{a} < 1$인 경우

그림 7·16 $G(s)H(s) = \dfrac{K}{s-a}$인 벡터 궤적

다음에 Routh의 안정도 판별법을 적용해 본다. 특성 방정식은 만들면

$$1 + \frac{K}{s-a} = 0 \tag{7·31}$$

이다. 즉,

$$s + K - a = 0 \tag{7·32}$$

a도 K도 양(+)의 실수이므로

$$\left.\begin{array}{ll} K < a\text{이면} & \text{제어계는 불안정} \\[2mm] K > a\text{이면} & \text{제어계는 안정} \end{array}\right\} \tag{7·33}$$

이 된다. 이 결과는 식 (7·30)과 모순되고 있다. 이것은 왜일까?

이 경우도 또한 식 (7·29)의 전달 함수가 $s=a$에, 즉 s 평면의 우반 평면에 극점을 가지고 있기 때문이다. 이 점을 사상에서 제외하기 위해서 그림 7·17과 같은 경로를 생각한다. $r \to 0$이 되면 이 경로의 내부는 s 평면의 우반 평면과 일치한다. 이와 같은 경로 중 허수축 및 반지름 무한대인 원의 경로에 대한 $G(s)H(s)$의 값은 전과 마찬가지로 하여 정한다. 경로 AB 및 DE에서는 s가 $0 \sim a$ 범위의 실수이므로 $G(s)H(s)$는 $-a \sim -\infty$ 사이에 있는 실수가 된다. 다음에 a를 중심으로 하는 미소 반지름인 원 BCD 위에서는

$$s = a + re^{j\theta}, \qquad r \to 0, \qquad -\pi \leqq \theta \leqq \pi \tag{7·34}$$

이다. 이것을 식 (7·29)에 대입하면

$$G(s)H(s) = \frac{K}{r} e^{-j\theta}$$

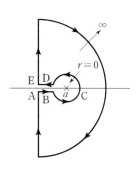

그림 7·17 s 평면

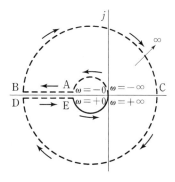

그림 7·18 GH 평면

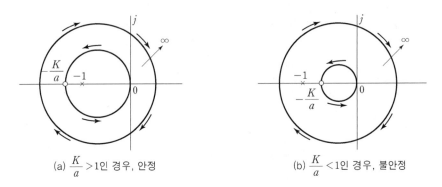

(a) $\dfrac{K}{a}>1$인 경우, 안정   (b) $\dfrac{K}{a}<1$인 경우, 불안정

그림 7·19 안정 판별

이다. 즉, s가 그림 7·17의 a를 중심으로 하는 미소 반지름의 원상을 B→C→D
의 방향으로 돌 때, $G(s)H(s)$는 무한대의 반지름($K/r\to\infty$)이며, 편각이 $-\pi$
에서 0을 거쳐 시계 방향으로 $-\pi$까지 변화하는 원을 그린다. 이것을 그림 7·18
에 나타낸다. 그림 7·18에 의해서 안정도를 판별하면 그림 7·19와 같이 되며
Routh의 판별법에 의한 결과와 일치한다.

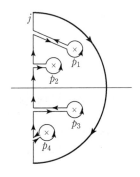

그림 7·20 s 평면상의 경로

일반적으로 루프 전달 함수가 s 평면의 우반 평면에 P개의 극점을 가질 경우
는 P개 극점 모두를 등각 사상의 영역에서 제외하지 않으면 안된다. 이를 위해
서 s 평면상에서 s가 밟는 경로는 그림 7·20과 같이 된다. s가 이 경로를 밟을
때, P개 극점 주위의 미소 반지름 원에 대응하여 GH 평면에서는 무한대 반지
름으로 시계 방향으로 P회 회전하게 된다. 따라서, 나이퀴스트의 판별법을 다음
과 같이 고치지 않으면 안된다.

ω가 $-\infty$에서 $+\infty$까지 변화할 경우, 루프 전달 함수의 벡터 궤적이 점 $(-1,$ $j0)$의 주위를 반시계 방향으로 N회 회전하면 이 제어계가 안정하기 위해서는

$$N = P$$

로 되지 않으면 안된다. 단, P는 s 평면의 존재하는 루프 전달 함수의 극점수이다

이것을 **확장된 나이퀴스트의 안정 판별법**(modified Nyquist's criterion)이라고 한다.

식 (7·29)의 예에 이 판별법을 적용해 보자. 식 (7·29)에서 명백하듯이 $P = 1$, N의 수는 그림 7·16을 참조한다.

$$\frac{K}{a} > 1 \text{인 경우} \quad N = +1, \quad N = P, \quad \text{즉} \quad \text{안정}$$

$$\frac{K}{a} < 1 \text{인 경우} \quad N = 0, \quad N \neq P, \quad \text{즉} \quad \text{불안정}$$

보 충 ·

식 (7·29)의 루프 전달 함수를 가진 제어계를 그림 7·21과 같이 생각된다. 이와 같이 적분 요소 $1/s$에, 피드백 요소 a를 통해서 정피드백을 행하면 다음의 전달 함수가 얻어진다.

$$\frac{\dfrac{1}{s}}{1 - \dfrac{1}{s}a} = \frac{1}{s - a}$$

그림 7·21 파선 내의 정피드백 결합은 그 자체로 불안정하지만 $K > a$이면 제어계 전체로서는 안정하다. 이와 같이 피드백 제어계의 한 요소로서 불안정한 요소를 이용해도 제어계 전체로서는 안정화할 수가 있다.

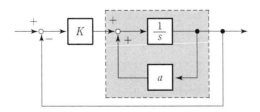

그림 7·21 $G(s)H(s) = \dfrac{K}{s-a}$ 을 가진 제어계

　　그림 7·21을 그림 7·22와 같이 고쳐 그리면 K를 통과하는 부피드백과 a를 통과하는 정피드백이 있다는 것을 알 수 있다. $K > a$이면 부피드백이 정피드백보다 강해져 안정하지만 $K > a$가 되면 정피드백 쪽이 강해져 불안정하게 된다. 이와 같이 생각하면 물리적인 의미가 명료해진다.

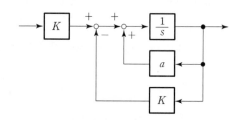

그림 7·22　그림 7·21의 등가 변환

7·5　보드 선도상에서의 안정도 판별법

　　보드 선도는 벡터 궤적과 마찬가지로 주파수 응답의 표현이므로 벡터 궤적에 의해서 안정도 판별이 가능하면 보드 선도상에서도 안정도 판별이 가능한 것이다. 다음에 이것을 생각해 보자.

　　루프 전달 함수의 벡터 궤적이 단조로운 형태를 하고 있다고 한다. 이 제어계가 안정되기 위한 조건은 벡터 궤적이 점 $(-1, j0)$을 둘러싸지 않는 것이었다. 이 조건을 이득과 위상으로 표시해 보자. 점 $(-1, j0)$에서는 이득$=1$, 위상$=-180°$이다. 안정하기 위한 조건을 이득과 위상으로 나눠서 생각하면 다음과 같이 된다.

（ i ）루프 전달 함수의 위상 $\angle G(j\omega)H(j\omega)$가 $-180°$로 되는 점에서 그 이득 $|G(j\omega)H(j\omega)|$가 1 이하(dB로 표시하면 0[dB] 이하, 즉 $(-)$일 것. 이 것은 그림 7·23의 점 P와 같이 벡터 궤적이 음$(-)$인 실수축과 교차하는 점에서의 조건이다.

（ii）루프 전달 함수의 이득 $|G(j\omega)H(j\omega)|$가 1, 즉 0[dB]이 되는 점에서 그 위상 $\angle G(j\omega)H(j\omega)$가 $-180°$보다 앞서 있을 것. 이것은 그림 7·23의

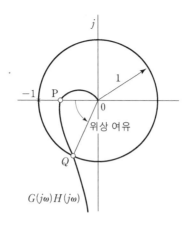

그림 7·23 이득 교점 Q와 위상 교점 P

점 Q와 같이 벡터 궤적이 원점을 중심으로 하는 반지름 1인 원과 교차하는 점에서의 조건이다.

그런데 개루프 전달 함수의 위상이 $-180°$로 되는 점을 **위상 교점**(phase cross-over) 이득이 1(=0[dB])이 되는 점을 **이득 교점**(gain cross-over)이라고 한다. 이 말을 이용하면 위의 조건 (ⅰ), (ⅱ)는 다음과 같이 바꿔 말할 수 있다.

(ⅰ) 위상 교점에서 루프 전달 함수의 이득이 0[dB] 이하일 것.

(ⅱ) 이득 교점에서 루프 전달 함수의 위상이 $-180°$보다 앞서 있을 것.

위상 교점에서 루프 전달 함수의 이득=0[dB]이 안정 한계이지만 안정 한계까지 얼마만큼 이득을 증가시킬 수 있는 여유가 있을까라는 의미에서

$$0[dB] - 위상\ 교점에서의\ 이득[dB] = -위상\ 교점에서의\ 이득[dB]$$

의 값을 **이득 여유**(gain margin)라고 한다. 이득 교점에서도 안정 한계인 위상 $=-180°$까지 얼마만큼 여유가 있는가를 표시하는 값으로서

$$이득\ 교점에서의\ 위상 - (-180°) = 이득\ 교점에서의\ 위상 + 180°$$

을 이용하여 이것을 **위상 여유**(phase margin)라고 한다.

이득 여유, 위상 여유에 관해서 안정 조건은 다음과 같이 된다.

(ⅰ) 이득 여유가 양(+)일 것.

(ⅱ) 위상 여유가 양(+)일 것.

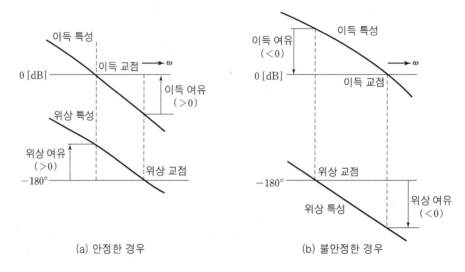

(a) 안정한 경우   (b) 불안정한 경우

그림 7·24 보드 선도상에서의 안정도 판별

물론 이 판별법을 이득 특성, 위상 특성이 단조로운 형을 하고 있는 경우 밖에
적용할 수 없다.

● **이득 특성만에 의한 안정 판별**

보드 선도를 그리는 경우, 위상 특성은 절선 근사를 행하기 어렵고 이득
특성만큼 쉽게 작도할 수 없다. 그 때문에 종종 이득 특성만을 이용해서 안
정도 판별이 행해진다.

원래 이득 특성과 위상 특성은 동일 주파수 전달 함수의 성질을 표시하는 것
으로 양자 사이에는 깊은 관계가 있고 각각을 독립적으로 정하는 것은 불가능
하다. 예를 들면 6장에 설명한 것에서 다음의 사항을 상상할 수 있을 것이다.

주파수의 증가와 함께 이득이 증가하는 경우 : 위상이 앞선다

주파수가 증가해도 이득이 변화하지 않는 경우 : 위상 = 0

주파수의 증가와 함께 이득이 감소하는 경우 : 위상이 뒤진다

이것은 정성적으로 설명한 것뿐이지만 정량적으로는 예를 들면

（ⅰ） $G(j\omega)H(j\omega) = \dfrac{1}{j\omega}$: 위상 $= -90°$

이득 특성의 기울기 $= -20[\text{dB/dec}]$

（ⅱ） $G(j\omega)H(j\omega) = \dfrac{1}{(j\omega)^2}$: 위상 $= -180°$

$$\text{이득 특성의 기울기} = -40[\text{dB/dec}]$$

（iii） $G(j\omega)H(j\omega) = \dfrac{1}{(j\omega)^3}$: 위상 $= -270°$

$$\text{이득 특성의 기울기} = -60[\text{dB/dec}]$$

이득 교점 부근에서 위의 예를 생각해 본다. 그림 7·25를 참조하면 （ⅰ）은 안정, （ⅱ）는 안정 한계(임계 안정), （ⅲ）은 불안정이라는 것을 알 수 있다. 이상은 ω가 0～∞의 범위에서 이득 특성이 일정한 기울기를 가진 경우이지만 그렇지 않은 경우에도 어떤 주파수에서의 위상은 주로 그 주파수 부근의 이득 특성 기울기에 의해서 정해지고 그 주파수에서 떨어진 점의 이득 특성 기울기 영향은 작다는 것을 알고 있다. 따라서, 다음을 말할 수 있다.

이득 교점에서의 이득 특성 기울기가 $-20[\text{dB/dec}]$이고 그 전후 어느 정도 이 기울기가 계속되는 경우는 안정하다. 이것에 대해서 이득 교점에서의 -60 $[\text{dB/dec}]$의 기울기인 경우는 불안정하다. 또한 $-40[\text{dB/dec}]$의 기울기인 경우는 안정 한계의 부근에 있고 일반적으로 판정이 곤란하지만 이 이득 교점에 가까운 곳에서 이득 특성이 $-20[\text{dB/dec}]$의 기울기를 가지고 있으면 안정이라고 말할 수 있을 것이다. 물론 이것은 부동작 시간 요소나 s 평면의 우반 평면에 극점이 있는 경우에는 성립하지 않는다. 그림 7·26에 이득 특성의 기울기 및 절점 주파수를 일정하게 유지하고 이득 상수만을 증가했을 때(예를 들면 증폭기의 이득을 올린다)의 이득 특성 변화를 나타낸다. 또한 그림 7·26에서 이득의 증가와 함께 불안정하게 되어간다는 것을 알 수 있다.

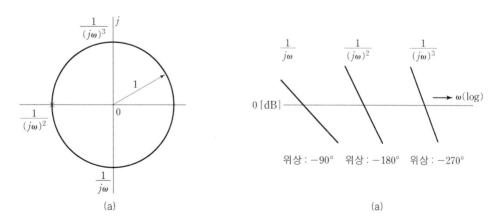

그림 7·25 이득 특성의 기울기와 위상

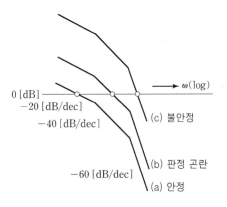

그림 7·26 이득 특성에 의한 안정 판별

보 충 . . . .

s 평면의 우반 평면에 극점도 영점도 없는 요소는 동일 이득 특성을 가진 요소 중에서 가장 위상이 작다. 이와 같은 제어계를 **최소 위상 추이계**(minimum phase shift system)라고 한다. 부동작 시간 요소, 정피드백계, 브리지 접속의 전기 회로 등은 최소 위상 추이계가 아니다. 최소 위상 추이계의 위상과 이득 특성의 기울기 사이에는 다음의 **보드 정리**(Bode theorem)가 성립한다.

$$B(\omega_d) = \frac{\pi}{2}\left|\frac{dA}{du}\right|_0 + \frac{1}{\pi}\int_{-\infty}^{\infty}\left[\left|\frac{dA}{du}\right| - \left|\frac{dA}{du}\right|_0\right]\ln\coth\left|\frac{u}{2}\right|du$$

$$(7·35)$$

단, $B(\omega_d)$: 각주파수 ω_d에서의 위상[rad], 지연을 (+)로 한다.

A : 네이퍼로 표시한 감쇠, $A = -\ln|G(j\omega)|$

  1 네이퍼 = $20\log e$[dB] = 8.69[dB]

u : 주파수비의 자연 로그, $u = \ln\dfrac{\omega}{\omega_d}$

$\dfrac{dA}{du}$: 네이퍼와 u로 표시한 감쇠 – 주파수(로그) 특성의 기울기, u의 단위 변화에 대해서 A의 변화. 1 네이퍼의 기울기는 20[dB/dec]에 해당한다.

$\left|\dfrac{dA}{du}\right|_0$: $u=0$, 즉 $\omega = \omega_d$에서 $\left|\dfrac{dA}{du}\right|$의 값

식 (7·35) 우변 제1항은 생각하고 있는 주파수($\omega = \omega_d$)에 감쇠 기울기만에 의해서 정해지는 항이다. 제2항은 어떤 주파수에서의 감쇠 기울기와 $\omega = \omega_d$에서 기울기의 차로 $\ln\coth|u/2|$를 곱한 적분이다. 이 $\ln\coth|u/2|$는 ω가 ω_d에서 떨어짐에 따라서 위상에 대한 기여가 적어지는 상태를 표시하는 척도이다.

ω가 0~∞의 범위에서 이득의 기울기가 −20[dB/dec]이면 식 (7·35)에서 $|dA/du| = |dA/du|_0 = 1$ 네이퍼 / 유닛이므로 $B(\omega_d) = \pi/2$(지연), 마찬가지로 이득의 기울기가 −40[dB/dec]이면 $B(\omega_d) = \pi$(지연)이다.

그밖에도 보드가 제시한 이득과 위상의 관계식이 있다. 상세한 것은 보드의 저서를 참조하기 바란다.

7·6 Matlab 예제

M6.7: Fig 6_7.m

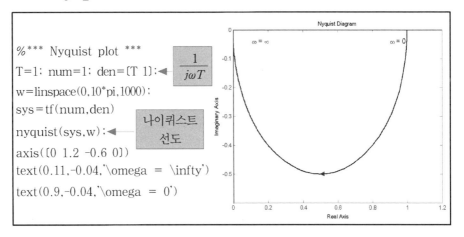

```
%*** Nyquist plot ***
T=1: num=1: den=[T 1];          1/jωT
w=linspace(0,10*pi,1000);
sys=tf(num,den)
nyquist(sys,w);                  나이퀴스트 선도
axis([0 1.2 -0.6 0])
text(0.11,-0.04,'\omega = \infty')
text(0.9,-0.04,'\omega = 0')
```

그림 7·27 $\dfrac{1}{j\omega T}$ 의 벡터 궤적

$\dfrac{1}{j\omega T}$ 에 대한 벡테 궤적을 nyquist(sys,w)함수를 이용하여 구한다. ω는 x축이 1인 지점에서 0이고 원점에서 무한대의 값을 갖는다.

linspace(x,y,N)는 함수에서 x와 y 범위에 N개의 점을 찍는 명령어 이다. nyquist(sys,w)는 전달 함수 변수인 sys를 매개로 사용자가 정의한 ω의 범위에 nyquist 선도를 그린다.

text 함수 중에 '\'(역슬러시)를 사용하는 키워드가 등장하였는데 이는 \ 이후의 단어는 미리 정해놓은 수식을 나타내기 위한 변수이다. 아래에 그 예를 들어 보겠다.

$text(x,y,\`\ite^{j\omega \tau}=cos(\omega \tau)+j sin(\omega \tau)\`);$
라고 쓰면

$$e^{j\omega\Gamma} = \cos(\omega\Gamma) + j\sin(\omega\Gamma)$$

라는 글자가 그래프에 나타난다.

tf, text M5.1 참조.

M6.9: Fig 6_9.m

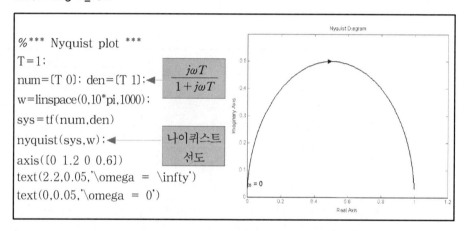

```
%*** Nyquist plot ***
T=1;
num=[T 0]; den=[T 1];          jωT / (1+jωT)
w=linspace(0,10*pi,1000);
sys=tf(num,den)
nyquist(sys,w);                나이퀴스트 선도
axis([0 1.2 0 0.6])
text(2.2,0.05,'\omega = \infty')
text(0,0.05,'\omega = 0')
```

그림 7·28 $\dfrac{j\omega T}{1+j\omega T}$ 의 벡터 궤적

위 그래프는 앞의 그림 6.7는 정반대의 그래프를 그렸다. 원점에서 ω의 값은 0이고 x축의 값이 1에서 무한대의 값을 갖는다.

nyquist M6.7 참조,   axis M5.3 참조,   text M5.1 참조.

M6.l0: Fig 6_l0.m

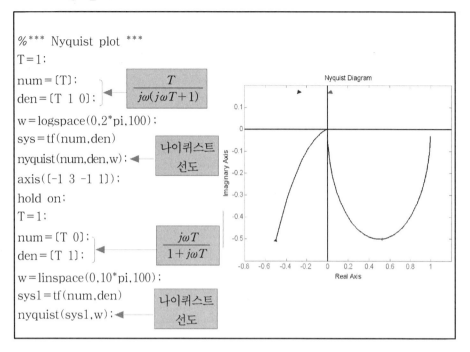

그림 7·29　$\dfrac{j\omega T}{1+j\omega T}$ 의 벡터 궤적

M6.7의 그래프에 $G(s)=\dfrac{T}{j\omega(j\omega T+1)}$ 의 그래프를 추가한 그래프이다.

logspace(x1,x2)는 10^x1과 10^x2 사이에 그래프를 그린다. N 포인트의 default값은 50이다. 여기서 x2값이 π값일 경우 10^x1에서 π값까지 그래프를 그린다.

linspace, nyquist M6.7 참조, axis M5.3 참조, hold on M5.1 참조

M6.12 a : Fig6_12_1.m

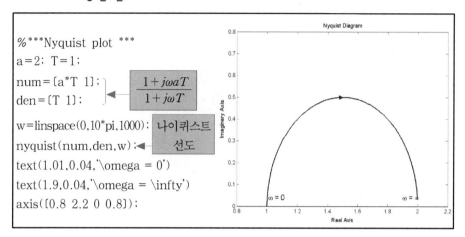

```
%***Nyquist plot ***
a=2; T=1;
num=[a*T 1];
den=[T 1];
w=linspace(0,10*pi,1000);
nyquist(num,den,w);
text(1.01,0.04,'\omega = 0')
text(1.9,0.04,'\omega = \infty')
axis([0.8 2.2 0 0.8]);
```

$\dfrac{1+j\omega aT}{1+j\omega T}$

나이퀴스트 선도

그림 7·30(a) $\dfrac{1+j\omega aT}{1+j\omega T}$, $a > 1$일 때 벡터 궤적

전달 함수 $\dfrac{1+j\omega aT}{1+j\omega T}$에 대한 벡터 궤적을 구한다.

실제 nyquist 함수를 이용하여 그래프를 그리면 위에서 보인 + 측뿐만 아니라 - 측도 나타나는데 여기서는 + 부분만 필요하므로 -부분은 Matlab을 이용하여 그래프로 나타낸 후 선택 편집하여 제거하였다. 혹시 +부분만 필요하다면 nyquist를 변수로 설정해서 plot함수로 그리면 +부분만 그릴 수 있다. 하지만 위에서 보인 것처럼 ω의 변화 방향을 나타내는 화살표는 나타낼 수가 없다. M6.12는 모두 이와 같은 방법으로 그래프화하였다.

nyquist, linspace M6.7 참조, text M5.1 참조, axis M5.3 참조.

M6.12 b : Fig6_12_2.m

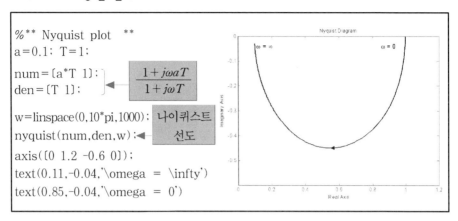

```
%** Nyquist plot  **
a=0.1; T=1;
num=[a*T 1];
den=[T 1];

w=linspace(0,10*pi,1000);
nyquist(num,den,w);
axis([0 1.2 -0.6 0]);
text(0.11,-0.04,'\omega = \infty')
text(0.85,-0.04,'\omega = 0')
```

$\dfrac{1+j\omega aT}{1+j\omega T}$

나이퀴스트 선도

그림 7·30(b) $\dfrac{1+j\omega aT}{1+j\omega T}$, $a < 1$일 때 벡터 궤적

그림 7.30(a)의 그래프의 -측을 나타낸 그래프이다. 전달 함수 $\dfrac{1+j\omega aT}{1+j\omega T}$ 는 그래프와 같이 실제 허수부의 -측에서 값이 변화한다. ω값은 위의 그래프와는 반대로 1에서 0의 값을 갖고 $a\,/\,T$값에서 무한대의 값을 갖는다.

nyquist, linspace M.7 참조, text M5.1 참조, axis M5.3 참조.

M6.12 c : Fig6_12_3.m

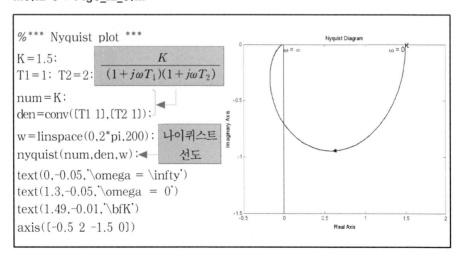

```
%*** Nyquist plot ***
K=1.5;
T1=1; T2=2;

num=K;
den=conv([T1 1],[T2 1]);

w=linspace(0,2*pi,200);
nyquist(num,den,w);
text(0,-0.05,'\omega = \infty')
text(1.3,-0.05,'\omega = 0')
text(1.49,-0.01,'\bfK')
axis([-0.5 2 -1.5 0])
```

$\dfrac{K}{(1+j\omega T_1)(1+j\omega T_2)}$

나이퀴스트 선도

그림 7·30(c) $\dfrac{K}{(1+j\omega T_1)(1+j\omega T_2)}$

text 함수의 또 하나의 기능은 글자 모양을 바꾸는 것이다. 그림의 프로그램에서 사용한 'bkf'의 'b'는 검정색(black)을 타내며 'f'는 진하게 글자를 쓴다는 명령어이다. 그러므로 'bfK'는 K를 검은색의 짙은 글자 모양으로 그래프에 나타내게 된다.

nyquist, linspace M6.7 참조, text M5.1 참조, axis, conv M5.3 참조. conv M5.18 참조

M6.12 d : Fig6_12_4.m

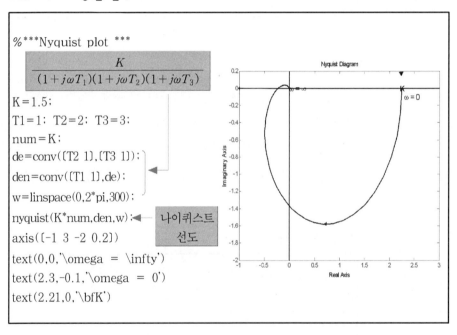

```
%***Nyquist plot ***
```

$$\frac{K}{(1+j\omega T_1)(1+j\omega T_2)(1+j\omega T_3)}$$

```
K=1.5;
T1=1; T2=2; T3=3;
num=K;
de=conv([T2 1],[T3 1]);
den=conv([T1 1],de);
w=linspace(0,2*pi,300);
nyquist(K*num,den,w);
axis([-1 3 -2 0.2])
text(0,0,'\omega = \infty')
text(2.3,-0.1,'\omega = 0')
text(2.21,0,'\bfK')
```

나이퀴스트
선도

그림 7·30(d) $\dfrac{K}{(1+j\omega T_1)(1+j\omega T_2)(1+j\omega T_3)}$

nyquist, linspace M6.7 참조, text M5.1 참조, axis, conv M5.3 참조. conv M5.18 참조

M6.12 e : Fig6_12_5.m

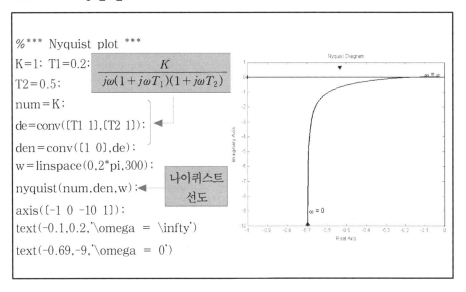

```
%*** Nyquist plot ***
K=1; T1=0.2;
T2=0.5;
num=K;
de=conv([T1 1],[T2 1]);
den=conv([1 0],de);
w=linspace(0,2*pi,300);
nyquist(num,den,w);
axis([-1 0 -10 1]);
text(-0.1,0.2,'\omega = \infty')
text(-0.69,-9,'\omega = 0')
```

$$\frac{K}{j\omega(1+j\omega T_1)(1+j\omega T_2)}$$

나이퀴스트 선도

그림 7·30(e) $$\frac{K}{j\omega(1+j\omega T_1)(1+j\omega T_2)}$$

파형이 책에서 보인 파형과 일치 하지 않는 것은 책에서 보인 파형은 전달 함수에 의한 값이 ω의 변화에 따라 이상적으로 변화하는 것을 보이고 있다.

nyquist, linspace M6.7 참조, text M5.1 참조, axis conv M5.3 참조. conv M5.18 참조

M6.12 f : Fig6_12_6.m

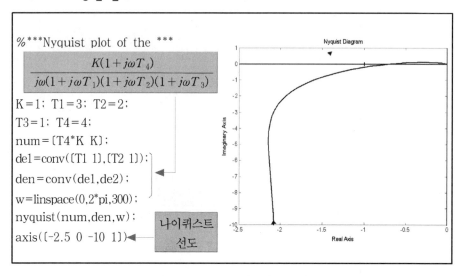

```
%***Nyquist plot of the ***

    K(1 + jωT₄)
────────────────────────────────
jω(1 + jωT₁)(1 + jωT₂)(1 + jωT₃)

K=1; T1=3; T2=2;
T3=1; T4=4;
num=[T4*K K];
de1=conv([T1 1],[T2 1]);
den=conv(de1,de2);
w=linspace(0,2*pi,300);
nyquist(num,den,w);
axis([-2.5 0 -10 1])
```

나이퀴스트 선도

그림 7·30(f) $\dfrac{K(1+j\omega T_4)}{j\omega(1+j\omega T_1)(1+j\omega T_2)(1+j\omega T_3)}$

nyquist, linspace M6.7 참조,   text M5.1 참조,   axis M5.3 참조, conv M5.18 참조

M6.12 g : Fig6_12_7.m

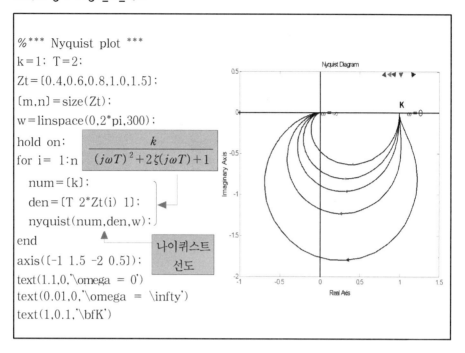

```
%*** Nyquist plot ***
k=1;  T=2;
Zt=[0.4,0.6,0.8,1.0,1.5];
[m,n]=size(Zt);
w=linspace(0,2*pi,300);
hold on;
for i= 1:n
  num=[k];
  den=[T 2*Zt(i) 1];
  nyquist(num,den,w);
end
axis([-1 1.5 -2 0.5]);
text(1.1,0,'\omega = 0')
text(0.01,0,'\omega = \infty')
text(1,0.1,'\bfK')
```

$$\frac{k}{(j\omega T)^2 + 2\zeta(j\omega T)+1}$$

den=[T 2*Zt(i) 1];

나이퀴스트
선도

그림 7·30(g) $\dfrac{k}{(j\omega T)^{2}+2\,\zeta(j\omega T)+1}$

nyquist, linspace M6.7 참조, text M5.1 참조, axis M5.3 참조. conv M5.18 참조

M6.12 h : Fig6_12_8.m

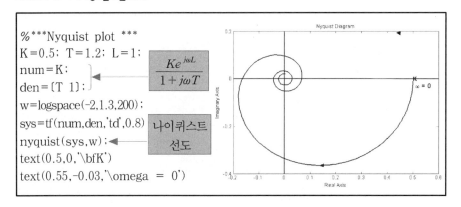

그림 7·30(h) $\dfrac{Ke^{j\omega L}}{1+j\omega T}$

전달 함수 $\dfrac{Ke^{j\omega L}}{1+j\omega T}$ 를 이용하여 지연을 갖는 벡터 궤적을 구한다.

tf 함수에서 'td'는 전달 함수에 시간 지연을 0.8만큼 준다는 것이다. 시간 지연을 주지 않고 그래프를 그렸을 경우 그림 6.30(a)에서 보인 것과 같은 형태의 그래프를 그리게 된다.

nyquist, linspace M6.7 참조, text 그림 5.1 참조, axis M5.3 참조. conv M5.18 참조

M7.7: Fig 7_7.m

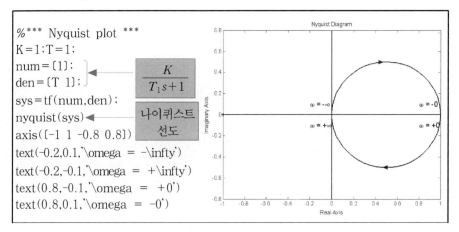

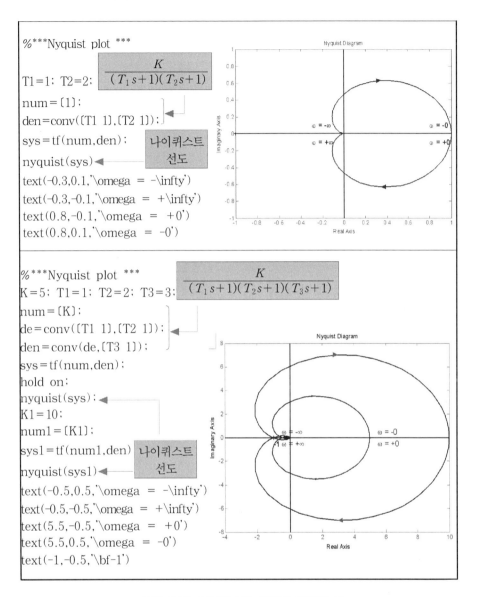

그림 7·31 나이퀴스트 안정도 판별의 예

그림은 이득 상수 K값의 변화에 따른 안정화 판별을 보여주는 그래프이다. 그림 7.31의 (a)와 (b)는 K값이 바뀌어도 항상 안정하다 그러나 (c)의 경우 K값이 커질 경우 불안정하게 된다. 여기서도 그림 6.42에서 사용했던 conv 함수를 이용하여 피드백 제어계의 전달 함수를 구하였다.

tf, text M5.1 참조, conv, axis M5.3 참조, nyquist M6.7 참조.

M7.9: Fig 7_9.m

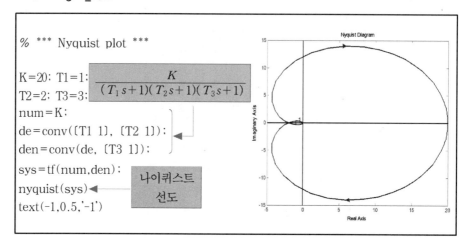

그림 7·32 $\dfrac{K}{(T_1 s+1)(T_2 s+1)(T_3 s+1)}$, K가 큰 경우

그림 7.31에서 보였던 그래프와 동일한 그래프이다.

M7.10: Fig 7_10.m

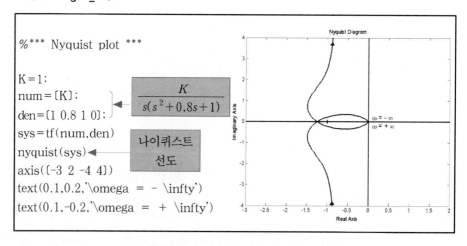

그림 7·33   s = 1이 극점인 경우

전달 함수 $G(s)H(s) = \dfrac{K}{s(s^2+0.8s+1)}$ 에서 $s=1$이 극점인 경우의 그래프를 구현하였다.

tf, text M5.1 참조.　axis M5.3 참조.

M7.12 a: Fig 7_12_a.m

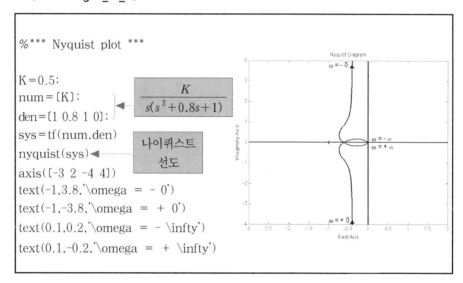

```
%*** Nyquist plot ***

K=0.5;
num=[K];                      K
den=[1 0.8 1 0];         ─────────────
                          s(s²+0.8s+1)
sys=tf(num,den)
nyquist(sys)             나이퀴스트
axis([-3 2 -4 4])          선도
text(-1,3.8,'\omega = - 0')
text(-1,-3.8,'\omega = + 0')
text(0.1,0.2,'\omega = - \infty')
text(0.1,-0.2,'\omega = + \infty')
```

그림 7·34(a)　안정 판별

그림 7.33과 동일한 전달 함수를 이용하여 이득값 K를 작게 하여 안정한 그래프를 도시하였다.

tf, text M5.1 참조.　axis M5.3 참조.

M7.12 b: Fig 7_12_b.m

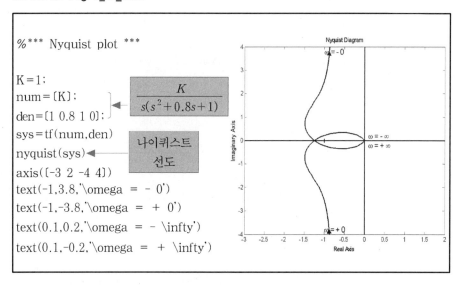

```
%*** Nyquist plot ***

K=1;
num=[K];
den=[1 0.8 1 0];
sys=tf(num,den)
nyquist(sys)
axis([-3 2 -4 4])
text(-1,3.8,'\omega = - 0')
text(-1,-3.8,'\omega = + 0')
text(0.1,0.2,'\omega = - \infty')
text(0.1,-0.2,'\omega = + \infty')
```

$$\frac{K}{s(s^2+0.8s+1)}$$

나이퀴스트
선도

그림 7·34(b) 안정 판별

그림 7.33과 동일한 전달 함수를 이용하여 이득 값 K를 작게 하여 불안정한 그래프를 도시하였다. 책에서는 ω값이 0인 지점에서 시작하여 반원을 그리는데 실제 그래프에서는 반원이 표시되지 않았다. 그 이유는 책의 그림에 표시된 것처럼 무한대의 범위에서 반원을 그리는 것이기 때문이다.

tf, text M5.1 참조. axis M5.3 참조.

M7.13: Fig 7_13.m

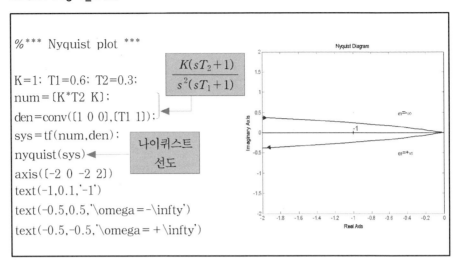

```
%*** Nyquist plot ***

K=1; T1=0.6; T2=0.3;
num=[K*T2 K];
den=conv([1 0 0],[T1 1]);
sys=tf(num,den);
nyquist(sys)
axis([-2 0 -2 2])
text(-1,0.1,'-1')
text(-0.5,0.5,'\omega=-\infty')
text(-0.5,-0.5,'\omega=+\infty')
```

$$\frac{K(sT_2+1)}{s^2(sT_1+1)}$$

나이퀴스트 선도

그림 7·35 　$\dfrac{K(sT_2+1)}{s^2(sT_1+1)}$,　$T_1 > T_2$, 불안정

전달 함수를 이용 하여 s = 0인 2차 극점의 불안정한 시스템의 그래프를 도시 하였다. 그림 10.10에서 설명한 것처럼 책에서 보인 원은 그래프로 표현하지 못한다.

tf, text M5.1 참조, axis, conv M5.3 참조, nyquist M6.7 참조.

M7.14: Fig 7_14_a, b, c.m

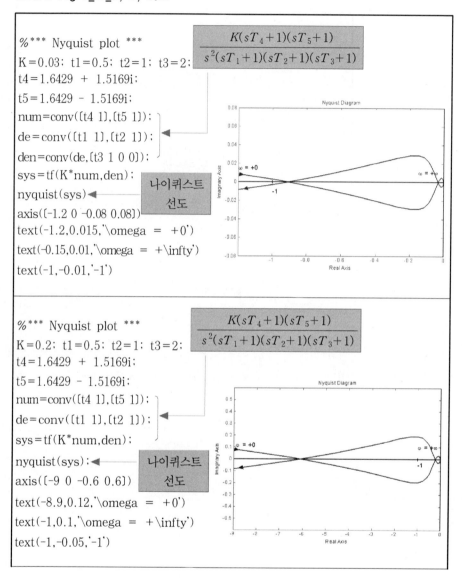

```
%*** Nyquist plot ***
K=0.03; t1=0.5; t2=1; t3=2;
t4=1.6429 + 1.5169i;
t5=1.6429 - 1.5169i;
num=conv([t4 1],[t5 1]);
de=conv([t1 1],[t2 1]);
den=conv(de,[t3 1 0 0]);
sys=tf(K*num,den);
nyquist(sys)
axis([-1.2 0 -0.08 0.08])
text(-1.2,0.015,'\omega = +0')
text(-0.15,0.01,'\omega = +\infty')
text(-1,-0.01,'-1')
```

$$\frac{K(sT_4+1)(sT_5+1)}{s^2(sT_1+1)(sT_2+1)(sT_3+1)}$$

나이퀴스트 선도

```
%*** Nyquist plot ***
K=0.2; t1=0.5; t2=1; t3=2;
t4=1.6429 + 1.5169i;
t5=1.6429 - 1.5169i;
num=conv([t4 1],[t5 1]);
de=conv([t1 1],[t2 1]);
sys=tf(K*num,den);
nyquist(sys);
axis([-9 0 -0.6 0.6])
text(-8.9,0.12,'\omega = +0')
text(-1,0.1,'\omega = +\infty')
text(-1,-0.05,'-1')
```

$$\frac{K(sT_4+1)(sT_5+1)}{s^2(sT_1+1)(sT_2+1)(sT_3+1)}$$

나이퀴스트 선도

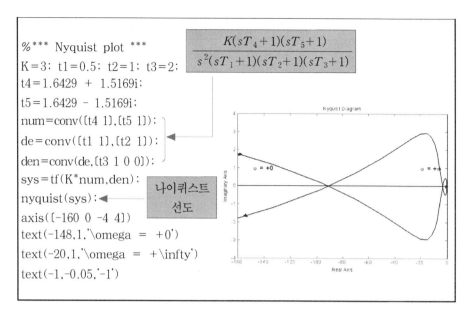

```
%*** Nyquist plot ***
K=3; t1=0.5; t2=1; t3=2;
t4=1.6429 + 1.5169i;
t5=1.6429 - 1.5169i;
num=conv([t4 1],[t5 1]);
de=conv([t1 1],[t2 1]);
den=conv(de,[t3 1 0 0]);
sys=tf(K*num,den);
nyquist(sys);
axis([-160 0 -4 4])
text(-148,1,'\omega = +0')
text(-20,1,'\omega = +\infty')
text(-1,-0.05,'-1')
```

$$\frac{K(sT_4+1)(sT_5+1)}{s^2(sT_1+1)(sT_2+1)(sT_3+1)}$$

나이퀴스트 선도

그림 7·36 $G(s)H(s) = \dfrac{K(sT_4+1)(sT_5+1)}{s^2(sT_1+1)(sT_2+1)(sT_3+1)}$

전달 함수 $G(s)H(s) = \dfrac{K(sT_4+1)(sT_5+1)}{s^2(sT_1+1)(sT_2+1)(sT_3+1)}$ 를 이용하여 이득값 K에 따른 시스템의 안정도 판별을 구현하였다. 책에서 보인 그림은 이상적인 형태의 그래프를 보인 것이고 실제   위의 전달 함수를 만족하는 T_n값을 입력할 경우 위의 그림과 같이 나오게 된다.

tf, text M5.1 참조, axis, conv M5.3 참조, nyquist M6.7 참조.

M7.15 a b: Fig 7_15_a.m, Fig 7_15_b.m

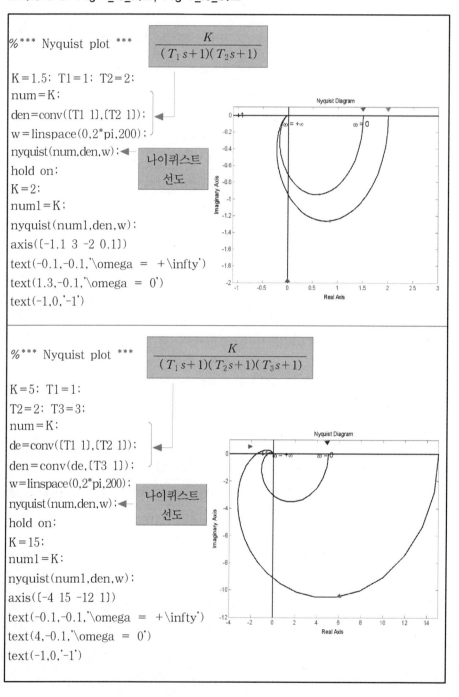

```
%*** Nyquist plot ***
```

$$\frac{K}{(T_1 s+1)(T_2 s+1)}$$

```
K=1.5; T1=1; T2=2;
num=K;
den=conv([T1 1],[T2 1]);
w=linspace(0,2*pi,200);
nyquist(num,den,w);       나이퀴스트
hold on;                    선도
K=2;
num1=K;
nyquist(num1,den,w);
axis([-1.1 3 -2 0.1])
text(-0.1,-0.1,'\omega = +\infty')
text(1.3,-0.1,'\omega = 0')
text(-1,0,'-1')
```

```
%*** Nyquist plot ***
```

$$\frac{K}{(T_1 s+1)(T_2 s+1)(T_3 s+1)}$$

```
K=5; T1=1;
T2=2; T3=3;
num=K;
de=conv([T1 1],[T2 1]);
den=conv(de,[T3 1]);
w=linspace(0,2*pi,200);   나이퀴스트
nyquist(num,den,w);         선도
hold on;
K=15;
num1=K;
nyquist(num1,den,w);
axis([-4 15 -12 1])
text(-0.1,-0.1,'\omega = +\infty')
text(4,-0.1,'\omega = 0')
text(-1,0,'-1')
```

그림 7·37

M6.12의 전달 함수를 이용하여 이득 값의 크기에 따른 시스템의 안정화 여부
를 판별하는 그래프를 도시하였다.

tf, text M5.1 참조, axis, conv M5.3 참조, nyquist M6.7 참조.

M7.15 c d: Fig 7_15_c.m,Fig 7_15_d.m

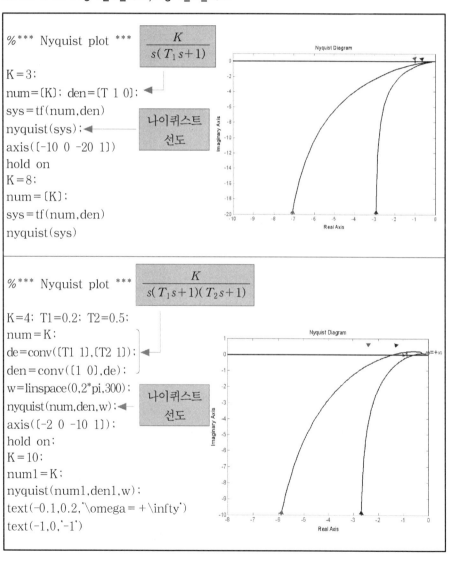

```
%*** Nyquist plot ***        K
                          ─────────
                          s(T₁s+1)

K=3;
num=[K]; den=[T 1 0];
sys=tf(num,den)
nyquist(sys);              나이퀴스트
axis([-10 0 -20 1])         선도
hold on
K=8;
num=[K];
sys=tf(num,den)
nyquist(sys)
```

```
%*** Nyquist plot ***           K
                          ──────────────────
                          s(T₁s+1)(T₂s+1)

K=4; T1=0.2; T2=0.5;
num=K;
de=conv([T1 1],[T2 1]);
den=conv([1 0],de);
w=linspace(0,2*pi,300);   나이퀴스트
nyquist(num,den,w);         선도
axis([-2 0 -10 1]);
hold on;
K=10;
num1=K;
nyquist(num1,den1,w);
text(-0.1,0.2,'\omega = + \infty')
text(-1,0,'-1')
```

그림 7·38 간이화한 판별법

그림 7·30의 전달 함수를 이용하여 이득값의 크기에 따른 시스템의 안정화 여부를 판별하는 그래프를 도시하였다.

tf, text M5.1 참조, axis, conv M5.3 참조, nyquist M6.7 참조.

M7.16: Fig 7_16.m

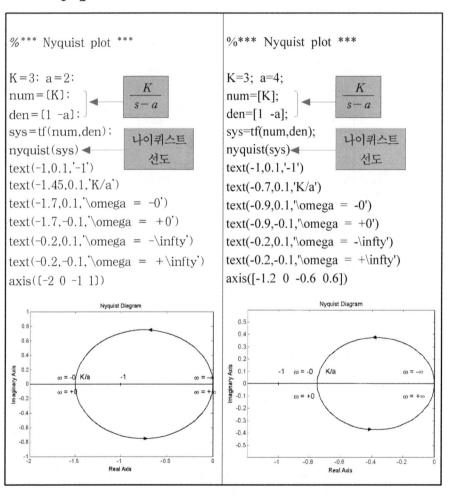

그림 7·39 $G(s)H(s) = \dfrac{K}{s-a}$ 인 벡터 궤적

tf, text M5.1 참조, axis M5.3 참조, nyquist M6.7 참조.

연습문제

1. Routh 판별법에 의해서 다음의 특성 방정식을 가진 제어계의 안정, 불안정을 판별하여라.

(1) $s^3 + 9s^2 + 26s + 24 = 0$

(2) $s^4 + 2s^3 + 3s^2 + 2s + 1 = 0$

(3) $s^5 + 2s^4 + 6s^3 + 24s^2 + 100s + 500 = 0$

(4) $2s^6 + 3s^5 + 4s^4 + 4s^3 + 10s^2 + 15s + 20 = 0$

(5) $s^7 + 2s^6 + 3s^5 + 5s^4 + 6s^2 + s + 1 = 0$

2. Hurwitz 판별법에 의해서 문제 1의 판정을 시험해 보아라.

3. 다음의 루프 전달 함수를 가진 제어계가 안정되기 위해서는 K에 어떤 조건이 필요한가?

(1) $G(s)H(s) = \dfrac{K}{(s+2)(s+2)}$

(2) $G(s)H(s) = \dfrac{K}{(s+1)(s+2)(s+3)}$

(3) $G(s)H(s) = \dfrac{K}{s(s+1)(s+4)}$

(4) $G(s)H(s) = \dfrac{K(s+2)}{s(s+1)(s+4)}$

(5) $G(s)H(s) = \dfrac{K(s+1)}{s^2(s+2)(s+4)}$

4. 다음의 루프 전달 함수를 가진 제어계가 안정되기 위해서는 T에 어떤 조건이 필요한가?

$$G(s)H(s) = \dfrac{30(Ts+1)}{s(s+1)(0.2s+1)}$$

5. 문제 3에 있는 루프 전달 함수의 벡터 궤적을 그리고 이들 제어계의 안정, 불안정을 판별하여라. 특히 K의 대소에 의한 차이를 고찰하여라.

6. 그림 7·40에 나타내는 나이퀴스트 선도를 가진 제어계의 안정, 불안정을 판별하여라.

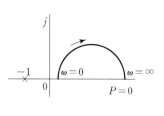

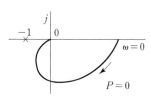

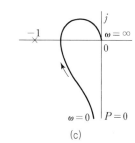

(a)　　　　　　　　　　　(b)　　　　　　　　　　　(c)

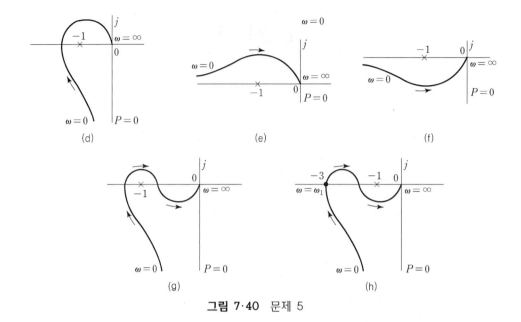

그림 7·40 문제 5

7. 나이퀴스트의 방법에 의해서 다음의 루프 전달 함수를 가진 제어계의 안정, 불안정을 판별하여라.

(1) $G(s)H(s) = \dfrac{10}{1-2s}$ (2) $G(s)H(s) = \dfrac{10}{2s-1}$

(3) $G(s)H(s) = \dfrac{10}{s(s-1)}$

8. 6장 문제 2의 루프 전달 함수를 가진 제어계의 위상 여유와 이득 여유를 구하여라. 또한 이 결과를 이용해서 안정 판별을 행하여라.

9. 6장 문제 3에 나타낸 루프 전달 함수의 이득 특성을 가진 제어계의 안정, 불안정을 판별하여라. 이득 특성만을 이용한 경우와 위상 특성(6장 문제 3의 답)을 모두 이용한 경우를 비교하여라.

10. 그림 7·40(h)에 나타낸 나이퀴스트 선도를 가진 제어계에 대해서 생각한다. 주파수 ω_1 에서 이 제어계의 루프 전달 함수가 이득 $|G(j\omega)H(j\omega)| = 3$, 위상 $\angle G(j\omega)H(j\omega) = -180°$ 이다. 이 제어계의 피드백 루프에서 한 곳을 열어 그 한 끝에 주파수 ω_1, 크기 1인 사인파 신호를 인가하면 다른 끝에는 크기 3 이고 위상 동일의 신호가 나타난다(부피드백을 위해 위상은 180° 변화한다). 만약 개방 부분이 닫혀 있으면 이 3배가 된 신호가 피드백 루프를 순환하여 9배가 되며, 이것이 재차 피드백 루프를 순환하여 27배가 된다. 이와 같이 루프 내의 신호는 등비 수열적으로 증대해간다. 이것이 이 제어계가 불안정하다는 것을 의미한다. 이상의 고찰이 바른지 어떤지 검토하여라.

8장

정상 편차

8·1 피드백 제어계의 정상 편차

안정한 피드백 제어계에 대해서 생각한다. 이 제어계에서 목표값의 변화가 있거나 또는 외란이 가해지거나 하면 이러한 입력 신호 때문에 제어량의 변화를 일으킨다. 그러므로 목표값과 제어량에 차가 생기고 제어 편차가 나타난다. 이 제어 편차에는 시간의 경과와 함께 감쇠하고 마침내 소실하는 **과도 편차**(transient state error)와 충분히 시간이 경과하여 정상 상태에 도달한 후에도 남아 있는 **정상 편차**(steady state error, **잔류 편차**(residual error)라고도 말한다)가 있다.

그림 8·1의 직결 피드백계에서 목표값을 $R(s)$, 제어량을 $C(s)$, 제어 편차를 $E(s)$, 외란을 $D(s)$라 놓으면 다음 식이 성립한다.

$$E(s) = R(s) - C(s)$$
$$C(s) = G_1(s)G_2(s)E(s) + G_2(s)D(s)$$

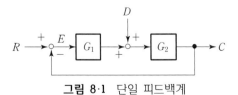

그림 8·1 단일 피드백계

제 2 식을 제 1 식에 대입하면

$$E(s) = R(s) - G(s)E(s) - G_2(s)D(s)$$

단,

$$G_1(s)\,G_2(s) = G(s)$$

이다. 따라서

$$E(s) = \frac{1}{1+G(s)}\,R(s) - \frac{G_2(s)}{1+G(s)}\,D(s) \qquad (8\cdot1)$$

이것은 s의 함수로서의 제어 편차이다. 시간 함수로서의 제어 편차 $e(t)$는 $\mathcal{L}^{-1}[E(s)]$로서 주어지지만 이 역변환은 일반적으로 계산이 곤란하다. 그러나 편차, 즉 $t \to \infty$인 경우의 $e(t)$의 값은 간단히 구해진다. 이것을 $e(\infty)$로 쓰면 라플라스 변환에서의 최종값 정리에 의해서

$$e(\infty) = \lim_{t \to \infty} e(t) = \lim_{s \to 0} sE(s) \qquad (8\cdot2)$$

$G_1(s)$, $G_2(s)$, $R(s)$, $D(s)$가 주어지면 식 (8·1), (8·2)에서 $e(\infty)$가 결정된다. 이와 같이 정상 편차의 값은 편차가 시간 함수로서 주어지지 않아도 $G_1(s)$, $G_2(s)$, $R(s)$ 및 $D(s)$에서 간단히 구해진다.

이상의 설명에서 정상 편차는 전달 함수의 형태 및 목표값이나 외란의 함수형에 따라서 달라진다는 것을 알 수 있다. 다음에 여러 가지 입력의 경우에 대해서 설명한다.

8·2 목표값 변화에 대한 정상 편차

그림 8·1에 나타내는 제어계에서 외란=0인 경우를 생각하면 편차 $E(s)$는

$$E(s) = \frac{1}{1+G(s)}\,R(s) \qquad (8\cdot3)$$

이것은 목표값 $R(s)$에 의해서 달라진다.

(1) 계단 입력의 경우

목표값이 그림 8·2와 같은 계단 입력의 경우를 생각한다.

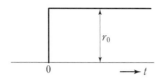

그림 8·2 계단 입력

$$r(t) = r_0\, u(t), \qquad \text{즉} \qquad R(s) = \frac{r_0}{s} \qquad (8\cdot4)$$

이것을 식 $(8\cdot2)$, $(8\cdot3)$에 대입하면 정상 편차가 얻어진다.

$$e(\infty) = \lim_{s \to 0} \frac{s}{1+G(s)} \frac{r_0}{s} = \frac{r_0}{1+K_p} \qquad (8\cdot5)$$

단,

$$K_p = \lim_{s \to 0} G(s) \qquad (8\cdot6)$$

이 경우의 정상 편차 $e(\infty)$를 서보 기구에서는 **정상 위치 편차**(steady state position error), K_p를 **위치 편차 상수**(position error constant)라고 부른다. 또한 프로세스 제어에서는 이 경우의 정상 편차를 **오프셋**(offset)이라고 한다.

예제 8·1 ·

그림 8·3의 온도 제어계에서 각 요소의 전달 함수는 다음과 같다.

전지＋슬라이딩 저항 : K_r[V/℃]

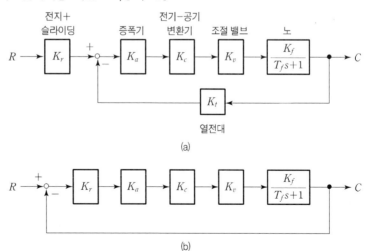

그림 8·3 온도 제어계

열전대 : $K_t [\text{V}/\text{°C}]$, 이것은 K_r과 같지 않으면 안된다.

증폭기 : $K_a [\text{V}/\text{°C}]$

전기-공기 변환기 : $K_c [\text{atm}/\text{V}]$

조절 밸브 : $K_v [l/\text{min}/\text{atm}]$

노 : $\dfrac{K_f}{T_f s + 1} \left[\dfrac{\text{°C}}{l/\text{min}} \right]$

이 제어계의 블록 선도는 그림 8·3(a)와 같이 된다. 다음에 가합점을 가장 왼쪽으로 이동하고 또한 $K_r = K_t$인 점을 고려하면 그림 8·3(b)를 얻는다. 이것과 그림 8·1을 비교하면

$$\left. \begin{aligned} G(s) &= \frac{K_r K_a K_c K_v K_f}{T_f s + 1} \\ K_p &= \lim_{s \to 0} G(s) = K_r K_a K_c K_v K_f \end{aligned} \right\} \tag{8·7}$$

$r(t) = r_0\, u(t)$의 계단 입력에 대한 오프셋을 구하면

$$e(\infty) = \frac{r_0}{1 + K_p} = \frac{r_0}{1 + K_r K_a K_c K_v K_f} \tag{8·8}$$

이 식에서 오프셋을 감소시키기 위해서는 K_p를 크게 하지 않으면 안된다는 것을 알 수 있다. 또한 허용할 수 있는 오프셋이 주어지면 이 식에서 필요한 K_p를 구할 수가 있다. 예를 들면 정상 편차를 r_0의 1[%] 이하로 하기 위해서는 $K_p \geq 99$이지 않으면 안된다. 하지만 증폭기 상수 K_p를 너무 크게 하면 전력이 많이 소모되며 경우에 따라 시스템 안정도를 해칠 수 있다.

그림 8·4 정상 상태의 신호값

그림 8·4에 일례로서 정상 편차 1[%]인 경우에 각부 신호의 정상값을 나타낸다. 그러면 이 오프셋을 없애기 위해서는 어떻게 하면 좋을까? 식 (8·5)를 보면

$e(\infty)=0$으로 하기 위해서는 $K_p \to \infty$, 즉

$$\lim_{s \to 0} G(s) \to \infty \qquad (8\cdot9)$$

로 할 필요가 있다. 식 (8·9)를 만족하는 함수 $G(s)$는 인수로서 $1/s$을 포함한다. 여기에서 함수 $1/s$은 적분 요소의 전달 함수이다. 이것을 실현하기 위해서는 예를 들면 1장의 그림 1·8의 증폭기 대신에 그림 8·5의 적분 증폭기를 이용하면 좋다.

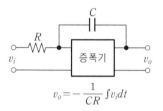

$$v_o = -\frac{1}{CR} \int v_i dt$$

그림 8·5 적분 증폭기

또는 3장의 그림 3·23의 유압식 파워 실린더로 조절 밸브를 구동시켜도 좋다. 이러한 경우는

$$G(s) = \frac{K}{s(T_f s + 1)} \qquad (8\cdot10)$$

이 된다. 이 $G(s)$에 대해서 K_p를 구하면

$$K_p = \lim_{s \to 0} \frac{K}{s(T_f s + 1)} \to \infty \qquad (8\cdot11)$$

이다. 즉,

$$e(\infty) = \frac{1}{1+K_p} \to 0$$

이 되어 오프셋이 없어진다.

(2) 정속도 입력(램프 입력)의 경우

서보계에서는 목표값의 변화로서 계단 입력 이외에 정속도 입력이나 정가속도 입력도 생각할 필요가 있다.

그림 8·6의 정속도 입력을 생각하면

$$r(t) = v_0 t, \qquad R(s) = \mathcal{L}\,[r(t)] = \frac{v_0}{s^2} \tag{8·12}$$

식 (8·2), (8·3), (8·12)에서

$$e(\infty) = \lim_{s \to 0} \frac{s}{1 + G(s)} \frac{v_0}{s^2} = \lim_{s \to 0} \frac{v_0}{s + sG(s)} = \frac{v_0}{K_v} \tag{8·13}$$

이다. 단,

$$K_v = \lim_{s \to 0} sG(s) \tag{8·14}$$

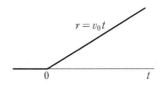

그림 8·6 정속도 입력

정속도 입력에 대한 정상 편차를 **속도 편차**(velocity error), K_v를 **속도 편차 상수**(velocity error constant)라고 부른다.

몇 개의 $G(s)$에 대해서 K_v, $e(\infty)$를 구해 보면

$$\left. \begin{array}{l} G(s) = \dfrac{K}{Ts + 1} \text{ 인 경우}: \ K_v = 0, \ e(\infty) \to \infty \\[3mm] G(s) = \dfrac{K}{s(Ts + 1)} \text{ 인 경우}: \ K_v = K, \ e(\infty) = \dfrac{v_0}{K} \\[3mm] G(s) = \dfrac{K}{s^2(Ts + 1)} \text{ 인 경우}: \ K_v = \infty, \ e(\infty) \to 0 \end{array} \right\} \tag{8·15}$$

예제 8·2 ·····················

5장의 '5·3 1차 지연 요소'에 있는 모방 선반의 예에서는

$$G(s) = \frac{K}{s} \tag{8·16}$$

이므로

$$\left. \begin{array}{l} K_p = \lim_{s \to 0} G(s) \to \infty \\[3mm] K_v = \lim_{s \to 0} sG(s) = K \end{array} \right\} \tag{8·17}$$

따라서, 계단 입력에 대한 정상 위치 편차는

$$e(\infty) = 0 \tag{8·18}$$

속도 편차는

$$e(\infty) = \frac{v_0}{K} \tag{8·19}$$

이것은 5장의 '5·3 1차 지연 요소'의 예에서 설명한 커팅 오차와 일치하고 있다.

· ·

이와 같은 속도 편차를 일으키는 물리적인 이유는 정상 위치 편차의 경우와 같다. 즉 정속도 입력에 대해서 제어량의 변화가 정상 상태에 도달한 후는 제어량도 정속도 함수가 된다. 이것에 대한 편차는 어떻게 되는가? 예를 들면 $G(s)$가 식 (8·16)에서 나타내는 경우를 생각하면 이 경우에 편차는 제어량의 미분에 비례하므로 정속도 함수의 제어량을 일으키는 편차는 일정값이라고 말하게 된다.

(3) 정가속도 입력의 경우

정가속도 입력에 대한 정상 편차를 **가속도 편차**(acceleration error)라고 한다. 그림 8·7에 나타내는 정가속도 입력을 생각하면

$$r(t) = \frac{1}{2} a_0 t^2, \qquad R(s) = \mathcal{L}\,[r(t)] = \frac{a_0}{s^3} \tag{8·20}$$

가속도 편차는

$$e(\infty) = \lim_{s \to 0} \frac{s}{1+G(s)} \frac{a_0}{s^3} = \lim_{s \to 0} \frac{a_0}{s^2 + s^2 G(s)} \tag{8·21}$$

이다. 단,

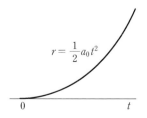

그림 8·7 정가속도 입력

$$K_a = \lim_{s \to 0} s^2 G(s) \qquad (8 \cdot 22)$$

이 K_a를 **가속도 편차 상수**(acceleration error constant)라고 한다.

몇 개의 $G(s)$에 대해서 K_a, $e(\infty)$를 구하면

$$\left. \begin{array}{l} G(s) = \dfrac{K}{Ts+1} \text{인 경우} : K_a = 0, \ e(\infty) \to \infty \\[3mm] G(s) = \dfrac{K}{s(Ts+1)} \text{인 경우} : K_a = 0, \ e(\infty) = \infty \\[3mm] G(s) = \dfrac{K}{s^2(Ts+1)} \text{인 경우} : K_a = K, \ e(\infty) \to \dfrac{a_0}{K} \end{array} \right\} \qquad (8 \cdot 23)$$

일반적으로 전달 함수 $G(s)$는 다음 식으로 표시된다.

$$G(s) = \frac{K(1 + b_1 s + b_2 s^2 + \cdots\cdots)}{s^n(1 + a_1 s + a_2 s^2 + \cdots\cdots)} \qquad (8 \cdot 24)$$

분모 s의 차수 n, 즉 적분의 횟수에 따라서 $n=0$인 경우를 **0형**(type 0), $n=1$인 경우를 **1형**(type 1), $n=2$인 경우를 **2형**(type 2)으로 부르고 있다. 이들 정상 위치 편차, 속도 편차, 가속도 편차를 표 8·1에 나타낸다.

이와 같이 n의 차수를 늘리면 고차의 입력에 대해서도 정상 편차를 없앨 수가 있다. 그러나 n의 차수를 1차 늘릴 때마다 루프 전달 함수의 벡터 궤적이 90°씩 늦어지며 나이퀴스트의 판별법에서 추측되듯이 제어계가 불안정하게 되기 쉬워

그림 8·1 직결 피드백 제어계의 정상 편차

형	정상 위치 편차 $r = r_0 u(t)$	속도 편차 $r = v_0 t$	가속도 편차 $r = \dfrac{1}{2} a_0 t^2$
0형($n=0$)	$\dfrac{r_0}{1+K}$	∞	∞
1형($n=1$)	0	$\dfrac{v_0}{K}$	∞
2형($n=2$)	0	0	$\dfrac{a_0}{K}$
3형($n=3$)	0	0	0

진다. 이와 같이 안정이라는 점에서는 n이 낮은 쪽이 바람직하므로 제어계의 계획시에는 n을 최소한으로 선택한다. 즉, 계단 입력밖에 가하지 않는 경우는 0형을 채용하며 또는 정상 편차가 허용 범위 이하가 되도록 K를 정한다. 그러나 정상 위치 편차가 허용되지 않는 경우는 1형으로 할 필요가 있다. 정속도 입력까지밖에 가하지 않는 경우는 1형을 이용해서 속도 편차가 허용 범위에 들어가도록 K를 정한다. 속도 편차＝0으로 할 필요가 있는 경우 또는 가속도 입력까지 가하는 경우는 2형으로 해야 한다.

여기에서 **$G(j\omega)$의 이득 특성과 정상 편차의 관계**에 대해서 설명해 둔다. 주파수 응답으로 표시하면 제어 편차는

$$E(j\omega) = \frac{1}{1+G(j\omega)} R(j\omega) \tag{8·25}$$

이다. 즉, $E(j\omega)$의 크기는 $R(j\omega)$의 크기와 $G(j\omega)$의 크기에 따라서 결정된다. 편차 $E(j\omega)$를 작게 하기 위해서는 이득 $|G(j\omega)|$를 충분히 크게 하지 않으면 안된다. 이것은 $0\sim\infty$의 모든 주파수에 대해서가 아니고 목표값 $R(j\omega)$가 변화하는 주파수 범위이면 좋다. 특히 정상 편차는 $\omega \to 0$의 극한의 경우이며 $\lim\limits_{\omega \to 0} |G(j\omega)|$의 값에 의해서 정상 편차가 정해진다. ω가 작은 범위에서 이득 특성이 수평으로 되는 경우(그림 8·8(1))는 위의 극한값이 일정값으로 되어 오프셋은 0이 되지 않는다. 이것이 0형에 해당한다. 다음에 ω가 작은 범위에서 이득 특성이 기울기 $-20[\mathrm{dB/dec}]$의 직선인 경우(그림 8·8(2))는 $\lim\limits_{\omega \to 0} |G(j\omega)| \to \infty$로 되며 이것이 1형이다. 이것에 대해서 이득 특성이 기울기 $-40[\mathrm{dB/dec}]$의 직선인 경우(그림 8·8(3))는 $\lim\limits_{\omega \to 0} |G(j\omega)|$는 2차의 무한대가 되며 이것이 2형이다.

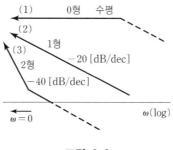

그림 8·8

8·3 외란에 대한 정상 편차

외란에 대한 정상 편차는 목표값의 변화 경우와 마찬가지로 취급해도 좋다. 그림 8·1의 단일 피드백계에서 외란만이 가해진 경우의 편차는

$$E(s) = -\frac{G_2(s)}{1+G_1(s)G_2(s)}D(s)$$

(8·26)

따라서, 정상 편차는 다음과 같이 된다.

$$e(\infty) = -\lim_{s \to 0}\frac{sG_2(s)}{1+G_1(s)G_2(s)}D(s)$$

(8·27)

$G_1(s)$, $G_2(s)$, $D(s)$를 주면 정상 편차 $e(\infty)$가 정해진다.

예제 8·3

그림 1·7의 자동 전압 조정 장치에서 부하가 급변한 경우를 생각해 보자. 발전기의 전달 함수에 대해서는 그림 3·12를, 부하 변화에 대해서는 그림 4·20을 참조하면 그림 8·9의 블록 선도가 얻어진다.

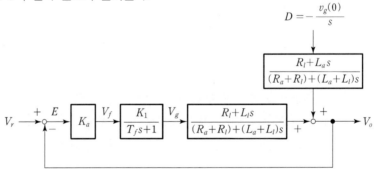

그림 8·9 자동 전압 조정 장치

이것에서 $V_r(s) = 0$으로 $E(s)$를 구하면

$$E(s) = V_r(s) - V_o(s)$$

$$= \frac{\dfrac{R_l + sL_a}{(R_a + R_l) + s(L_a + L_l)}}{1 + \dfrac{K_a K_1}{sT_f + 1}\dfrac{R_l + sL_l}{R_a + R_l + s(L_a + L_l)}}\frac{v_g(0)}{s}$$

(8·28)

따라서, 정상 편차는 다음과 같이 된다.

$$e(\infty) = \lim_{s \to 0} sE(s) = \frac{1}{1 + \dfrac{K_a K_1 K_l}{R_a + R_l}} \frac{R_l}{R_a + R_l} v_g(0) \qquad (8 \cdot 29)$$

여기서 $R_l v_g(0)/(R_a + R_l)$은 제어를 행하지 않고, 따라서 발전기의 발생 전압 v_g 가 일정한 경우의 전압 강하 정상값이다. 식 (8·29)는 이 값이 피드백 제어에 의해서 $1/(1+K)$배로 저하하는 것을 나타내고 있다. 여기서 $K = K_a K_1 R_l /(R_a + R_l)$은 루프 전달 함수의 이득 상수이며 루프 이득(loop gain)이라고도 불리우고 있다. 또한 $1/(1+K)$은 제어의 효과를 나타내고 있으므로 **제어 계수**(Regel factor)라고 불리우는 경우가 있다.

예제 8·4

그림 8·10의 제어계에서

$$G(s) = G_1(s) G_2(s) = \frac{K_1 K_2}{s^2 (T_1 s + 1)(T_2 s + 1)} \qquad (8 \cdot 30)$$

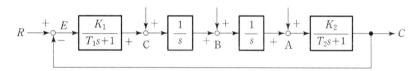

그림 8·10 예제 8·4

따라서, 목표값의 변화에 대해서 이 제어계는 2형이다. 외란에 대해서는 그것이 어디에 가해지는가에 따라서 정상 편차는 달라진다. 그림 8·11(a), (b), (c)는 각각 그림 8·10의 점 A, B, C에 외란 $D(s)$가 가해진 경우를 나타낸다. 이러한 경우의 정상 편차는 다음과 같이 된다.

• 외란이 A점에 가해지는 경우

$$G_1(s) = \frac{K_1}{s^2 (T_1 s + 1)} , \qquad G_2(s) = \frac{K_2}{T_2 s + 1} \qquad (8 \cdot 31)$$

따라서

$$E(s) = -\frac{\dfrac{K_2}{T_2 s + 1}}{1 + \dfrac{K_1 K_2}{s^2 (T_1 s + 1)(T_2 s + 1)}} D(s)$$

$$= \frac{1}{\dfrac{T_2 s + 1}{K_2} + \dfrac{K_1}{s^2 (T_1 s + 1)}} D(s) \qquad (8 \cdot 32)$$

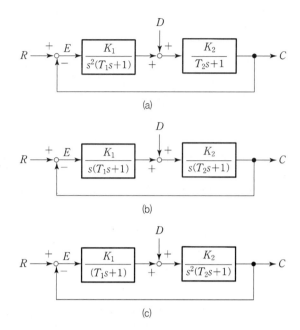

$$\text{그림 } 8 \cdot 11 \quad \text{예제 } 8 \cdot 4$$

몇 가지의 외란에 대해서 생각하면

단위 계단 입력 : $D(s) = \dfrac{1}{s}$ 에 대해서 $e(\infty) = \lim\limits_{s \to 0} sE(s) = 0$

단위 램프 입력 : $D(s) = \dfrac{1}{s^2}$ 에 대해서 $e(\infty) = \lim\limits_{s \to 0} sE(s) = 0$

단위 가속도 입력 : $D(s) = \dfrac{1}{s^3}$ 에 대해서

$$e(\infty) = \lim_{s \to 0} sE(s) = -\frac{1}{K_1} \qquad (8 \cdot 33)$$

즉, 이 경우는 2형이다.

• 외란이 B점에 가해지는 경우

$$G_1(s) = \frac{K_1}{s(T_1 s + 1)}, \qquad G_2(s) = \frac{K_2}{s(T_2 s + 1)} \qquad (8 \cdot 34)$$

따라서

$$E(s) = -\frac{1}{\dfrac{s(T_2 s + 1)}{K_2} + \dfrac{K_1}{s(T_1 s + 1)}} D(s) \qquad (8 \cdot 35)$$

$$\left.\begin{array}{l} \text{단위 계단 입력}: D(s)=\dfrac{1}{s} \text{에 대해서} \quad e(\infty)=\lim_{s\to 0} sE(s)=0 \\[4mm] \text{단위 램프 입력}: D(s)=\dfrac{1}{s^2} \text{에 대해서} \\[4mm] \qquad e(\infty)=\lim_{s\to 0} sE(s)=-\dfrac{1}{K_1} \\[4mm] \text{단위 가속도 입력}: D(s)=\dfrac{1}{s^3} \text{에 대해서} \\[4mm] \qquad e(\infty)=\lim_{s\to 0} sE(s)\to -\infty \end{array}\right\} \quad (8\cdot 36)$$

즉, 이 경우는 1형이다.

• 외란이 C점에 가해지는 경우

$$G_1(s)=\frac{K_1}{T_1 s+1}, \qquad G_2(s)=\frac{K_2}{s^2(T_2 s+1)} \qquad (8\cdot 37)$$

따라서

$$E(s)=-\frac{1}{\dfrac{s^2(T_2 s+1)}{K_2}+\dfrac{K_1}{T_1 s+1}} D(s) \qquad (8\cdot 38)$$

$$\left.\begin{array}{l} \text{단위 계단 입력}: D(s)=\dfrac{1}{s^2} \text{에 대해서} \\[4mm] \qquad e(\infty)=\lim_{s\to 0} sE(s)=-\dfrac{1}{K_1} \\[4mm] \text{단위 램프 입력}: D(s)=\dfrac{1}{s^2} \text{에 대해서} \\[4mm] \qquad e(\infty)=\lim_{s\to 0} sE(s)\to -\infty \\[4mm] \text{단위 가속도 입력}: D(s)=\dfrac{1}{s^3} \text{에 대해서} \\[4mm] \qquad e(\infty)=\lim_{s\to 0} sE(s)\to -\infty \end{array}\right\} \quad (8\cdot 39)$$

즉, 이 경우는 0형이다.

이상 설명한 것에서 명백하듯이 이 제어계는 목표값의 변화에 대해서 2형이지만 외란에 대해서는 그것이 가해지는 점에 따라서 외란이 가해지는 점보다 앞에 있는 전달 함수 $G_1(s)$의 분모인 s의 차수에 의해 결정된다. 정성적으로 말하면 외란이 가해지는 점보다 앞쪽의 이득이 높고 뒤쪽의 이득이 낮은 것이 필요하다. 이것은 증폭기에 있어서 전력 증폭단에서는 이득이 낮고 왜형이 비교적 커도 문제가 되지 않는 것에 비해서 앞단에서는 이득이 높고 약간의 왜형이라도 문제라는 것과 같다. 잡음에 대해서도 마찬가지이며 잡음원에서는 뒤쪽의 이득이 높은 경우일수록 문제시된다.

8·4 단일 피드백이 아닌 경우

이상에 단일 피드백의 경우를 설명했다. 이것에 대해서 피드백 요소가 있는 경우는 어떻게 되는가? 그림 8·12에 대해서 생각하는 것으로 한다.

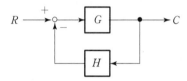

그림 8·12 단일 피드백이 아닌 경우

그림 8·12에서 명백하듯이

$$C(s) = \frac{G(s)}{1+G(s)H(s)} R(s) \tag{8·40}$$

목표값이 변화하는 경우의 제어 편차는 다음과 같이 된다.

$$E(s) = R(s) - C(s) = \frac{1+G(s)H(s)-G(s)}{1+G(s)H(s)} R(s) \tag{8·41}$$

정상 편차를 구하면

$$e(\infty) = \lim_{s \to 0} sE(s) = \lim_{s \to 0} s \frac{1+G(s)H(s)-G(s)}{1+G(s)H(s)} R(s) \tag{8·42}$$

$G(s)$, $H(s)$, $R(s)$가 주어지면 이 식에 의해서 정상 편차가 구해진다.

또한 식 (8·42)를 보면 $H(s)$의 선택법에 따라서는 정상 편차가 0이 될 가능성이 있다는 것을 알 수 있다. 예를 들면 스텝 입력 : $R(s)=r_0/s$에 대해서

$$e(\infty) = \lim_{s \to 0} \frac{1+G(s)H(s)-G(s)}{1+G(s)H(s)} r_0 \tag{8·43}$$

이다.

제어계가 안정되면 $s=0$에 대해서 $1+G(s)H(s) \neq 0$이다. 만약

$$\lim_{s \to 0} [1+G(s)H(s)-G(s)] = 0 \tag{8·44}$$

이면 $e(\infty) \to 0$이 된다. 이 식을 고쳐 쓰면

$$[H(s)]_{s=0} = 1 - \left[\frac{1}{G(s)}\right]_{s=0} \tag{8·45}$$

$G(s)$를 1차 지연으로 하면

$$G(s) = \frac{K}{Ts+1}$$

정상 위치 편차가 0이기 위한 조건, 식 (8·45)는

$$H(0) = 1 - \frac{1}{K} \qquad (8·46)$$

주파수 전달 함수 $H(j\omega)$로서는 $\omega = 0$, 즉 예를 들면 직류값이 지정되게 된다. 그러나 실제 장치에서는 K의 변동을 면할 수가 없고 그와 같은 상태에서 식 (8·46)을 항상 성립시켜 두는 것은 불가능하다.

더욱이 이와 같은 방법은 1형 제어계를 구성하는 것이 된다. 이것은 그림 8·13 (a)를 (b), (c), (d)의 순서로 변환하여 보면 명백하다.

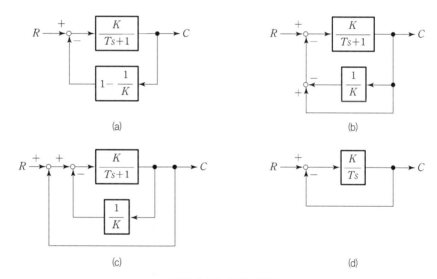

그림 8·13 등가 변환

> **보 충**   **파라미터 변동의 영향** ·

여기서 제어계 구성 요소의 파라미터 변동 영향을 생각해 본다. 그림 8·12의 제어계를 생각하면

$$C = \frac{G}{1+GH} R \qquad (8·47)$$

- G의 변동

  G가 $G + \Delta G$까지 변화했다고 하면 G의 변화 ΔG는

$$\Delta C = \frac{\partial}{\partial G}\left(\frac{G}{1+GH}\right)\Delta GR = \frac{\Delta G}{(1+GH)^2}\,R \tag{8·48}$$

식 (8·47)을 고려하면

$$\frac{\Delta C}{C} = \frac{1}{1+GH}\,\frac{\Delta G}{G} \tag{8·49}$$

피드백이 없는 경우는

$$\frac{\Delta C}{C} = \frac{\Delta G}{G} \tag{8·50}$$

이므로 피드백에 의해서 G의 변동 영향은 $1/(1+GH)$이 되는 것을 알 수 있다.

- H의 변동

  H가 ΔH만큼 변화한 경우를 생각하면

$$\Delta C = \frac{\partial}{\partial H}\left(\frac{G}{1+GH}\right)\Delta HR = -\left(\frac{G}{1+GH}\right)^2 \Delta HR \tag{8·51}$$

$$\therefore \quad \frac{\Delta C}{C} = \frac{G}{1+GH}\,\Delta H \tag{8·52}$$

보통 $GH \gg 1$이므로

$$\frac{\Delta C}{C} \simeq -\frac{\Delta H}{H} \tag{8·53}$$

이다. 즉, H의 변화 비율은 그대로 C의 변화 비율이 된다. 따라서 피드백 요소, 예를 들면 검출 요소는 제어량에 요구되는 것과 같은 정도로 변동이 없는 것이 필요하다.

보 충   외란의 영향 ···

외란의 영향으로 제어계의 정상상태 오차가 어떻게 영향을 받나 알아보자.

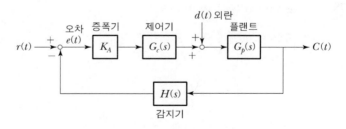

그림 8·14

그림 8·14에 의해 $r(t)$와 $d(t)$를 모두 고려해 출력 $C(t)$를 구하면 다음과 같다.

$$C(s) = K_A G_c(s) G_p(s) E(s) + G_p(s) D(s)$$

$G(s) = K_A G_c(s) G_p(s)$로 설정하고, $E(s) = R(s) - H(s) C(s)$이므로

$$C(s) = \left(\frac{G(s)}{1 + G(s) H(s)} \right) R(s) + \left(\frac{G_p(s)}{1 + G(s) H(s)} \right) D(s)$$

외란에 의한 정상상태 오차 $E_d(s)$오차를 구하면 다음과 같다.

$E(s) = R(s) - H(s) C(s)$에서 위의 $C(s)$를 대입하면

$$E(s) = R(s) - \left(\frac{G(s) H(s)}{1 + G(s) H(s)} \right) R(s) - \left(\frac{G_p(s) H(s)}{1 + G(s) H(s)} \right) D(s)$$

$$= \frac{1}{1 + G(s) H(s)} R(s) - \frac{G_p(s) H(s)}{1 + G(s) H(s)} D(s)$$

여기서, 외란에 의한 요소만 고려하면,

$$E_d(s) = - \frac{G_p(s) H(s)}{1 + G(s) H(s)} D(s)$$

라플라스 최종치 정리를 이용하면

$$e_d(\infty) = \lim_{s \to 0} s E_d(s) = - \lim_{s \to 0} \frac{s G_p(s) H(s)}{1 + G(s) H(s)} D(s)$$

$d(t)$가 단위 계단 입력이면, 즉 $D(s) = \dfrac{1}{s}$

$$e_d(\infty) = - \lim_{s \to 0} \frac{G_p(s) H(s)}{1 + G(s) H(s)} = - \frac{G_p(0) H(0)}{1 + G(0) H(0)}$$

여기서 $G(s) = K_A G_c(s) G_p(s)$이므로, K_A와 $G_c(s)$가 클수록 $e_d(\infty)$는 작은 값을 갖는다.

8·5 일반화된 정상 편차 상수

위치 편차 상수, 속도 편차 상수, 가속도 편차 상수는 각각 계단 입력, 정속도 입력, 정가속도 입력이 단독으로 가해진 경우의 정상 편차밖에 표현할 수 없다. 이들에 대해서 일반적인 입력의 경우에도 성립하는 표현법을 생각해 본다.

단일 피드백계에서 목표값이 변화할 경우의 오차를 생각하면

$$\frac{E(s)}{R(s)} = \frac{1}{1+G(s)} \tag{8·54}$$

매클로린(Maclaurin)의 전개[*]를 이용해서 $s=0$의 근방에서 전개하면

$$\frac{E(s)}{R(s)} = c_0 + c_1 s + c_2 s^2 + \cdots\cdots \tag{8·55}$$

이다. 단,

$$\left.\begin{aligned}
c_0 &= \left[\frac{1}{1+G(s)} \right]_{s=0} = \frac{1}{1+\lim_{s \to 0} G(s)} = \frac{1}{1+K_0} \\[2ex]
c_1 &= \left[\frac{d}{ds} \frac{1}{1+G(s)} \right]_{s=0} = \frac{1}{K_1} \\[2ex]
c_2 &= \frac{1}{2!} \left[\frac{d^2}{ds^2} \frac{1}{1+G(s)} \right]_{s=0} = \frac{1}{K_2} \\
&\cdots\cdots\cdots\cdots\cdots\cdots\cdots\cdots\cdots\cdots\cdots\cdots
\end{aligned}\right\} \tag{8·56}$$

식 (8·55)에서

$$E(s) = c_0 R(s) + c_1 s R(s) + c_2 s^2 R(s) + \cdots\cdots \tag{8·57}$$

정상 편차 $e(\infty)$는 앞 절까지와 같이 다음 식에 의해서 구해진다.

$$e(\infty) = \lim_{s \to 0} s E(s) \tag{8·58}$$

예를 들면 계단 입력 : $R(s) = r_0/s$에 대한 $e(\infty)$는 식 (8·57), (8·58)에서

$$e(\infty) = c_0 r_0$$

---

[*] $f(x) = f(0) + \dfrac{x}{1!} f'(0) + \dfrac{x^2}{2!} f''(0) + \cdots\cdots$

식 (8·56)의 c_0를 대입하면

$$e(\infty) = \frac{r_0}{1+K_0} \tag{8·59}$$

이다. 식 (8·59)와 식 (8·5)를 비교하면 식 (8·56)에서 정의한 K_0는 위치 편차 상수 K_p와 일치한다는 것을 알 수 있다.

램프 입력 : $R(s) = v_0/s^2$에 대해서는

$$e(\infty) = \begin{cases} c_1 v_0 = \dfrac{v_0}{K_1}, & c_0 = 0\text{인 경우} \\ \infty, & c_0 \neq 0\text{인 경우} \end{cases} \tag{8·60}$$

계단 입력의 경우와 마찬가지로 K_1은 속도 편차 상수 K_v와 일치한다는 것을 알 수 있다.

정가속도 입력 : $R(s) = a_0/s^3$에 대해서는

$$e(\infty) = \begin{cases} c_2 a_0 = \dfrac{a_0}{K_2}, & c_0 = c_1 = 0\text{인 경우} \\ \infty, & c_0 \neq 0 \text{ 또는 } c_1 \neq 0\text{인 경우} \end{cases} \tag{8·61}$$

이 경우도 K_2는 가속도 편차 상수 K_a와 일치한다는 것을 알 수 있다. 그런데 식 (8·57)의 라플라스 역변환을 구하여 c_0, c_1, c_2, $\cdots$에 식 (8·56)의 값을 대입하면

$$\begin{aligned} e(t) &= c_0 r(t) + c_1 r'(t) + c_2 r''(t) + \cdots\cdots \\ &= \frac{1}{1+K_0} r(t) + \frac{1}{K_1} r'(t) + \frac{1}{K_2} r''(t) + \cdots\cdots \end{aligned} \tag{8·62}$$

이 식을 이용하면 임의의 입력에 대한 $e(t)$를 구할 수가 있다. 게다가 이 식에 포함되는 상수 K_0, K_1, K_2, $\cdots$는 각각 위치 편차 상수, 속도 편차 상수, 가속도 편차 상수, $\cdots$와 일치하고 있고 계단 입력 $r(t) = \text{const}$, 정속도 입력 $r'(t) = \text{const}$, $\cdots$가 각각 단독으로 가해진 경우의 편차도 표시할 수가 있다.

예제 8·5 ・・・・・・・・・・・・・・・・・・・・・・・・・・・

다음의 $G(s)$를 가진 서보 기구에 대해서 생각해 보자.

$$G(s) = \frac{K}{s(Ts+1)} \qquad (8\cdot63)$$

이것에서

$$\frac{1}{1+G(s)} = \frac{Ts^2+s}{Ts^2+s+K} \qquad (8\cdot64)$$

이다. 따라서

$$
\begin{aligned}
c_0 &= \left[\frac{1}{1+G(s)} \right]_{s=0} = 0 \\[2mm]
c_1 &= \left[\frac{d}{ds} \frac{1}{1+G(s)} \right]_{s=0} \\[2mm]
&= \left[\frac{(2Ts+1)(Ts^2+s+K)-(Ts^2+s)(2Ts+1)}{(Ts^2+s+K)^2} \right]_{s=0} \\[2mm]
&= \frac{1}{K} \\[2mm]
c_2 &= \frac{1}{2!} \left[\frac{d}{ds} \frac{K(2Ts+1)}{(Ts^2+s+K)^2} \right]_{s=0} \\[2mm]
&= \frac{K}{2!} \left[\frac{2T(Ts+s+K)^2-2(2Ts+1)^2(Ts^2+s+K)}{(Ts^2+s+K)^4} \right]_{s=0} \\[2mm]
&= \frac{T}{K} - \frac{1}{K^2}
\end{aligned}
$$

・・・・・・・・・・・・・・・・・・・・・・・・・・・・・

$$(8\cdot65)$$

식 (8·62)를 사용하면

$$e(t) = \frac{1}{K} r'(t) + \left(\frac{T}{K} - \frac{1}{K^2} \right) r''(t) + \cdots\cdots \qquad (8\cdot66)$$

이 서보 기구는 1형이지만 '8·2 목표값 변화에 대한 정상 편차'에서 설명한 방법과 같이 속도 편차 상수 $K_1=K$를 지정하는 것이 아니고 가속도 편차 상수

$$K_2 = \frac{K^2}{KT-1} \qquad (8\cdot67)$$

도 지정할 수가 있다.

다음에 이 서보 기구를 장비한 추적 레이더로 비행기를 추적하는 경우의 오차를 구해 보자. 비행기는 고도 A의 상공을 일정 속도 V로 비행한다고 하면

$$\text{목표값}: \quad r(t) = \theta(t) = \tan^{-1}\frac{Vt}{A} \tag{8·68}$$

$r'(t)$, $r''(t)$, ……를 구하면

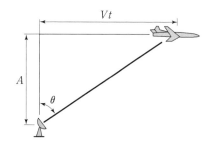

그림 8·15 추적 레이더

$$\left.\begin{array}{l} r'(t) = \dfrac{dr(t)}{dt} = \dfrac{\dfrac{V}{A}}{1+\left(\dfrac{V}{A}\right)^2 t^2} \\[30pt] r''(t) = \dfrac{dr(t)}{dt^2} = \dfrac{-2\left(\dfrac{V}{A}\right)^3 t}{\left[1+\left(\dfrac{V}{A}\right)^2 t^2\right]^2} \\[30pt] \cdots\cdots\cdots\cdots\cdots\cdots\cdots\cdots\cdots \end{array}\right\} \tag{8·67}$$

이상의 관계를 식 (8·66)에 대입하면 일반적인 제어 편차 $e(t)$가 된다.

$$e(t) = \frac{1}{K}\frac{\left(\dfrac{V}{A}\right)}{1+\left(\dfrac{V}{A}\right)^2 t^2} - \left(\frac{T}{K} - \frac{1}{K^2}\right)\frac{2\left(\dfrac{V}{A}\right)^3 t}{\left[1+\left(\dfrac{V}{A}\right)^2 t^2\right]^2} + \cdots\cdots \tag{8·70}$$

연습문제

1. 다음의 루프 전달 함수를 가진 직렬 피드백 제어계가 있다. 단위 계단 입력에 대한 정상 편차를 구하여라.

(1) $G(s) = \dfrac{5(s+1)(2s+1)}{(0.5s+1)(0.2s+1)(0.1s+1)}$

(2) $G(s) = \dfrac{10(0.3s+1)}{s(0.01s+1)(0.1s+1)}$

(3) $G(s) = \dfrac{20(5s+1)}{s^2(s+1)}$

(4) $G(s) = \dfrac{50(s+1)(2s+1)}{s^2(s^2+2s+10)}$

2. 단위 램프 입력에 대해서 문제 1을 풀어라.

3. 단위 가속도 입력에 대해서 문제 1을 풀어라.

4. 문제 1의 제어계에 대해서 정상 위치 편차 상수, 속도 편차 상수 및 가속도 편차 상수를 구하여라.

5. 다음의 루프 전달 함수를 가진 서보 기구가 있다.

$$G(s) = \frac{K(0.2s+1)}{s(s+1)(0.1s+1)}$$

$$H(s) = 1$$

20[deg/s]의 일정 각속도 입력에 대해서 정상 편차를 1° 이내로 하려면 K를 얼마로 잡으면 좋은가?

6. 그림 8·16는 비행기 캐빈의 온도 제어계이다. 캐빈은 인원 기타를 포함하여 2,000[kcal/℃]의 열용량을 가진다. 캐빈에서의 열방산은 캐빈 내외의 온도차에 비례하며 그 비례 상수는 4[kcal/℃/s]이다. 측온 저항 브리지는 0.05[V/℃]의 감도를 가지고 그 시정수는 무시할 수 있을 정도로 작다. 히터는 전압 e_1, 1[V]당 6[kcal/s]의 열을 발생한다. 설정값은 지상 20[℃]에서 $e_1=0$이 되도록 정해져 있다. -20[℃]의 고공을 장시간 비행해도 캐빈 내의 온도가 19[℃]보다 내려가지 않도록 하기 위해서는 증폭기의 이득을 어떻게 선택하면 좋을까? 또한 일정 속도로 외기온이 감소하는 상승을 계속할 경우는 어떤가?

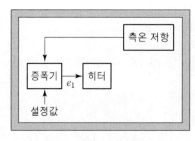

그림 8·16 문제 6

7. 5장의 문제 14의 정상 편차를 8장의 이론을 이용해서 검토하여라.

8. 5장의 문제 15의 정상 편차를 8장의 이론을 이용해서 검토하여라.

9. 4장의 문제 17을 정상 편차 이론을 이용해서 검토하여라.

10. 4장의 '4·1 블록 선도에 의한 신호 전달 특성 표현'의 예제 4·1의 서보 기구에서 부하 토크 T_1이 스텝 모양으로 가해진 경우의 정상 편차를 검토하여라.

11. 5장의 '5·3 1차 지연 요소'의 예인 유압식 모방 선반에서 그림 8·17에 나타내는 6분원 단면의 곡면을 절삭할 때의 오차를 구하여라. 단, 이 제어계의 루프 전달 함수는 K/s로 표시되며 $K=450 [\mathrm{s}^{-1}]$이다. 또한 공구의 x방향 이송 속도는 $2[\mathrm{mm/s}]$로 일정하다.

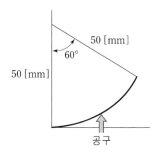

그림 8·17 문제 11

9장

속응성과 안정도

9·1 서 론

　피드백 제어계의 이상적인 상태는 ① 목표값의 변화가 있으면 바로 추종하는 것과, ② 외란이 가해지면 재빨리 그 영향을 제거하여 항상 제어량을 목표값에 일치시켜 두는 것이다. 따라서, 제어계의 성능은 이러한 조건을 어떻게 만족시키고 있는가라는 것으로 표시된다. 그리고 그 구체적인 표현으로서 제어의 목적에 따라 여러 특성값이 사용되고 있다. 이들 중에서 다음의 세 가지 특성값은 우리들이 제어 성능으로서 직관적으로 품고 있는 이미지를 잘 표시하고 있으므로 기본으로서 사용되고 있다.

(i) 정상 편차(steady state error)

(ii) 속응성(speed of response)

(iii) 감쇠 특성(damping) 또는 상대 안정도(relative stability)

　우선 정상 상태에서 제어량은 목표값에 일치하고 있어야 하는데 그 차를 나타내는 것이 정상 편차이다. 다음에 과도 상태, 예를 들면 목표값이 계단 모양으로 변화한 경우에도 제어량이 목표값에 일치하고 있는 것이 이상적이다. 그러나 실제의 제어 대상에서는 지연을 수반하므로 이 이상은 달성되지 않는다. 이것이 어느 정도 일치하는가라는 성능을 표시하는 것이 속응성과 감쇠 특성이다.

실제 제어계의 과도 응답은 2차계의 과도 응답과 서로 닮은 것이 보통이다. 2차계의 인디셜 응답(5장의 그림 5·7)을 보면 제어량이 목표값에 일치하기 위해서는 우선 상승이 빠르고 가능한 한 짧은 시간으로 목표값의 근처에 도달하지 않으면 안된다. 이 성질을 표현하는 것이 속응성이다.

그러나 상승을 빠르게 하면 아무리해도 오버슈트를 일으켜 진동적으로 된다. 이 과도 진동이 신속하게 감쇠하면 지장이 없다(제어계는 보통 이와 같이 설계되고 있다). 그러나 감쇠가 완만한 경우는 제어량은 길게 목표값의 상하로 반복하고 오차가 허용 범위 내로 끝나는 데에 장시간을 요한다. 이것은 바람직하지 않다.

그러므로 진동의 감쇠 특성은 속응성과 함께 중요한 특성이다. 감쇠가 적어질수록 제어계는 진동적으로 된다. 이것이 극단적으로 감소하여 (−)가 되면 발산 진동을 일으키는 제어계는 불안정하게 된다. 감쇠=0이 안정, 불안정의 한계이다. 그리고 감쇠가 큰 것일수록 안정한계인 감쇠=0까지의 거리가 멀고 보다 안정이라고 말할 수 있다. 이 의미에서 감쇠 특성은 안정의 정도, 즉 안정도를 나타낸다고도 생각할 수 있다.

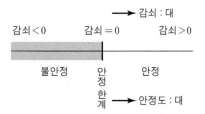

그림 9·1 감쇠 특성과 안정도

9·2 속응성과 안정도의 표현

제어계의 정상 편차에 관한 성능은 8장에서 설명했듯이 정상 편차 상수로 표시할 수가 있었다. 속응성과 안정도는 어떤 양으로 표현하면 좋을까? 이하, 이미 설명한 것도 포함하여 열거한다.

(1) 과도 응답에서의 표현

● 제동비 ζ

2차계 진동의 감쇠를 정하는 파라미터에서 고유 진동 1 사이클당의 감쇠와 일정한 관계가 있다. ζ가 작으면 감쇠(안정도)가 나쁘다(5장의 '5·4' 참조). **감쇠 계수**라는 경우도 있다.

● 진폭 감쇠비 λ

고유 진동의 어떤 사이클에서 진폭과 그 1 사이클 전의 진폭과의 비. λ가 작을수록 감쇠 특성(안정도)이 좋다(5장의 '5·5' 참조).

● 오버슈트 P

$$P = \frac{\text{계단 응답의 최초 피크값} - \text{최종값}}{\text{최종값}}$$

이 값이 작을수록 감쇠 특성(안정도)이 좋다(5장의 '5·5' 참조).

● 고유 각주파수 ω_n

고유 진동의 각주파수. ω_n이 높은 것은 응답이 빠르다(5장의 '5·5' 참조).

● 첨두 시간(peak time) t_p

계단 응답에서 최초의 오버슈트를 발생할 때까지의 시간. 속응성의 척도가 된다(5장의 '5·5' 참조).

● 정정 시간(settling time) t_s

계단 응답이 정해진 허용 범위 내에 들어오고 이 시점 이후는 재차 허용 범위를 넘지 않게 될 때까지의 시간. 속응성과 감쇠 특성의 양쪽에 관련되어 있다. 허용 범위는 제어 목적에 따라서 달라지지만 $\pm 2[\%]$ 또는 $\pm 5[\%]$가 사용되는 것이 많다.

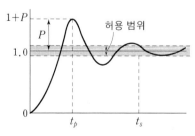

그림 9·2 계단 응답

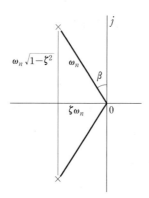

그림 9·3 2차계의 특성근

2차계에 대해서는 이상의 양이나 특성근 사이에 다음과 같은 관계가 있었다.

특성 방정식 : $s^2 + 2\zeta\omega_n s + \omega_n^2$ (9·1)

특성근의 실수부 : $-\sigma = -\zeta\omega_n$ (9·2)

특성근의 허수부 : $\omega = \omega_n\sqrt{1-\zeta^2}$ (그림 6·23)   (9·2)

원점에서 특성근까지의 거리 : ω_n (9·4)

원점과 특성근을 잇는 직선과 허수축이 이루는 각 : $\beta = \sin^{-1}\zeta$ (9·5)

오버슈트 : $P = e^{-\pi\zeta/\sqrt{1-\zeta^2}}$ (그림 9·4)   (9·6)

첨두 시간 : $t_s = \dfrac{\pi}{\omega_n\sqrt{1-\zeta^2}}$ (그림 9·4)   (9·7)

정정 시간 : $t_p = \dfrac{1}{\zeta\omega_n}\ln\dfrac{1}{\varDelta}$ 단, $\varDelta$: 허용 범위   (9·8)

$$\left.\begin{array}{l} \varDelta = 2[\%] \text{인 경우} \quad t_s \simeq \dfrac{4}{\zeta\omega_n} \\[3mm] \varDelta = 5[\%] \text{인 경우} \quad t_s \simeq \dfrac{3}{\zeta\omega_n} \end{array}\right\} \qquad (9\cdot9)$$

진폭 감쇠비 : $\lambda = e^{-2\pi\zeta/\sqrt{1-\zeta^2}}$ (그림 5·11)   (9·10)

❝❝ 보 충 ··

2차계의 정정 시간 t_s는 다음과 같이 하여 구해진다.

2차계 단위 계단 응답의 n번째 진폭은 식 (5·83)에 의해서

$$|a_n| = e^{-n\pi\zeta/\sqrt{1-\zeta^2}}$$

이것이 오차의 허용값 Δ와 같아지는 시점을 생각하면 그 점까지의 시간이 근사적으로 정정 시간 t_s가 된다. 즉,

$$e^{-n\pi\zeta/\sqrt{1-\zeta^2}} = \Delta$$

$$\therefore\ n = \frac{\sqrt{1-\zeta^2}}{\pi\zeta} \ln\frac{1}{\Delta}$$

반주기는 $\pi/(\omega_n\sqrt{1-\zeta^2})$이므로

$$t_s = n\frac{\pi}{\omega_n\sqrt{1-\zeta^2}} = \frac{1}{\zeta\omega_n}\ln\frac{1}{\Delta}$$

ω는 ζ와 ω_n의 함수이면 λ는 ζ만의 함수이다. 그림 6·23, 5·11에 이들 함수를 나타내었다. 또한 오버슈트 P는 제동비 ζ만의 함수이므로 2차계의 감쇠를 표시하는 데에 ζ 대신에 P를 이용할 수가 있다. 그림 9·4에 ζ와 P의 관계를 나타낸다 (부록의 Matlab 프로그램 참조). 피크 시간 t_p는 ω_n과 ζ의 함수이며 이 관계도 이 그림에 표시되어 있다.

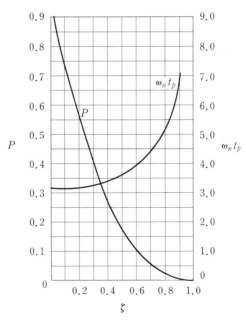

그림 9·4 P, t_p와 ζ의 관계

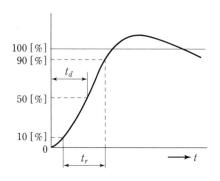

그림 9·5 지연 시간, 상승 시간

● **지연 시간(delay time) t_d**

계단 응답이 최종값의 50[%]에 도달하기까지의 시간. 속응성을 표시한다.

● **상승 시간(rising times) t_r**

계단 응답이 최종값의 10[%]에서 90[%]에 도달하기까지의 시간. 속응성을 표시한다. 경우에 따라서는 최종값의 5[%]에서 95[%]에 도달하기까지의 시간을 잡거나, 이론적인 취급에서는 최종값이 사이에 끼워져 있는 시간을 잡는 경우도 있다.

(2) 주파수 응답에서의 표현

● **위상 여유 φ_m**

개루프 주파수 응답의 이득이 0[dB]로 되는 주파수(이득 교점)에서의 위상에 180°를 더한 것. 여유 안정도를 표시한다.

● **이득 여유**

개루프 주파수 응답의 위상이 −180°가 되는 주파수(위상 교점)에서의 이득을 dB로 표시하여 그 부호를 바꾼 것. 여유 안정도를 표시한다.

● **공진값 M_p**

폐루프 주파수 응답의 이득 첨두값. 이것은 공진의 예리함을 나타내는 것으로 M_p가 클수록 감쇠가 작고 안정도가 나쁘다.

● **공진 각주파수 ω_p**

M_p가 생기는 각주파수. 속응성의 기준이 된다.

● **대역폭(bandwidth)** ω_b

폐루프 주파수 응답의 이득이 $-3[\text{dB}]\,(=1/\sqrt{2}=0.707)$이 되는 주파수. 보통 피드백 제어계는 저역 통과 필터(low-pass filter)의 성질을 나타내며 대역폭은 이 필터의 차단 주파수에 해당한다.

9·3 주파수 응답에서 과도 응답의 추정

주파수 응답법은 나이퀴스트 선도, 보드 선도, 니콜스 선도 등의 편리한 계산 방법이 있어 제어계 해석의 주류이다. 과도 응답에서의 오버슈트, 첨두 시간, 제동비 등과 같이 직접적으로 안정도와 속응성을 표시할 수가 없다. 그러므로 만약 주파수 응답과 과도 응답의 관계를 알고 있어, 위상 여유, 이득 여유, M_p, 대역폭 등에서 오버슈트, 제동비, 정정 시간 등을 추정할 수 있으면 편리할 것이다.

원래 주파수 응답과 과도 응답은 제어계의 성질이 다른 표현에 지나지 않는다. 따라서, 한쪽에서 다른 쪽을 구할 수가 있으나 그 계산은 번거롭다. 그러나 대부분의 제어계 응답은 2차계로 근사할 수 있으므로 2차계에서 유추하는 방법이 가능하다.

그런데 2차계에 대해서는 다음의 관계가 있다(식 (6·49) 참조).

$$M_p = \frac{1}{2\zeta\sqrt{1-\zeta^2}} \simeq \frac{1}{2\zeta} \quad (\text{그림 } 6\cdot24) \tag{9·11}$$

반대로

$$\zeta = \sqrt{\frac{1}{2}\left(1-\sqrt{1-\frac{1}{M_p{}^2}}\right)} \simeq \frac{1}{2M_p} \tag{9·12}$$

이와 같이 2차계 M_p는 ζ만의 함수이다. 한편 2차계의 오버슈트 P도 ζ만의 함수이였다(식 (5·88)). 따라서, M_p와 P 사이에는 일정한 관계가 있다. 이것을 그림 9·6에 나타낸다(부록의 Matlab 프로그램 참조).

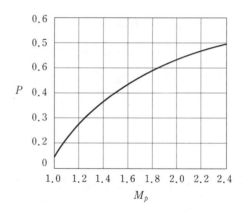

그림 9·6   2차계의 P와 M_p의 관계

한편 식 (6·48)에서

$$\omega_p = \omega_n \sqrt{1-2\zeta^2} \simeq \omega \qquad (\text{그림 } 6\cdot23)$$ (9·13)

또한 첨두값에 도달하는 것은 반주기의 뒤이므로

$$t_p = \frac{\pi}{\omega} = \frac{\pi}{\omega_n \sqrt{1-\zeta^2}}$$ (9·14)

이와 같이 $\omega_n t_p$도 또한 ζ만의 함수가 되어, 따라서 M_p와 일정한 관계가 있다. 이것을 그림 9·7에 나타낸다(부록의 Matlab 프로그램 참조).

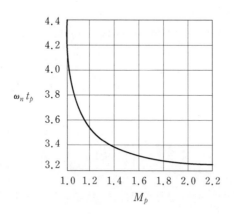

그림 9·7   2차계의 $\omega_n t_p$와 M_p의 관계

(1) 위상 여유와 제동비의 관계

단일 피드백계의 폐루프 응답이 2차계이면 다음 식이 성립한다.

$$\frac{G(j\omega)}{1+G(j\omega)} = \frac{\omega_n^2}{(j\omega)^2+2\zeta\omega_n(j\omega)+\omega_n^2} \tag{9·15}$$

이것에서 $G(j\omega)$를 구하면

$$G(j\omega) = \frac{\omega_n^2}{j\omega(j\omega+2\zeta\omega_n)} \tag{9·16}$$

$G(j\omega)$의 이득이 $1(=0[\text{dB}])$이 되는 ω, 즉 이득 교점을 ω_1으로 하면

$$\left| \frac{\omega_n^2}{j\omega_1(j\omega_1+2\zeta\omega_n)} \right| = 1 \tag{9·17}$$

이다. 즉,

$$\frac{\omega_n^2}{\omega_1} = \sqrt{\omega_1^2 + (2\zeta\omega_n)^2} \tag{9·18}$$

양변을 제곱하여 간단히 하면

$$\omega_1^4 + 4\zeta^2\omega_n^2\omega_1^2 - \omega_n^4 = 0 \tag{9·19}$$

이 방정식을 풀면

$$\omega_1^2 = -2\zeta^2\omega_n^2 + \omega_n^2\sqrt{4\zeta^4+1} \tag{9·20}$$

한편, 식 (9·16)에서

$$\angle G(j\omega) = \angle\frac{1}{j\omega} + \angle\frac{1}{j\omega+2\zeta\omega_n} = -\frac{\pi}{2} - \tan^{-1}\frac{\omega}{2\zeta\omega_n}$$

$$[\text{단위 : rad}]$$

그런데 위상 여유 φ_m은 ω_1에서의 위상각 $\angle G(j\omega)$에 π를 더한 것이므로

$$\varphi_m = \pi + \angle G(j\omega) = \frac{\pi}{2} - \tan^{-1}\frac{\omega_1}{2\zeta\omega_n} = \tan^{-1}\frac{2\zeta\omega_n}{\omega_1} \tag{9·21}$$

ω_1의 값을 대입하면

$$\varphi_m = \tan^{-1}\frac{2\zeta}{[(1+4\zeta^4)^{1/2}-2\zeta^2]^{1/4}} \tag{9·22}$$

ζ가 작은 범위에서는 식 (9·22)는 다음과 같이 근사된다.

$$\varphi_m \simeq 2\zeta\,[\text{rad}] \tag{9·23}$$

반대로

$$\zeta \simeq \frac{1}{2}\varphi_m\,[\text{rad}] \simeq \frac{1}{120}\varphi_m\,[\text{deg}] \tag{9·24}$$

제어계가 3차 이상이어도 그 응답은 2차계의 그것에 근사할 수 있는 것이 보통이며 이 경우도 식 (9·11)~식 (9·14)는 근사적으로 성립한다. 또한 Osborn에 의하면 식 (9·24)에 상당하는 식은 다음과 같이 된다.

$$\zeta \simeq \frac{1}{3n}\,\varphi_m\,[\deg] \tag{9·25}$$

단, n은 이득 교점에서 이득 특성의 기울기[dB/dec]이다. 2차계에서는 이득 특성의 기울기가 40[dB/dec]이지만 이 값을 식 (9·25)에 대입하면 식 (9·24)와 일치한 식을 얻는다.

(2) 대역폭 ω_b와 과도 응답의 관계

실제 제어계의 폐루프 응답은 그림 9·8의 실선과 같은 형태를 하고 있다. 이것은 저역 필터와 비슷하며 차단 주파수 이상의 입력 신호에 대해서 응답을 나타내지 않는다.

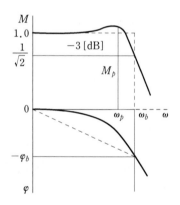

그림 9·8 폐루프 주파수 응답(ω는 직선 눈금)

폐루프 응답을 그림 9·8의 파선과 같이 근사하여 본다. 즉 폐루프의 이득 M이 $1/\sqrt{2}(=-3[\mathrm{dB}])$이 되는 주파수 ω_b를 대역폭으로 생각하여 ω_b 이하에서는 제어계가 신호를 완전히 통과시키고, ω_b 이상에서는 신호를 완전히 저지한다고 한다. 또한 폐루프의 위상 특성은 ω_b까지 직선적으로 변화하고 있다고 한다. 필터 이론에 의하면 이와 같은 특성을 가진 필터의 인디셜 응답은 다음의 식으로 표시된다.

$$f(t) = \frac{1}{2} + \frac{1}{\pi} \, \text{Si} \, [\, \omega_b(t - \tau_0)\,] \tag{9·26}$$

단,

$$\text{Si}\,(x) = \int_0^x \frac{\sin\theta}{\theta}\, d\theta \quad \text{(사인 적분)} \tag{9·27}$$

$$\tau_0 = \frac{\varphi_b}{\omega_0} \tag{9·28}$$

이 결과를 도시하면 그림 9·9와 같이 된다. 그림 9·8 파선의 근사는 보드의 정리에 반하고 있으며 그림 9·9의 응답도 작은 요철이나 오버슈트 등 세부에 대해서 문제가 있으나 대략적인 결과는 나타내고 있다.

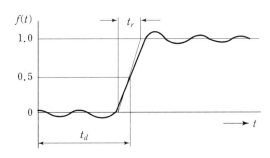

그림 9·9　이상 필터의 인디셜 응답

지연 시간 t_d는 식 (9·26)에서 $f(t_d) = 1/2$로 놓고

$$t_d = \tau_0 = \frac{\varphi_b}{\omega_b} \tag{9·29}$$

또한 $f(t) = 1/2$이라는 점에서 접선을 그어 이 접선이 $f(t) = 0$을 자르는 시점과 $f(t) = 1$을 자르는 시점간의 시간 간격을 상승 시간 t_r로 하면 다음 식이 성립한다.

$$t_r = \frac{\pi}{\omega_b} \tag{9·30}$$

즉, 대역폭이 상승 시간을 결정하고 위상 특성의 기울기 φ_b/ω_b가 지연 시간을 결정한다.

이 이론에 나타나는 φ_b와 ω_b는 폐루프 주파수 응답에서 구해진다. 폐루프 주파수 응답은 니콜스 선도를 이용해서 보드 선도에서 결정할 수 있다.

지금까지는 종이와 연필에 의해서 제어계의 속응성과 안정성을 추정하는 방법을 설명했으나 정확한 계산에는 아날로그 컴퓨터가 편리하여 널리 이용되고 있다.

예제 9·1

6장의 '6·7'의 예제에서는

$$M_p = 2.5\,[\text{dB}] = 1.35, \qquad \omega_p = 8.0\,[\text{rad/s}]$$

이었다. 그림 9·6 및 그림 9·7에서 이 M_p에 대한 P와 $\omega_n t_p$를 구하면

$$P = 0.24, \qquad \omega_n t_p = 3.41$$

그림 9·4를 이용하면 이 P에 대한 ζ의 값은

$$\zeta = 0.41$$

그림 6·23에서 $\zeta = 0.41$에 대한 값으로서

$$\frac{\omega_p}{\omega_n} = 0.79, \qquad \frac{\omega}{\omega_n} = 0.91$$

따라서

$$\omega_n = \frac{8.0}{0.79} = 10.1\,[\text{rad/s}]$$

$$t_p = \frac{3.41}{10.1} = 0.34\,[\text{s}]$$

이와 같이 M_p, ω_p가 주어지면 P, ζ, t_p의 값이 정해진다.

보 충

이 제어계는 식 (6·54)에서 명백하듯이 2차계이다. 2차계인 경우는 과도 응답이 간단히 구해지므로 본문의 결과를 체크해 보자. 이 제어계의 루프 전달 함수 $G(s)$는

$$G(s) = \frac{12}{s(0.125\,s + 1)}$$

로 주어져 있으므로 특성 방정식은 다음과 같이 된다

$$s^2 + 8s + 96 = 0$$

따라서

$$\omega_n = \sqrt{96} = 9.79\,[\text{rad/s}]$$

$$\zeta = \frac{8}{2\sqrt{96}} = 0.41$$

또한

$$\omega = \omega_n \sqrt{1-\zeta^2} = 9.79 \times \sqrt{1-0.41^2}$$

이므로

$$t_p = \frac{\pi}{\omega} = \frac{\pi}{9.79 \times \sqrt{1-0.41^2}} = 0.35\,[\mathrm{s}]$$

이러한 결과는 본문과 일치하고 있다. 물론 본문의 계산법은 2차 이상의 제어계에 대해서도 적용할 수 있다.

9·4 루프 전달 함수의 벡터 궤적과 과도 응답

폐루프 전달 함수의 벡터 궤적이 주어지면 폐루프 주파수 응답을 구할 수 있다는 것은 이미 설명했다. 따라서, 벡터 궤적에서 과도 응답을 추정할 수 있는 것이다. 이하, Ludwing의 방법에 대해서 설명해 본다. 루프 전달 함수 $G(s)H(s)$의 벡터 궤적이 단조로운 형태를 하고 있고 예를 들면 그림 9·10의 A′E′B′와 같이 주어졌다고 하고, 이 궤적상의 점 A′ 및 B′에 대응하는 각주파수 ω_1, ω_2도 알고 있다고 한다. 벡터 궤적은 s 평면에서 (+) 허수축의 사상이므로 점 A′에

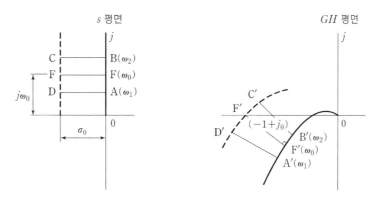

그림 9·10 벡터 궤적과 과도 응답

대응하는 s 평면상의 점 A 및 B′에 대응하는 점 B는 모두 허수축상에 있다. 다음에 GH 평면상의 점 F′($-1+j0$)에 대응하는 s 평면상의 점을 F로 하면 F를 지나는 세로선 CFD의 사상은 C′F′D′와 같이 되며 그리고 등각 사상의 관계에서 사각형 ABCD와 사각형 A′B′C′D′는 닮은 형태를 하고 있는 것이다.

점 F의 좌표를 $-\sigma_0+j\omega_0$로 하면 점 F의 사상이 점 F′($-1+j0$)이므로

$$G(-\sigma_0+j\omega_0)H(-\sigma_0+j\omega_0) = -1+j0$$

이다. 즉,

$$1+G(-\sigma_0+j\omega_0)H(-\sigma_0+j\omega_0) = 0$$

따라서, $-\sigma_0+j\omega_0$는 특성 방정식의 근이며 여기에 대응하는 과도 진동의 감쇠도와 각주파수는 다음과 같이 된다.

$$감쇠도 = \sigma_0 = \overline{FE}, \qquad 각주파수 = \omega_0 = \overline{0E}$$

다음에 점 F′에서 벡터 궤적 A′B′에 수선을 내려서 그 선을 E′로 하면 E′는 s 평면상에 있어서 F를 지나는 수평선과 허수축의 교점 E의 사상이다. 그런데 사상의 상사성에서

$$\frac{\overline{AB}}{\overline{A'B'}} = \frac{\overline{AE}}{\overline{A'E'}} = \frac{\overline{FE}}{\overline{F'E'}}$$

의 관계가 있으므로 σ_0는 다음과 같이 된다.

$$\sigma_0 = \overline{FE} = \overline{F'E'} \times \frac{\overline{AB}}{\overline{A'B'}} = \frac{\overline{F'E'}}{\overline{A'B'}} \times (\omega_2 - \omega_1) \tag{9·31}$$

또한 ω_0는 다음 식으로 주어진다.

$$\omega_0 = \omega_1 + \frac{\overline{A'E'}}{\overline{A'B'}} \times (\omega_2 - \omega_1) \tag{9·32}$$

이 결과에서 루프 전달 함수의 벡터 궤적이 점 ($-1+j0$)을 멀어질수록 안정된다는 것을 알 수 있다. 또한, 점 ($-1+j0$)에서 내린 수선 다리의 주파수가 높을수록 속응성이 좋다는 것도 알 수 있다.

이제까지 제어 성능의 척도가 되는 몇 가지 양을 들었는데 이들은 정밀도(정상 편차), 속응성, 안정도의 각각 성능을 표시하는 지표에 지나지 않는다. 또한 정밀도, 속응성, 안정도라는 개념도 다분히 직관적인 부분이 있다. 이에 대해서 제어계의 성능을 하나의 함수로 객관적으로 표시할 수 없는가? 이와 같은 함수로서 제안된 것이 몇 가지 있으나 이들은 **평가 함수**(error criterion) 또는 **성능 지수** (performance index, PI)라고 한다.

평가 함수의 대부분은 계단 모양의 외란 또는 목표값에 대한 제어계의 편차 $e(t)$에 관한 것이다. 대표적인 것을 들면 다음과 같다.

● **제어 면적**

$$I = \int_0^\infty |e(t)| \, dt$$

오버슈트가 있는 제어계에서 $+ \cdot -$의 편차가 서로 상쇄되어 평가되지 않도록 절대값을 취한다. 이것은 또한 **IAE**(integral of absolute value of error)라고도 불리운다.

● **제곱 면적**

$$I = \int_0^\infty \{e(t)\}^2 \, dt$$

이것은 최소 제곱법과 같은 생각 방식으로 큰 편차를 무게있게 평가하려고 하는 것이다. **ISE**(integral of squared error)라고 불리운다.

IAE와 같이 절대값을 취할 필요가 없으므로 계산은 IAE보다 쉽다.

● **ITAE**

$$I = \int_0^\infty t |e(t)| \, dt$$

$e(t)$에 하중을 걸어 평가하는 방법으로 시간에 비례하여 하중이 크게 되어 있다. 바꿔 말하면 시간이 경과할수록 크게 평가된다. Integral of time multiplied by absolute value of error의 약어이다.

● **ITSE**

$$I = \int_0^\infty t\{e(t)\}^2 dt$$

ISE에 하중으로서 t를 곱한 것이다. Integral of time multiplied by squared error의 약어이다. 기타로는

$$\int_0^\infty t^n |e(t)| dt, \qquad \int_0^\infty t^n \{e(t)\}^2 dt$$

등이 있다.

이들의 평가 함수를 최소로 하는 것이 좋은 제어이지만 모든 제어계에 대해서 적용할 수 있는 유일한 평가 함수라는 것은 아니다. 역시 각각의 경우에서 어느 특성을 중요시하는가로 채용해야 할 평가 함수가 달라진다.

9·6 불규칙 신호

이제까지 목표값이 변화나 외란으로서 계단 함수나 램프 함수를 생각해 왔다. 그러나 예를 들면 그림 1·3의 온도 제어계에서 외란으로서 공급 가스압의 변화를 생각해 보면 이것은 완전히 불규칙한 변화를 하고 있고 계단 함수나 램프 함수와는 완전히 다른 것이다. 그러나 이와 같은 불규칙한 외란에 대해서도 피드백 제어는 편차를 줄이는 데에 유효하다. 만약 외란이 완전히 규칙적이면 일부러 피드백 제어를 행할 필요는 없다.

불규칙한 외란, 목표값의 변화 또는 노이즈라는 불규칙 신호는 시간의 함수로서 수식으로 표현할 수 있는 성질의 것이 아니고 단지 그 출현하는 확률만을 논하는 데에 지나지 않는다. 따라서, 불규칙 신호(random signal)에 대한 제어계의 응답도 통계적으로 처리할 수 있는 것이다.

불규칙 신호 중에서도 그 확률적인 성질이 시간과 함께 변하지 않는 것, 바꿔 말하면 확률 분포 함수가 시간의 원점을 잡는 방법에 따라서 달라지지 않는 것을 **정상 불규칙 프로세스**(stationary random process)라고 한다. 이하, 이 경우를 생각하는 것으로 한다.

통계적인 성질을 가진 시간 함수 $y(t)$가 있을 때, 곱 $y(t)y(t+\tau)$의 평균을 **자기 상관 함수**(auto correlation function)라고 한다.

$$\varphi_{yy}(\tau) = \overline{y(t)y(t+\tau)} = \lim_{T \to \infty} \frac{1}{2T} \int_{-T}^{T} y(t)y(t+\tau)dt \qquad (9 \cdot 33)$$

자기 상관 함수 $\varphi_{yy}(\tau)$는 시간의 원점을 바꾸어도 물론 변하지 않는다. 특히 $\tau = 0$의 경우, 즉 $\varphi_{yy}(0)$는 $y(t)$의 제곱 평균을 나타낸다.

$$\varphi_{yy}(0) = \overline{\{y(t)\}^2} \qquad (9 \cdot 34)$$

또한 $y(t)$가 주기 함수이면 $\varphi_{yy}(\tau)$도 동일 주기로 진동한다.

불규칙 입력이 신호 전달 요소에 가해지면 어떻게 되는가? 이 문제는 주파수 응답으로 생각하면 편리하므로 주파수 성분(푸리에 성분)으로 분해하는 것을 생각해 본다.

$y(t)$를 전압으로 생각하고 이것이 $1[\Omega]$의 저항 양단에 가해졌다고 하면 파워는 $\{y(t)\}^2$이다. 이것을 주파수 성분으로 나눠서 주파수 f와 $(f+df)$ 사이에 포함되는 파워를 $W(f)df$라 하면

$$\overline{\{y(t)\}^2} = \int_{-\infty}^{\infty} W(f)df = \frac{1}{2\pi} \int_{-\infty}^{\infty} W(\omega)d\omega \qquad (9 \cdot 35)$$

$W(\omega)$는 주파수 ω에서의 파워 밀도(주파수에 대한 밀도)이므로 **파워 스펙트럼 밀도**(power spectrum density)라고 부른다. $W(\omega)$도 $\varphi_{yy}(\tau)$도 모두 $y(t)$에서 구해진 것이므로 일정한 관계가 있는 것이다. 이론적인 계산에 의하면

$$W(\omega) = \int_{-\infty}^{\infty} \varphi_{yy}(\tau) \, e^{-j\omega\tau}d\tau \qquad (9 \cdot 36)$$

즉, 파워 스펙트럼 밀도는 자기 상관 함수의 푸리에 변환(부록 A·5, p.532 참조)과 같다. 이와 같이 하여 주파수 성분을 구할 수가 있었지만 파워를 다루고 있으므로 이들의 식에 위상 관계는 나타나지 않는다.

다음에 그림 9·11과 같이 전달 요소(전달 함수 $G(j\omega)$)에 파워 스펙트럼 밀도 $W_i(\omega)$의 불규칙 입력 신호를 인가하면 출력 신호도 불규칙 신호가 되며 그 파워 스펙트럼 밀도 $W_o(\omega)$를 계산하면 다음과 같이 된다.

$$W_o(\omega) = |G(j\omega)|^2 \, W_i(\omega) \qquad (9 \cdot 37)$$

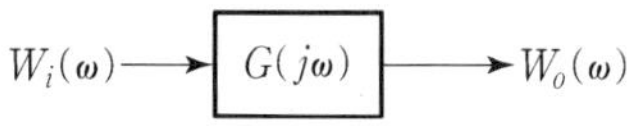

$$W_i(\omega) \longrightarrow \boxed{G(j\omega)} \longrightarrow W_o(\omega)$$

그림 9·11 불규칙 신호의 전달 요소 통과

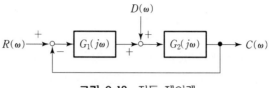

그림 9·12 자동 제어계

그림 9·12에 나타내는 제어계를 생각하면 제어 편차는

$$E(j\omega) = \frac{1}{1 + G_1(j\omega)\,G_2(j\omega)}\,R(j\omega) - \frac{G_2(j\omega)}{1 + G_1(j\omega)\,G_2(j\omega)}\,D(j\omega)$$

$$(9\cdot38)$$

목표값 및 외란의 파워 스펙트럼 밀도를 각각 $W_R(\omega)$, $W_D(\omega)$로 한다. 또한 목표값과 외란은 서로 무관계이며 상호 상관이 0이라고 하면 제어 편차의 파워 스펙트럼 밀도 $W_E(\omega)$는

$$W_E(\omega) = \left|\frac{1}{1 + G(j\omega)\,G_2(j\omega)}\right|^2 W_R(\omega) - \left|\frac{G_2(j\omega)}{1 + G_1(j\omega)G_2(j\omega)}\right| W_D(\omega)$$

$$(9\cdot39)$$

식 (9·35)를 이용해서 편차 $e(t)$의 제곱 평균을 구하면

$$\overline{e^2} = \frac{1}{2\pi}\int_{-\infty}^{\infty} W_E(\omega)\,d\omega$$

$$= \frac{1}{2\pi}\int_{\infty}^{\infty}\left|\frac{1}{1 + G_1(j\omega)\,G_2(j\omega)}\right|^2 W_R(\omega)\,d\omega$$

$$- \frac{1}{2\pi}\int_{-\infty}^{\infty}\left|\frac{G_2(j\omega)}{1 + G_1(j\omega)\,G_2(j\omega)}\right|^2 W_D(\omega)\,d\omega \qquad (9\cdot40)$$

식 (9·33), (9·36) 및 (9·40)에 의해서 평균 제곱 편차 $\overline{e^2}$을 구할 수가 있다. 즉 시간 함수 $r(t)$, $d(t)$를 알면 식 (9·33)에 의해석 각각의 자기 상관 함수가, 다음에 식 (9·36)에 의해서 각각의 파워 스펙트럼 밀도가 구해진다. 또한 전달 함수 $G_1(j\omega)$, $G_2(j\omega)$가 주어져 있으면 식 (9·40)에서 $\overline{e^2}$을 계산할 수 있다. 이 방법을 이용하면 평균 제곱 편차를 최소로 하는 제어계의 설계가 가능하다. 그러나 이와 같은 계산은 일반적으로 곤란이 많다.

예제 9·2 ·

그림 9·13에 나타내는 제어계에서 폐루프 특성은 그림 9·14(a)와 같이 ω_b 이하의 주파수에서 $M(\omega) = 1$, ω_b 이상의 주파수에서 $M(\omega) = 0$인 이상적인 저역 필

터 특성을 가진 것으로 한다. 또한 이 제어계에는 그림 9·14(b)에 나타내는 파워 스펙트럼 밀도를 가지는 목표값과 외란의 노이즈(백색 노이즈)가 가해지는 것으로 한다. 이 때, 제어계의 대역폭 ω_b를 어떻게 선택하면 평균 제곱 편차를 최소로 할 수 있는지를 생각하기로 한다.

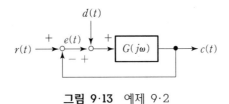

그림 9·13   예제 9·2

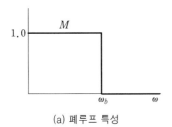

(a) 폐루프 특성

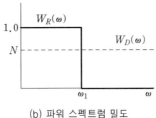

(b) 파워 스펙트럼 밀도

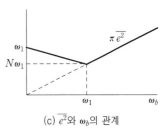

(c) $\overline{e^2}$와 ω_b의 관계

그림 9·14   예제 9·2

$$\left| \frac{G(j\omega)}{1+G(j\omega)} \right| = M(\omega) = \begin{cases} 1, & 0 < \omega < \omega_b \text{ 에 대해서} \\ 0, & \omega_b < \omega \text{ 에 대해서} \end{cases} \tag{9·41}$$

이므로 이것을 식 (9·40)에 대입하면

$$\overline{e^2} = \frac{1}{\pi} \int_0^\infty |1-M(\omega)|^2 \, W_R(\omega) \, d\omega$$

$$+ \frac{1}{\pi} \int_0^\infty |1-M(\omega)|^2 \, W_D(\omega) \, d\omega \tag{9·42}$$

적분을 실행하면 다음과 같이 된다.

$$\left. \begin{array}{ll} \omega_b \leq \omega_1 \text{인 경우} & \pi\overline{e^2} = (\omega_1\omega_b) + N\omega_b \\[2mm] \omega_b \geq \omega_1 \text{인 경우} & \pi\overline{e^2} = N\omega_b \end{array} \right\} \tag{9·43}$$

이것을 도시하면 그림 9·14(c)가 된다. 즉 ω_b를 ω_1과 같게 선택하면 $\overline{e^2}$가 최소로 된다.

9·7 Matlab 예제

M9.4: Fig 9_4.m

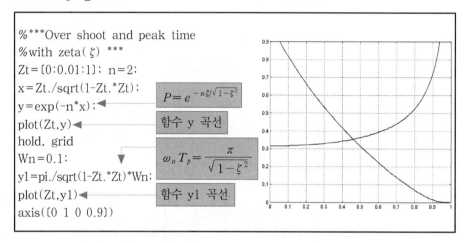

그림 9·15 P, t_P와 ζ의 관계

오버슈트값 P와 피크 시간 t_P, 그리고 제동비 Zt의 관계를 그래프화하였다. *plot M5.1 참조, exp, .M5.11 참조, sqrt M6.23 참조,*

M9.6: Fig 9_6.m

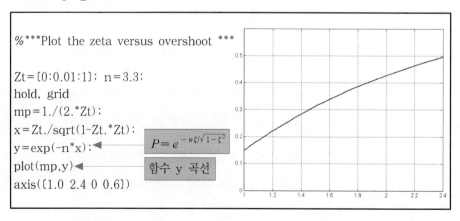

그림 9·16 2차계 P와 M_P의 관계

오버슈트 P와 공진값 M_P의 관계를 나타낸 그래프이다.

plot M5.1 참조, axis M5.3 참조, exp M 5.11 참조, sqrt M6.23 참조,

M9.7: Fig 9_7.m

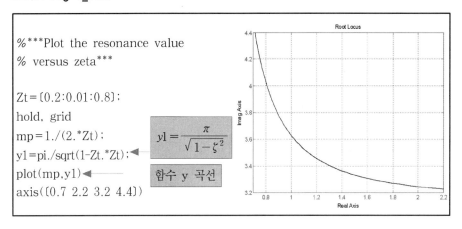

```
%***Plot the resonance value
% versus zeta***

Zt=[0.2:0.01:0.8];
hold, grid
mp=1./(2.*Zt);
y1=pi./sqrt(1-Zt.*Zt);      y1 = π / √(1 - ζ²)
plot(mp,y1)                 함수 y 곡선
axis([0.7 2.2 3.2 4.4])
```

$$y1 = \frac{\pi}{\sqrt{1-\zeta^2}}$$

함수 y 곡선

그림 9·17 2차계 $\omega_n t_P$와 M_P의 관계

피크 시간 t_P와 공진값 M_P의 관계를 나타낸 그래프이다.

plot M5.1 참조, axis M5.3 참조, sqrt M6.23 참조,

연습문제

1. 다음의 전달 함수를 가진 제어계의 오버슈트 P, 첨두 시간 t_p 및 제동비 ζ를 추정하여라.

(1) $G(j\omega) = \dfrac{100}{(1+j\omega)(1+0.1j\omega)}$, $\quad H(j\omega) = 1$

(2) $G(j\omega) = \dfrac{5}{(1+j\omega)(1+0.2j\omega)(1+0.1j\omega)}$, $\quad H(j\omega) = 1$

(3) $G(j\omega) = \dfrac{10(1+0.5j\omega)}{j\omega(1+0.2j\omega)(1+j\omega)}$, $\quad H(j\omega) = 1$

주 : 6장 문제 4의 결과를 이용하여라.

2. 다음의 전달 함수를 가진 제어계에 대해서 $M_p = 1.3$이 되도록 K를 결정하여라.

(1) $G(s) = \dfrac{K}{s(s+1)}$, $\quad H(s) = 1$ $\qquad$ (2) $G(s) = \dfrac{K}{s(s+1)(s+1)}$, $\quad H(s) = 1$

주 : 이득 상수 K를 변화하면 그 변화량만큼 니콜스 선도상의 궤적이 상하로 이동한다. 이득 상수를 가정하여 니콜스 선도를 그리고, $M_p = 1.3$의 궤적에 접할 때까지 이동시켜라.

3. 문제 2에서 오버슈트가 20[%] 이하가 되도록 K를 결정하여라.

4. 문제 2에서 $\zeta = 0.4$가 되도록 K를 결정하여라.

5. 문제 2에서 위상 여유가 45°가 되도록 K를 결정하여라.

6. 2차계의 대역폭을 ω_n과 ζ의 함수로서 표시하여라.

7. 그림 4·5에 블록 선도를 나타낸 서보 기구에서 이득 상수 K, 전동기 시정수 T_m을 증감하면 다음의 제 반량은 어떻게 변하는가?

> 고유 각주파수, 제동비, 정정 시간, 오버슈트, 첨두 시간, M_p, 공진 주파수, 대역폭, 이득 여유, 위상 여유

8. 단일 피드백계에서 전향 요소 전달 함수 $G(j\omega)$의 벡터 궤적이 단조로운 형태를 하고 있다. 이득 교점 ω_1에서 이득 특성의 기울기 및 위상 특성의 기울기를 각각

$$T = \left[\frac{d|G|}{d\omega}\right]_{\omega=\omega_1} \text{[s/rad]}$$

$$S = \left[\frac{d\angle G|}{d\omega}\right]_{\omega=\omega_1} \text{[s]}$$

으로 하면 이 제어계의 과도 응답 감쇠도와 진동 각주파수의 다음 식으로 표시되는 것을 나타내어라.
단, φ_m은 위상 여유를 표시한다.

$$\sigma = \frac{T\varphi_m}{T^2 + S^2}\ [\text{s}^{-1}]$$

$$\omega = \omega_1 - \frac{S\varphi_m}{T^2 + S^2}\ [\text{rad/s}]$$

9. 2차계의 단위 계단 입력에 대한 제곱 면적을 구하여라. 또한 이것이 최소가 되도록 제동비를 정하여라.

10장

근궤적법

10·1 근궤적의 개설

이미 설명했듯이 계산 또는 실험에 의해서 제어계의 주파수 응답이 구해지고 있다면 여기에서 계의 속응성과 안정도를 추정할 수가 있었다. 그러나 직접적으로 과도 응답을 결정하려면 라플라스 변환에 의하지 않으면 안된다. 그러기 위해서는 특성 방정식을 풀어서 그 근, 즉 특성근을 구할 필요가 있다('5·6' 참조). 특성 방정식을 푸는 것은 2차식 이하의 경우는 별도로 하고 일반적으로 쉽지 않다. W.R.Evans는 직접 특성 방정식을 풀지 않고 특성근이 복소 평면상에서 그리는 궤적을 추적하는 방법을 제안했다. 이것을 **근궤적법**(root locus method)이라고 한다. 그런데 **근궤적**(root locus)이란 주어진 제어계의 루프 전달 함수에 대해서 그 이득 상수를 0에서 ∞까지 변화했을 경우, 특성근이 복소 평면상에서 그리는 궤적의 명칭이다. 일례로서 그림 10·1의 단일 피드백계에 대해서 생각해 본다.

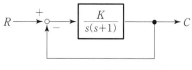

그림 10·1 단일 피드백계

이 제어계의 특성 방정식은

$$1 + \frac{K}{s(s+1)} = 0 \qquad (10\cdot1)$$

이다. 즉

$$s^2 + s + K = 0 \qquad (10\cdot2)$$

이 방정식을 풀면

$$s = -\frac{1}{2} \pm \sqrt{\frac{1}{4} - K} \qquad (10\cdot3)$$

k를 0에서 ∞까지 변화할 때, 특성근은 다음과 같이 변화한다.

$$\left. \begin{array}{lll}
K = 0, & 2실근 & s = 0, \ -1 \\[2mm]
0 < K < \dfrac{1}{4}, & 2실근 & s = -\dfrac{1}{2} \pm \sqrt{\dfrac{1}{4} - K} \\[2mm]
K = \dfrac{1}{4}, & 중\ 근 & s = -\dfrac{1}{2} \\[2mm]
K > \dfrac{1}{4}, & 켤레 복소근 & s = -\dfrac{1}{2} \pm j\sqrt{K - \dfrac{1}{4}}
\end{array} \right\} \qquad (10\cdot4)$$

이 변화를 s 평면상에 표시한 것이 그림 10·2이다(부록의 Matlab 프로그램 참조). 즉 $K = 0$에서 특성근은 원점 0와 점 A(-1)에 있다. 다음에 K가 0~1/4 사이에 있을 때는 특성근은 선분 0B상과 선분 AB상에 하나씩 있다. K가 증가함

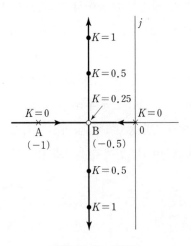

그림 10·2 근궤적

에 따라 특성근은 점 B($-1/2$)에 가깝고 $K=1/4$에서 점 B에 일치한다. K가 $1/4$을 넘으면 켤레 복소근이 되어 그 실수부는 항상 일정($=-1/2$)하지만 허수부는 K가 커짐에 따라서 커진다. 이와 같이 하여 K가 0에서 ∞까지 변화할 때, 특성근은 점 0, A에서 시작하여 B로 향하고 또한 B점을 지나는 수직선상을 움직여 간다. 이와 같이 하여 선분 0A와 그 수직 이등분선이 근궤적이 된다.

이상의 근궤적에서 다음을 알 수 있다.

(ⅰ) 안정과 불안정 : 특성근이 s 평면의 우반 부분에 존재하지 않으므로 불안정해지는 것은 아니다.

(ⅱ) 과도 응답 : $K<1/4$인 경우, 특성근은 음($-$)의 실수축상에 있다. 따라서, 과도 응답은 진동하지 않고 지수적으로 감쇠한다. $K>1/4$인 경우, 특성근은 켤레 복소수가 되어 과도 응답은 진동적으로 된다. $K=1/4$이 임계적인 경우에 해당한다.

또한 $K>1/4$인 경우의 진동에 대해서 다음을 알 수 있다(그림 9·3 참조).

① 특성근의 세로 좌표가 고유 각주파수를 표시하므로 K가 증가하면 주파수가 높아지고 속응성이 좋아진다.

② K가 $1/4$에서 증가해도 특성근의 실수부는 변하지 않고, 따라서 감쇠 진동의 포락선은 변하지 않는다. 또한 그러므로 이 제어계의 정정 시간도 거의 변하지 않는다.

③ 제동비 ζ는 근과 원점을 연결하는 직선과 허수축이 이루는 각의 sin이지만 K가 증가하면 이 각은 작아지고 제동비는 작아진다. 즉, 1 사이클당의 감쇠는 적어진다.

10·2 근궤적을 일반적으로 구하는 방법

'10·1'절의 예는 특성 방정식이 2차식이므로 이것을 풀 수가 있었지만 3차 이상인 경우에는 실용적으로는 풀 수가 없다. 그러나 처음에 이득 상수 K를 주지 않고 근궤적의 형태만을 결정하고 그 후에 K를 구하는 방법을 취하면 근궤적을 그릴 수가 있다. 동일 예제에 대해서 생각하기로 한다.

특성 방정식 (10·1)을 고쳐 쓰면 다음 식을 얻는다.

$$\frac{K}{s(s+1)} = -1 \tag{10·5}$$

복소수가 −1과 같다고 하는 것은 그 절대값이 1과, 편각이 180°와 같다는 것이다. 즉,

$$\left| \frac{K}{s(s+1)} \right| = 1 \tag{10·6}$$

및

$$\angle \frac{K}{s(s+1)} = 180° \pm 360° \times k, \qquad k = 0, 1, 2, \cdots \tag{10·7}$$

식 (10·7)을 고쳐 쓰면

$$\angle s + \angle(s+1) = 180° \pm 360 \times k \tag{10·8}$$

근궤적상의 점은 식 (10·6) 및 식 (10·8)을 동시에 만족하지 않으면 안된다. s 평면상에서 $-1+j0$을 표시하는 점을 A, 근궤적상의 점을 C라 하면(그림 10·3 참조)

$$\overrightarrow{0C} = s$$
$$\overrightarrow{A0} = 1$$
$$\overrightarrow{AC} = \overrightarrow{A0} + \overrightarrow{0C} = s+1$$

따라서

$$\angle s = \angle C0X, \qquad \angle(s+1) = \angle CA0$$

이 관계를 식 (10·8)에 대입하면

$$\angle C0X + \angle CA0 = 180° \pm 360° \times k$$

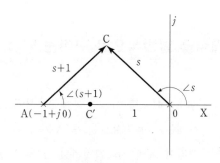

그림 10·3 근궤적의 조건

$k = 0$인 경우를 생각하면

$$\angle \text{C0X} + \angle \text{CA0} = 180° \qquad\qquad (10·9)$$

그런데

$$\angle \text{X0A} = \angle \text{C0X} + \angle \text{C0A} = 180° \qquad\qquad (10·10)$$

식 (10·9), (10·10)을 비교하면

$$\angle \text{CA0} = \angle \text{C0A} \qquad\qquad (10·11)$$

그러므로 △CA0는 이등변 삼각형이어야 한다. 따라서, 점 C는 선분 A0의 수직 이등분선상이 아니면 안된다.

다음에 점 C′가 선분 0A상에 있으면

$$\angle \text{C′0X} = 180°, \qquad \angle \text{C′A0} = 0°$$

가 되어 식 (10·9)를 만족한다. 점 C′가 점 0에서 오른쪽에 있으면

$$\angle \text{C′0X} = \angle \text{C′A0} = 0°$$

가 된다. 또한 점 C′가 점 A에서 왼쪽에 있으면

$$\angle \text{C′0X} = \angle \text{C′A0} = 180°$$

가 되며 두 가지의 경우 모두 식 (10·9)를 만족하지 않는다.

결국 근궤적은 성분 A0와 그 수직 이등분선이 된다.

다음에 식 (10·6)을 사용해서 K의 값을 결정한다. 즉

$$K = |s| \times |s+1| \qquad\qquad (10·12)$$

의 관계에서 $|s| = \overline{\text{0C}}$, $|s+1| = \overline{\text{AC}}$이므로

$$K = \overline{\text{0C}} \times \overline{\text{AC}} \qquad\qquad (10·13)$$

점 0 및 A에서 점 C까지의 거리를 재고 그들의 곱을 구하면 K의 값이 정해진다.

이상, 특수한 예제에 대해서 설명했으나 다음에 일반적인 경우를 생각해 보자. 루프 전달 함수 $G(s)H(s)$를 가진 제어계의 특성 방정식은

$$1 + G(s)H(s) = 0 \qquad\qquad (10·14)$$

이며 이득 상수가 0에서 ∞로 변화할 때, 이 방정식의 근이 복소 평면상에서 그리는 궤적이 근궤적이다.

그런데 근궤적상의 점은 다음 식을 만족하지 않으면 안된다.

$$G(s)H(s) = -1 \tag{10·15}$$

극형식으로 고쳐 쓰면

$$|G(s)H(s)| = -1 \tag{10·16}$$

$$\angle G(s)H(s) = 180° \pm 360° \times k, \qquad k = 0, 1, 2, \cdots \tag{10·17}$$

식 (10·16)을 **이득 조건**(gain condition), 식 (10·17)을 **위상 조건**(phase condition)이라고 한다. 근궤적상의 점은 모두 이득 조건과 위상 조건을 만족하지 않으면 안된다.

부동작 시간을 포함하지 않는 제어계에서는 그 루프 전달 함수 $G(s)H(s)$를 다음의 유리식으로 쓸 수 있다.

$$G(s)H(s) = \frac{K(s-z_1)(s-z_2) \cdots (s-z_m)}{(s-p_1)(s-p_2) \cdots (s-p_n)} \tag{10·18}$$

단, $z_1, z_2, \cdots, z_m : G(s)H(s)$의 영점, $p_1, p_2, \cdots, p_n : G(s)H(s)$의 극점

이러한 영점 및 극점은 실수의 경우와 복소수의 경우가 있으며 복소수의 경우는 켤레 형태로 포함된다. 식 (10·18)의 루프 전달 함수에 대해서 이득 조건과 위상 조건을 쓰면 다음 식과 같이 된다.

$$|G(s)H(s)| = K \frac{|s-z_1| \cdot |s-z_2| \cdots |s-z_1|}{|s-p_1| \cdot |s-p_2| \cdots |s-p_1|} = 1 \tag{10·19}$$

$$\angle G(s)H(s) = \angle(s-z_1) + \angle(s-z_2) + \cdots + \angle(s-z_m)$$

$$- \{\angle(s-p_1) + \angle(s-p_2) + \cdots + \angle(s-p_n)\}$$

$$= 180° \pm 360° \times k, \qquad k = 0, 1, 2, \cdots \tag{10·20}$$

극점과 영점이 그림 10·4와 같이 배치되어 있다고 한다(이후 극점은 ×, 영점을

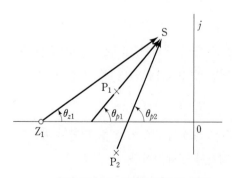

그림 10·4 극점과 영점의 배치

○로 표시하기로 한다). 점 P_1, P_2, …의 좌표를 각각 p_1, p_2, …, 점 Z_1, Z_2, …의 좌표를 각각 Z_1, Z_2, …로 하고 점 S를 근궤적상의 점으로 하면 그림 10·3의 경우와 마찬가지로

$$\overrightarrow{P_1 S} = s - p_1, \qquad \overrightarrow{P_2 S} = s - p_1, \qquad \cdots\cdots$$

$$\overrightarrow{Z_1 S} = s - z_1, \qquad \overrightarrow{Z_2 S} = s - z_2, \qquad \cdots\cdots$$

이다. 즉, $(s - p_1)$, $(s - p_2)$, ……, $(s - p_2)$, $(s - p_2)$, ……는 각각 점 P_1, P_2, ……, Z_1, Z_2, …에서 점 S에 그은 벡터이다. 이 크기를 각각 $\overline{P_1 S}$, $\overline{P_2 S}$, ……, $\overline{Z_1 S}$, ……, 편각을 각각 θ_{p1}, θ_{p2}, ……, θ_{z1}, ……으로 하면 이득 조건과 위상 조건은 다음과 같이 된다.

$$K \times \frac{\overline{Z_1 S} \times \overline{Z_2 S} \times \cdots\cdots \times \overline{Z_m S}}{\overline{P_1 S} \times \overline{P_2 S} \times \cdots\cdots \times \overline{P_n S}} = 1 \qquad (10\cdot21)$$

$$\{\theta_{z1} + \theta_{z2} + \cdots\cdots + \theta_{zm}\} - \{\theta_{p1} + \theta_{p2} + \cdots\cdots + \theta_{pn}\}$$

$$= 180° \pm 360° \times k, \qquad k = 0, 1, 2, \cdots\cdots \qquad (10\cdot22)$$

근궤적을 그리려면 이 두 가지 관계를 이용한다. 즉 다음의 순서에 따른다.

（ⅰ） 식 (10·22)의 위상 조건을 만족하는 점을 바로바로 찾아서 이들을 연결하는 곡선을 그린다(위상각의 덧셈, 뺄셈을 하기 위해서 특수한 분도기 spirule이 있다).

（ⅱ） 이와 같이 하여 얻어진 궤적상에 이득 상수 K의 눈금을 표시한다. 거기에는 식 (10·21)에서

$$K = \frac{\overline{P_1 S} \times \overline{P_2 S} \times \cdots \times \overline{P_n S}}{\overline{Z_1 S} \times \overline{Z_2 S} \times \cdots \times \overline{Z_m S}} \qquad (10\cdot23)$$

이다. 즉,

$$K = \frac{\text{점 S에서 각 극점에 이르는 거리의 곱}}{\text{점 S에서 각 영점에 이르는 거리의 곱}} \qquad (10\cdot24)$$

의 관계가 있으므로 이것을 이용하여 K를 결정한다.

예제 10·1 · · · · · · · · · · · · · · · ·

$$G(s)H(s) = \frac{K(s+1)}{s(s+2)}$$

$$p_1 = 0, \qquad p_2 = -2, \qquad z_1 = -1$$

(i) S가 실수축상 $P_1 \sim +\infty$ 사이에 있을 때(그림 10·5(a) 참조)

$$\theta_{p1} = 0°, \qquad \theta_{p2} = 0°, \qquad \theta_{z1} = 0°$$

이것은 위상 조건을 만족하지 않으므로 P_1에서 오른쪽의 실수축은 근궤적이 아니다.

(ii) S가 실수축상 $P_1 \sim Z_1$ 사이에 있을 때(그림 10·5(b) 참조)

$$\theta_{p1} = 180°, \qquad \theta_{p2} = 0°, \qquad \theta_{z1} = 0°$$

이것은 위상 조건을 만족하기 때문에 $Z_1 \sim P_1$ 사이의 실수축은 근궤적이다.

(iii) S가 실수축상 $Z_1 \sim P_2$ 사이에 있을 때(그림 10·5(c) 참조)

$$\theta_{p1} = 180°, \qquad \theta_{p2} = 180°, \qquad \theta_{z1} = 180°$$

이것은 위상 조건을 만족하지 않으므로 $Z_1 \sim P_1$ 사이의 실수축은 근궤적이 아니다.

(iv) S가 실수축상 $P_2 \sim -\infty$ 사이에 있을 때(그림 10·5(d) 참조)

$$\theta_{p1} = 180°, \qquad \theta_{p2} = 0°, \qquad \theta_{z1} = 180°$$

이것은 위상 조건을 만족하고 있으므로 P_2에서 왼쪽의 실수축은 근궤적이다.

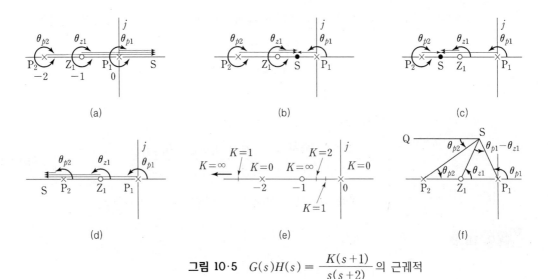

그림 10·5 $G(s)H(s) = \dfrac{K(s+1)}{s(s+2)}$ 의 근궤적

이상을 정리하면 구하는 근궤적은 그림 10·5(e)의 굵은 선이 된다. 여기에 그림상에서 $\overline{P_1S}$, $\overline{P_2S}$, $\overline{Z_1S}$의 길이를 재어 다음 식에 의해서 K를 구하여 눈금을 그린다.

$$K = \frac{\overline{P_1S} \times \overline{P_2S}}{\overline{Z_1S}} \tag{10·25}$$

지금의 경우, 특성 방정식은 2차이므로 특성근은 두 개밖에 없다. 그림 10·5 (e)와 같이 근궤적의 두 개 분지가 이미 구해져 있으므로 이것 이외에 근궤적은 없다. 또한 그림 10·5에서 두 개의 특성근은 어느 것도 음($-$)의 실근이라는 것을 알 수 있다. 또한 실수축 밖에 근궤적이 없는 것은 다음과 같이 하여 증명할 수 있다. 즉 그림 10·5(f)에서 실수축 밖의 점 S에 대해서는

$$\theta_{p1} - \theta_{z1} = \angle Z_1SP_1$$

$$\theta_{p2} = \angle QSP_2$$

이다. 그림 10·5에서 명백하듯이

$$\theta_{p1} - \theta_{z1} + \theta_{p2} = \angle Z_1SP_1 + \angle QSP_2 < 180°$$

그러므로 점 S는 근궤적상의 점이 아니다.

10·3 근궤적의 성질

근궤적을 그릴 경우, 다음에 설명하는 성질을 이용하면 편리하다.

(1) 대칭성

제어계의 특성 방정식은 실수 계수이므로 특성근이 복소수인 경우는 그 켤레복소수도 근이다. 따라서, 근궤적은 실수축에 관해서 대칭이다.

(2) 출발점

근궤적은 K가 0에서 ∞까지 변화할 때의 특성근의 궤적으로 $K = 0$에서 시작한다고 생각하여 $K = 0$에 대응하는 점을 출발점이라 부르기로 한다. 식 (10·19)에서 $K = 0$으로 하면 다음의 식이 성립한다.

$$(s-p_1)(s-p_2) \cdots\cdots (s-p_n) = 0 \qquad (10\cdot26)$$

즉,

$$s = p_1,\ p_2,\ \cdots\cdots,\ p_n$$

그러므로 근궤적은 루프 전달 함수의 극점을 출발점으로 한다.

(3) 종착점

$K{\to}\infty$에 대응하는 근궤적상의 점을 종착점이라 부르기도 한다. (2)와 마찬가지로 식 $(10\cdot19)$에서 $K{\to}\infty$로 놓으면

$$(s-z_1)(s-z_2) \cdots\cdots (s-z_m) = 0 \qquad (10\cdot27)$$

이다. 즉,

$$s = z_1,\ z_2,\ \cdots\cdots,\ z_m$$

따라서, 근궤적의 종착점은 루프 전달 함수의 영점이다.

(2), (3)을 정리하면

> K가 0에서 ∞까지 변화할 때, 근궤적은 루프 전달 함수의 극점에서 출발하여 영점으로 끝난다.

고 하는 것이 된다.

예제 10·2 ·

$$G(s)H(s) = \frac{K(s+2)}{s(s+1)(s+3)}$$

출발점은 0, -1, -3, 종착점은 -2이다(그림 10·6(a) 및 (b) 참조).

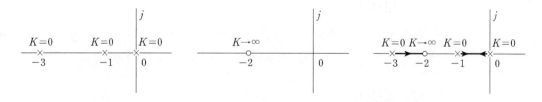

(a) 출발점   (b) 종착점   (c) 근궤적

그림 10·6 $\ G(s)H(s) = \dfrac{K(s+2)}{s(s+1)(s+3)}$ 의 근궤적

· ·

(4) 실수축상의 근궤적

'10·2'의 예제에서 추론할 수 있듯이 루프 전달 함수의 극점과 영점이 모두 실수축상에 있을 때는 근궤적상에 있는 점의 오른쪽에 있는 극점과 영점의 개수합은 홀수이다.

이 관계를 이용하면 실수축상의 근궤적으로 간단히 구해진다. 즉, 실수축상의 극점과 영점으로 구분된 구간 중 그 오른쪽에 있는 극점수와 영점수의 합이 홀수인 구간이 근궤적이다.

예제 10·3 ·

$$G(s)H(s) = \frac{K(s+2)}{s(s+1)(s+3)}$$

극점은 0, −1, −3, 영점은 −2이므로 근궤적은 그림 10·6(c)의 굵은 선과 같이 이들 구간 중 오른쪽에서 하나 건너로 취한 것이 된다.

실수축 밖에 있는 극점이나 영점은 켤레 형태로 존재하므로 이들의 켤레 극점 또는 영점과 실수축상의 점을 연결하는 벡터 위상각의 합이 0이 되어 근궤적의 위상 조건에 관계가 없다. 그러므로 실수축상의 근궤적에 관한 위의 성질은 실수축 밖에 극점이나 영점이 있어도 변하지 않는다.

· ·

(5) 분지수

일반적으로 제어계 루프 전달 함수 $G(s)H(s)$의 분모 차수(＝극점 개수)가 분자 차수(영점 개수)보다 낮은 것은 없다. 따라서 특성 방정식의 차수는 $G(s)H(s)$의 극점 개수와 같다. 그런데 특성근의 수는 특성 방정식의 차수만큼 있으므로 근궤적의 분지수는 루프 전달 함수 $G(s)H(s)$의 극점 개수와 같다.

(6) 무한 원점에 접근하는 분지수

(2), (3)에서 설명했듯이 근궤적은 극점에서 출발하여($K=0$) 영점에서 끝난다($K \to \infty$). 극점 개수 P와 영점 개수 Z가 일치할 때는 이것은 그대로 성립한다. 그러나 극점 개수가 영점 개수보다 많을 경우는(적은 것은 없다) 분지수는 극점 개수 P만큼 있으므로 각 극점을 출발점으로 하는 분지 중 $(P-Z)$개의 분지는 영점으로 끝날 수가 없다. 식 (10·18)에서 $n > m$인 경우, $K \to \infty$이면 $s \to \infty$이어야 하므로 위의 $(P-Z)$개 분지는 무한 원점에 접근하게 된다.

예제 10·4 ·

$$G(s)H(s) = \frac{K}{s}$$

이 예에서는 극점 개수 $P=1$, 영점 개수 $Z=0$, 따라서 분지수 $=1$, 무한 원점에 접근하는 분지수 $P-Z=1$(그림 10·7 참조).

그림 10·7 $G(s)H(s) = \dfrac{K}{s}$ 의 근궤적

예제 10·5 ·

$$G(s)H(s) = \frac{K}{s^2}$$

$$P=2, \qquad Z=0, \qquad P-Z=2$$

분지수는 2개이며 모두 무한 원점에 접근한다(그림 10·8 참조).

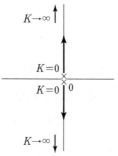

그림 10·8 $G(s)H(s) = \dfrac{K}{s^2}$ 의 근궤적

예제 10·6 ·

$$G(s)H(s) = \frac{K(s+2)}{s(s+1)(s+3)}$$

$$P=3, \qquad Z=1, \qquad P-Z=3-1=2$$

분지수는 전부 3개, 그 중 2개가 무한 원점에 접근한다(그림 10·10 참조).

· ·

(7) 무한 원점에 접근하는 분지의 점근선

무한 원점에 접근하는 분지는 점근선을 가진다. 다음에 이 점근선을 결정한다.

● **점근선의 방향**

점 S가 무한 원점에 있는 경우, 각 극점 및 영점에서 점 S로 향하는 벡터는 모두 동일 방향을 향한다. 따라서, 근궤적의 점근선도 이들과 동일 방향을 향하고 있다.

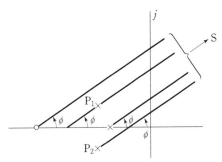

그림 10·9 점근선의 방향

이들 벡터의 편각을 ϕ라 하면 위상 조건에서 다음 식이 성립한다.

$$P\phi - Z\phi = 180° \pm 360 \times k \tag{10·28}$$

즉,

$$\phi = \frac{180° \pm 360° \times k}{P - Z} \tag{10·29}$$

이것이 점근선과 실수축이 이루는 각도이다.

예제 10·7 ·

$$G(s)H(s) = \frac{K(s+2)}{s(s+1)(s+3)}$$

$$P = 3, \quad Z = 1$$

$$\phi = \frac{180° \pm 360° \times k}{3 - 1} = 90°, \quad 270°$$

즉, 무한 원점에 접근하는 근궤적은 2개 있고 각각 90° 및 270°의 방향으로 점근한다.

● 점근선과 실수축의 교점

그림 10·7에 나타낸 바와 같이 $(P-Z)=1$인 경우, 점근선은 한 개이고 음$(-)$의 실수축과 일치한다. 이것에 대해서 $(P-Z)>1$인 경우, 점근선은 두 개 이상이 된다. 그리고 근궤적은 실수축에 관해서 대칭인 것을 생각하면 이들 점근선의 교점은 실수축상에 없으면 안된다. 다음에 이 교점을 구해 보자. 식 (10·18)을 고쳐 쓰면

$$G(s)H(s) = \frac{K(s^m + b_1 s^{m-1} + \cdots\cdots)}{s^n + a_1 s^{n-1} + \cdots\cdots} \tag{10·30}$$

이다. 단,

$$\left.\begin{aligned}
a_1 &= -(p_1 + p_2 + \cdots + p_n) \\
b_1 &= -(z_1 + z_2 + \cdots + z_m) \\
&\cdots\cdots\cdots\cdots\cdots\cdots\cdots\cdots\cdots\cdots
\end{aligned}\right\} \tag{10·31}$$

점근선은 $s \to \infty$의 극한에서 식 (10·30)의 근사식이다. 이것을 구하기 위해서 다음과 같이 변형한다.

$$\begin{aligned}
G(s)H(s) &= \frac{K}{\dfrac{s^n + a_1 s^{n-1} + \cdots\cdots}{s^m + b_1 s^{m-1} + \cdots\cdots}} \\
&= \frac{K}{s^{n-m} + (a_1 - b_1)s^{n-m-1} + \cdots\cdots} \\
&= \frac{K}{s^{n-m}\left\{1 + (a_1 - b_1)\dfrac{1}{s} + \cdots\cdots\right\}} \\
&= \frac{K}{\left[s\left\{1 + (a_1 - b_1)\dfrac{1}{s} + \cdots\cdots\right\}^{1/(n-m)}\right]^{n-m}}
\end{aligned} \tag{10·32}$$

$s \to \infty$의 극한에서는

$$\begin{aligned}
G(s)H(s) &\to \frac{K}{\left[s\left\{1 + \dfrac{a_1 - b_1}{n-m}\dfrac{1}{s}\right\}\right]^{n-m}} \\
&= \frac{K}{\left[s + \dfrac{a_1 - b_1}{n-m}\right]^{n-m}}
\end{aligned} \tag{10·33}$$

따라서, $s \to \infty$의 극한에서 근궤적은 다음 식으로 주어진다.

$$\frac{K}{\left[s + \dfrac{a_1 - b_1}{n - m}\right]^{n-m}} = -1 \tag{10·34}$$

즉,

$$\left[s + \frac{a_1 - b_1}{n - m}\right]^{n-m} = -K \tag{10·35}$$

이것은 실수축상의 꼭지점

$$s = -\frac{a_1 - b_1}{n - m} \tag{10·36}$$

에서 출발하는 방향

$$\phi = \frac{180° \pm 360° \times k}{n - m} \tag{10·37}$$

인 $(n-m)$개의 직선이다. 여기서 n은 $G(s)H(s)$의 극점 개수 P와, m은 $G(s)H(s)$의 영점 개수 Z와 같다. 이 관계와 식 (10·31)을 고려하면 식 (10·36), (10·37)은 다음과 같이 된다.

$$s = \frac{(p_1 + p_2 + \cdots\cdots + p_n) - (z_1 + z_2 + \cdots\cdots + z_m)}{P - Z} \tag{10·38}$$

$$\phi = \frac{180° \pm 360° \times k}{P - Z} \tag{10·39}$$

식 (10·39)는 식 (10·29)와 일치하고 있다. 또한 식 (10·38)에서 다음과 같이 말할 수 있다.

점근선과 실수축의 교점

$$= \frac{\sum G(s)H(s) \text{의 극점} - \sum G(s)H(s) \text{의 영점}}{G(s)H(s) \text{의 극점 개수} - G(s)H(s) \text{의 영점 개수}} \tag{10·40}$$

📍예제 10·8 ·

$$G(s)H(s) = \frac{K(s+2)}{s(s+1)(s+3)}$$

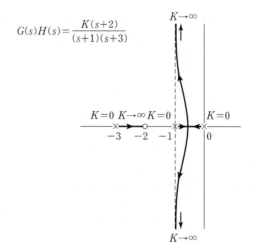

$$G(s)H(s) = \frac{K(s+2)}{(s+1)(s+3)}$$

그림 10·10 $G(s)H(s) = \dfrac{K(s+2)}{s(s+1)(s+3)}$ 의 근궤적

극점은 $s=0, -1, -3$의 3개, 영점은 $s=-2$의 1개, 따라서

점근선과 실수축의 교점 $= \dfrac{(0-1-3)-(-2)}{3-1} = -1$

(그림 10·10 참조)

(8) 근의 총합(중심)

루프 전달 함수에서 극점 개수 P가 영점 개수 Z보다 2 이상 클 경우, 즉 $P \geq (Z+2)$(또는 $n \geq (m+2)$)인 경우에 근의 총합을 생각해 보자.

특성 방정식 $1+G(s)H(s)=0$에 식 (10·18)을 대입하면 다음 식을 얻는다.

$$(s-p_1)(s-p_2)\cdots\cdots(s-p_n)$$
$$+K(s-z_1)(s-z_2)\cdots\cdots(s-z_1) = 0 \tag{10·41}$$

$n \geq (m+2)$이면

$$s^n - (p_1+p_2+\cdots\cdots+p_n)s^{n-1} + (-1)^n p_1 p_2 \cdots\cdots p_n$$
$$+(-1)^m K z_1 z_2 \cdots\cdots z_m = 0 \tag{10·42}$$

특성근을 $r_1, r_2, \cdots\cdots, r_n$으로 하면 윗식에서 다음 식이 성립하는 것을 알 수 있다.

$$r_1 + r_2 + \cdots\cdots + r_n = p_1 + p_2 + \cdots\cdots + p_n \tag{10·43}$$

즉, 특성근의 총합은 일정하고 극점의 총합과 같다.

또한 식 (10·43)의 양변을 $n(=P)$으로 나누면 평균값에 대해서 다음의 관계가 얻어진다.

$$\frac{r_1 + r_2 + \cdots\cdots + r_n}{n} = \frac{p_1 + p_2 + \cdots\cdots + p_n}{P} \tag{10·44}$$

이 식의 좌변은 어떤 K에 대한 특성근의 각 위치에 단위 질량을 가진 질점이 존재할 때, 그 질점계의 중심 위치를 표시하는 식이다. 우변은 $G(s)H(s)$의 극점 중심으로 일정하므로 좌변의 질점계 중심은 K가 변해도 일정하게 된다. 따라서, 오른쪽에 접근하는 분지가 있으면 왼쪽으로 접근하는 분지가, 윗쪽으로 접근하는 분지가 있으면 아래쪽으로 접근하는 분지가 존재하지 않으면 안된다. 단 $P \geq (Z+2)$라는 조건이 있다. 그림 10·10은 그 일례이다.

(9) 근궤적과 실수축의 교점

● 극점 및 영점이 모두 실수축상에 있는 경우

그림 10·11과 같이 루프 전달 함수의 극점 P_1, P_2, P_3, 영점 Z_1, Z_2가 존재하는 경우를 생각해 보자.

근궤적과 실수축의 교점 A에 관한 좌표를 a, 교점 A보다 윗쪽에 미소 거리 ε만큼 떨어진 근궤적상의 점을 S로 한다. 특성근의 A에서 S로 이동해도 근궤적의 위상 조건을 만족하지 않으면 안된다. 그러기 위해서는 식 (10·20)에 있는 각 편각 변화분의 총합이 0으로 될 필요가 있다.

벡터 $\overrightarrow{P_1 S}$의 편각 변화는 $-\theta_{p1}$이다. 또한 $\angle \overrightarrow{P_2 S}$, $\angle \overrightarrow{P_3 S}$, $\angle \overrightarrow{Z_1 S}$, $\angle \overrightarrow{Z_2 S}$의 변화는 각각 $-\theta_{p2}$, $+\theta_{p3}$, $-\theta_{z1}$, $+\theta_{z2}$이므로 식 (10·20) 각 항의 변화분에 대해서 다음 식이 성립한다.

$$(-\theta_{z1} + \theta_{z2}) - (-\theta_{p1} - \theta_{p2} + \theta_{p3}) = 0 \tag{10·45}$$

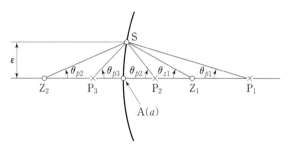

그림 10·11 근궤적과 실수축의 교점(1)

한편 ε은 미소량이므로

$$\theta_{z1} \simeq \tan \theta_{z1} = \frac{\varepsilon}{z_1 - a}, \qquad \theta_{z2} \simeq \frac{\varepsilon}{a - z_2}$$

$$\left.\theta_{p1} \simeq \frac{\varepsilon}{p_1 - a}, \qquad \theta_{p2} \simeq \frac{\varepsilon}{p_2 - a}, \qquad \theta_{p3} \simeq \frac{\varepsilon}{a - p_3}\right\} \qquad (10 \cdot 46)$$

식 (10·46)을 식 (10·45)에 대입하면

$$\frac{\varepsilon}{a - z_1} + \frac{\varepsilon}{a - z_2} = \frac{\varepsilon}{a - p_1} + \frac{\varepsilon}{a - p_2} + \frac{\varepsilon}{a - p_3}$$

이다. 즉,

$$\frac{1}{a - z_1} + \frac{1}{a - z_2} = \frac{1}{a - p_1} + \frac{1}{a - p_2} + \frac{1}{a - p_3} \qquad (10 \cdot 47)$$

이 식은 a에 대해서 풀면 구하는 교점의 좌표가 얻어진다. 더구나 그림 10·11 이외의 경우도 일반적으로 다음의 방정식을 풀면 좋다.

$$\sum_i \frac{1}{a - z_i} = \sum_j \frac{1}{a - p_j} \qquad (10 \cdot 48)$$

단, 이 식이 2차 이하가 아니면 실용상의 의미는 맞지 않다.

예제 10·9 ·

$$G(s)H(s) = \frac{K(s+2)}{s(s+1)}$$

$p_1 = 0$, $p_2 = -1$, $z_1 = -2$이므로 식 (10·48)은 다음과 같이 된다.

$$\frac{1}{1 - (-2)} = \frac{1}{a - 0} + \frac{1}{a - (-1)}$$

분모를 없애고 간단히 하면

$$a^2 + 4a + 2 = 0$$

이 식을 풀면

$$a = -2 \pm \sqrt{2} = -0.586, \quad -3.414 (그림 10·12 참조 : 부록의 Matlab$$
프로그램 참조).

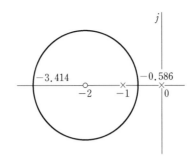

그림 10·12 $G(s)H(s) = \dfrac{K(s+2)}{s(s+1)}$ 의 근궤적

● **복소 극점 또는 영점이 있는 경우**

　루프 전달 함수가 켤레 복소 극점 또는 영점을 가질 경우, 근궤적과 실수
축의 교점을 부여하는 식은 식 (10·48)에서 약간 변한다.

　그림 10·13(a)와 같이 한 쌍의 켤레 복소극 P_1, P_2가 있는 경우를 생각
해 본다.

$$p_1 = a + j\beta, \qquad p_2 = a - j\beta$$

근궤적상의 점 S가 교점 A에서 미소 거리 ε만큼 윗쪽으로 움직였을 때에
$\angle \overrightarrow{P_1 S}$의 변화 θ_1은 그림 10·13(b)에서

$$\theta_1 = \varphi_1 - \varphi_2 \tag{10·49}$$

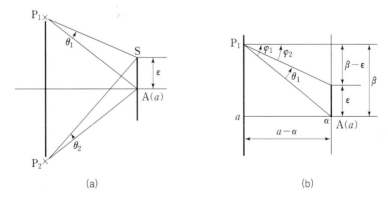

(a)　　　　　　　　　(b)

그림 10·13 근궤적과 실수축의 교점(2)

가 된다. 단,

$$\tan\varphi_1 = \frac{\beta}{a-\alpha}, \qquad \tan\varphi_2 = \frac{\beta-\varepsilon}{a-\alpha} \qquad (10\cdot50)$$

θ_1은 미소각이므로

$$\theta_1 \simeq \tan(\varphi_1-\varphi_2) = \frac{\tan\varphi_1 - \tan\varphi_2}{1+\tan\varphi_1\cdot\tan\varphi_2}$$

식 (10·50)을 대입하면

$$\theta_1 \simeq \frac{\dfrac{\beta}{a-\alpha} - \dfrac{\beta-\varepsilon}{a-\alpha}}{1+\dfrac{\beta}{a-\alpha}\dfrac{\beta-\varepsilon}{a-\alpha}} \simeq \frac{\varepsilon(a-\alpha)}{(a-\alpha)^2+\beta^2} \qquad (10\cdot51)$$

$\angle\overrightarrow{P_2S}$의 변화분 θ_2는 P_1와 P_2가 켤레이므로

$$\theta_2 \simeq \theta_1$$

따라서, 전체로서는 다음의 각도만큼 편각의 변화가 있다.

$$\theta_1+\theta_2 = \frac{2\varepsilon(a-\alpha)}{(a-\alpha)^2+\beta^2} \qquad (10\cdot52)$$

이하, 식 (10·48)의 유도와 마찬가지로 하여 다음의 교점을 주는 식이 얻어진다.

$$\sum_{\text{영점}} \frac{a-\alpha_i}{(a-\alpha_i)^2+\beta_i^{\,2}} = \sum_{\text{극점}} \frac{a-\alpha_j}{(a-\alpha_j)^2+\beta_j^{\,2}} \qquad (10\cdot53)$$

단,

영점 : $z_i = \alpha_i \pm j\beta_i$

극점 : $p_j = \alpha_j \pm j\beta_j$

물론 식 (10·53)에서 $\beta_i=0$, $\beta_j=0$으로 놓으면 식 (10·48)이 얻어진다.

예제 10·10

$$G(s)H(s) = \frac{K(s+1)}{(s+2-j2)(s+2+j2)} = \frac{K(s+1)}{s^2+4s+8}$$

$$p_1 = -2+j2, \qquad p_2 = -2-j2, \qquad z_1 = -1$$

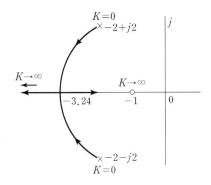

그림 10·14 $G(s)H(s)=\dfrac{K(s+1)}{s^2+4s+8}$ 의 근궤적

식 (10·53)에서

$$\frac{a+1}{(a+1)^2}=\frac{a+2}{(a+2)^2+2^2}+\frac{a+2}{(a+2)^2+(-2)^2}$$

이다. 간단히 하면

$$a^2+2a-4=0$$

$$\therefore\ a=-1\pm\sqrt{5}$$

실제의 교점은 음(−)부호의 쪽이다.

$$a=-1-\sqrt{5}=-3.24$$

더욱이 근궤적과 실수축의 교점에서 특성근은 중근이다.

(10) 근궤적이 극점 및 영점에 출입하는 각도

근궤적이 극점에서 나올 때의 각도 및 영점으로 들어갈 때의 각도는 실수축과의 교점과 마찬가지로 구한다. 즉, 근궤적상, 극점 또는 영점에 가까운 점 S를 취하면 이 점에 대해서도 위상 조건이 성립하는 것을 이용해서 결정할 수 있다. 예제에 의해서 설명한다.

예제 10·11

$$G(s)H(s)=\frac{K(s+1)}{(s+2-j2)(s+2+j2)}=\frac{K(s+1)}{s^2+4s+8}$$

$$p_1=-2+j2,\qquad p_2=-2-j2,\qquad z_1=-1$$

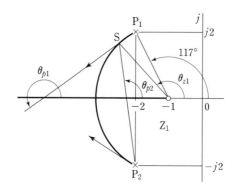

그림 10·15 근궤적이 극점 및 영점에 출입하는 각도

그림 10·15를 참조하면 점 S에 대해서 위상 조건은 다음과 같이 된다.

$$\theta_{z1} - (\theta_{p1} + \theta_{p2}) = 180° \pm 360° \times k \tag{10·54}$$

그런데 점 S는 점 P_1에 매우 가깝기 때문에

$$\theta_{z1} = \angle \overrightarrow{Z_1S} \simeq \angle \overrightarrow{Z_1P_1} = 117°$$

$$\theta_{p1} = \angle \overrightarrow{P_2S} \simeq \angle \overrightarrow{P_2P_1} = 90°$$

이것을 식 (10·54)에 대입하면

$$117° - \theta_{p1} - 90° = 180° \pm 360° \times k$$

$$\therefore \quad \theta_{p1} = -153 \pm 360 \times k = 207°$$

근궤적은 P_1에서 207°, P_2에서 153°의 방향으로 나온다.

10·4 극점 및 영점의 추가에 의한 근궤적의 변화

루프 전달 함수에 극점이나 영점이 부가되면 근궤적은 어떻게 변하는가를 예제에 의해서 생각해 보자.

예제 10·12   **극점을 추가한 경우** ·

루프 전달 함수가

$$G(s)H(s) = \frac{K}{s(s+a)}$$

인 경우, 근궤적은 그림 10·16(a)와 같이 된다. 이것에 대해서 점 $(-b, 0)$에 극점을 추가하면 루프 전달 함수는

$$G(s)H(s) = \frac{K}{s(s+a)(s+b)}$$

가 된다. 근궤적은 점 $(-b)$에 양전하가 있는 것과 동일하므로 그림 10·16(a)의 상태에서 오른쪽으로 밀려서 그림 10·16(b)와 같이 된다(부록의 Matlab 프로그램 참조). 또한 근궤적이 실수축을 자르는 점은 $-a/2$보다 오른쪽으로 이동한다. 이 경우에 근궤적은 s 평면의 우반 평면으로 들어가므로 K의 크기가 커지면 이 제어계는 불안정하게 되는 것을 알 수 있다.

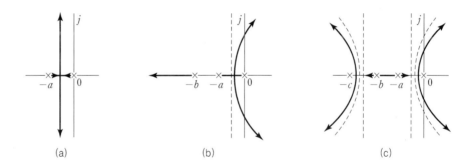

그림 10·16   극점을 추가한 경우

또한, 점 $(-c, 0)$에 극점을 추가하면 루프 전달 함수는

$$G(s)H(s) = \frac{K}{s(s+a)(s+b)(s+c)}$$

가 된다. 근궤적은 점 $(-c, 0)$에 양전하가 추가된 것과 동일하게 되므로 그림 10·18 (b)의 경우보다 더욱 오른쪽으로 밀린 모양이 된다. 극점 $(-b)$, $(-c)$에서 출발하는 근궤적도 극점 (0), $(-a)$가 없는 경우의 근궤적, 즉 수직 이등분선에 대하여 극점 (0) 및 $(-a)$에 양전하가 추가된 것이라고 생각하면 그 모양을 예상할 수 있다.

예제 10·13 영점을 추가한 경우 ·

예제 10·1과 마찬가지로

$$G(s)H(s) = \frac{K}{s(s+a)}$$

에서 출발하여 점 $(-b, 0)$에 영점을 추가하면 루프 전달 함수는

$$G(s)H(s) = \frac{K(s+b)}{s(s+a)}$$

가 된다. 근궤적은 점 $(-b)$에 음$(-)$전하가 있는 것과 동일하게 되므로 이것에 이 끌려서 그림 10·17의 실선과 같이 된다.

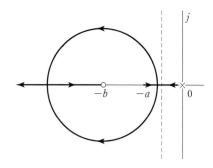

그림 10·17 영점을 추가한 경우

예제 10·14 위상 진상 보상 ·

루프 전달 함수

$$G(s)H(s) = \frac{K}{s(s+a)}$$

를 가진 제어계를 생각한다. 이 제어계의 근궤적에 종종 설명했듯이 그림 10·18(a) 로 나타낸다.

$K > 1/4$인 경우, 예를 들면 점 P를 생각하면

$$K = \overline{\mathrm{P0}} \times \overline{\mathrm{PA}}$$

이 K에 대해서 안정도를 나타내는 제동비를

$$\zeta = \sin \beta = \sin \angle \mathrm{P0Y}$$

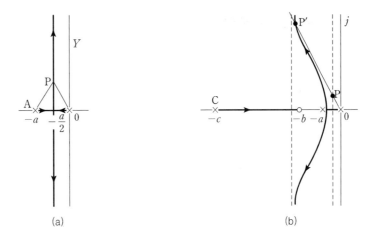

(a)   (b)

그림 10·18   위상 진상 보상

또한 속응성을 표시하는 고유 각주파수는 점 P의 세로 좌표와 같다.

이 전달 함수에 대해서 위상 진상 보상을 가하여(11장의 11·4 참조), 루프 전달 함수를 다음의 형태로 한다. 즉, 점 $(-c)$에 극점을 점 $(-b)$에 영점을 추가한다.

$$G(s)H(s) = \frac{K'(s+b)}{s(s+a)(s+c)}$$

이와 같이 극점과 영점을 추가하면 근궤적은 왼쪽으로 이동하여 그림 10·18(b)와 같이 된다(부록의 Matlab 프로그램 참조). 이 결과, 예를 들면 제동비 일정, 즉 $\beta = \text{const}$로 하면 특성근은 점 P에서 점 P′로 이동하고 세로 좌표가 커져 속응성이 좋아진다는 것을 알 수 있다. 또한 이득 상수의 값은

$$K' = \frac{\overline{P'0} \times \overline{P'A} \times \overline{P'C}}{\overline{P'B}}$$

로 된다. 보상 회로의 삽입에 의해서 속도 편차 상수가 커지고 정상 편차를 감소시킬 수가 있다는 것을 알 수 있다(이때, 속도 편차 상수가 K/a에서 bK'/ac로 변하는 것에 주의하기 바란다).

10·5 Matlab 예제

M10.2: Fig 10_2.m

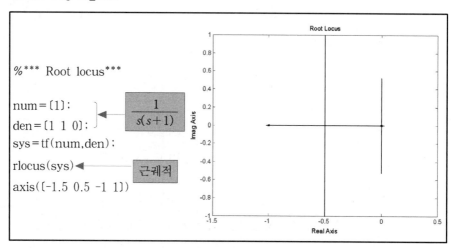

그림 10·19 근궤적

　locus는 단일 입출력의 연속 시간계의 폐루프 시스템의 전달 함수를 계산하고 그래프화 한다. 위의 그림에서 locus가 사용되는 피드백 시스템의 간단한 구조에 대해서 도식화해 놓았다.

　tf M5.1 참조

M10.7: Fig 10_7.m

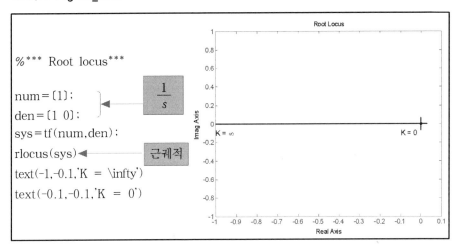

그림 10·20　$G(s)H(s) = \dfrac{K}{s}$ 의 근궤적

tf, text M5.1 참조. rlocus M10.2 참조

M10.8: Fig 10_8.m

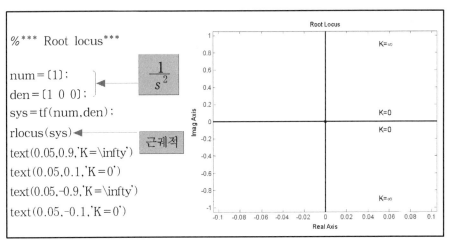

그림 10·21　$G(s)H(s) = \dfrac{K}{s^2}$ 의 근궤적

tf, text M5.1 참조, rlocus M10.2 참조

M10.10: Fig 10_10.m

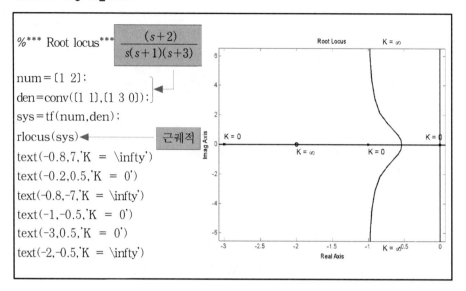

```
%*** Root locus***        (s+2)
                        s(s+1)(s+3)

num=[1 2];
den=conv([1 1],[1 3 0]);
sys=tf(num,den);
rlocus(sys)          근궤적
text(-0.8,7,'K = \infty')
text(-0.2,0.5,'K = 0')
text(-0.8,-7,'K = \infty')
text(-1,-0.5,'K = 0')
text(-3,0.5,'K = 0')
text(-2,-0.5,'K = \infty')
```

그림 10·22 $G(s)H(s) = \dfrac{K(s+2)}{s(s+1)(s+3)}$ 의 근궤적

tf, text M5.1 참조, rlocus M10.2 참조

M10.12: Fig 10_12.m

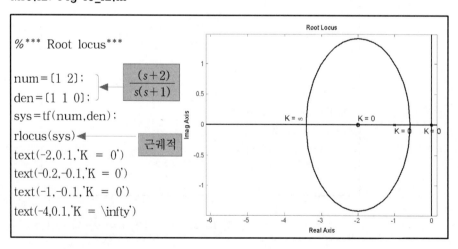

```
%*** Root locus***

num=[1 2];        (s+2)
den=[1 1 0];      s(s+1)
sys=tf(num,den);
rlocus(sys)          근궤적
text(-2,0.1,'K = 0')
text(-0.2,-0.1,'K = 0')
text(-1,-0.1,'K = 0')
text(-4,0.1,'K = \infty')
```

그림 10·23 $G(s)H(s) = \dfrac{K(s+2)}{s(s+1)}$ 의 근궤적

tf, text M5.1 참조, rlocus M10.2 참조

M10.14: Fig 10_14.m

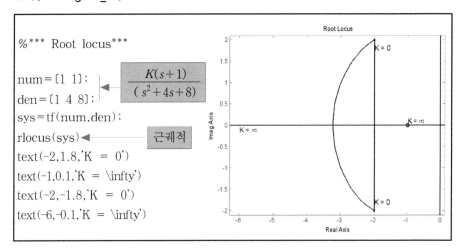

```
%*** Root locus***

num=[1 1];
den=[1 4 8];
sys=tf(num,den);
rlocus(sys)
text(-2,1.8,'K = 0')
text(-1,0.1,'K = \infty')
text(-2,-1.8,'K = 0')
text(-6,-0.1,'K = \infty')
```

$$\frac{K(s+1)}{(s^2+4s+8)}$$

근궤적

그림 10·24 $G(s)H(s) = \dfrac{K(s+1)}{(s^2+4s+8)}$ 의 근궤적

tf, text M5.1 참조, rlocus M10.2 참조

M10.18: Fig 10_18.m

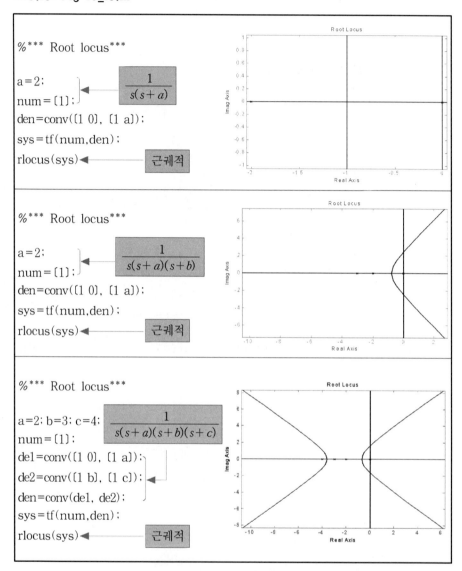

그림 10·25 극점을 추가한 경우

그림 5·27에서 설명했듯이 극점을 추가할 경우 분모의 차수가 증가한다. 그림 10·25의 첫 번째 그림은 극점이 0과 2이다. 그러나 두번째 그림에서는 극점-3이 하나 추가되고 분모의 차수가 1 증가한다. 그래프의 모양도 그에 따라 변화하게 된다. 그리고 마지막 그림은 -4라는 극점이 다시 추가되어 그림에서 보는 것과

같은 그래프가 나타나게 된다.

tf, text M5.1 참조, conv M5.18 참조, rlocus M10.2 참조

M10.19: Fig 10_19.m

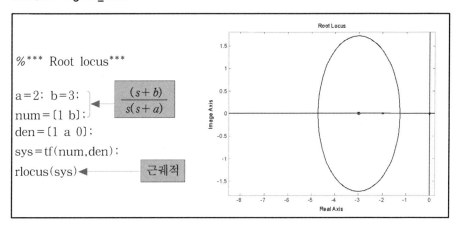

그림 10·26 영점을 추가한 경우

그림 10·25과 달리 영점을 추가함으로써 분자의 차수가 증가하였다. 그 결과 원형의 그래프가 나타나게 된 것이다.

tf, text M5.1 참조, rlocus M10.2 참조

M10.20: Fig 10_20.m

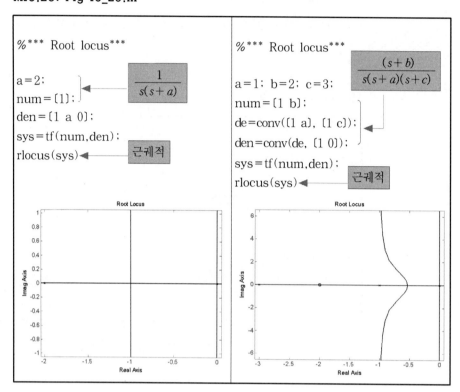

그림 10·27 위상 진상 보상

tf, text M5.1 참조, conv M5.18 참조, rlocus M10.2 참조

연습문제

1. 다음의 루프 전달 함수를 가진 제어계의 근궤적 개략을 그려라.

(1) $G(s)H(s) = \dfrac{K}{s}$ (2) $G(s)H(s) = \dfrac{K}{s^2}$

(3) $G(s)H(s) = \dfrac{K}{s^3}$ (4) $G(s)H(s) = \dfrac{K}{s+1}$

(5) $G(s)H(s) = \dfrac{K}{(s+1)(s+2)}$ (6) $G(s)H(s) = \dfrac{K}{(s+1)(s+2)(s+3)}$

(7) $G(s)H(s) = \dfrac{K}{(s+1)^2}$ (8) $G(s)H(s) = \dfrac{K}{s(s+1)}$

(9) $G(s)H(s) = \dfrac{K}{s(s+1)(s+2)}$ (10) $G(s)H(s) = \dfrac{K}{s(s+1)(s+2)(s+3)}$

(11) $G(s)H(s) = \dfrac{K(s+3)}{s+1}$ (12) $G(s)H(s) = \dfrac{K(s+3)}{(s+1)(s+2)}$

(13) $G(s)H(s) = \dfrac{K(s+3)}{s^2+4s+20}$ (14) $G(s)H(s) = \dfrac{K(s+3)}{s(s^2+4s+20)}$

(15) $G(s)H(s) = \dfrac{K(s+3)}{(s+10)(s^2+4s+20)}$ (16) $G(s)H(s) = \dfrac{K(s+10)}{s^2+4s+20}$

2. 문제 1의 제어계가 안정되기 위해서는 K에 어떤 제한이 있는가?

3. 문제 1의 제어계의 감쇠비 ζ를 0.4가 되도록 하기 위해서는 K를 얼마로 잡으면 좋은가? 근궤적을 이용해서 검토하여라.

4. 근궤적을 이용해서 다음의 루프 전달 함수를 가진 제어계의 안정, 불안정을 설명하여라.

(1) $G(s)H(s) = \dfrac{K(s-1)}{s(s+1)}$ (2) $G(s)H(s) = \dfrac{K(s+1)}{s(s-1)}$

5. 다음의 루프 전달 함수를 가진 두 개 단일 피드백계의 근궤적을 비교해서 제어 성능에 어떤 차이가 있는지를 설명하여라.

$$G_1(s) = \dfrac{K}{s(s+1)}$$

$$G_2(s) = \dfrac{K}{(s+2)(s+3)}$$

6. 루프 전달 함수에 다음과 같이 극점 또는 영점을 부가하면 근궤적은 어떻게 변하는가? 또한 이것에 의해서 제어계 특성에 어떤 변화가 있는가?

(1) $\dfrac{K}{s(s+10)} \rightarrow \dfrac{K(s+20)}{s(s+10)} \rightarrow \dfrac{K(s+20)}{s(s+10)(s+50)}$

(2) $\dfrac{K}{s(s+10)} \rightarrow \dfrac{K}{s(s+10)(s+5)} \rightarrow \dfrac{K(s+30)}{s(s+10)(s+5)}$

7. 다음의 루프 전달 함수를 가진 제어계에서 시정수 T가 0에서 ∞까지 변화할 때, 특성근이 그리는 궤적을 구하여라.

$$G(s)H(s) = \frac{10}{s(Ts+1)}$$

8. 근궤적을 이용해서 다음의 대수 방정식을 푸는 방법을 연구하여라.

$$s^3 + 12s^2 + 22s + 20 = 0$$

11장

서보 기구

11·1 서보 기구의 기능과 구성

제어량이 기계적 위치인 자동 제어계를 서보 기구라 한다. 그런데 위치를 제어한다고 말해도 그 기능상에서 두 가지의 면을 서보 기구는 가지고 있다. 하나는 원격 조작 장치로써의 기능이며, 다른 하나는 증력 기구로써의 기능이다. 즉 서보 기구는 입력단에서 출력단으로 위치의 신호를 전달할 때, 출력부를 입력 신호에 추종시키기 위해서 필연적으로 힘, 토크를 증폭하는 증력 작용을 수반하는 것이다. 이러한 점에서 보통 100[W] 정도를 경계로 하여 출력(파워)의 대소에 따라서 **파워 서보**(power servo)와 **계기 서보**(instrument servo)로 분류하는 경우도 있다.

서보 기구는 그림 11·1과 같이 신호 변환부와 파워 변환부로 구성된다. 신호 변환부는 신호의 검출·변환·연산 및 원격 전달을 담당하는 부분이며, 여기서는 유압식이 채용되는 경우도 있지만 전기식이 사용되는 경우가 압도적으로 많다.

파워 변환부는 증력 및 조작을 행하는 부분이다. 파워 증폭을 하기 위해서는 다른 곳에서 제어계에 보조 에너지를 가할 필요가 있지만 그것에 사용되는 에너지로써는 전기, 유압, 공기압, 수압 등이 있다. 이 중에서 일반적으로 널리 사용되고 있는 것은 전기식, 유압식 또는 이들의 조합 방식이다. 출력 5~10[kW] 정도 이하에서는 전기식이, 그 이상에서는 유압식 또는 전기-유압식이 유리하다.

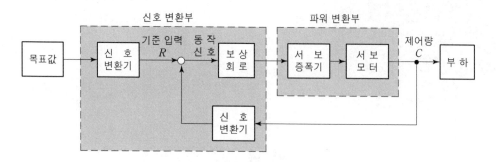

그림 11·1 서보 기구의 구성

11·1·1 전기식 서보 기구

(1) 직류 서보계

일반적으로 그림 11·1과 같은 서보계에서 기준 입력 및 제어량이 일정값을 취할 때에 동작 신호가 그림 11·2와 같이 직접 가해지는 것을 **직류 서보계**(D.C servo system)라 한다. 보통 목표값은 직접 그에 비례하는 기준 입력 신호로 변환되어 표시된다. 그러므로 그 제어계의 동작 신호는 역시 그림 11·2와 같이 편차 신호의 비례한 형태로 표시되게 된다. 그림 11·3은 그와 같은 직류 서보 기구의 예를 나타내고 있다.

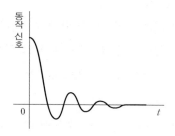

그림 11·2 동작 신호

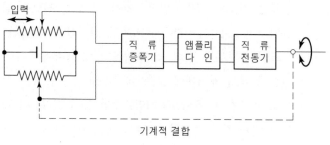

그림 11·3 직류 서보 기구

(2) 교류 서보계

그림 11·4와 같이 싱크로(11·2·1의 (2) 참조)나 교류 브리지를 편차 검출기로서 사용한 제어계에서는 거기에서 인출되는 편차 신호가 그림 11·5(b)와 같이 진폭 변조된 파형으로 나타낸다. 만일 기준 입력 R이나 제어량 C가 일정값이라도 동작 신호는 $(R-C)$의 크기에 비례한 일정 진폭을 가진 정주파수의 사인파 상태가 된다.

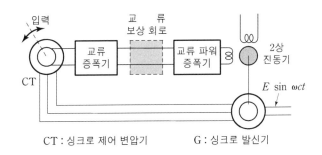

CT : 싱크로 제어 변압기   G : 싱크로 발신기

그림 11·4 교류 서보 기구

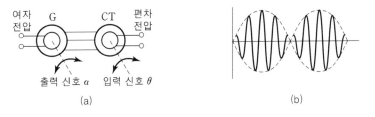

그림 11·5 싱크로계에서 인출되는 편차 전압

그래서 이와 같은 신호를 가진 제어계를 앞의 직류 서보에 대해서 **교류 서보계**(A.C servo system)라고 부르는 것이다. 교류 서보에서는 일반적으로 신호가 정보에 따라서 진폭 변조된 반송파에 의해서 전달되고 반송파 주파수로서 상용 주파수에서 수천[Hz]에까지 이르는 것이 적절히 사용된다. 상용 주파수와 같이 낮은 주파수에서는 외부로부터 유도 잡음을 받기 쉬우며, 이 방해를 피하는 것이 성가신 것이다. 항공기, 선박 등에서는 보통 400[Hz]의 교류 전원을 사용하고 있다.

11·1·2 전기 - 유압식 서보 기구

신호 변환부에 전기식을, 파워 변환부에 유압식을 사용하는 방식이 최근에 대출력 서보 기구에서 사용되는 경우가 많다. 유압 모터의 속응성과 전기 신호의 원격 전달의 용이성을 병용하고 있으나 부속 설비로서 유압원이나 냉각 장치 등을 필요로 한다.

전기-유압식 서보 기구는 유압 모터의 제어 방식에 따라서 두 종류로 대별할 수 있다. 하나는 서보 밸브 제어 방식이며, 다른 하나는 유압 펌프 제어 방식이다.

(1) 서보 밸브 제어 방식(valve controlled system)

그림 11·6에 그 구성 선도를 나타낸다. 서보 밸브의 토크 모터에 흐르는 전류에 의해서 일정 압력의 유압을 공급하고 있는 서보 밸브의 기름 유량을 제어하고 이것에 연결된 유압 서보모터의 속도를 제어하는 방식이다.

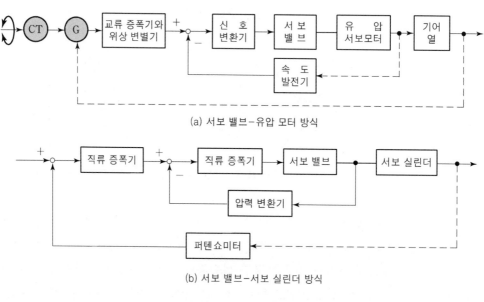

(a) 서보 밸브-유압 모터 방식

(b) 서보 밸브-서보 실린더 방식

그림 11·6 서보 밸브 제어 방식

(2) 유압 펌프 제어 방식(displacement controlled system)

그림 11·7에 나타낸 바와 같이 유압 펌프를 일정 속도로 구동해 두고 펌프의 경사판을 제어하여 펌프 출력 유량을 제어한다. 그림 11·7에도 나타내고 있으나

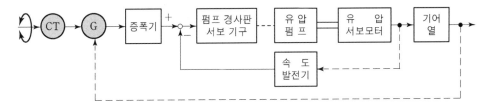

그림 ll·7 유압 펌프-유압 모터 방식

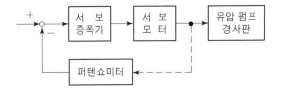

그림 ll·8 유압 펌프-경사판 서보 기구의 예

이 방식에서는 주제어계의 서보 기구 이외에 유압 펌프 경사판의 위치를 제어하는 국부 서보 기구가 필요하다. 그림 11·6(b)나 그림 11·8과 같은 제어계가 국부 기구로서 사용된다.

11·2 서보 기구의 요소

서보 기구의 동작 특성은 첫째로 그 제어계에 사용하는 요소와 그들 요소의 사용 방법에 관한 좋고 나쁨에 따라서 결정된다. 그러므로 어떠한 요소가 서보 기구에 사용되는가, 그리고 그 특성은 어떠한 것인가를 알아 둘 필요가 있다.

11·2·1 편차 검출기

신호 변환부의 주역을 차지하는 것이 **편차 검출기**(error detector, comparator)이다. 이것은 그림 11·9의 구성 선도가 나타내는 바와 같이 목표값과 제어량을 비교하고 그 차를 인출하는 부분이며, 제어계의 정밀도에 직접 관계하므로 직선성, 감도 등이 중요한 성능으로 되어 있다.

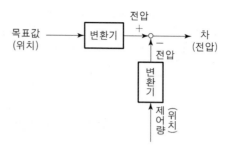

그림 11·9   편차 검출기의 기능

(1) 퍼텐쇼미터형 편차 검출기

위치 편차 검출기로서 그림 11·10과 같은 슬라이딩 저항으로 된 **퍼텐쇼미터**(potentiometer)를 그림 11·11과 같이 접속한 퍼텐쇼미터형이 사용된다. 보통, 권선 저항이 사용된다.

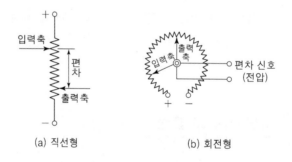

(a) 직선형   (b) 회전형

그림 11·10   편차 검출기의 기능

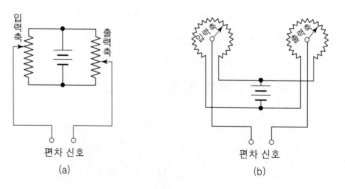

(a)   (b)

그림 11·11   퍼텐쇼미터형 검출기(브리지식)

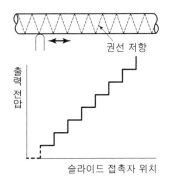

그림 11·12 슬라이드 접촉자 위치와 출력 전압의 관계

　권선형에서는 그림 11·12에서 보는 바와 같이 슬라이딩 접촉자가 서로 인접하는 권선상을 이동할 때, 스텝 모양의 저항이 변화하기 때문에 이것이 잡음의 원인이 되고 또한 특히 미세한 검출을 하려면 그에 따른 지름을 가진 저항선을 선정하여야 한다.

　권선형 저항기에 의해서 검출할 수 있는 최소값은 보통 저항의 최소 변화를 전 저항의 백분율로 표시한 **분해능**(resolution)으로 주어진다. 또한 슬라이딩 접촉자를 움직이는 데에 요하는 힘은 가급적 작은 것이 바람직하지만 보통 수백[g·m] 이하로 설계되어 있으며 1[g·m] 이하의 것도 제작되고 있다.

(2) 싱크로형 편차 검출기

　퍼텐쇼미터형 편차 검출기는 직류 서보를 사용되는 일이 많으나 교류 서보에서는 싱크로형 편차 검출기가 널리 사용되고 있다. **싱크로**(synchro, selsyn)는 고정자에 3상 권선, 회전자에 단상 권선*을 가진 동기기이며 그림 11·13과 같은 심벌

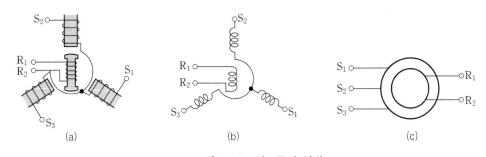

그림 11·13 싱크로의 심벌

---

* 반대로 고정자에 단상, 회전자에 3상 권선을 감은 것도 있다.

기호로 표시된다. 편차 검출기로서 사용되는 것은 **싱크로 발신기**(generator, transmitter)(G)와 **싱크로 제어 변압기**(control transformer)(CT)의 조합이다.

발신기 및 제어 변압기는 3상 고정자 권선과 단상 권선을 가진 점에서 회로적으로 아주 동일하지만 구조상은 다르다. 즉, 회전자의 형상은 발신기와 제어 변압기에서는 그림 11·14와 같이 다르며 제어 변압기에서는 고정자 자계의 견인력 영향을 받지 않도록 갭의 리액턴스를 균일하게 하고 있다. 또한 일반적으로 제어 변압기 고정자 권선은 발신기보다 고임피던스로 설계하고 있다.

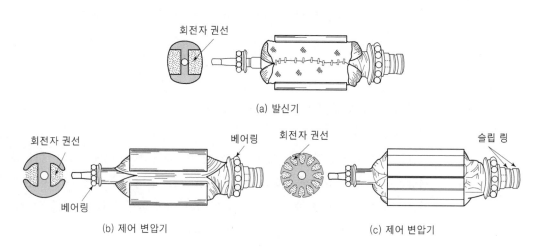

그림 **11·14** 싱크로 발신기와 싱크로 제어 변압기의 회전자 비교

싱크로를 서보 기구에서 편차 검출기로서 사용하려면 싱크로 발신기와 싱크로 제어 변압기를 그림 11·15(a)와 같이 접속하여 제어 변압기 CT의 회전자에서 편차 신호를 전압으로서 인출한다. 입력 신호는 발신기 G의 회전자 회전각으로서, 출력 신호는 제어 변압기 CT의 회전자 회전각으로서 주어진다. 이렇게 해서 발

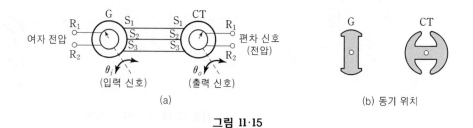

그림 **11·15**

신기 회전자에 교류를 가하면 그림 11·15(b)와 같이 두 회전자의 방향이 직각 (동기 위치)이면 유도 전압은 영(0)이 되고 동일 방향이면 최대 전압을 유도한 다. 즉, 두 회전자의 위치 어긋남에 따른 크기와 위상을 가진 그림 11·16과 같은 전압이 편차 신호로서 인출된다.

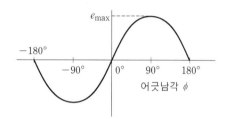

그림 11·16 편차 전압

발신기와 제어 변압기의 회전자 위치를 동기 위치에서 측정하여 각각 θ, α라 하면 편차 전압의 진폭 e_{max} 은 다음 식으로 표시된다.

$$e_{max}(t) = K_{ct}(\theta - \alpha) \tag{11·1}$$

단, K_{ct} 는 제어 변압기의 감도를 나타내는 상수라 한다.

그러므로 제어 변압기의 전달 함수 $Y_{ct}(s)$는 실용상 다음과 같이 된다.

$$Y_{ct}(s) = \frac{E_{max}(s)}{\Theta(s) - \alpha(s)} = K_{ct} \tag{11·2}$$

그리고 여기서 첨가해 둘 것은 싱크로 검출계에서 인출되는 편차 전압의 진폭 은 여자 전원의 위상을 기준으로 해서 생각하면 편차각 $(\theta - \alpha)$의 양·음(+· −)에 따라서 그림 11·16과 같이 위상이 반전하는 것이다.

싱크로의 정밀도는 그 (정적) 오차에 의해 결정된다. **정적 오차**(static error) 는 발신기와 수신기(또는 제어 변압기)를 동기 위치에 두고 발신기 회전자를 어 느 각도 회전시켰을 때, 재차 싱크로계가 동기 ― 평형 ― 하는 각도, 즉 수신기 회전자의 회전 각도가 발신기의 그것과 일치하지 않는 것을 말한다. 발신각과 수 신각의 차가 오차이다. 이 원인은 주로 제작상에 문제가 있으며 보통 $\pm(10' \sim 2°)$ 정도이다. 이 값은 정회전 방향의 최대 오차와 역방향 최대 오차의 평균값에 $\pm$를 붙인 것이다.

또한 제어 변압기는 동기 위치에 있어도 철심의 포화, 자기 회로의 불균일 등에 기인하는 출력 전압을 나타내고 완전히 영(0)으로는 안된다. 이것을 싱크로의 **잔류 전압**(residual voltage)이라 하고 $20 \sim 100[\text{mV}]$ 정도이며 제어계의 잡음원이 되므로 가급적 작은 것이 바람직하다.

(3) 리졸버 · 인덕토신

싱크로와 같은 종류로 볼 수 있는 것에 **리졸버**(resolver)가 있다. 그 구조는 그림 11·17과 같이 공간적으로 직교하는 2상 권선을 가진 고정자와 단상 또는 직교하는 2상 권선을 가진 회전자로 구성되어 있다.

그림 11·18과 같이 조합하면 싱크로와 마찬가지로 각도의 전달에 사용할 수가 있다. 싱크로에 비해서 고정밀도를 기대할 수 있고 오차는 3.5′ 정도이다.

더욱이 리졸버와 동일한 원리를 사용해서 그 구조를 개량하여 분해능을 극도로 높인 것에 **인덕토신**(inductosyn)이 있다. 이 오차는 5″이다.

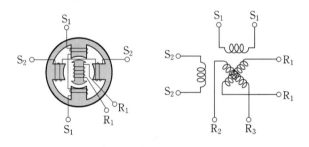

그림 11·17 리졸버의 개략도

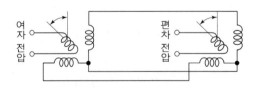

그림 11·18 리졸버의 회로

(4) 차동 변압기 · 마이크로신

이 이외에 교류 편차 검출기로서 흔히 사용되는 것에 **차동 변압기**(differential transformer)가 있다.

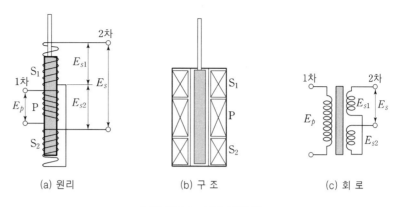

(a) 원리   (b) 구 조   (c) 회 로

그림 11·19 차동 변압기

차동 변압기에는 여러 형태가 있으나 그 기본형은 그림 11·19와 같은 직선형 차동 변압기(L.D.T)이다. 그 구조는 비자성 재료의 권선틀에 1차, 2차 권선이 감겨져 있으며 2개의 2차 권선은 차동적으로 접속해서 사용하고 권선틀의 중앙에는 자성 철심이 있으므로 직선 운동을 할 수 있게 되어 있다.

1차 단자에 교류 전압 E_p를 가하면 전자 유도에 의해서 2차 권선 S_1, S_2에 발생하는 전압은 같지만 이들은 차동적으로 접속되어 있기 때문에 2차 단자에는 전압은 나타나지 않는다. 그러나 철심이 중심 위치보다 위로 움직이면 $E_{s1} > E_{s2}$, 아래로 움직이면 $E_{s1} < E_{s2}$가 되므로 $E_{s1} - E_{s2} = E_s$로서 2차 전압이 철심의 이동량에 비례하여 인출된다. 따라서 철심을 주동쪽, 권선을 종동쪽에 부착하면 위치 편차 검출기로서 서보 기구로 사용할 수가 있다. 실제로는 싱크로와 마찬가지로 철심의 권선 중앙에 있어도 2차 전압은 영(0)이 되지 않고 그림 11·20과 같이 최대 출력 전압의 0.5[%] 정도인 잔류 전압이 생기므로 그 보상이 필요하다.

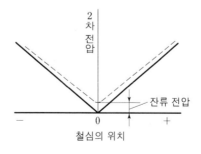

그림 11·20 차동 변압기의 잔류 전압

　직선성은 ±0.5[%] 정도, 분해능은 최대 출력 전압의 0.1[%] 정도가 보통이다. 또한 감도는 부하 저항 1[kΩ] 이상으로서 상용 주파수에서는 0.05~0.5[V/mm] 정도이다.

　차동 변압기와 동일한 원리로 회전형 구조를 가진 것에 **마이크로신**(microsyn)이 있다. 그림 11·21의 경우는 회전자의 변위에 따라서 리액턴스에 불평형이 생기고, 그 결과 출력 전압이 인출된다. 회전에 의해서 자속의 양은 변화하지 않기 때문에 토크는 발생하지 않으므로 정밀한 위치 검출에 적합하다. 이득은 보통 35[V/rad] 정도이며, 직선성은 회전 범위 7°인 경우에 최대 출력의 ±0.05[%] 정도, 10°에서 ±1[%] 정도이다.

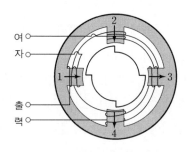

그림 11·21　마이크로신

11·2·2 증폭기

(1) 증폭부의 기구

　전치 증폭기의 기본형은 그림 11·22에 나타내는 바와 같이 5개의 형으로 분류할 수 있다. 그림 11·22(a)는 직류 편차 신호를 그대로 직류 증폭기로 증폭하여 조작부에 가하는 방식이지만 직류 증폭기에 붙어 다니는 **드리프트**(drift)* 대책을 강구하지 않으면 안된다. 그것을 피하기 위한 것이 그림 11·22(b)이고 드리프트의 염려가 없는 교류 증폭기를 사용하기 때문에 직류 편차 신호를 변조기로 직→교 변환한 후 증폭하여, 다시 복조기에 의해서 교→직 변환하여 조작부에 가한다. 이것에 대해서 그림 11·22(c)에서는 복조하지 않고 그대로 교류형 조작부에 교류 신호를 보낸다. 교류 서보에서는 진폭 변조된 교류 편차 신호를 그대로 교류 증폭하여 교류형 조작부에 가하는 그림 11·22(d)의 형과, 복조기에 의해

---

* 입력이 영(0)인 경우라도 전원 전압의 미세한 변동, 부품의 온도 변화, 진공관의 특성 변화 등에 의해서 출력쪽에 생기는 직류 전압을 말한다.

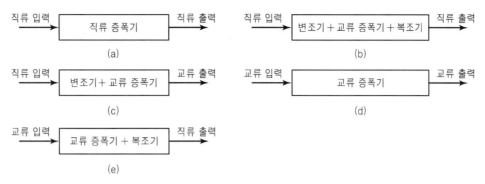

그림 11·22 증폭기의 기본형

직류로 변환한 후 직류형 조작부에 가하는 그림 11·22(e)의 형이 있다.

직류 증폭기와 교류 증폭기의 어느 것을 사용할 것인가는 일률적으로 말할 수 없다. 직류 증폭기에서는 전원의 안정도가 매우 높은 것을 요구하여 직류 증폭기 고유의 드리프트를 수반하므로 큰 이득을 요하는 경우에 잘 사용되지 않으나, 제어계의 특성을 개선할 목적으로 삽입하는 보상 회로의 설계가 용이하다. 이것에 대해서 교류 증폭기는 드리프트의 염려도 없고 증폭기 자체의 설계는 용이하지만 그 보상 회로는 반송 주파수에 변동이 있는 경우에는 성가시다.

어느 것으로 해도 서보 기구의 증폭부는 변조기 및 복조기, 직류 증폭기 및 교류 증폭기의 조합이다.

(2) 변조기(modulator)

일례로서 그림 11·23(a)와 같은 다이오드 브리지형 링 변조 회로(ring modulation circuit)에 대해서 생각해 보자. 단자 a, b 사이에 편차 신호를 직류 입력으로서 가했을 때, 만일 a점이 b점에 대해서 양(+)이라고 하면 정류기, 즉 다이오드 D_1 및 D_2는 정바이어스에 의해서 도통하고 D_3와 D_4는 역바이어스에 의해 컷오프된다. 따라서, 정류기 D_1, D_2의 순저항을 각각 R_1, R_2라 하면 그림 11·23(b)와 같은 등가 회로로 표시되게 된다. 이것에 대해서 편차 신호의 극성이 반대로 되면 이번은 D_3, D_4가 도통하고 D_1, D_2는 컷오프되어 그림 11·23(c)의 등가 회로가 된다. 그림 11·23(b), (c)를 비교하면 용이하게 알 수 있는 바와 같이 편차 신호의 극성은 변압기 T_1, T_2의 결선에 변화를 주고 있다. 즉, 그림 11·23(c)의 출력은 그림 11·23(b)의 출력 위상과 정확히 역위상에 있다. 출력의 위상은 입력의 극성에 따라서 변하는 것이다.

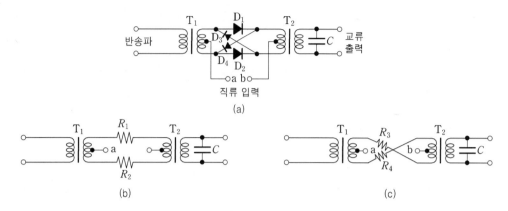

그림 11·23   링 변조 회로

　　다음에 출력의 진폭에 대해서 생각해 보자. 우선 반송파 입력이 작은 경우에는 그림 11·24와 같이 바이어스의 변화에 의해서 출력의 교류 성분은 변화하고 동작점의 기울기에 비례한다. 그러므로 교류 출력의 진폭은 바이어스의 변화, 즉 편차 입력 신호의 진폭에 의존하는 것을 알 수 있다.

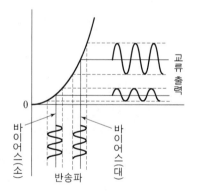

그림 11·24   반송파인 진폭보다 직류 신호의 폭이 큰 경우

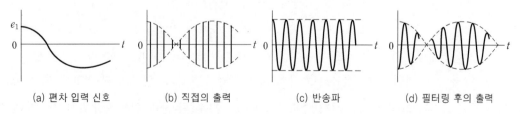

(a) 편차 입력 신호　　(b) 직접의 출력　　(c) 반송파　　(d) 필터링 후의 출력

그림 11·25   링 변조기의 각부 파형

이렇게 하여 얻어진 출력 신호는 그림 11·25(c)와 같이 고조파를 포함하고 있는 것이 보통이므로, 그림 11·23(a)와 같이 출력 변압기 T_2의 2차측에 콘덴서 C를 넣어서 필터링해 주어 그림 11·25(d)와 같이 고조파를 제거한다.

또한 반송파 입력이 큰 경우에는 그림 11·26과 같이 그림 11·23에 있는 D_1, D_2에서의 출력은 그림 11·26(a)로 표시되고, D_3, D_4에서의 출력은 그림 11·26(b)로 표시되게 되므로 결과로서 그들의 차가 출력단에 나타나는 점을 고려하면 반송파의 입력이 작은 경우와 마찬가지로 취급할 수 있다.

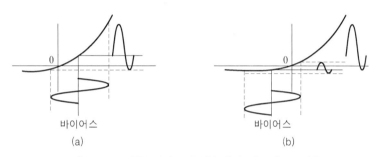

그림 바이어스 (a)   바이어스 (b)

그림 11·26 직류 입력보다 반송파의 진폭이 큰 경우

변조기의 이와 같은 동작은 편차 입력 신호를 $e_1(t)$, 출력 교류 신호의 포락선 진폭을 $e_{\max}(t)$라 하면 다음 식으로 표시된다.

$$Y_{m0}(s) = \frac{E_{\max}(s)}{E_1(s)} = E_{m0} \qquad (11\cdot3)$$

이 이외에 변조기로서는 초퍼·자기 철심 등을 스위치로서 동작시키는 것이나 다극관의 정류 증폭 작용을 이용하여 변조와 증폭을 동시에 시키는 것 등 다종 다양한 것이 있다.

(3) 복조기(demodulator)

다음에 복조기에 대해서 생각해 보자. 보통 복조 동작은 교류 신호와 반송파에 합을 정류하고 또한 교류 신호와 반송파의 차를 정류하여 그들의 결과를 대수적으로 더하는 것에 의해서 행해진다.

예를 들면 그림 11·27에서 교류 입력이 영(0)일 때에는 정류기 D_1, D_2로의 입력은 반송파만으로 각각 같은 크기이므로(그림 11·28(a) 참조), R_1에 D_1에서의 출력과 R_2에 생기는 D_2에서의 출력은 크기가 같고 방향이 반대이다.

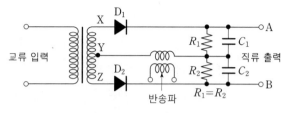

그림 11·27 간이형 복조기

따라서, 출력단 AB에 나타나는 전압은 영(0)이다. 또한 교류 입력이 반송파와 동상이라면(Y점에서 X점으로 측정한 교류 전압이 반송파와 동상) D_1으로의 입력은 반송파와 YX간 전압의 합이 되고, 한편 D_2로의 입력은 반송파와 YZ간 전압의 차와 같다(그림 11·28(b) 참조).

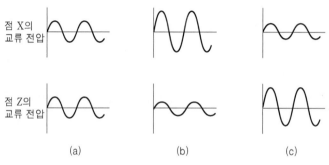

그림 11·28 그림 11·27 회로의 전압 관계

따라서, D_1 출력의 쪽이 D_2보다 크게 되어 출력단 AB에서는 B점에 대해서 A점이 양(+)으로 되는 직류 전압이 나타난다. 교류 신호가 반송파와 역위상에 있을 때는 그림 11·28(c)와 같이 앞 설명의 경우와 반대로 A점에 대해서 B점이 양(+)의 출력을 발생한다. 이렇게 하여 출력은 입력의 진폭과 위상에 의존하는 것을 알 수 있다.

또한 앞의 설명한 링 변조기는 입·출력 단자를 반대로 하여 그림 11·29와 같이

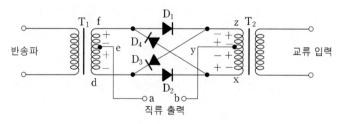

그림 11·29 브리지형 복조기

사용하면 복조기가 된다. 교류 입력 및 반송파가 동상이었다고 하면 yzde 회로에서는 전압이 서로 더해져 D_3의 도전율은 높고 다른 반사이클에 대해서 모든 극성이 반전하므로 이번은 D_4가 도전율이 좋게 된다.

어느 경우에도 출력단 ab에는 b점에 대해서 a점이 양(+)의 출력을 발생한다. 이때 D_1, D_2도 전류를 흘리지만 D_3, D_4에 비해서 도전율은 매우 작게 된다. 즉, D_1에 의해서 ab단에 나타나는 전압은 yz와 ef간의 전압차에 의한 것만이며 그 값은 작다. 교류 입력이 영(0)일 때에는 회로는 ey에 대해서 완전히 대칭이 되므로 직류 출력도 영(0)이 된다.

또한 그림 11·29의 T_2에서 전압의 극성이 괄호로 나타내는 바와 같이 반송파일 때에는 D_1이 다른 반사이클에 대해서는 D_2가 잘 도통하여 출력단에는 전과 극성이 다른 직류 전압이 생긴다. 즉, 이 회로의 출력은 교류 입력의 위상과 진폭에 따라서 정해진다.

복조기는 이와 같이 입력의 위상을 판별하는 정류기라고 생각되므로 **위상 판별기**(phase discriminator) 또는 **위상 판별 정류기**(phase-sensitive rectifier) 라고도 말한다. 복조기에서는 교류 입력 신호의 진폭 $e_{max}(t)$에 직접 비례하는 평균값 $e_0(t)$를 출력 신호로서 주게 되므로 그 전달 함수 $Y_{de}(s)$는 다음과 같이 표현해도 좋다.

$$Y_{de}(s) = \frac{E_0(s)}{E_{max}(s)} = K_{de} \tag{11·4}$$

보통 그림 11·27과 같이 콘덴서에 의해서 출력을 평활화하고 있기 위한 시간 지연을 고려하면 다음과 같이 된다.

$$Y_{de}(s) = \frac{K_{de}}{Ts+1} \tag{11·5}$$

(4) 전기식 증폭기

전기식 증폭기 중에서 전자식 서보용 증폭기를 그 설계에는 음성 증폭기의 기술이 그대로 이용되지만 필요한 특성은 제어계의 본질과 관계되어 큰 차이가 있다. 그 특징을 열거하면 다음과 같다.

● **대역폭** : 서보의 주파수 대역은 보통 수십~100[Hz] 이하이다. 이 대역 내에

표 11·1 각종 전기식 증폭기의 특성

성능＼종류	전자관	트랜지스터	사이러트론	SCR [1]	자기 증폭기	앰플리다인
입력 신호	직류 또는 교류	직류 또는 교류	일반적으로 직류일 때에 교류	일반적으로 펄스일 때에 직류 또는 교류	직류	직류
출력 신호	직류 또는 교류	직류 또는 교류	교류 또는 펄스	직류 또는 교류	교류 또는 직류	직류
입력 임피던스[Ω]	$10^8 \sim 10^9$	약 10^3	그리드 임피던스 $10^2 \sim 10^4$ 도통시는 0	수십	$5 \sim 100$ 정도 리액티브	$100 \sim 100$ 리액티브(10[%])
출력 임피던스[Ω]	구의 내부 저항과 전원 내부 임피던스의 합	약 10^4	전원 내부 임피던스	전원 내부 임피던스의 2배 정도	$5 \sim 10^3$	전기자 임피던스, $10 \sim 500$
게인	전압 게인, 전력 게인은 별로 크지 않다.	전류 게인 100	전력 게인 $100 \sim 150$	전력 게인 10^7	전력 게인 $10^3 \sim 10^5$	전력 게인 $10^3 \sim 10^5$
평균 시정수[μs]	수	수	수백	$10 \sim 20$	가장 작을 때 전원의 주기 + 입력 회로의 시정수	$100[W]$까지의 것에서 $5[ms]$ $5,000[W]$까지의 것에서 $5 \sim 50[ms]$
전형적인 주파수 전달 함수	K	K	$\dfrac{K}{1+j\omega T}$	K	$\dfrac{K}{1+j\omega T}$	$\dfrac{K}{j\omega(1+j\omega T_1)(1+j\omega T_2)}$
권장되는 출력[W]	$10^{-3} \sim 10$	전력용이라면 $3 \sim 50$	$10 \sim 10^4$	$10^{-2} \sim 10^5$	$10^{-2} \sim 10^4$	$10 \sim 10^4$
출력 전력 범위[W]	10까지	$2 \sim 20$	$100 \sim 500$	$10 \sim 10^4$	$5 \sim 10$	$500 \sim 5,000$
충실도	양호	우수	빈약	우수	우수	양호
보수성	적지만 정기적으로 검사를 요한다.	거의 0	때때로 점사를 요한다.	거의 0	0	거의 보통
수명	구의 종류에 따른다. 고신뢰관이라면 10,000시간 정도	구의 종류에 따른 50,000시간 이상 (온도에도 지배된다)	수백 시간	반영구적	무한대로 보이도 좋다.	정류자에 따라서 제한된다.

주 : (1) silicon controlled rectifier의 약어

서 진폭 특성이 일정하면 된다. 그러나 이것이 만족되지 않으면 직류 증폭기
에서는 지연의 원인이 되고, 교류 증폭기에서는 직각 성분이 발생하여 응답
성이 열화된다.

- **이득** : 이득의 안전성을 높이기 위해서 피드백 증폭기로 할 필요는 없다. 즉,
  그다지 높은 이득 안정성은 요구되지 않는다. 그러나 파워 이득은 80~120
  [dB]로 취해 이득 조절('11·3' 참조)분의 여유를 둔다.
- **직선성** : 편차 검출기에서는 직선성이 제어계의 정밀도를 결정하는 중요한
  성능의 하나이었지만 증폭기에서는 특별히 중요하지는 않다.
- **신뢰도** : 경년 변화가 적다는 것, 보수가 용이한 것 등 신뢰도에 대한 요구는
  대단히 엄격하다.

서보 기구에 사용되는 전기식 증폭기로서는 전자식 이외에 자기식, 회전식 등
모두가 망라된다. 그러나 이들에 대한 상세한 것은 각각 전문서에 양보하고 여기
서는 각 형식의 성능을 비교해서 표 11·1에 열거해 두는 것으로 한다.

11·2·3 서보 밸브

전기-유압식 서보 기구에서 서보 증폭기의 역할을 수행하는 것이 서보 밸브
(servo valve)이다. 서보 밸브의 입력은 전기량이고 출력은 기름의 유량이다. 그
림 11·30에 나타내는 바와 같이 전기-기계 변환기, 유압식 전치 증폭기 및 유압
제어 밸브로 구성되어 있으며 전기-유압 방식의 유량 제어 밸브이다.

그림 11·30 서보 밸브의 구성

(1) 전기-기계 변환부

이 부분에는 그림 11·31에 나타내는 토크 모터가 사용되는 일이 많으며 권선
에 가해지는 미약한 전기 신호에 의해서 접극자가 자화되어서 영구 자석 사이에
반발 흡인력을 발생하고, 접극자는 플렉시블 스프링을 중심으로 하는 회전 변위
를 발생한다. 이 접극자는 다음 단에 있는 유압식 전치 증폭기의 입력 단자를 겸
하는 일이 많다.

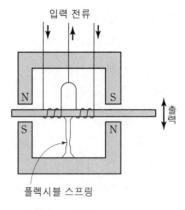

입력 전류

출력

플렉시블 스프링

그림 11·31 토크 모터

(2) 유압식 증폭기(hydraulic amplifier)

이것에 사용되는 것에는 노즐 플래퍼 기구, 분사관 또는 안내 밸브 등이 있다.

● **대항형 노즐 플래퍼 기구**(double nozzle flapper valve) : 그림 11·32에 이것을 나타낸다. 토크 모터의 접극자를 플래퍼로서 배치하고 플래퍼의 변위에 의해서 노즐로부터의 유출 저항을 가감한다. 동일한 일정 압력 급유원을 가진 2개의 노즐은 입력 전류에 의해서 플래퍼가 오른쪽으로 움직이면 두 노즐의 배압*이 변하여 오른쪽의 배압은 상승하고 왼쪽은 감소한다. 이 노즐 배압이 다음 단의 유압 제어 밸브 입력압으로서 사용된다. 고정 교축 및 노즐의 지름은 어느 것이나 1[mm] 이하로 하고 있으며, 플래퍼와 노즐의 간격도 0.5[mm] 이하로 작기 때문에 미소한 플래퍼 변위에 의해서 노즐 배압을 크게 바꿀 수가 있고 구동 출력의 증폭이 행해지는 것이다.

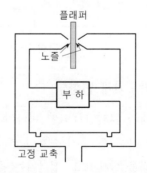

플래퍼

노즐

부 하

고정 교축

그림 11·32 대항형 노즐 플래퍼

---

* 노즐과 고정 교축 사이에 있는 노즐 배실 내의 압력을 노즐 배압이라 부른다.

- **분사관**(jet – pipe valve) : 이것은 유량의 낭비가 많고, 가동부의 관성이 비교적 큰 등의 이유에서 고성능 서보 밸브에서 사용되기보다는 유압식 프로세스 제어용 기기로서 사용되는 일이 많다.

- **안내 밸브**(pilot valve, piston valve, spool valve) : 안내 밸브는 유압식 증폭기로서 가동부(spool)의 관성이 크기 때문에 종래에는 별로 이용되고 있지 않다. 그러나 최근에 유압의 사용 효율이 높다는 점에서 재평가하게 되었다.

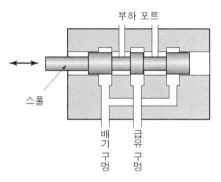

그림 11·33　4로 밸브(안내 밸브 증폭기)

　그림 11·33은 다음 단으로 통과시키는 2개의 부하 포트, 급유 구멍 및 2개의 배기 구멍으로 된 합계 5개의 구멍이 밸브 본체에 뚫려 있는 **4로 밸브**(four way spool valve)를 나타낸다. 스풀을 포스 모터에 의해서 직선 변위를 시켜 기름의 통로 전환과 유량의 조절을 한다. 다른 유압 증폭기처럼 중앙 위치에서 기름의 소비가 없는 것이 특징이다.

　유압 제어 밸브로서는 이 안내 밸브만 사용되지만 입력으로서 앞단에 있는 유압 증폭기의 출력(예를 들면 노즐 배압)을 받는 것이므로 같은 안내 밸브라도 유압 증폭기로서 사용할 경우와는 다소 다른 점이 있다. 즉, 유압 제어 밸브로서의 4로 밸브는 앞에서 설명한 5개의 구멍 이외에 스풀을 변위시키기 때문에 앞단의 출력을 받는 기름 구멍이 그림 11·34와 같이 2개 추가되어 있다.

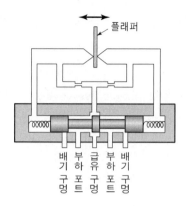

플래퍼

배 부 급 부 배
기 하 유 하 기
구 포 구 포 구
멍 트 멍 트 멍

그림 11·34   유압 제어 밸브

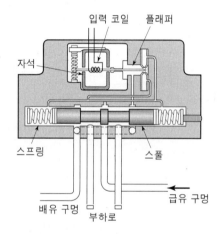

입력 코일   플래퍼

자석

스프링   스풀

배유 구멍   부하로   급유 구멍

그림 11·35   서보 밸브(토크 모터-노즐 플래퍼-안내 밸브)

그림 11·35는 토크 모터-노즐 플래퍼-안내 밸브를 조합한 서보 밸브의 일례를 나타낸다.

11·2·4   서보 전동기

서보 기구의 조작부에 사용되는 요소를 일반적으로 **서보모터**(servomotor)라 부르며 보통 그 출력부가 회전 운동을 하는 것만으로 한정하지 않고 직선 운동을 하는 것도 총칭한다. 서보모터는 제어 장치의 출력을 받아서 동작하고 기계적인 부하를 구동하는 기기이다.

출력이 수~100[W] 정도인 계기 서보에서는 조작부에 소형 2상 전동기를 사용하는 것이 보통이다. 좀 더 큰 동력을 필요로 하는 경우에는 파워 서보가 사용된다. 그러나 이것도 출력이 5~10[kW] 정도까지의 것에 이용되는 일이 많고 그 이상의 출력을 필요로 하는 파워 서보에서는 유압식 서보모터가 유리하다.

서보모터로서 사용되는 직류·교류 전동기는 동력용으로서의 전동기와는 달리 정지 상태에서 급격한 가속을 필요로 하는 점 때문에 다음과 같은 특징을 구비하지 않으면 안된다.

(i) 기동 토크가 클 것.
(ii) 회전자의 관성이 작을 것.
(iii) 정·역 운전이 가능할 것.

이와 같은 특성을 구비한 전동기를 특히 **서보 전동기**라 부르며 조건 (i), (ii)는 보통 토크 대 관성비의 대소에 따라서 분류된다. 토크 대 관성비는 회전자의 지름을 감소하고(관성이 작게 된다) 길이를 증가하는(토크가 크게 된다) 것에 의해서 어느 정도 개선할 수가 있다. 이러한 이유에서 서보 전동기의 외형은 길쭉한 원통 모양이 된다.

(1) 2상 전동기(two phase induction motor)

2상(유도형) 전동기는 그림 11·36과 같이 고정자에 서로 직교하는 2조의 권선을 갖고 회전자는 보통 농형 구조로 되어 있으므로 기동 토크 τ를 크게 하기 위해 고저항형 회전자를 사용해서 그림 11·37에 있는 R_1 곡선과 같은 특성을 갖게 한 것이다.

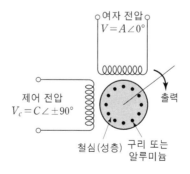

그림 11·36 2상 전동기

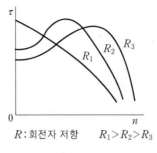

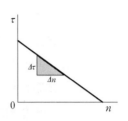

R : 회전자 저항 $R_1 > R_2 > R_3$

그림 11·37 2상 전동기의 특성   **그림 11·38** 제동 계수

속도 n 이 증가됨에 따라서 토크가 감소하는 것은 속도에 비례한 제동을 전기적으로 내부에서 받는 것을 의미하기 때문에 토크－속도 곡선을 그림 11·38과 같이 선형으로 가정하여 다음 식을 **제동 계수**(damping coefficient)*로 정의한다.

$$D = \frac{\Delta v}{\Delta n} \tag{11·6}$$

이 값은 제어 전압의 크기 및 속도에 따라서 다른 값이 되지만 제1근사로서 보통 다음의 값을 채용한다.

$$D \fallingdotseq \frac{1}{2} \cdot \frac{최대 \ 토크}{최대 \ 속도} \tag{11·7}$$

단, 제어 권선이 저임피던스 전원에 의해서 구동되지 않아야 하며, 회전자의 회전 방향은 제어 전압의 극성에 따라서 변화하지만 유기 기전력의 최대 주파수 f 는 다음 식으로 주어진다.

$$f = \frac{D}{2\pi J} \tag{11·8}$$

단, J 는 관성 모멘트

그 정특성은 그림 11·39에 나타내는 바와 같이 제어 전압에 의해서 변화하지만 이 특성을 선형화하여 그림 11·40과 같은 것으로 하면 다음과 같이 된다.

$$\tau = -D_n + kE_c \tag{11·9}$$

---

* 감쇠 계수와 같은 영역(英譯)인 것에 주의할 것.

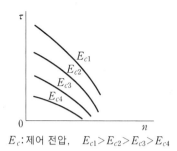

E_c : 제어 전압, $E_{c1} > E_{c2} > E_{c3} > E_{c4}$

그림 11·39 제어 전압에 의한 특성 변화

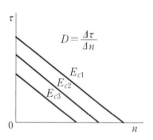

그림 11·40 선형화한 특성

여기서 k 는 $n = 0$ 일 때, 특성 곡선 세로축과의 교점에서 정해지는 상수로서 전동기의 **토크 상수**(motor's torque constant)라 불리우며 다음 식에 의해 구해진다.

$$k = \frac{\text{최대 토크}}{\text{정격 제어 전압}} \tag{11·10}$$

전동기의 부하가 관성만인 경우를 생각하면

$$T = Js^2\theta \tag{11·11}$$

이다. 단, θ 는 전동기 회전자 각도

식 (11·9) 및 식 (11·10)에 의해서 전달 함수는 다음과 같이 된다.

$$\frac{\theta}{E_0} = \frac{k}{s(Js + D)} = \frac{K}{s(Ts + 1)} \tag{11·12}$$

단, $T = J/D$, $K = k/D$

그런데 2상 전동기는 다음에 설명하는 동작 특성을 가지고 있는 점에서 기본적으로서는 기계적인 출력을 만드는 복조기에 불과하다. 즉, 2상 전동기의 회전 방향은 그것에 가해지는 기준 전압과 제어 전압의 위상 관계에 따라서 그림 11·41(a)

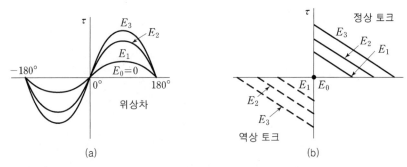

(a)   (b)

그림 11·41   2상 전동기의 토크 특성

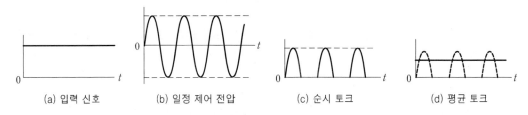

(a) 입력 신호   (b) 일정 제어 전압   (c) 순시 토크   (d) 평균 토크

그림 11·42   2상 전동기의 복조 동작

와 같이 정·역전하고, 만일 동상이라면 토크는 발생하지 않는다. 또한 그림 11·41
(b)에서 볼 수 있는 바와 같이 제어 전압이 영(0)일 때에도 토크는 발생하지 않
는다.

영(0) 이외의 일정 진폭 제어 전압이 가해졌을 때에 발생하는 순시 토크는 그
림 11·42(c)와 같은 펄스열 내지는 리플 모양으로 되며 그 극성은 앞에서 설명
한 바와 같이 2권선의 전압 위상 관계에 따라서 정해지게 된다. 이 리플 모양의
순시 토크는 회전자의 관성이나 마찰의 필터 작용에 의해 평활화되어 실질적으로
는 그림 11·42(d)와 같은 평활 토크가 작용하고 있는 것과 같은 상태로 된다. 결
국, 그림 11·42(a)와 같은 입력 신호는 그것과 닮은 그림 11·42(d)와 같은 토크
가 되어 전동기 출력축을 회전시키고 있을 뿐이며 전동기의 동작은 신호 주파수
만의 함수라는 것을 이해될 것이다.

그러므로 2상 전동기는 그림 11·43과 같이 복조기와 직류 전동기로 그 기능을
표현할 수 있게 된다.

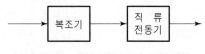

그림 11·43   2상 전동기의 등가 기능

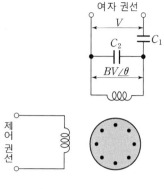

그림 11·44 2콘덴서법

표 11·2 이상 콘덴서 용량의 결정

용량 \ 주파수	60[Hz]	400[Hz]
$C_1[\mu F]$	$2,652\,\eta$	$397.8\,\eta$
$C_2[\mu F]$	$2,652\,\zeta$	$397.8\,\zeta$

$\theta = \dfrac{\pi}{2}$, P_f : 권선의 역률, I : 정동시 정격 전류

$\eta = \dfrac{BP_f I}{V}$, $\zeta = I\left[\dfrac{\sqrt{1-P_f^2}\;BP_f}{V}\right]$

　여자 권선의 위상차를 90°로 하기 위해서는 그림 11·44 및 표 11·2와 같은 2개의 콘덴서를 사용하는 방법을 취하면 여자 권선의 저압과 위상의 양쪽을 동시에 조정할 수가 있다.

　회전자의 관성을 작게 하기 위해서 회전자 철심도 고정하고 농형 회전자 권선 대신에 알루미늄, 구리 등의 컵 모양 도체만이 회전하도록 연구한 그림 11·45와 같은 **드래그컵형**(dragcup type) 전동기는 농형에 비해서 토크는 작지만 토크 대 관성비는 크고 더구나 직선성도 좋다.

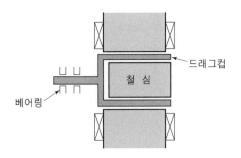

그림 11·45 드래그컵형 전동기

(2) 직류 전동기

직류 전동기의 특징은 출력 대 체적비가 크게 된다. 그러나

(i) 브러시나 정류자의 보수

(ii) 브러시 불꽃에 의한 고주파 잡음

(iii) 변압기를 사용할 수 없으므로 증폭기와의 정합이 성가심

등의 대책이 필요하다.

직류 전동기의 제어 방식에는 전기자 제어 방식과 계자 제어 방식이 있다. 각각의 전달 함수는 다음 식으로 표시된다.

전기자 제어

$$\frac{\Theta}{E_c} = \frac{K}{s(Ts+1)} \tag{11·13}$$

계자 제어

$$\frac{\Theta}{E_c} = \frac{K}{s(T_1 s+1)(T_2 s+1)} \tag{11·14}$$

두 제어 방식을 비교하면 다음과 같이 된다.

(i) 전기자 제어에서는 전기자 회로의 인덕턴스를 무시할 수 있으므로 그 전달 함수는 식 (11·13)과 같이 2차식이 되지만, 계자 제어에서는 계자 인덕턴스를 무시할 수 없으므로 식 (11·14)와 같이 3차식이 된다.

(ii) 전기자 제어에서는 전기자 저항, 기계적 마찰 등의 제동에 더해서 역기전력 효과에 의한 등가 제동이 걸린다. 그러나 계자 제어에서는 역기전력 효과는 나타나지 않는다.

(iii) 전기자 회로를 구동하기 위해서는 계자 회로를 구동할 경우보다 큰 전류를 공급할 수 있는 증폭기를 필요로 한다.

(3) 클러치

클러치(clutch)는 비교적 작은 입력에 의해 발생하는 전기력을 사용하여 2개축의 결합을 제어하는 것으로서 클러치에 있는 하나의 축은 구동 전동기에 다른 쪽은 부하에 접속되어 클러치 권선에 여자 전압을 가하며 정속 회전 중인 구동 전동기는 부하와 결합된다. 이렇게 하여 일정 방향의 회전 속도와 토크를 클러치에 의해서 제어할 수가 있지만 서보 기구와 같이 일반적으로 정·역 회전을 필요로 할 경우에는 그림 11·46과 같이 2조의 클러치에 차동적으로 제어 신호를 가한다.

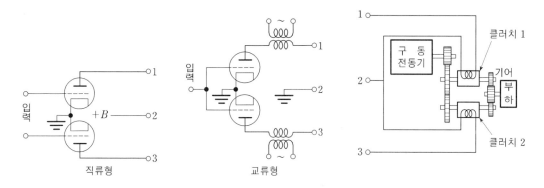

그림 11·46 클러치 조작 기구

클러치는 다음의 목적 등에 이용된다.

(ⅰ) 순간적으로 큰 가속을 주고 싶을 때
(ⅱ) 돌발적으로 부하 변동이 예상될 때

● 와전류 클러치

그림 11·47과 같이 제어 권선을 가진 입력축 회전자와 알루미늄 또는 구리의 원판 모양 회전자로 구성되는 출력축을 갖는다. 여자 전압에 의해서 권선이 자화되어 입·출력축 사이에 상대 운동이 행해지면 원판상에 와전류를 발생하여 이 와전류와 자계의 상호 작용에 의해서 출력축에 토크가 발생한다. 2차측 회전자의 관성은 낮은 것이 바람직하지만 앞에 설명한 원판형 이외에 그림 11·48과 같은 드래그컵형 등이 있다.

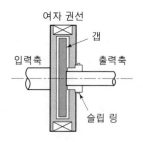

그림 11·47 원판형 와전류 클러치

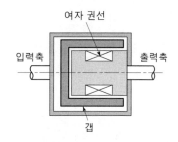

그림 11·48 드래그컵형 와전류 클러치

- **자기 분체 클러치**

    그림 11·47 및 그림 11·48에서 1차, 2차 사이에 갭에 자성유(예를 들면 지름 2~20[μ]인 순수 분말과 실리콘유를 5~9 : 1의 중량비로 혼합한 것) 또는 자기 분체를 충진하고 2차 원판 또는 드래그컵을 자성 재료로 구성한 것이다. 권선을 여자하면 자성유의 점성이 증가하여 결국은 고화하는 현상을 이용하는 것이다.

- **히스테리시스 클러치**

    구조는 그림 11·49와 같이 강자성 재료를 사용한 드래그컵형 2차 회전자의

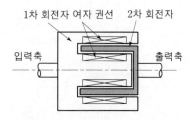

그림 11·49 히스테리시스 클러치

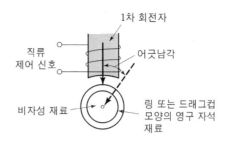

그림 11·50 히스테리시스 클러치의 원리

내외에 여자 권선을 설치한 1차 회전자가 있다. 그 동작 원리는 그림 11·50 과 같이 직류 여자에 의한 1차 회전자의 기자력에 의해서 2차측 강자성 회전 자는 자화되지만 그 방향은 강자성의 히스테리시스 특성 때문에 그 히스테리 시스 앞섬각만큼 어긋난다. 이 어긋남각에 비례한 토크가 1차 2차간에 발생 하고 이것을 이용하는 것이다.

● 정전 클러치

그림 11·51과 같이 2매로 된 전극판의 한쪽에 반도전성 유전체를 도전 접 착해 두고 다른 전극을 이것에 압접한 구조를 갖는다. 두 전극간에 전압을 인가하면 정전력에 의해서 클러치면은 마찰이 크게 되어 토크가 2차측으로 전달된다.

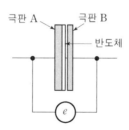

그림 11·51 정전 클러치

11·2·5 유압 모터

유압 모터(hydraulic motor)는 서보 밸브와 유압 펌프를 조합하여 **유압 서보 모터**(hydraulic servomotor)를 구성한다. 서보 밸브는 제어 요소이며 유압 펌 프는 운동 또는 토크 발생 장치이지만 보통 이들의 조합을 유압 모터라 부른다.

유압 모터는 서보 밸브에서 압유를 받아서 부하를 구동하는 부분이며 직동식과 회전식으로 나누어진다.

(1) 직동식 유압 모터

이것은 **조작 실린더**(hydraulic cylinder)라 불리우며 4로 밸브에서 압유를 받은 경우에는 그림 11·52에 나타내는 **복동 양쪽 로드형**(double−acting balanced actuator)이 사용된다. 즉, 피스톤 양쪽의 면적이 동일하다면 이득이나 힘의 출력도 피스톤의 쌍방향 운동에 대해서 같게 된다. 직동식 유압 모터는 다른 형태의 유압 모터보다 구조가 특히 간단하며 경량이라는 특징을 가지고 있다.

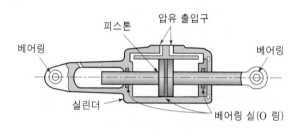

그림 11·52 복동 양쪽 로드형 유압 모터

(2) 회전식 유압 모터

피스톤형, 기어형, 베인형 등이 있으나 여기서는 현재 가장 널리 사용되고 있는 액시얼 피스톤 모터에 대해서 설명을 한다. 그림 11·53은 그 원리도이다. 그림 11·53(b)에 나타내는 바와 같이 왼쪽 포트에 압유가 가해지고 있는 경우에는 그림 11·53(c)에 있는 실린더 1, 2 내의 피스톤은 압유에 의해서 고정 경사판에

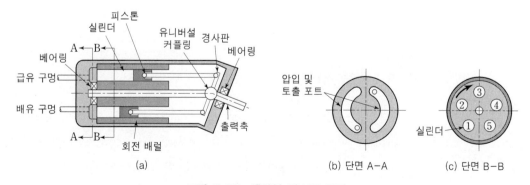

그림 11·53 액시얼 피스톤 모터

눌려진다. 그 결과, 피스톤은 그림 11·53(c)의 화살표 방향으로 미끄러지기 시작한다. 피스톤과 실린더 배럴 및 출력축은 일체로 되어 있기 때문에 결국 모터 출력축은 화살표 방향으로 회전한다. 이때, 실린더 3, 4, 5 내의 피스톤은 회전 배럴의 회전에 따라서 경사판에 의해 실린더 내에 압입되어 실린더 속의 기름은 오른쪽 포트를 통해서 되돌린다. 또한 반대로 오른쪽 포트에 압유를 인도하면 모터 출력축은 반대 방향으로 회전한다.

액시얼 피스톤 모터는 고속 회전에 적합하며 토크 대 관성비가 크고 시정수가 작다는 특징을 가지고 있다.

그림 11·54는 4로 안내 밸브와 조작 실린더를 조합한 유압 서보모터이지만 그 전달 함수는 다음 식을 표시된다.

$$\frac{X_o}{X_i} = \frac{K}{s(Ts+1)} \tag{11·15}$$

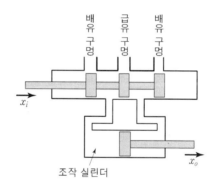

그림 11·54 유압 서보모터(4로 밸브 - 조작 실린더)

11·2·6 유압 전달 장치

유압 전달 장치(hydraulic transmission)는 회전식 유압 모터와 이것과 거의 같은 구조를 가진 유압 펌프의 조합으로 만들어져 있으며, 이것을 서보모터로서 사용하는 것이 유압 펌프 제어 방식이다.

그림 11·55에 나타내는 바와 같이 일정 회전수로 구동되고 있는 가변 토출량 펌프와 고정 유량 모터의 각 밸브판 포트간을 짧은 도압관으로 연결해 두면, 펌프 토출량은 펌프 경사판의 경사각 x에 비례하고 펌프 밸브판에 있는 2개 포트의

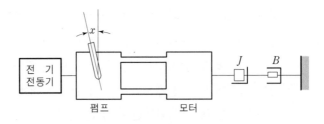

그림 11·55 유압 전달 장치

어느 것이 토출쪽으로 되는가는 x의 양·음(＋·－)으로 정해진다. 그 결과, 펌프 토출의 방향에 의해서 모터는 정·역전한다. 그 회전 속도는 펌프 토출량, 즉 펌프 경사판각에 비례한다. 다음에 이 전달 함수를 구해보자.

펌프 유량 q_p는 경사각 x에 비례하므로 다음과 같이 된다.

$$q_p = K_p x \tag{11·16}$$

단, K_p는 상수

기름이 누설이 없으면 q_p는 모터 유량 q_m과 같고 q_m은 모터 속도에 비례하므로 다음의 관계가 있다.

$$q_m = K_m \frac{d\theta}{dt} \tag{11·17}$$

단, K_m은 상수

또한 실제로는 모터라도 고압쪽에서 저압쪽으로의 누설이 있으므로 그 유량을 q_e라 하면 이것은 고·저압간의 압력차 p에 비례한다. 즉

$$q_e = K_e p \tag{11·18}$$

단, K_e는 상수

V를 고압쪽에서 원래의 체적, ΔV 및 ΔP를 체적 및 압력의 변화분이라 하면 기름의 압축성에 의해서 다음과 같이 된다.

$$-\Delta p = B_M \frac{\Delta V}{V} \tag{11·19}$$

여기서, B_M은 기름의 체적 탄성률이다. 기름은 압력에 비례하여 체적이 변화한다. 윗식을 t로 미분하면

$$q_c = \frac{-dV}{dt} = \frac{V}{B_M} \cdot \frac{dp}{dt} \tag{11·20}$$

이다. 이것은 q_p가 압축 현상에 의해서 흡수되는 유량분 q_c를 표시하고 있다. 이상의 식을

$$q_p = q_m + q_e + q_c \tag{11·21}$$

에 대입하면 다음과 같이 된다.

$$K_p x = K_m \frac{d\theta}{dt} + K_e P + \frac{V}{B_M} \cdot \frac{dp}{dt} \tag{11·22}$$

모터에 의해 만들어지는 T_m은 모터에서의 압력 강하분에 비례하므로

$$T_m = Kp \tag{11·23}$$

부하가 관성과 마찰로 이루어진다고 하면

$$K_p = J\frac{d^2\theta}{dt^2} + B\frac{d\theta}{dt} \tag{11·24}$$

단, B는 마찰 계수

식 (11·24)를 식 (11·22)에 대입하여 라플라스 변환을 하면

$$\frac{\Theta(s)}{X(s)} = \frac{K_p}{s\left[\frac{VJ}{B_m K}s^2 + \left(\frac{VB}{B_M K} + \frac{JK_e}{K}\right)s + \left(K_m + \frac{K_e B}{K}\right)\right]} \tag{11·25}$$

부하 마찰이 있으며 유압 누설이 적은 경우에는 이 특성은 부족 제동이 된다. 이 제동은 기름의 압축성에 의해서 유압 모터의 유압 회로 내에 생기는 기름 압력의 진동에 기인하는 것으로 진동수는 5~10[c/s] 또는 그것보다 꽤 높은 주파수이다. B_M은 일반적으로 큰 값(약 $2 \times 10^8 [\text{kg} \cdot \text{m}^2]$)을 가지므로 공진 주파수는 충분히 높은 것을 알 수 있다. 그러나 유로에 미량이라도 공기가 존재하면 B_M의 값은 낮게 되므로 공진 주파수는 극도로 낮게 되어 특성이 열화한다. 그러므로 유로는 가능한한 짧고 가늘게 하는 것이 바람직하다.

다음에 B_M이 큰 값이기 때문에

$$\frac{B_M}{V} \gg \frac{B}{JK_e} \cdot \qquad\qquad \frac{B_M}{V} \gg \frac{J}{K} \tag{11·26}$$

이라고 가정하면 식 (11·25)는 근사적으로 다음의 식으로 표시된다.

$$
\left.
\begin{aligned}
\frac{\Theta}{X} &= \frac{K_0}{s(Ts+1)} \\[2mm]
\text{단,} \qquad K_0 &= \frac{K_p}{K_m + \dfrac{K_e B}{K}}, \qquad T = \frac{JK_e}{K_m K + K_e B}
\end{aligned}
\right\}
\qquad (11\cdot27)
$$

그림 11·56은 유압 전달 장치의 경사판 제어 서보 기구로서 솔레노이드 접극자, 안내 밸브 및 조작 실린더로 구성되는 서보모터부는 링크 기구에 의해서 피드백이 가해지고 국부 서보 기구를 형성하고 있다. 솔레노이드 접극자의 움직임이 조작 실린더의 파워 피스톤 변화가 되어서 나타나고 그것이 유압 펌프 경사판 경사각을 제어하는 것이다.

1. 푸시풀 증폭기
2. 스프링
3. 솔레노이드
4. 솔레노이드 접극자
5. 링크 기구
6. 조작 실린더
7. 파워 피스톤
8. 안내 밸브
9. 펌프
10. 기름 탱크
11. 가변 스트로크 유압 펌프
12. 유압 모터
13. 구동 전동기

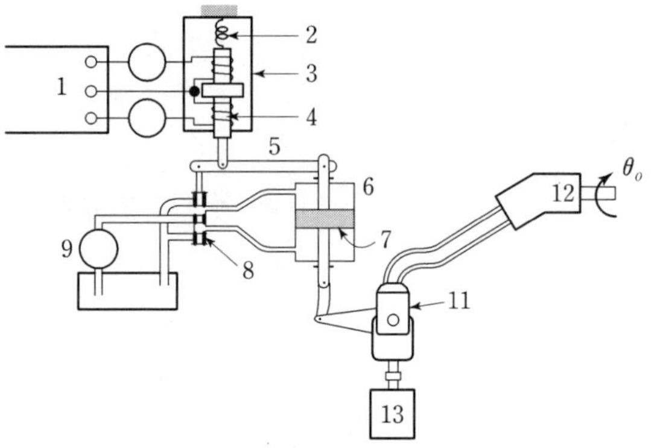

그림 11·56 유압 전달 장치의 경사판 제어 기구

11·3 서보 기구의 설계

11·3·1 계획법

서보 기구를 설계할 때에는 서보 기구가 어느 목적의 달성을 위한 수단이며, 목적 그 자체가 아니라는 것을 염두에 두고서 우선 주어진 규격서를 검토하는 것부터 시작하지 않으면 안된다.

(1) 규격서의 검토(제 1 단계)

규격서에 대해서 다음의 점을 조사한다.

① 기본적인 기능
② 입력의 성질
③ 부하의 종류와 크기, 변동이 있다면 그 크기, 주기
④ 출력을 구동할 때에 필요한 최대 속도, 최대 가속도
⑤ 정밀도
⑥ 온도, 습도, 진동, 충격 등에 대한 조건
⑦ 사용할 수 있는 동력원
⑧ 설치 장소, 치수, 중량, 수명, 가격의 제한

(2) 방식의 결정(제 2 단계)

위의 규격 조건을 기초로 하여 어떠한 방식을 채택하고 어떠한 요소를 사용하는가를 그림 11·57을 따라서 다음과 같은 순서로 결정해 간다.

그림 11·57 방식의 결정 순서

- **조작부의 선정**

  조작부를 서보 전동기로 하는가 클러치로 하는가 혹은 유압 모터로 하는가, 기어비를 얼마로 하는가는 특히 앞에서 설명한 ②, ③, ④를 만족하도록 선정하지 않으면 안된다. 조작부에 무엇을 제한하므로 같은 성능이 얻어질 경우, 어느 것을 취하는가는 조건 ⑦, ⑧이 결정적인 수단으로서 사용되게 된다.

- **검출부의 선정**

  입·출력 장치 및 편차 검출기는 직접 정밀도를 지배하므로 조건 ⑤에 유의하여 선정한다.

- **증폭부의 선정**

  위의 조작부와 검출부의 선정이 끝나면 증폭부의 방식은 자연히 한정되어 가지만 조건 ④, ⑤를 만족하도록 기어비, 검출비의 정밀도 등을 고려하여 필요한 증폭도를 계산하고 적당한 증폭 방식을 결정한다.

이렇게 하여 방식과 사용 기기가 결정되면 다음의 제 3 단계로 진행한다.

(3) 성능의 진단(제 3 단계)

(ⅰ) 각 요소의 전달 함수를 계산, 실험 또는 기기에 첨가되어 있는 데이터 등에 의해서 구한다.

(ⅱ) 필요가 있다면 다음에 설명하는 보상 장치를 삽입한다.

(ⅲ) 이렇게 하여 얻어진 제어계의 기본적인 블록 선도에 대해서 그 동특성, 즉 제어 성능을 검토한다. 그 방법으로서

① 그림적으로 계산한다(표 11·3 참조).
② 아날로그 컴퓨터를 이용한다.
③ 모델계에 의한 모의 실험을 행한다.

등이 있다. ①의 주파수 응답법에 ② 또는 ③의 방법에 의해서 얻어지는 과도 응답을 합쳐서 사용하고 검토를 진행해 가는 것이 바람직하다.

표 11·3 제어 성능의 평가 기준

성능	평가기준
속응도	상승 시간, 정정 시간, 대역폭, 공진 주파수
안정도	오버슈트량, 이득 최대값, 감쇠비, 이득 여유, 위상 여유
정밀도	정상 편차

(4) 결과의 조정(제 4 단계)

규격서에서 요구되는 성능을 가진 제어계가 앞에서 설명한 바와 같이 하여 시험 제작으로 만든 것은 완전하지는 않다. 일반적으로는 이것에 부분적인 변경을 하여 요구에 매칭시켜 간다. 그 때, 속응도, 안정도, 정밀도의 세 가지를 충분히 만족시키는 것은 일반적으로 곤란하기 때문에 이 세 가지의 지정값 사이에서 절충점을 찾아 제어계를 조정하는 것이다.

(5) 순서의 반복(제 5 단계)

이와 같은 설계 순서는 그 자체가 하나의 피드백 제어로 되어 있는 것을 알 수 있을 것이다. 즉, 그림 11·58과 같이 우리들은 시험 제작 서보 기구의 성능이 규격과

1. (제1단계) 시방이 주어진다.
2. (제2단계) 서보 기구의 방식이 결정된다.
3. (제3단계) 그 성능이 진단된다.
4. (제4단계) 3의 결과를 1과 비교 검토하여 수정을 가한다.
5. 재차 제2또는 제3단계에 되돌아가서 이하 이것을 반복한다.

그림 11·58 설계 순서

일치하지 않을 때는 (3)의 (ⅲ)에 의해 얻어지는 데이터를 기초로 하여 시험 제작 기구에 수정을 가하여 설계 조건이 만족될 때까지 이 순서를 반복하는 것이다.

11·3·2 기기의 선정

우선, 조작부를 선정할 때에 부하의 각가속도를 어느 정도로 하는가는 간단하게 결정되지 않는 경우가 많으나, 입력의 변화 속도, 가속도 등을 고려해서 그들의 값보다 충분히 높게 정해야 할 것이다. 부하의 최대 각가속도를 a_L, 부하의 관성 모멘트를 J_L, 부하 마찰 토크의 최대값을 T_L이라 하면 부하축에서 필요로 하는 저항성 토크 T는

$$T = T_L + J_L a_L \qquad (11·28)$$

여기서, 그림 11·59와 같은 서보 전동기 방식을 사용하는 것으로 하면 기어비를 n으로 하여 서보 전동기축으로 환산하면 T/n의 부하 토크가 된다. 기어도 포함한 서보 전동기쪽의 관성 모멘트를 J_M이라 하면 필요한 전동기 출력 토크 T_M은

$$T_M \geq J_M n a_L + \frac{T}{n} \qquad (11·29)$$

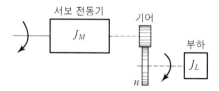

그림 11·59 서보 전동기 방식

를 만족하지 않으면 안된다. 이것을 정리하면 다음과 같이 된다.

$$J_M a_L n^2 - T_M n + T \leq 0 \tag{11·30}$$

여기서, n은 실수로 되지 않으면 안되므로

$$\frac{T_{M^2}}{J_M} \geq 4 a_L T \tag{11·31}$$

이것에 의해 윗식을 만족하도록 서보 전동기를 선정한다.

다음에 간단히 하기 위해 식 (11·28)에서 $T_L = 0$, 즉 부하 토크는 관성만으로 성립한다고 하면 식 (11·29)는 다음과 같이 된다.

$$a_L = \frac{n T_M}{J_M n^2 + J_L} \tag{11·32}$$

이것을 n으로 미분하여 영(0)으로 놓으면

$$J_M = \frac{J_L}{n^2} \tag{11·33}$$

윗식은 "부하에 최대 가속도를 얻기 위해서는 전동기축으로 환산한 부하의 관성 모멘트가 전동기의 그것과 같게 되지 않으면 안된다"는 것을 나타내고 있다. 이것을 변형하면

$$n = \sqrt{\frac{J_L}{J_M}} \tag{11·34}$$

이다. 즉, "부하에 최대 가속도를 주기 위해서 기어비는 식 (11·34)를 만족하지 않으면 안된다"는 것으로 된다. 이때, 식 (11·32)는 다음과 같이 된다.

$$a_{L\max} = \frac{T_M}{2\sqrt{J_M J_L}} \tag{11·35}$$

따라서, 부하를 가속한다는 점에서 $T_M / \sqrt{J_M}$의 값이 큰 서보 전동기가 우수하다고 말할 수 있다.

다음에 그림으로 기어비를 결정하는 방법을 유도해 본다. 부하가 필요로 하는 최대 속도를 v_L이라 하고 식 (11·30)에 v_L을 곱하면

$$J_M a_L n^2 v_L - T_M n v_L + (T_L + J_L a_L) v_L \leq 0$$

윗식의 좌변 제2항은 부하가 전동기에 요구하는 출력과 같으므로 이것을 P_L 이라 놓으면

$$P_L \geq T_L v_L + (J_L + J_M n^2)a_L v_L \tag{11·36}$$

한편, 부하를 속도 v_L로 구동하고 있는 전동기의 속도－토크 곡선상에서 이 속도에 대응하는 발생 토크를 판독한다. 이것에 의해서 전동기의 출력 P_M은 다음과 같이 된다.

$$P_M = n v_L T \tag{11·37}$$

식 (11·36) 및 (11·37)을 사용하여 기어비에 대한 P_L, P_M의 곡선을 그리면 (그림 11·60 참조) 전동기 능력이 분명히 되어 적절한 기어비의 선정도 가능하게 된다(그림 11·60에서 범위 AB가 기어비 선택 구간이다). 이 경우, P_M/P_L이 가장 큰 값으로 되도록 n의 값을 결정하는 것이 안전하며 최적의 선정이다.

클러치 서보에서는 구동 전동기에서 가해진 에너지는 클러치 입·출력축 사이의 슬립에 의해서 일부가 열로 소비된다. 그림 11·61과 같이 입·출력축 속도를 각각 ω_p, ω_L이라 하면 식 (11·28)은 여기서도 성립하므로 클러치에서 소비

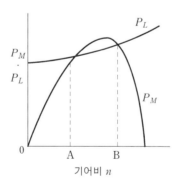

그림 11·60 기어비의 선정

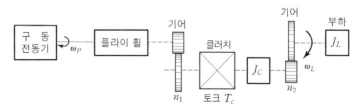

그림 11·61 클러치 방식

되는 출력은

$$P_c = (\omega_p - \omega_L)T = (\omega_p - \omega_L)(T_L + J_L a_L) \tag{11·38}$$

이 되어 이것이 전부 열이 된다. 따라서, 클러치를 선정할 때에는 우선 이 열발생을 고려해서 충분히 용량에 여유를 갖게 하거나 또는 강제 냉각형으로 할 필요가 있다.

전체의 기어비 $n_1 : n_2$는 ω_p와 부하에 필요한 최대 속도의 비가 $n_1 : n_2$와 같거나 또는 $n_1 : n_2$보다 크게 되도록 정한다. 또한, 클러치 토크 T_c와 n_2의 곱이 부하를 구동하는 데에 충분하게 하지 않으면 안되는 것이 물론이다. n_2의 최적값은 식 (11·32), (11·33), (11·34) 및 식 (11·35)에서

$$T_M = T_c, \qquad n = n_2, \qquad J_M = J_c \tag{11·39}$$

라 놓으면 그대로 동일한 관계가 성립한다.

또한 구동 전동기 및 플라이휠의 관성 모멘트 J_p와 클러치 출력쪽 관성 모멘트 J_c는

$$J_p n_1{}^2 \gg 2J_c \tag{11·40}$$

을 만족하도록 하여 피크 부하에서도 충분히 구동할 수 있게 유의한다.

검출부를 선정할 때는 편차 검출기의 다음 성능이 문제가 된다.

① 허용할 수 있는 최대 속도, ② 직선성, ③ 분해능, ④ 파워의 필수 조건, ⑤ 기계적 특성(관성 모멘트, 마찰 계수 등), ⑥ 필요한 정밀도를 만족시키기 위한 교정법, ⑦ 예상되는 환경 조건하에서의 신뢰도, ⑧ 치수

11·3·3 성능 개선법

위와 같이 하여 선정한 기기에 의해서 구성된 서보 기구에 규격 조건을 만족하는 특성을 갖게 하기 위한 수단으로서 이득 조정법 및 보상 장치 삽입법이 있다. 이러한 방법은 단독으로 사용되는 것보다는 병용되는 일이 많다.

(1) 이득 조정

제어계의 개루프 함수를

$$Y(s) = KG(s) \tag{11·41}$$

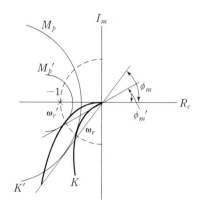

그림 11·62 이득 변화의 영향

이라 놓고 이득 K를 변화시키면 그림 11·62와 $K' > K$에 대하여 $M_p' > M_p$, $\omega_r' > \omega_r$, $\phi_m' < \phi_m$이 되고 또한 정상 편차는 일반적으로 $1/K$로 표시되므로 이것도 영향을 받는다. 즉, 이득을 가감하면 제어계의 과도 특성, 정상 특성이 함께 변화하고 이득 증가에 의해서 과도 응답은 진동적으로 되지만 정상 편차는 감소한다. 이와 같은 성질을 이용하면 제어계가 불안정한 경우, 그 제어계가 0형 또는 1형일 때는 이득 조정을 하는 것에 의해 그림 11·63과 같이 안정화할 수가 있다.

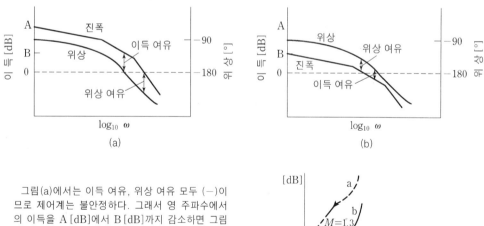

그림(a)에서는 이득 여유, 위상 여유 모두 (−)이므로 제어계는 불안정하다. 그래서 영 주파수에서의 이득을 A [dB]에서 B [dB]까지 감소하면 그림 (b)와 같이 되어 이득 여유, 위상 여유 모두 (+)가 되어 제어계는 안정화된다. 이 관계를 니콜스 선도상에서 나타내면 그림 (c)의 a, b와 같이 된다.

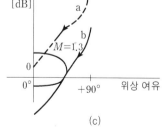

그림 11·63 이득 조정에 의한 안정화

주어진 제어계에 대해서 최적인 이득을 결정하려면 우선 속응도, 안정도, 정밀도 등의 조건 가운데 어느 것인가 하나에 주목하여(보통은 M_p) 이것을 이득 조정에 의해서 결정하고 다른 2개의 지정값에 대해서 조건을 만족하고 있는가의 여부를 조사한다. 만족한 값을 나타내지 않을 때는 세 가지 지정값 사이의 절충점에 해당하는 이득 설정을 하거나 혹은 다음에 설명하는 보상 회로 삽입에 의한 성능 개선을 한 후에 재차 이득 조정을 한다.

(2) 보상 요소의 삽입

이득 조정에 의해서 충분한 특성이 얻어지지 않을 때에는 새롭게 적당한 요소를 제어계에 삽입해서 성능을 개선한다. 예를 들면 0형계에서는 그림 11·64와 같이 만일 $M_p=1.3$이 되는 이득 $K_{1.3}$을 설정해도 정상 편차, 즉 정밀도가 양호하지 않는 경우가 많다. 그래서 정밀도를 올리기 위해서 이득을 높게 하면 제어계가 불안정하게 된다. 말하자면 양자 택일로 좁혀지는 것이 있다.

제어계의 개루프 함수

$$Y = KG(j\omega)$$

의 $G(j\omega)$를 개선하는 것에 의해서 궤적을 그림 11·65와 같이 변형하여 특성을 향상시키는 것이다. 이 궤적 변형은 a에서 c로 행해진다고 생각해도, b에서 c로 행해진다고 생각해도 좋으나 전자의 방식에 의해서 과도 특성이 개선되고, 한편 후자에 의해서 정상 특성이 개선되는 것이 그림 11·65에서 명백할 것이다.

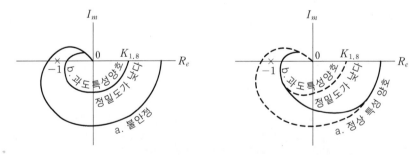

그림 11·64 이득 조정의 딜레마   **그림 11·65** 보상 회로에 의한 특성 개선

궤적 변형을 하기 위해 제어계에 새롭게 삽입하는 요소를 **보상 요소**(compensating element)라 하고 그림 11·66과 같이 원래의 제어계에 직렬 요소로서 삽입하는가, 국부 피드백 요소로서 사용하는가에 의해서 **직렬 보상**(series compensation)

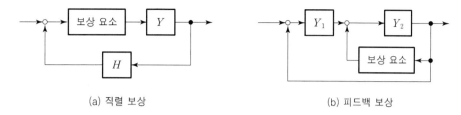

(a) 직렬 보상   (b) 피드백 보상

그림 11·66 보상 요소의 삽입

법과 **피드백 보상**(feedback compensation)법으로 나누어진다.

보상 요소로서는 진상기와 지상기의 두 종류가 있다. **진상기**(lead network)*
란 그 전달 함수의 나이퀴스트 선도가 제1, 제2 상한에 존재하고 그 위상 추이
가 양(+)인 요소로서 일반적으로 고주파 신호를 잘 통과시키고 저주파 영역을
감쇠시키는 고역 필터 특성을 가지고 있는 것이다.

그림 11·67의 회로는 그 일례이다. 이 전달 함수는 다음과 같이 된다.

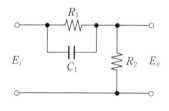

그림 11·67 진상 회로

$$\frac{E_o}{E_i} = Y_c(s) = k\,\frac{\tau s + 1}{k\tau s + 1} \tag{11·42}$$

단,

$$k = \frac{R_2}{R_1 + R_2} < 1, \qquad \tau = R_1 C_1 \tag{11·43}$$

만일, $k\tau s \ll 1$이라면

$$Y_c(s) \fallingdotseq k(\tau s + 1) \tag{11·44}$$

---

* 진상 회로라고도 말한다.

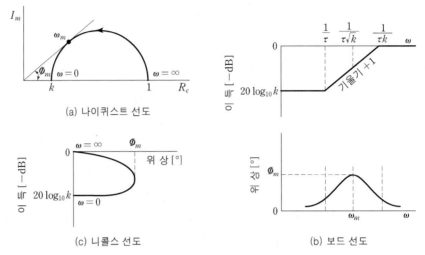

(a) 나이퀴스트 선도

(c) 니콜스 선도

(b) 보드 선도

그림 11·68 진상 회로의 특성

진상 회로의 특성을 그림으로 표시하면 그림 11·68과 같이 된다. 그림에서 주 파수 ω_m 근방의 위상이 큰 진상을 나타내는 것을 알 수 있다. 진상의 최대각 Φ_m은 주파수 ω_m의 점에서 발생하며

$$\omega_m = \frac{1}{\tau\sqrt{k}} \tag{11·45}$$

$$\Phi_m = \sin^{-1}\frac{1-k}{1+k} \tag{11·46}$$

또한 k의 값을 R_2에 의해 변화시키면 최대 위상 진상각은 표 11·4와 같이 변 화하여 진폭 특성의 제2 절점도 이동하고 k의 값을 작게 할수록 위상 진상을 나 타내는 주파수 대역이 넓어진다.

제어계의 안정도(과도 특성)을 개선하려고 하는 경우에는 이와 같은 진상기를 직렬 보상 요소로서 사용하여 그림 11·65의 궤적 a에서 c와 같이 변형된 특성을 얻어 제어 목적을 달성할 수가 있다.

상수 k, τ를 선정하는 하나의 방법은 우선 필요한 위산 진상각 Φ를 $\Phi = \Phi_m$ 으로 하여 식 (11·46) 또는 표 11·4에서 k를 결정한다. 계속해서 속응도에 관 한 규격에서 공진 주파수 ω_r을 구하고 $\omega_r = \omega_m$으로 하여 식 (11·45)에서 얻어 지는 τ의 값 또는 그 근방의 값을 설계 조건과 대조하여 설정한다. 이렇게 하여 선정한 k, τ의 값이 실현 불가능할 때에는 다른 진상 회로를 사용해서 동일한 절차를 반복한다.

표 11·4 k와 최대 위상각

k	Φ_m	k	Φ_m
0.04	$\pm 67°20'$	0.15	$\pm 47°40'$
0.05	$\pm 64°45'$	0.20	$\pm 41°45'$
0.06	$\pm 62°30'$	0.25	$\pm 36°55'$
0.07	$\pm 60°20'$	0.30	$\pm 32°35'$
0.08	$\pm 58°25'$	0.35	$\pm 28°45'$
0.09	$\pm 56°30'$	0.40	$\pm 25°25'$
0.10	$\pm 54°55'$	0.45	$\pm 22°15'$
0.11	$\pm 53°15'$	0.50	$\pm 19°03'$

이것에 대해서 **지상기**(lag network)*란 전달 함수 궤적이 제 4, 제 3 상한에 존재하고 그 위상 추이가 음$(-)$인 요소로서 본질적으로 저역 필터와 동일하다.

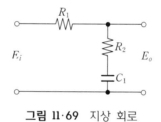

그림 11·69 지상 회로

예를 들면 그림 11·69 회로의 전달 함수 $Y_c(s)$는 다음과 같다.

$$\frac{E_o}{E_i} = Y_c(s) = \frac{\tau s + 1}{\frac{\tau}{k} s + 1} \tag{11·47}$$

단,

$$k = \frac{R_2}{R_1 + R_2}, \qquad \tau = R_2 C_2 \tag{11·48}$$

만일, $\dfrac{\tau}{k} s \gg 1$이라면

$$Y_c(s) = k\left(1 + \frac{1}{\tau s}\right) \tag{11·49}$$

최대 위상 지연각 Φ_m은 다음의 주파수

---

* 지상 회로라고도 말한다.

$$\omega_m = \frac{\sqrt{k}}{\tau} \tag{11·50}$$

에서 발생하며 다음 식을 주어진다(표 11·4 참조).

$$\Phi_m = \sin^{-1}\frac{k-1}{k+1} \tag{11·51}$$

제어계의 과도 특성에 큰 영향을 주는 일이 없이 정상 특성을 개선하려고 할 때에 그림 11·70과 같은 지상기를 직렬 보상 요소로서 사용하면, 그림 11·65의 궤적 b에서 c의 특성을 얻어 제어 목적이 달성된다.

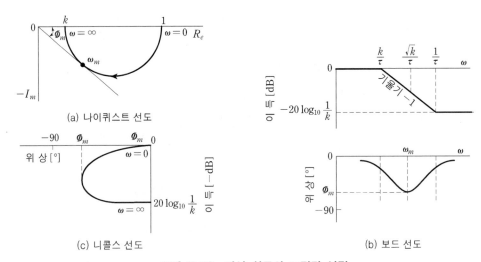

그림 **11·70** 지상 회로의 그림적 성질

진상기에 의해서 상승 시간이나 오버슈트량 등을 개선할 수 있는데 반하여, 지상기는 정상 특성을 개선하지만 대역폭을 좁게 하여 상승 시간이 길어진다. 그래서 양자의 장점을 이용하여 그림 11·71과 같이 조합해서 사용하는 것이 고려된다. 이것을 **복합기**(notch network, lead-lag network)*라 부르며 보통은

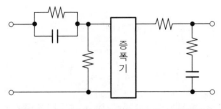

그림 **11·71** 진상기와 지상기의 직렬 접속

---

* 진상─지상 회로라고도 한다.

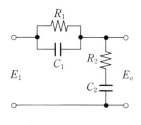

그림 11·72 복합 회로

단일 회로로서 설계하는데, 예를 들면 그림 11·72의 회로가 사용된다. 이 전달 함수는 다음과 같다.

$$\left. \begin{array}{l} \dfrac{E_o}{E_i} = \dfrac{(\tau_1 s + 1)(\tau_2 s + 1)}{(k\tau_1 s + 1)\left(\dfrac{\tau_2}{k} s + 1\right)} \\[3mm] 단, \qquad \tau_1 = R_1 C_1, \qquad \tau_2 = R_2 C_2 \\[2mm] \qquad k\tau_1 + \dfrac{\tau_2}{k} = R_1 C_1 + R_2 C_2 + R_1 C_2 \end{array} \right\} \qquad (11 \cdot 52)$$

주파수 특성은 그림 11·73과 같이 된다. 설계 조건을 만족하도록 τ_1, τ_2, k가 정해지면 회로 상수는 다음과 같이 하여 구해진다.

$$\left. \begin{array}{l} (\,i\,) \ \ 우선 \ \ C_1의 \ 값을 \ 적당히 \ 선정한다. \\[2mm] (\,ii\,) \ \ R_1 = \dfrac{\tau_1}{C_1} \\[3mm] (\,iii\,) \ \ C_2 = \dfrac{(1-k)(\tau_2 - k\tau_1)}{kR_1} \\[3mm] (\,iv\,) \ \ R_2 = \dfrac{\tau_2}{C_1} \end{array} \right\} \qquad (11 \cdot 53)$$

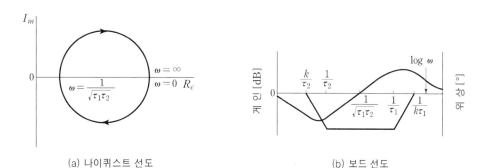

(a) 나이퀴스트 선도   (b) 보드 선도

그림 11·73 그림 11·72 회로의 주파수 특성

표 11·5 보상의 효과

	직렬 보상	피드백 보상
진상기	과도 특성 개선	정상 특성 개선
지상기	정상 특성 개선	과도 특성 개선

진상기, 지상기를 피드백 보상 요소로서 사용할 때, 직렬 보상과 동일한 효과를 기대할 수가 있지만 그 효과는 직렬 보상과 피드백 보상에서는 반대로 된다 (표 11·5 참조). 실제로 어느 보상법을 채택할 것인가는 일률적으로 말할 수 없다.

교류 서보의 특성 보상은 **교류 보상 회로**(AC compensating circuit)를 사용할 수가 있으나 그렇게 하기 위해서는 교류 보상 회로가 반송파에 대해서 대칭 특성을 가지고 있는 것이 필요 조건이 된다. 그러나 엄밀하게는 이와 같은 조건을 만족시키는 일은 곤란하고 또한 반송 주파수의 변동에 의해서 생기는 비대칭성을 피하는 것도 일반적으로 곤란하며, 이들이 특성에 악영향을 주는 일이 많으므로 보통은 그림 11·74와 같이 일단 복조한 후 앞에서 설명한 (직류) 보상 회로에 넣고 이것을 다시 변조하는 방식이 취해진다.

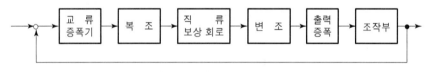

그림 11·74 교류 서보의 보상

(3) 태코 피드백에 의한 안정화

피드백 보상법으로 특성 개선을 할 때에 앞항과 같은 보상 회로를 사용하는 대신에 **속도계용 발전기**(tachometer, generator, rate generator)를 사용해도 서보 기구의 안정화를 도모할 수가 있다. 속도계용 발전기는 그 입력 각속도에 비례한 출력 전압을 발생하여 그 전달 함수는 일반적으로

$$\frac{E_o(s)}{\theta(s)} = Ks \qquad (11·54)$$

로 표시된다. 그래서 그림 11·75와 같이 전동기 출력축에 속도계용 발전기를 장치하고 그 출력 전압을 증폭기 입력쪽에 피드백하면

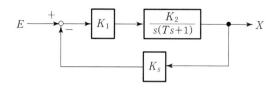

그림 11·75 태코미터 피드백

$$\frac{X}{E} = \frac{\dfrac{K_1 K_2}{1+K_1 K_2}}{s\left(\dfrac{Ts}{1+K_1 K_2 K}+1\right)} \tag{11·55}$$

가 되므로 전동기의 겉보기 시정수 $T/(1+K_1 K_2 K)$는 K의 증가에 따라서 감소하고 그 만큼 성능은 향상된다.

11·4 설계 예

다음과 같은 규격을 만족하는 위치 서보 기구의 설계를 하여라.

① 부하의 성질

관성 모멘트 J_L : 1,300 [g·cm²]   정지 마찰 토크 J_L : 200 [g·cm²]

최대 속도 v_L : 100 [rpm]   최대 가속도 a_L : 10 [rad/s²]

② 속응도 : 대역폭 20[Hz]

③ 안정도 : 오버슈트 40[%] 이하

④ 정밀도 : 10[rad/s]의 입력에 대해서 속도 편차각 10″ 이하

⑤ 동력원 : 교류 400[Hz]

(1) 모터의 선정

사용할 수 있는 동력원이 400[Hz]이므로 모터에는 400[Hz] 2상 전동기를 사용하기로 한다. 우선, 식 (11·36)에 의해서 부하가 요구하는 출력을 계산한다. 그러나 이 단계에서는 아직 전동기나 기어비가 미정이므로 J_m 및 n이 불분명하다. 그래서 식 (11·33)의 관계

$$J_L = J_M\, n^2$$

을 이용한다. 그렇게 하면 식 (11·36)은 다음과 같이 된다.

$$P_L \geq 200 \times 10^{-5} \times \frac{100 \times 2\pi}{60} \times 9.81 + \frac{2 \times 13{,}000 \times 10^{-7}}{9.81}$$

$$\times 10 \times 100 \times \frac{2\pi}{60} \times 9.81$$

$$\approx 0.215 + 0.277 = 0.48\,[\text{W}]$$

전동기 출력으로서 적어도 1/2[W]는 요망하게 된다. 이것에서 다소의 여유를 예상하여 S사의 11SM−4형을 사용하기로 한다. 이 전동기의 특성은 다음과 같다.

출력 : 0.64[W] 　　　　　무부하 회전수 : 6,300[rpm]

정동 토크 : 45[g · m] 　　관성 모멘트 : 0.011[g · cm²]

정격 제어 전압 : 115[V]

이것에서 J_M이 결정된 후 다음에 n을 결정한다. 그것에는 식 (11·36) 및 식 (11·37)에 앞의 J_M값 및 전동기 속도 − 토크 곡선에서의 판독값을 대입하여 기어비 n에 대한 P_L, P_M을 그리면 그림 11·76과 같이 된다. 이것에서 기어비를 $n=40$으로 선정한다.

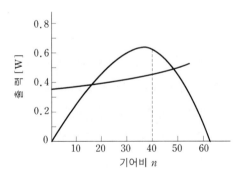

그림 11·76 기어비의 선정

전동기의 제동 계수 D는 식 (11·7)에 의해 다음과 같이 된다.

$$D \approx \frac{1}{2} \cdot \frac{45 \times 60}{6{,}300 \times 2\pi} = 0.035\,[\text{g · cm · s/rad}]$$

전동기 토크 상수 k는 식 (11·10)에 의해서 다음과 같이 된다.

$$k = \frac{45}{115} = 0.39\,[\text{g · cm/V}]$$

전동기 관성 모멘트에 부하의 그것을 더하여

$$J = J_M + \frac{1}{n^2} J_L = 0.011 + \frac{13,000}{1,600}$$

$$= 8.13 \, [\mathrm{g \cdot cm^2}] = 0.0083 \, [\mathrm{g \cdot cm \cdot s^2}]$$

이러한 값을 식 (11·12)에 대입하면 전동기 이득에는 기어비도 대입하여 다음과 같이 된다.

$$\frac{\Theta}{E_c} = \frac{0.28}{s \, (0.24s + 1)} \, [\mathrm{rad/V \cdot s}]$$

(2) 편차 검출기의 선정

편차 검출기로서는 구조가 간단하다는 점 및 고정밀도를 기대할 수 있다는 점에서 마이크로신을 사용하는 것으로 하고 그 전달 함수 Y_D는

$$Y_D = K_D = \frac{35}{0.002s + 1} \, [\mathrm{V/rad}]$$

인 것으로 한다.

(3) 증폭기 이득의 결정

제어계의 블록 선도를 그리면 그림 11·77과 같이 표시된다. 여기서 정상 특성, 즉 규격 조건 ④를 만족하도록 (최소한 필요한) 증폭기 이득을 구한다. 그림 11·78에서 명백한 바와 같이 전동기가 10[rad/s]의 출력 속도를 발생하기 위해서는 35.7[V]의 입력 전압이 필요하다. 한편, 편차가 10″, 즉 5×10^{-4}[rad]일 때, 편차 검출기의 정상 출력 전압은 0.0175[V]이다.

그러므로 증폭기에 요구되는 이득 k_c는 최저 2,040이다.

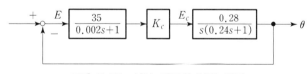

그림 11·77 서보 기구의 블록 선도

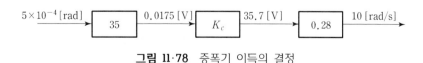

그림 11·78 증폭기 이득의 결정

(4) 특성의 판정

이상을 정리하면 제어계의 개루프 전달 함수는 다음과 같이 된다.

$$\frac{\Theta}{E} = \frac{20,000}{s(0.24s+1)(0.002s+1)}$$

이 보드 선도를 그리면 그림 11·79와 같이 되어 명백히 이 제어계는 불안정하다. 바꿔 말하면 정상 특성은 만족한 것이지만 과도 특성이 불량이다. 그래서 그림 11·74와 같은 직류 보상 방식을 채용하여 진상기를 삽입한다.

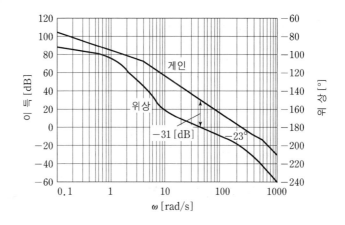

그림 11·79 Θ/E의 보드 선도

(5) 진상기에 의한 보상

그림 11·79에서 이득 교점 주파수는 $\omega=240$ [rad/s], 위상 여유는 $-23°$라고 판독된다. 서보 기구이므로 우선 상식적으로 위상 여유로서 45°를 예상하는 것으로 하면 필요한 위상 진상각 Φ_m은

$$\Phi_m = 23+45 = 68°$$

표 11·4를 사용하면 $k=0.04$이다. 즉, 진상기를 삽입하면 이득은 $k=0.04$배만큼 감소하므로 전치 증폭기 기타에 의해서 다음의 값만큼 보상해 주면 안된다.

$$K = \frac{1}{k} = \frac{1}{0.04} = 25$$

그렇게 하면 $\omega=1/\tau k$ 이상의 주파수에서는 이득은 그림 11·79의 경우보다도

$$-20\log_{10}0.04 = 28\,[\text{dB}]$$

만큼 증가하므로 이득 교점 주파수도 진상기 삽입에 의해서 $\omega=500$ 근방으로 이동할 것이다. 그래서 Φ_m 이 생기는 주파수 ω_m 을 이것과 같게 취하면

$$\omega_m = 500\,[\text{rad/s}]$$

식 $(11\cdot45)$에 의해서

$$\tau = 0.01\,[\text{s}]$$

이것에서

$$\tau = C_1 R_1 = 0.01, \qquad k = \frac{R_2}{R_1+R_2} = 0.04$$

가 되므로 이것을 풀어 회로 상수로서, 예를 들면 다음의 값을 취하면 된다.

$$C=1\,[\mu\text{F}], \qquad R_1 = 10\,[\text{k}\Omega], \qquad R_2 = 420\,[\Omega]$$

이 보상 회로를 삽입한 후의 보드 선도를 그린 것이 그림 $11\cdot80$이다.

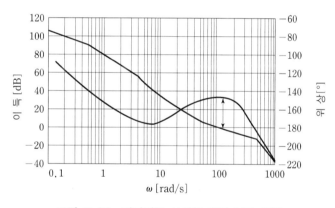

그림 11·80 진상기를 삽입한 후의 보드 선도

이것에서

위상 여유 약 $20°$

이득 여유 약 $8[\text{dB}]$

인 것을 알 수 있다. 어느 것이나 여유가 적다.

그런데 대역폭은 규격 조건 ②에서

$$\omega_b \fallingdotseq 2\pi f_b \fallingdotseq 123\,[\text{rad/s}]$$

이상으로 되어야 한다. 이 보드 선도를 니콜스 선도에 옮기고 진상기를 넣은 제

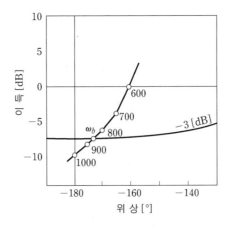

그림 11·81 대역폭의 결정

어계의 대역폭을 그림 11·81과 같이 하여 구하면 다음과 같이 된다.

$$\omega_b \coloneqq 860 \, [\text{rad/s}]$$

이것은 조건을 만족하고 있으나 지나치게 ω_b가 높다. 이 사실은 제어계를 잡음에 대하여 약하게 한다.

여기서 지상기는 어느 적절한 안정도를 유지하면서 속도 상수를 크게 하는 효과를 가지고 있다는 것을 상기할 것이다. 단, 지상기를 삽입하면 이득 교점 주파수가 저하하여, 따라서 대역폭도 좁게 한다는 특징이 있다. 이 내용을 생각하여 다음에 진상기와 지상기를 직렬로 삽입하는 것을 시도해 본다.

(6) 복합기의 삽입

간단히 하기 위해 식 (11·52)에서

$$k = 0.1, \qquad \tau_1 / \tau_2 = 0.1$$

이라 놓고 시험삼아 $\tau_2 = 0.2 \, [\text{s}]$라 놓아 보면 다음과 같이 된다.

$$\frac{E_o}{E_i} = \frac{(0.2s + 1)(0.025s + 1)}{(2s + 1)(0.002s + 1)}$$

그림 11·79의 보드 선도에 이 보상 회로의 보드 선도를 더하면 그림 11·82가 얻어진다.

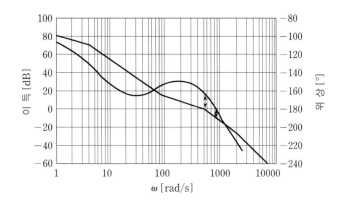

그림 11·82 복합기 $\dfrac{(0.2s+1)(0.025s+1)}{(2s+1)(0.002s+1)}$ 을 삽입한 후의 보드 선도

이것에서

위상 여유 35°,   이득 여유 15[dB]

이 판독된다. 이 보드 선도를 니콜스 선도에 옮기면 그림 11·83과 같이 되어 제어계의 특성값은 다음과 같은 것을 알 수 있다.

$$\omega_b \fallingdotseq 270 \,[\text{rad/s}], \qquad M_p \fallingdotseq 1.7, \qquad \omega_r \fallingdotseq 100 \,[\text{rad/s}]$$

$\omega_b = 270\,[\text{rad/s}]$ 은 규격 조건 ②를 충분히 만족하고 있다. 또한 $M_p = 1.7$ 은 오버슈트가 대략 35[%]인 것을 의미하므로 규격 조건 ③도 만족되고 있다.

보상 회로의 상수는 식 (11·53)에서 예를 들면 다음과 같이 한다.

$$C_1 = 1\,[\mu\text{F}], \quad R_1 = 20\,[\text{k}\Omega], \quad C_2 = 9\,[\mu\text{F}], \quad R_2 = 22\,[\text{k}\Omega]$$

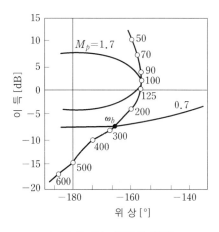

그림 11·83 특성의 결정

연습문제

1. 직류 서보와 교류 서보의 득실을 비교하여라.

2. 전기－유압 서보 기구에서 서보 밸브 방식과 유압 펌프 방식의 득실을 비교하여라.

3. 4로 밸브의 전기식 등가 회로를 구하여라.

4. 식 (11·15)를 유도하여라.

5. 교류 및 직류 서보 전동기의 득실을 비교하여라.

6. 그림 11·84의 위치 서보 기구에서 증폭기에 필요한 이득 및 진상 회로의 상수를 결정하여라. 규격 조건 및 기기 특성은 다음과 같다.
① 10[rpm]의 입력 속도에 대해서 정상 편차 0.2°일 것
② 제동비 $\zeta = 0.5$라 한다.
③ 변환기 상수 : 1[V/도]
④ 전동기 : 관성 모멘트(부하를 포함하여) 15×10^{-6}[kg·m²], 점성 마찰(부하를 포함하여) 62×10^{-6}[N·m·s], 토크 상수 5×10^{-4}[N·m/mA]
⑤ 기어비 : 10 : 1

그림 11·84 위치 서보 기구

7. 그림 11·85의 서보 기구에서 다음의 규격을 만족하는 보상 회로를 구하여라. 단, 전동기는 2상 전동기를 사용하고 있으나 변조기의 전달 함수는 1인 것으로 한다.
① 위상 여유 45° 이상
② 정상 속도 편차 0.1[도/도/s] 이하

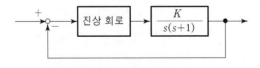

그림 11·85 위치 서보 기구

8. 루프 전달 함수가

$$\frac{70}{s(1+0.1s)(1+0.0005s)}$$

인 제어계에 진상 회로를 직렬로 삽입하고 다음의 규격을 만족시켜라.

① 이득 상수 70은 불변으로 유지한다.

② 주파수 10[rad/s], 진폭 1인 사인파 입력에 대한 정상 편차가 2[%] 이하일 것.

③ 위상 여유는 적어도 50° 예상될 것.

9. 루프 전달 함수가

$$\frac{K}{s(1+0.1s)(1+0.2s)}$$

인 제어계에 지상 회로를 직렬로 삽입하고 다음의 규격을 만족시켜라.

① 속도 편차 상수 $=30\,[\mathrm{s}^{-1}]$

② 위상 여유 $\geq 40°$

12장

상태 공간

12·1 서 론

　현대의 복잡한 시스템은 여러 개의 입력과 출력으로 구성하고, 이러한 제어계를 해석하기 위해서는 수학적 표현을 간결하게 해야 하고, 해석에 필요한 많은 계산을 컴퓨터로 수행하여야 한다. 전달함수로 시스템을 표현하는 것은 입력과 출력의 관계만 명시할 뿐이며, 입력이 출력으로 전달되는 과정은 표현할 수 없다. 이러한 관점에서 보면 상태공간 해석법이 제어계의 해석에 가장 적합하다고 볼 수 있다.

　고전 제어이론이 입출력 사이의 관계, 즉 전달함수에 기본을 두고 있고, 시스템을 분모항의 최고차 항인 n차의 전달 함수로 나타낸다. 이에 반하여 현대 제어이론인 상태공간 표현법은 시스템을 n개의 1차 미분 방정식으로 표현하여 벡터·행렬 형태로 나타낼 수 있다. 이러한 벡터·행렬을 사용하면 시스템의 수학적 표현을 간결하게 할 수 있다. 상태변수나 입출력의 수가 증가하더라도 방정식의 복잡성은 증가되지 않는다. 복잡한 다중입력 다중출력(Multi-Input Multi-Output)시스템의 해석도 1차 스칼라 미분방정식 시스템의 해석보다 약간 더 복잡할 뿐이다.

12·2 동적 방정식

상태변수의 수가 n이고 입력 및 출력의 수가 각각 p, q인 시불변 선형 시스템은 상태 공간에서 다음과 같은 벡터·행렬 형태로 표현한다.

$$\dot{x}(t) = Ax(t) + Bu(t) \quad \text{— 상태 방정식(State Equation)}$$

$$y(t) = Cx(t) + Du(t) \quad \text{— 출력 방정식(Output Equation)}$$

위의 두 상태 방정식과 출력 방정식을 합하여 동적 방정식(Dynamic Equation)이라고 한다. 위의 식에서 $x(t)$, $u(t)$, $y(t)$는 벡터이며 다음과 같이 정의된다.

$$\text{상태 벡터} : \quad x(t) = \begin{bmatrix} x_1(t) \\ x_2(t) \\ \vdots \\ x_n(t) \end{bmatrix} \quad (n \times 1)$$

$$\text{입력 벡터} : \quad u(t) = \begin{bmatrix} u_1(t) \\ u_2(t) \\ \vdots \\ u_p(t) \end{bmatrix} \quad (p \times 1)$$

$$\text{출력 벡터} : \quad y(t) = \begin{bmatrix} y_1(t) \\ y_2(t) \\ \vdots \\ y_q(t) \end{bmatrix} \quad (q \times 1)$$

계수 행렬 : A, B, C, D는 행렬들이며 차원은 다음과 같다.

$$A(n \times n), \quad B(n \times p), \quad C(q \times n), \quad D(q \times p)$$

시스템을 상태 공간에서 표현할 때는 상태 선도가 사용되며, 이에 대하여서는 다음 절에서 설명한다.

12·3 상태 선도

상태선도는 신호흐름도(signal-flow graph)에서 상태 변수를 더한 것이다. 모든 전달 함수를 구성하는 기본 요소는 비례기, 미분기, 적분기로 표현된다.

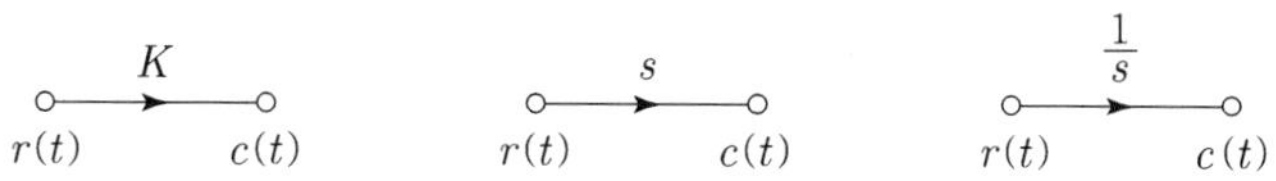

(a) 비례기 (b) 미분기 (c) 적분기

그림 12·1 비례기, 미분기, 적분기의 신호 흐름도

그림 12·1에 표시된 바와 같이 비례기는 $G(s)=K$, 미분기는 $G(s)=s$이며 적분기는 $G(s)=\dfrac{1}{s}$ 이다.

다음은 어떻게 전달 함수가 상태선도로 표현되며, 이에 해당되는 상태 방정식을 구하여 보자.

● **1차 시스템** : $\dfrac{C(s)}{R(s)}=\dfrac{1}{s+a}$

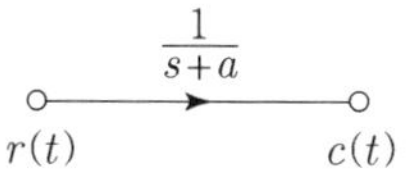

상태 선도를 만들 때의 주의점은 상태변수를 적분기의 출력 변수로 정한다.

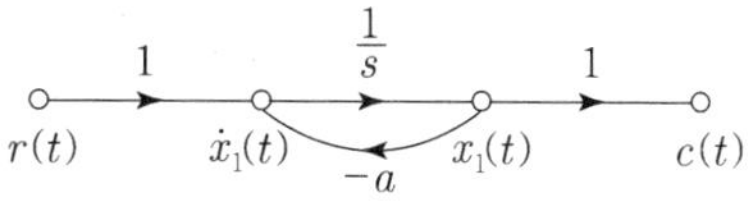

상태 방정식

$$\dot{x}_1(t)=-a x_1(t)+r(t)$$

$$c(t)=x_1(t)$$

위의 상태 방정식에서 다음과 같이 하여 전달 함수를 확인할 수 있다.

$$sX_1(s)+aX_1(s)=R(s)$$

$X_1(s)$ 대신 $C(s)=X_1(s)$이므로 $C(s)$를 넣으면

$$(s+a)\,C(s)=R(s)$$

$$\frac{C(s)}{R(s)}=\frac{1}{s+a}$$

위의 전달 함수와 같음을 확인할 수 있다.

● **2차 시스템** : $\dfrac{C(s)}{R(s)} = \dfrac{1}{s^2 + as + b}$

step 1. 2차 시스템이므로 다음과 같이 만든다.

step 2. 상태 변수 $x_1(t)$, $x_2(t)$를 적분기의 출력 변수에 둔다.

step 3. 루프와 이득을 만든다.

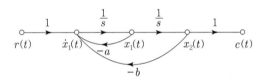

상태 선도에서 $x_1(t) = \dot{x}_2(t)$이다.

상태 방정식

$$\begin{bmatrix} \dot{x}_1 = -ax_1(t) - bx_2(t) + r(t) \\ \dot{x}_2 = x_1(t) \end{bmatrix}$$

출력 방정식

$$c(t) = x_2(t)$$

위의 상태 방정식에서 전달함수를 확인하면 다음과 같다.

$$sX_1(s) + aX_1(s) + bX_2(s) = R(s)$$

$$sX_2(s) = X_1(s)$$

$X_1(s)$ 대신 $sX_2(s)$를 넣으면 다음 식을 얻는다.

$$(s^2 + as + b)\, X_2 = R(s)$$

$C(s) = X_2(s)$이므로,

$$\frac{C(s)}{R(s)} = \frac{1}{s^2 + as + b}$$

예제 12·1 ·

다음 3차 시스템의 상태선도에서 상태 방정식과 출력 방정식을 구하라.

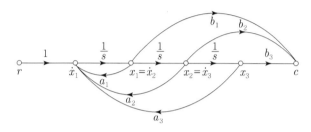

그림 12·2 예제 12·1

$$\dot{x}_1(t) = a_1 x_1(t) + a_2 x_2(t) + a_3 x_3(t) + r(t)$$

$$\dot{x}_2(t) = x_1(t)$$

$$\dot{x}_3(t) = x_2(t)$$

$$c(t) = b_1 x_1(t) + b_2 x_2(t) + b_3 x_3(t)$$

벡터·행렬로 표시하면 다음과 같다.

$$\begin{bmatrix} \dot{x}_1(t) \\ \dot{x}_2(t) \\ \dot{x}_3(t) \end{bmatrix} = \begin{bmatrix} a_1 & a_2 & a_3 \\ 1 & 0 & 0 \\ 0 & 1 & 0 \end{bmatrix} \begin{bmatrix} x_1(t) \\ x_2(t) \\ x_3(t) \end{bmatrix} + \begin{bmatrix} 1 \\ 0 \\ 0 \end{bmatrix} r(t)$$

$$c(t) = \begin{bmatrix} b_1 & b_2 & b_3 \end{bmatrix} \begin{bmatrix} x_1(t) \\ x_2(t) \\ x_3(t) \end{bmatrix}$$

· ·

다음은 상태 방정식으로부터 상태선도를 그리는 법에 대해 알아본다.
3차 시스템의 예를 들어보자.

$$\begin{bmatrix} \dot{x}_1(t) \\ \dot{x}_2(t) \\ \dot{x}_3(t) \end{bmatrix} = \begin{bmatrix} a_{11} & a_{12} & a_{13} \\ a_{21} & a_{22} & a_{23} \\ a_{31} & a_{32} & a_{33} \end{bmatrix} \begin{bmatrix} x_1(t) \\ x_2(t) \\ x_3(t) \end{bmatrix} + \begin{bmatrix} b_1 \\ b_2 \\ b_3 \end{bmatrix} r(t)$$

step 1.   상태 변수의 수만큼 적분기를 배치한다.

이때, 적분기의 출력은 상태 변수로 하고, 입력은 해당 상태 변수의 도함수 형태로 표기한다.   ⇒ 그림 12·3(a)

step 2.   첫 번째 상태 변수의 도함수부터 순서대로 상태 방정식에 맞게 입력 및 상태 변수들과 연결한다.

$\dot{x}_1(t)$에 대하여 연결   ⇒ 그림 12·3(b)

$\dot{x}_2(t)$에 대하여 연결   ⇒ 그림 12·3(c)

$\dot{x}_3(t)$에 대하여 연결   ⇒ 그림 12·3(d)

마지막으로 c에 대하여 연결하면 그림 12·3(e)와 같다.

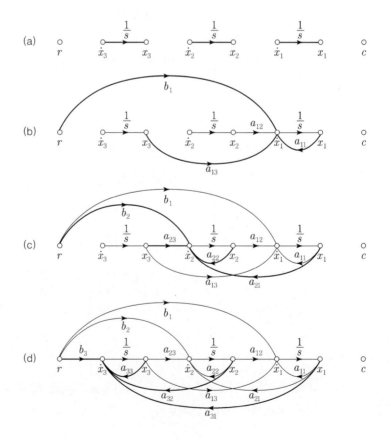

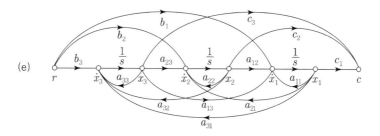

(e)

그림 12·3

12·4 전달 함수를 상태 공간으로 바꾸기

전달함수를 상태공간 표현법으로 바꾸어 보자. 먼저, 전달함수의 분자가 상수인 경우와 다항식인 경우로 나누어서 4차 이하의 시스템을 고려하자.

12·4·1 전달 함수의 분자가 상수인 경우

$$\frac{C(s)}{R(s)} = \frac{b_0}{s^4 + a_3 s^3 + a_2 s^2 + a_1 s + a_0}$$

$$C(s)\left[s^4 + a_3 s^3 + a_2 s^2 + a_1 s + a_0\right] = b_0 R(s)$$

$$\frac{d^4 c(t)}{dt^4} + a_3 \frac{d^3 c(t)}{dt^3} + a_2 \frac{d^2 c(t)}{dt^2} + a_1 \frac{dc(t)}{dt} + a_0 c(t)$$

$$= b_0 r(t) \tag{12·1}$$

Step 1. $c(t)$ 를 x_1 으로 정하고, $c(t)$ 를 한 번 미분한 $\dfrac{dc(t)}{dt}$ 를 x_2 라고 하자.

$$\begin{bmatrix} x_1 = c(t) \\ x_2 = \dfrac{dc(t)}{dt} \\ x_3 = \dfrac{d^2 c(t)}{dt^2} \\ x_4 = \dfrac{d^3 c(t)}{dt^3} \end{bmatrix}$$

Step 2. Step 1의 정의에 의해

$$\begin{bmatrix} \dot{x}_1 = x_2 \\ \dot{x}_2 = x_3 \\ \dot{x}_2 = x_4 \end{bmatrix}$$

Step 3. 최고차항의 미분값을 정한다. 식(1)에 의해

$$\dot{x}_4 + a_3 x_4 + a_2 x_3 + a_1 x_2 + a_0 x_1 = b_0 r$$

$$\dot{x}_4 = -a_0 x_1 - a_1 x_2 - a_2 x_3 - a_3 x_4 + b_0 r$$

Step 4. 벡터 · 행렬 형태로 바꾼다.

$$\begin{bmatrix} \dot{x}_1(t) \\ \dot{x}_2(t) \\ \dot{x}_3(t) \\ \dot{x}_4(t) \end{bmatrix} = \begin{bmatrix} 0 & 1 & 0 & 0 \\ 0 & 0 & 1 & 0 \\ 0 & 0 & 0 & 1 \\ -a_0 & -a_1 & -a_2 & -a_3 \end{bmatrix} \begin{bmatrix} x_1 \\ x_2 \\ x_3 \\ x_4 \end{bmatrix} + \begin{bmatrix} 0 \\ 0 \\ 0 \\ b_0 \end{bmatrix} r$$

$$C = \begin{bmatrix} 1 & 0 & 0 & 0 \end{bmatrix} \begin{bmatrix} x_1 \\ x_2 \\ x_3 \\ x_4 \end{bmatrix}$$

12·4·2 전달함수의 분자가 다항식인 경우

$$R(s) \longrightarrow \boxed{\dfrac{b_3 s^3 + b_2 s^2 + b_1 s + b_0}{s^4 + a_3 s^3 + a_2 s^2 + a_1 s + a_0}} \longrightarrow C(s)$$

Step 1. 분자의 다항식을 분리한다.

$$R(s) \rightarrow \boxed{\dfrac{1}{s^4 + a_3 s^3 + a_2 s^2 + a_1 s + a_0}} \xrightarrow{W(s)} \boxed{b_3 s^3 + b_2 s^2 + b_1 s + b_0} \xrightarrow{C(s)}$$

$$\frac{C(s)}{W(s)} = b_3 s^3 + b_2 s^2 + b_1 s + b_0$$

Step 2. $w(t)$를 x_1으로 상태변수를 정한다.

$$\begin{bmatrix} x_1 = w(t) \\ x_2 = \dfrac{dw(t)}{dt} = \dot{x}_1 \\ x_3 = \dfrac{d^2w(t)}{dt^2} = \dot{x}_2 \\ x_4 = \dfrac{d^3w(t)}{dt^3} = \dot{x}_3 \end{bmatrix}$$

Step 3.   최고차항의 미분값을 정한다.

$$\dot{x}_4 = -a_0\,x_1 - a_1\,x_2 - a_2\,x_3 - a_3\,x_4 + b_0\,r$$

Step 4.   벡터·행렬 형태로 바꾼다.

$$\begin{bmatrix} \dot{x}_1(t) \\ \dot{x}_2(t) \\ \dot{x}_3(t) \\ \dot{x}_4(t) \end{bmatrix} = \begin{bmatrix} 0 & 1 & 0 & 0 \\ 0 & 0 & 1 & 0 \\ 0 & 0 & 0 & 1 \\ -a_0 & -a_1 & -a_2 & -a_3 \end{bmatrix} \begin{bmatrix} x_1 \\ x_2 \\ x_3 \\ x_4 \end{bmatrix} + \begin{bmatrix} 0 \\ 0 \\ 0 \\ 1 \end{bmatrix} r$$

$$C(s) = (b_3\,s^3 + b_2\,s^2 + b_1\,s + b_0)\,W(s)$$

$$c(t) = b_3\,x_4 + b_2\,x_3 + b_1\,x_2 + b_0\,x_1$$

$$c = \begin{bmatrix} b_0 & b_1 & b_2 & b_3 \end{bmatrix} \begin{bmatrix} x_1 \\ x_2 \\ x_3 \\ x_4 \end{bmatrix}$$

예제 12·2 ·

다음의 전달함수에 대하여 동적 방정식을 구하라.

$$\frac{C(s)}{R(s)} = \frac{3s^3 + 11s^2 + 20s + 11}{s^3 + 5s^2 + 9s + 5}$$

풀이   분자를 분모로 나누면 몫과 나머지는 다음과 같다.

$$\frac{3s^3 + 11s^2 + 20s + 11}{s^3 + 5s^2 + 9s + 5} = 3 + \frac{s^2 + 2s + 1}{s^3 + 5s^2 + 9s + 5}$$

$3R(s)$는 나중에 출력 방정식 $c(t)$을 구할 때 더해주기만 하면 된다. 위의 단계들을 적용하면 다음의 상태 방정식을 구할 수 있다.

$$\begin{bmatrix} \dot{x}_1(t) \\ \dot{x}_2(t) \\ \dot{x}_3(t) \end{bmatrix} = \begin{bmatrix} 0 & 1 & 0 \\ 0 & 0 & 1 \\ -5 & -9 & -5 \end{bmatrix} \begin{bmatrix} x_1(t) \\ x_2(t) \\ x_3(t) \end{bmatrix} + \begin{bmatrix} 0 \\ 0 \\ 1 \end{bmatrix} r(t)$$

$$c(t) = \begin{bmatrix} 1 & 2 & 1 \end{bmatrix} \begin{bmatrix} x_1(t) \\ x_2(t) \\ x_3(t) \end{bmatrix} + 3r(t)$$

12·5 Matlab 예제

상태공간으로 시스템 표현하기

$$\dot{x} = \begin{bmatrix} \dot{x}_1 \\ \dot{x}_2 \end{bmatrix} = \begin{bmatrix} 0 & 1 \\ 1 & 2 \end{bmatrix} \begin{bmatrix} x_1 \\ x_2 \end{bmatrix} + \begin{bmatrix} 0 \\ 1 \end{bmatrix} u = Ax + Bu$$

$$y = \begin{bmatrix} 0 & 1 \end{bmatrix} \begin{bmatrix} x_1 \\ x_2 \end{bmatrix} = Cx + Du$$

	결과		
A = [0 1 ; 1 2] ;	a =	X1	X2
	X1	0	1
B = [0 ; 1] ;	X2	1	2
	b =	u1	
C = [1 0] ;	X1	0	
	X2	1	
D = 0 ;	c =	X1	X2
	y1	1	0
sys 1 = ss(A, B, C, D)	d =	u1	
	y1	0	

ss 명령어를 사용하여 모델화된 변수 sys1으로 시스템 전체를 표현한다.

전달함수를 상태공간으로 나타내기, 상태공간을 전달함수로 나타내기

$$G(s) = \frac{s^2 + 2s + 3}{s^3 + 4s^2 + 6s + 1}$$

결과

```
num = ( 1  2  3 ) :
den = ( 1  4  6  1 ) :
( A, B, C, D ) = tf2ss(num, den)
```

```
A = -4    -6    -1
     1     0     0
     0     1     0
B =  1
     0
     0
C =  1     2     3
D =  0
```

```
( n, d ) = ss2tf(A, B, C, D) :
printsys(n, d)
```

num/den = $\dfrac{1s^2 + 2s + 3}{s^3 + 4s^2 + 6s + 1}$

tf2ss 전달함수를 상태공간 방정식으로 바꾸는 명령어
ss2tf 상태공간 방정식을 전달함수로 바꾸는 명령어

```
( A, B, C, D ) = tf2ss(num, den) :
sys = ss(A, B, C, D)
```

```
a =        X1    X2
     X1    -4    -6
     X2     1     0
     X3     0     1
b =        u1
     X1     1
     X2     0
     X3     0
c =        X1    X2
     y1     1     2
d =        u1
     y1     0
continuous-time system
```

```
sys = tf(num, den)
```

Transfer function :

$$\frac{s^2 + 2s + 3}{s^3 + 4s^2 + 6s + 1}$$

연습문제

1. 아래의 상태 선도에서 벡터-행렬 표시의 상태 공간을 구하시오.

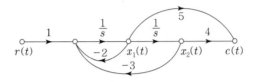

2. 다음의 각 전달 함수에 대하여 상태 방정식과 출력 방정식을 구하라.

(a) $\dfrac{C(s)}{R(s)} = \dfrac{s^2 + 2s + 3}{s^3 + 6s^2 + 11s + 6}$

(b) $\dfrac{C(s)}{R(s)} = \dfrac{s^3 + 2s^2 + s - 1}{2s^3 + 5s + 2}$

3. 다음 3차 시스템의 상태 선도에서 상태 방정식과 출력 방정식을 구하라.

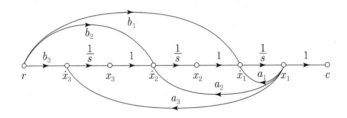

4. 아래의 제어 시스템의 블록 선도를 등가의 신호 흐름도로 바꾸시오.

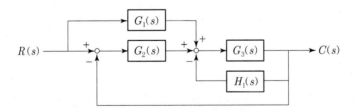

5. 다음의 각 전달 함수에 대한 상태 선도를 그리고 상태공간에서 표현하라.

(a) $\dfrac{2s^3 + 2s + 6}{s^3 + 6s^2 + 9s + 14}$

(b) $\dfrac{3s^2 + 1}{s^3 + 2s^2 + 2s + 1}$

(c) $\dfrac{5}{s(s+2)(s+3)}$

(d) $\dfrac{2s + 9}{s^4 + 2s^3 + 5s^2 + 6s + 1}$

13장

제어계 설계

13·1 설계의 개요

앞장까지는 제어계가 주어졌을 때, 그 제어계가 어떠한 특성을 가지고 있는가 하는 문제, 즉 특성 해석에 대해서 설명했다. 이 해석(analysis)에 대해서 요구된 특성을 가지는 제어계를 구성하기 위해서는 어떻게 하면 좋은가라는 합성(synthesis)의 문제가 있다. 제어계의 계획 또는 설계에서는 요구된 응답 기타의 조건을 만족하도록 제어 요소를 선택하고 그들의 파라미터, 즉 이득 상수나 시정수를 결정하지 않으면 안된다.

이와 같은 계획은 보통 다음의 순서로 행해진다.

(1) 규격의 파악

계획에서는 그 제어계가 구비하지 않으면 안되는 시방(specification)이 지정되어 있다. 그러나 이것은 유저의 요구이며 설계에 편리한 형태로 나타내고 있다고는 한정하지 않는다. 이와 같은 경우에는 시방을 설계에 편리한 형태로 번역할 필요가 생긴다.

(2) 제어 대상의 특성 조사

제어 대상의 특성을 조사하여 때로는 시험을 행하고 정량적으로 파악해 둔다. 또한 주된 외란의 크기, 파형, 주파수 스펙트럼 등도 명백히 해 둔다. 목표값의 변화에 대해서도 마찬가지이다.

(3) 제어 요소의 선택

제어 대상의 특성과 요구된 규격과 과거의 경험을 고려하여 적당하다고 생각되는 제어 요소를 선정하고 이들을 제어계로서 정리한다(예를 들면 블록 선도로 표현한다).

(4) 특성의 추정

(3)항목에서 얻어진 제어계의 특성을 해석하고 (1)항목의 규격을 만족하도록 각 제어 요소의 파라미터(이득 상수, 시정수 등)를 결정한다. 이것이 만족하게 행해졌을 때에 계획은 완료한다.

(5) 보상 요소의 삽입

(4)항목에서 제어 요소의 파라미터를 아무리 바꾸어 보아도 요구된 규격에 합치하는 해결이 얻어지지 않는 경우는 보상 요소를 삽입해서 재차 특성 해석을 반복해 본다. 여기에서 (1)항목의 규격을 만족하면 설계는 완료한다. 만약 (5)항목의 순서를 행해도 요구된 성능이 얻어지지 않는 경우는 (3)항목으로 돌아가서 제어 요소의 선택부터 다시 해 보아야 한다.

이러한 계산에는 주파수 응답의 수법이 중심이 되지만 필요에 따라서 아날로그 컴퓨터가 사용된다. 특히 과도 응답의 추정, 각 전달 함수의 파라미터 결정에 꼭 필요하다. 또한 계산만으로 불충분한 경우는 실험을 병용하는 일이 있다.

이상은 이론적인 측면이지만 제어 기기에서 본 측면이 있다. 즉, 예를 들면 전기식으로 하는가, 유압식으로 하는가, 공기압식으로 하는가의 문제, 필요한 파라미터를 가진 제어 기기를 입수할 수 있는가 없는가의 문제, 그밖에 환경 조건, 중량, 치수, 가격 등의 문제에도 충분히 유의하지 않으면 안된다.

13·2 제어 성능에 관한 시방

이미 설명한 바와 같이 제어계의 성능으로서 중요한 것은 정상 편차, 속응성 및 안정도이다. 제일의 정상 편차는 예를 들면 계단 입력이나 램프 입력에 대한 값으로서 표시되므로 시방으로서 지정하는 데에 곤란은 없다.

속응성 및 안정도를 표시하기 위해서는 다음과 같은 여러 가지의 양이 있었다.

(ⅰ) 시간 영역 : 첨두 시간, 상승 시간, 정정 시간, 오버슈트, 제동비 등

(ⅱ) 주파수 영역 ; 위상 여유, 이득 여유, M_p, 대역폭 등

이와 같은 특성값으로서 어떤 값이 최적인가, 즉 제어 응답의 가장 좋은 형태는 무엇인가는 개개의 제어계에서 다르며 전체 제어계를 망라하는 보편적인 기준으로서 설명하는 것은 불가능하다. 그러나 연구와 경험의 축적에 의해서 다음과 같이 제법 넓게 적용할 수 있는 목표가 만들어져 있다.

(ⅰ) M_p : 폐루프 응답의 이득 특성 최대값이다. M_p가 클수록 공진이 예리하지만 최적값은 다음과 같다.

   $M_p = 1.1 \sim 1.5$ (Brown and Campbell)

   $M_p = 1.2 \sim 1.4$

   $M_p = 1.3$ (ASME)

(ⅱ) 이득 여유, 위상 여유

서보 기구에서는	이득 여유 $12 \sim 20$[dB]
	위상 여유 $40 \sim 60°$
공정 제어에서는	이득 여유 3[dB]
	위상 여유 $20°$ 이상

더욱이 2차계에 대해서 제동비, M_p, 위상 여유 및 오버슈트 사이의 관계를 나타내면 표 13·1과 같이 된다. 이들은 모두 안정도에 관한 양으로 서로 환산할 수 있다. 또한 단순한 2차계가 아니어도 제어계의 응답은 2차계의 그것으로 근사할 수 있는 것이 많으므로 그때도 상호 환산이 가능하다.

표 13·1 2차계의 ζ, M_p, ϕ_m 및 P 사이의 관계

제동비 ζ	공진값 M_p	위상 여유 ϕ_m	오버슈트량 P
0.20	2.55	22.7°	0.526
0.25	2.09	28.0°	0.445
0.30	1.75	33.4°	0.372
0.35	0.53	38.5°	0.308
0.40	0.35	43.4°	0.254
0.45	1.25	47.7°	0.206
0.50	1.16	52.0°	0.164
0.55	1.09	55.9°	0.125
0.60	1.04	59.4°	0.094

13·3 보상 회로

주파수 응답법을 이용해서 제어계의 설계를 행하는 경우, 제어 요소가 정해지고 그 전달 함수를 알면 다음의 순서로 설계를 진행할 수가 있다.

(i) 블록 선도를 그린다.

(ii) 루프 전달 함수를 구한다.

(iii) 정상 편차에 관한 규격에서 루프 전달 함수의 이득 상수 한계를 정한다.

(iv) 이득 상수를 가정하여 루프 전달 함수의 보드 선도를 그리고 이득 교점, 이득 특성의 기울기 및 위상 여유 등을 구한다. 이 단계에서 어느 정도 제어 성능을 추정할 수 있다.

(v) 니콜스 선도를 이용해서 폐루프 응답의 이득과 위상을 구한다. 이 결과 M_p 및 ω_p, 대역폭을 알고 과도 응답을 추정할 수 있다.

(iv) 및 (v)의 단계에서 시방을 만족하지 않는 경우에는 우선 첫째로 루프 전달 함수의 이득 상수를 가감해 본다. 이와 같이 하여 재차 성능의 추정을 반복하고 시방을 만족하도록 이득 상수를 결정한다. 일반적으로 이득 상수를 높이면 '5·4절'의 예에서 유추되듯이

① 정상 편차가 감소한다.

② 속응성이 증대한다.

③ 안정도가 감소한다.

이와 같이 정상 편차나 속응성을 개선하기 위해서 이득 상수를 늘리면 안정도가 나빠진다. 반대로 안정도를 증대하도록 하면 정상 편차나 속응성이 희생된다. 따라서, 이득 상수의 조정만으로 이러한 세 가지 성능의 지정값 전부를 만족시킬 수 없는 것이 많다.

이 딜레마의 해결책으로서 각부의 시정수를 감소시키는 방법이 있다. 예를 들면 식 (5·75)에서 T_m을 감소하면 ω_n이 커져 속응성이 개선됨과 동시에 ζ가 커져 안정도도 좋아진다. 그러나 T_m은 서보 전동기의 시정수로서 이것을 감소시키는 데에는 한도가 있다. 일반적으로 시정수의 감소는 언제까지 실행할 수 있다고 할 수 없다.

이상과 같이 루프 전달 함수의 이득 상수나 시정수를 가감하는 방법에 대해서 루프 전달 함수의 형 그 자체를 변경하는 방법이 보다 근본적이며 또한 일반성이 있는 수단이다.

루프 전달 함수의 형을 변경하는 데에는 다음의 두 가지 방법이 있다.

(i) 적당한 전달 함수를 가진 전달 요소를 직렬로 삽입하는 방법

(ii) 적당한 전달 함수를 가진 전달 요소를 피드백 요소로서 국부적인 피드백을 가하는 방법

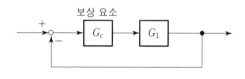

그림 13·1 직렬 보상

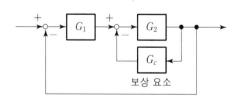

그림 13·2 피드백 보상

(ⅰ)을 **직렬 보상**(series compensation) 또는 **캐스케이드 보상**(cascade compensation), (ⅱ)를 **피드백 보상**(feedback compensation)이라고 한다. 또한 보상의 목적으로 삽입되는 회로를 **보상 회로**(compensating network)라고 부른다. 직렬 보상에는 다음의 세 종류가 있다.

① 위상 진상 보상(phase lead compensation)
② 위상 지상 보상(phase lag compensation)
③ 위상 진상 지상 보상(lead-lag compensation)

13·4 위상 진상 보상

그림 13·3의 곡선 a와 같은 루프 전달 함수의 벡터 궤적을 가진 제어계를 생각해 보자. 이대로는 정상 속도 편차가 지나치게 크므로 그것을 감소시킬 목적으로 이득 상수를 증가하면 벡터 궤적은 곡선 b와 같이 된다. 여기서 곡선 b는 점 (−1+j0)을 둘러싼 제어계는 불안정하게 된다. 이 불안정을 피하기 위해서 점 (−1+j0)의 가까이, 즉 주파수가 높은 영역에서 루프 전달 함수의 위상을 진상 하면 벡터 궤적은 곡선 c와 같이 된다. 이와 같이 하면 편차가 문제로 되고 있는 저주파수에서는 높은 이득이 유지되고 또한 점 (−1+j0)을 피할 수가 있으므로 불안정하게 되는 일은 없다.

이와 같이 고주파 영역에서 루프 전달 함수의 위상을 진상하여 안정화를 도모하는 직렬 보상법이 위상 진상 보상이다.

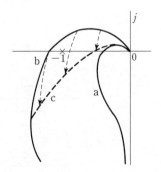

그림 13·3 나이퀴스트 선도와 위상 진상 보상

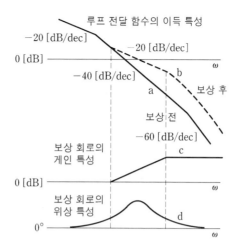

그림 13·4 보드 선도와 위상 진상 보상

위상 진상 보상을 보드 선도상에서 설명하면 다음과 같이 된다. 루프 전달 함수의 이득 특성이 그림 13·4의 곡선 a라고 한다. 이 이득 특성의 이득 교점에서 기울기는 −40[dB/dec]이고 안정도가 부족하다. 안정도가 좋은 제어계로 하기 위해서는 이득 교점에서의 기울기를 −20[dB/dec]로 하지 않으면 안된다. 예를 들면 고주파 영역의 이득을 올려서 곡선 b와 같이 할 필요가 있다. 직렬 보상으로 이것을 실현하려고 하면 보상 회로의 이득 특성은 곡선 a와 곡선 b의 차, 즉 곡선 c와 같아야 한다. 이와 같은 이득 특성을 가진 계의 위상 특성은 곡선 d와 같이 위상 진상 특성을 가지는 것이다(보드의 정리).

그림 13·4의 곡선 c의 이득 특성과 곡선 d의 위상 특성을 가진 가장 간단한 전달 함수 $G_c(j\omega)$는 다음과 같이 된다.

$$G_c(j\omega) = \frac{V_2(j\omega)}{V_1(j\omega)} = \frac{R_2}{\dfrac{1}{1/R_1+j\omega C}+R_2} = \frac{R_2}{\dfrac{R_1}{1+j\omega CR}+R_2}$$

$$= \frac{R_2(1+j\omega CR_1)}{R_1+R_2+j\omega CR_1R_2} \tag{13·1}$$

단,

$$\frac{R_1+R_2}{R_2} = a, \qquad C\frac{R_1R_2}{R_1+R_2} = T \tag{13·2}$$

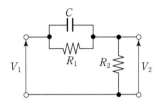

그림 13·5 위상 진상 회로

라고 놓으면 $G_c(j\omega)$는 다음과 같이 된다.

$$G_c(j\omega) = \frac{1}{a} \frac{1+j\omega aT}{1+j\omega T}, \qquad a > 1 \qquad (13\cdot3)$$

$G_c(j\omega)$의 벡터 궤적을 구하기 위해서 이 식을 변형하면

$$G_c(j\omega) = \frac{1}{a} + \frac{a-1}{a} \frac{j\omega T}{1+j\omega T}$$

이 관계를 이용하면 그림 6·9의 경우와 마찬가지로 하여 그림 13·6의 벡터 궤적이 구해진다. 이 그림 13·6에서 진상할 수 있는 최대 위상 ϕ_m은 다음 식과 같이 된다.

$$\sin \phi_m = \frac{a-1}{a+1} \qquad (13\cdot4)$$

따라서, 최대 위상 ϕ_m을 크게 하려면 a를 크게 하면 좋다.

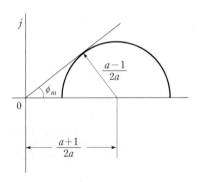

그림 13·6 위상 진상 회로의 벡터 궤적

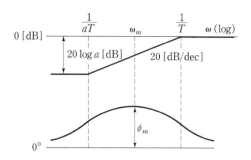

그림 13·7 위상 진상 회로의 보드 선도

다음에 $G_c(j\omega)$의 보드 선도를 그리면 그림 13·7과 같이 된다. ω를 로그 눈금으로 표시하면 1차계의 위상 특성은 절점 주파수에 관해서 대칭이었다. 그러므로 G_c의 위상 특성도 좌우 대칭이며 최대 위상 진상을 일으키는 주파수 ω_m은 2개의 절점 주파수 $1/aT$과 $1/T$의 중점에 해당한다.

이것은 로그(log) 영역에서의 것이므로 진수(antilogarithm) 영역에서는 ω_m이 $1/aT$과 $1/T$의 기하 평균이다.

$$\omega_m = \sqrt{\frac{1}{aT} \cdot \frac{1}{T}} = \frac{1}{T\sqrt{a}} \tag{13·5}$$

또한 ω_m에서 이득은 다음과 같이 된다.

$$\frac{1}{2} \times 20 \log \left| \frac{1}{a} \right| = -10 \log a \, [\text{dB}] \tag{13·6}$$

더욱이 이 위상 진상 보상을 행하면 이득 상수가 $1/a$이 되고(식 (13·3) 참조), 이대로는 정상 특성이 악화된다. 이것을 피하기 위해서는 이득 a배의 증폭기를 붙일 필요가 있다.

예제 13·1 ···

재차 그림 1·5의 전기식 서보 기구를 생각해 보자. 그림 4·5의 블록 선도를 다시 그리면 그림 13·8을 얻는다. 여기서

$$G_1(j\omega) = \frac{K}{j\omega(j\omega T_m + 1)}, \qquad T_m = 1.0 \, [\text{s}]$$

로 하고 다음의 조건을 만족하도록 설계해 보자.

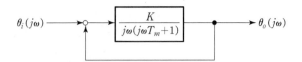

그림 13·8 서보 기구의 블록 선도

① 정각속도(1[deg/s]) 입력에 대해서 정상 속도 편차가 0.1° 이하일 것.

② 위상 여유가 45° 이상일 것.

(ⅰ) 우선 조건 ①과 식 (8·13)에서

$$\text{속도 편차 상수} \quad K_v \geqq \frac{1}{0.1} = 10\,[\text{s}^{-1}]$$

$$K_v = \sum_{s \to 0} s G_1(s) = K$$

이므로 $K \rangle = 10\,[\text{s}^{-1}]$ 이다.

(ⅱ) $K = 10\,[\text{s}^{-1}]$ 로서 보드 선도를 그리면 그림 13·9의 실선이 된다.

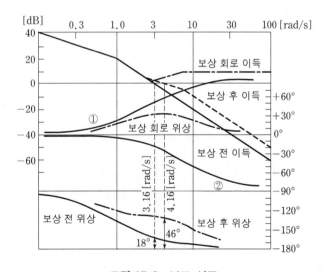

그림 13·9 보드 선도

(ⅲ) 이 보드 선도에서 위상 여유를 판독하면 18°가 된다. 이것은 조건 ②의 45° − 18° = 27°이다. 그러나 위상 진상 회로의 삽입에 의해 이득 교점은 ω가 높은 쪽으로 빗나가며 이 새로운 이득 교점에서는 위상 여유가 감소한다. 이 양을 계산에 넣어 필요한 위상 진상 각도를 30°로 하면 식 (13·4)에서

$$\sin 30° = \frac{a-1}{a+1}$$

이다. 즉,

$$0.5(a+1)=a-1$$

$$\therefore a = 3$$

(ⅳ) 다음에 ω_m을 구한다. $\omega \rightarrow 0$인 경우, 이 보상 회로가 나타내는 이득은 $-20 \log a = -20 \times \log 3 = -9.55$ [dB]이다. $\omega = \omega_m$에서 보상 회로의 이득은 이 $\frac{1}{2}$이며 $-9.55/2 = -4.78$ [dB]이다. ω_m이 이득 교점이 되도록 보드 선도에서 $|G_1(j\omega)| = -4.78$ [dB]이 되는 주파수를 구하면

$$\omega_m = 4.16 \,[\text{rad/s}]$$

(ⅴ) ω_m은 두 개의 절점 주파수 $1/aT$과 $1/T$의 중점이므로 ω_m의 $\sqrt{a}$ 배와 $1/\sqrt{a}$ 의 주파수를 구하면

$$\frac{1}{T} = \omega_m \sqrt{a} = 4.16 \times \sqrt{3} = 7.2 \,[\text{rad/s}], \quad \text{즉} \quad T = 0.139 \,[\text{s}]$$

$$\frac{1}{aT} = \omega_m \frac{1}{\sqrt{a}} = 4.16 \times \frac{1}{\sqrt{3}} = 2.4 \,[\text{rad/s}], \quad \text{즉} \quad aT = 0.417 \,[\text{s}]$$

(ⅵ) 이상의 결과에서 위상 진상 회로의 전달 함수는 다음과 같이 된다.

$$\frac{1}{a} \frac{1+j\omega aT}{1+j\omega T} = \frac{1}{3} \frac{1+j\omega 0.417}{1+j\omega 0.139}$$

이 회로의 삽입에 의해서 루프 전달 함수의 이득 상수가 1/3로 내려가고 정상 속도 편차가 3배가 된다. 이것을 피하기 위해서 직렬로 이득 3배의 증폭기를 가한다(그림 13·10).

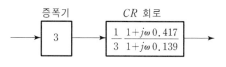

그림 13·10 보상 회로

(ⅶ) CR 회로의 파라미터 결정

$$a = \frac{R_1 + R_2}{R_2} = 3, \qquad T = C\frac{R_1 R_2}{R_1 + R_2} = 0.139 \,[\text{s}]$$

이것에서

$$R_1 = 2\,R_2, \qquad R_2\,C = 0.209\,[\text{s}]$$

$C = 1.0\,[\mu\text{F}]$ 으로 하면

$$R_1 = 0.418\,[\text{M}\Omega], \qquad R_2 = 0.209\,[\text{M}\Omega]$$

이것은 실현 가능한 값이다. 이상에서 보상 회로가 모두 설계 가능했다.

(ⅷ) 이어서 이 제어계의 특성을 조금 더 검토해 본다. 보상 전 및 보상 후의 니콜스 선도를 그리면 그림 13·11이 되고 이것에서 폐루프 응답의 이득 특성을 구하면 그림 13·12가 된다.

이 결과를 이용해서 보상 전후의 특성을 추정하면 표 13·2의 결과가 얻어진다.

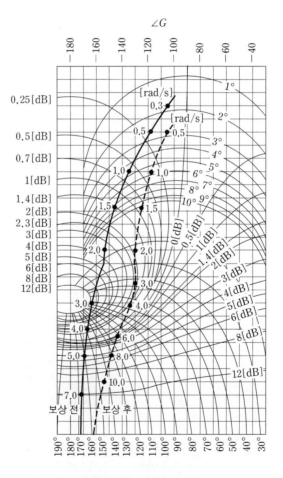

그림 13·11 니콜스 선도

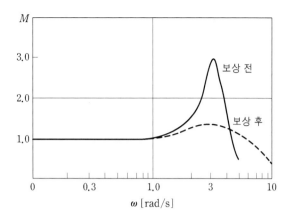

그림 13·12　폐루프 응답의 이득 특성

표 13·2　보상 전후의 특성 비교

항목	보상 전	보상 후	비고
M_p	3.0(9.6[dB])	3.1(2.3[dB])	그림 13·12
ω_p	3.1[rad/s]	3.0[rad/s]	그림 13·12
대역폭	4.7[rad/s]	7.7[rad/s]	그림 13·12
ζ	0.17	0.42	그림 6·24
ω_n	3.2[rad/s]	3.74[rad/s]	그림 6·23
ω	3.15[rad/s]	3.40[rad/s]	그림 6·23
t_p	1.00[s]	0.925[s]	$t_P=\pi/\omega$
P	61[%]	24[%]	그림 9·4

(ⅸ) 보상 후의 루프 전달 함수는 다음과 같이 된다.

$$G_c(s)G_1(s)=3\times\frac{1}{3}\frac{1+0.417s}{1+0.139s}\times\frac{K}{s(s+1)}=\frac{3K(s+2.4)}{s(s+1)(s+7.2)}$$

이 전달 함수에 관해서 근궤적을 그리면 그림 13·13(b)가 된다. 이것에 대하여 이 그림 13·13(a)는 보상 전의 근궤적이다. 양쪽을 비교하면 그림 10·20의 경우와 마찬가지로 이 이득 상수에 대해서 안정도가 개선된다는 것을 알 수 있다.

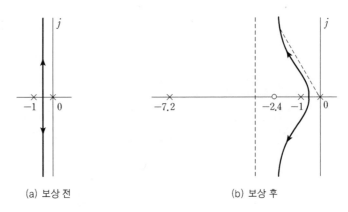

(a) 보상 전   (b) 보상 후

그림 13·13 근궤적

이와 같이 위상 진상 보상에 의해서 다음과 같은 효과가 얻어진다.

① 위상 여유가 증가하고 안정도가 개선된다.
② 안정도를 동일하게 유지하면 정상 편차가 감소한다.
③ 이득 교점에서 이득 특성의 기울기가 감소하고 안정도가 증대한다.
④ 대역폭이 넓어지고 속응성이 개선된다.
⑤ 첨두 시간이 감소하고 속응성이 개선된다.
⑥ 오버슈트가 감소하고 안정도가 좋아진다.

13·5 위상 지상 보상

위상 진상 보상에는 다음의 결점이 있다.

(ⅰ) 대역폭이 넓어지고 속응성은 개선되지만 동시에 고주파 영역의 노이즈, 예를 들면 기어 펌프의 유압 맥동이나 정류 전원의 리플에 대해서도 응답하게 된다. 노이즈를 제한하기 위해서는 대역폭을 필요 이상으로 넓히지 않는 쪽이 좋다.

(ⅱ) 보상 전의 전달 함수 시정수가 접근하고 있을 때는 위상 진상 보상이 불가능하다.

이 결점을 피하기 위해서는 위상 지상 보상이 유효하다. 보상 전의 전달 함수가 다음 식으로 표시된다고 한다.

$$G_1(j\omega) = \frac{K}{j\omega(1+j\omega T_1)(1+j\omega T_2)}$$

두 개의 시정수 T_1과 T_2가 근접해 있으면 $G_1(j\omega)$의 이득 특성 절점이 가까워져 그림 13·14와 같이 된다. 이것에 대해서 위상 진상 보상을 행하여 그림 13·4에서와 같이 고주파 영역에서 이득 특성을 들어 올리고 이득 교점에서의 기울기를 $-20[\mathrm{dB/dec}]$로 하려고 해도 $1/T_1$과 $1/T_2$이 접근하고 있으므로 이득 교점의 기울기는 $-40[\mathrm{dB/dec}]$ 또는 $-60[\mathrm{dB/dec}]$가 되어 불안정성은 변하지 않는다.

이것에 대해서 이득 특성을 내려 그림 13·14의 파선과 같이 하면 이득 교점 ω_c'에서 이득 특성의 기울기를 $-20[\mathrm{dB/dec}]$로 할 수가 있으므로 안정도의 개선이 가능하다. 보상 전과 보상 후의 이득차를 구하면 이 그림 13·14(b)가 된다. 이것이 보상 회로가 가진 이득 특성이다. 이 이득 특성을 가진 보상 회로의 전달 함수를 $G_c(j\omega)$라 하면

$$G_c(j\omega) = \frac{1+j\omega aT}{1+j\omega T}, \qquad a < 1 \tag{13·7}$$

$G_c(j\omega)$의 위상 특성은 그림 13·14(c)와 같이 지연을 일으키기 때문에 이 회로에 의한 직렬 보상을 위상 지상 보상이라고 한다. 위상 지상 보상이라고 말해

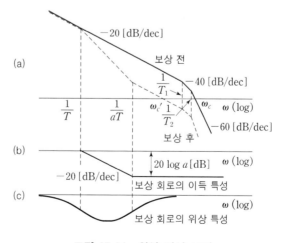

그림 13·14 위상 지상 보상

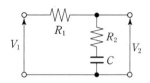

그림 13·15 위상 지상 회로

도 위상 지상을 주안으로 하는 것이 아니고 $1/aT$보다 높은 주파수 영역에서 $20 \log a$[dB]만의 이득 저하를 이용하는 것이다.

그림 13·15에 식 (13·7)의 전달 함수를 실현하는 전기 회로를 나타낸다. 이 회로의 전달 함수는

$$\frac{V_2(j\omega)}{V_1(j\omega)} = \frac{1+j\omega CR_2}{1+j\omega C(R_1+R_2)} \tag{13·8}$$

식 (13·7)과 비교하면

$$T = C(R_1+R_2) \tag{13·9}$$

$$a = \frac{R_2}{R_1+R_2} \tag{13·10}$$

나이퀴스트 선도상에서 보면 위상 지상 보상에 따라서 고주파 영역, 즉 점 $(-1+j0)$의 근처 영역에서 루프 전달 함수의 이득이 감소하고 벡터 궤적이 점 $(-1+j0)$을 둘러싸지 않게 되어 안정화가 달성된다(그림 13·16 참조).

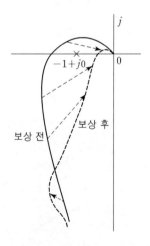

그림 13·16 위상 지상 보상과 나이퀴스트 선도

예제 13·2 ·

다음의 전달 함수를 가진 단일 피드백계를 위상 지상 회로에 의해서 보상해 본다.

$$G_1(j\omega) = \frac{K}{j\omega(1+0.2j\omega)^2}$$

단,

① 정상 편차 상수 $\geq 10\,[\mathrm{s}^{-1}]$

② 위상 여유 $\geq 45°$

(ⅰ) $K=10\,[\mathrm{s}^{-1}]$로서 보드 선도를 그리면 그림 13·17의 실선 특성을 얻는다.

(ⅱ) 보상 후의 이득 교점 ω_c' 부근에서는 보상 회로의 위상 지상이 작다. 그러므로 이 ω_c' 부근에서 보상 전의 위상 여유는 거의 지정값과 같다. 보상 회로의 위상 지상을 5°로 하고 보상 전의 위상 여유가 45°+5°=50°와 같게 되는 주파수를 보드 선도에서 구하면

$$\omega_c' = 1.8\,[\mathrm{rad/s}]$$

(ⅲ) ω_c'에서 보상 전의 이득은 15[dB]이다. ω_c'를 보상 후의 이득 교점으로 하기 위해서는 ω_c'의 전후에서 $-15[\mathrm{dB}]$의 이득을 가진 보상 회로가 필요하다.

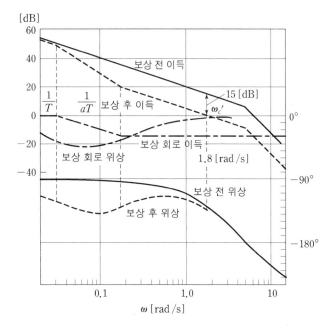

그림 13·17 보드 선도

(ⅳ) ω_c' 부근에는 보상 회로의 위상 지상을 충분히 적게 하기 위해서는 보상 회로의 고주파쪽 절점 주파수 $1/aT$이 ω_c'보다 1[dec] 정도 낮게 해야 한다. 다음의 값을 채용하기로 한다.

$$\frac{1}{aT} = \frac{\omega_c'}{10} = \frac{1.8}{10} = 0.18\,[\text{rad/s}]\,, \qquad 즉 \qquad aT = 5.56\,[\text{s}]$$

이것 이상의 주파수에서 보상 회로가 $-15[\text{dB}]$의 이득을 가지도록 한다.

(ⅴ) 보상 회로의 이득 특성상에서 주파수 0.18[rad/s]의 점에서 $-20[\text{dB/dec}]$ 기울기의 직선을 그어 0[dB]과의 교점을 구하면 보상 회로의 저주파쪽 절점 주파수가 정해진다.

$$\frac{1}{T} = 0.032\,[\text{rad/s}]\,, \qquad 즉 \qquad T = 31.3\,[\text{s}]$$

(ⅵ) 이상에서 보상 회로의 전달 함수 $G_c(j\omega)$는

$$G_c(j\omega) = \frac{1+j\omega aT}{1+j\omega T} = \frac{1+5.56j\omega}{1+31.3j\omega}$$

이와 같은 위상 지상 보상에 의해서

① 동일 정상 편차에 대해서 안정도를 좋게 할 수가 있다.
② 동일 안정도로 하면 정상 편차를 적게 할 수가 있다.
③ 이득 교점의 주파수가 낮아지고 속응성이 감소한다.
④ 고주파 영역이 차단되어 노이즈라는 점에서 유리하게 된다.

13·6 위상 진상 지상 보상

위상 지상 보상은 안정도와 정상 특성을 개선하지만 속응성을 악화시킨다. 한편, 위상 진상 보상을 가하면 속응성이 좋아진다. 이와 같이 양쪽은 서로 일장 일단이 있다. 그러나 조합시켜서 사용하는 것에 의해서 제어 기능을 더욱 개선할 수가 있다. 즉, 우선 위상 지상 보상에 의해서 정성 특성과 안정도를 개선한다. 그 때문에 이득 교점이 낮아진다. 다음에 위상 진상 보상을 가하면 이득 교점이 고주파쪽으로 이동하여 속응성이 좋아진다. 이와 같은 저주파 영역의 위상 지상 보상과 고주파 영역의 위상 진상 보상을 조합시킨 보상법을 위상 진상 지상 보상 (lead-lag compensation)이라고 한다.

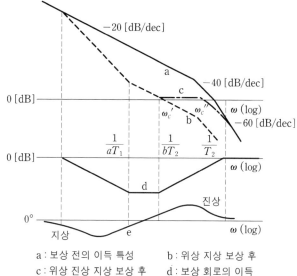

a : 보상 전의 이득 특성   b : 위상 지상 보상 후
c : 위상 진상 지상 보상 후   d : 보상 회로의 이득
e : 보상 회로의 위상

그림 13·18 위상 진상 지상 보상

예를 들면 그림 13·18에서 a를 보상 전의 이득 특성으로 한다. 이것에 위상 지상 보상을 실시한 경우의 이득 특성이 b이며 이득 교점에서의 기울기가 -20[dB/dec]가 되어 안정되지만 이득 교점 ω_c'가 낮아지고 속응성이 나빠진다. 더욱이 이것에 위상 진상 보상을 추가하면 이득 특성이 c와 같이 되며 이득 교점이 ω_c''로 이동하여 속응성이 개선된다. d는 보상 회로의 이득 특성이며 식으로 나타내면 다음과 같이 된다.

$$G_c(j\omega) = \frac{(1+j\omega aT_1)(1+j\omega bT_2)}{(1+j\omega T_1)(1+j\omega T_2)} \qquad (13\cdot11)$$
$$\text{지상 보상} \quad \text{진상 보상}$$

이 전달 함수 $G_c(j\omega)$를 실현하기 위한 회로를 그림 13·19에 나타낸다.

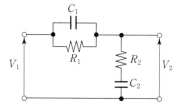

그림 13·19 위상 진상 지상 회로

13·7 교류 서보 기구의 보상

이제까지 설명해 온 서보 기구에서는 증폭기로서 $\omega = 0$ 을 포함하는 낮은 주파수까지 증폭할 수 있는 직류 증폭기를 사용할 필요가 있다. 직류 증폭기는 교류 증폭기에 비해서 드리프트의 점에서 문제가 있다. 또한 서보 전동기 기타의 제어 요소도 교류쪽이 소형, 경량으로 할 수 있으므로 직류 증폭기를 사용하지 않으면 안되는 직류 서보 기구보다도 교류 증폭기에서 그런대로 설계 규격을 만족하는 교류 서보 기구쪽이 널리 사용되고 있다.

이미 설명한 바와 같이 2상 서보 전동기는 교류 전압의 순시값에 따라서 동작하는 것이 아니고 제어 권선의 단자 전압 증폭을 제어 신호에 따라서 변화시키고 이것에 의해서 전동기의 각속도를 바꾸도록 한 것이었다. 이와 같이 교류 서보 기구에서는 제어 신호에 의해서 진폭 변조된 반송파를 이용한다.

예를 들면 그림 13·20의 예에서 싱크로 발신기의 회전자에 반송파(60[Hz], 또는 400[Hz]가 많이 사용된다)를 가하면 고정자의 각상 권선에는 각각 θ_i, $\theta_i + 120°$, $\theta_i + 240°$에 따른 교류 전압을 발생한다. 제어 변압기의 고정자 권선은 대칭으로 접속되어 있으므로 그 각상 권선에 발신기 각상의 발생 전압에 비례하는 전류가 흐른다. 대칭 구조이므로 이 전류에 의해 생기는 제어 변압기의 자계는 싱크로 발신기의 회전자 방향 θ_i와 일치한다. 이 자계는 반송 주파수이며 서로 교대로 제어 변압기의 회전자에 동일 주파수의 교류를 발생한다. 이 진폭은 두 회전자의 방향이 일치했을 때에 최대, 직각일 때에 0이다.

제어 변압기의 회전자를 부하 물체와 같은 각도 θ_o로 회전하도록 해 두면 이

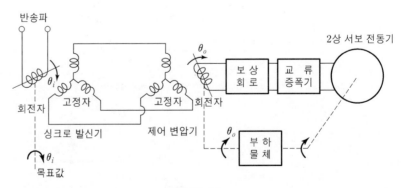

그림 13·20

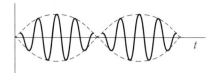

그림 13·21 제어 변압기 출력 전압

회전자 권선에는 $\sin(\theta_i - \theta_o)$ 에 비례하는 전압을 발생한다(θ_o 는 발신기 회전자와 90° 어긋난 위치를 원점으로 하여 잰다). ($\theta_i - \theta_o$)가 작으면 회전자 발생 전압은 편차 ($\theta_i - \theta_o$)에 비례하기 때문에 이 서보 전동기를 구동시킨다. 이 경우 제어 변압기의 출력 전압은 반송 주파수의 교류이며 그 진폭이 편차에 비례하고 있다. 예를 들면 출력 전압은 그림 13·21의 실선과 같이 된다.

이와 같이 제어 변압기의 출력 전압은 제어 신호로 반송파를 진폭 변조한 전압이다. 이것을 $e(t)$ 라 하면

$$e(t) = A \sin(\omega_s t + \varphi) \sin \omega_c t \qquad (13\cdot12)$$

단, ω_s : 제어 신호의 각주파수, φ : 제어 신호의 위상, ω_c : 반송파의 각주파수

식 (13·12)를 고쳐 쓰면

$$e(t) = \frac{A}{2}\left[\cos\{(\omega_c - \omega_s)t - \varphi\} - \cos\{(\omega_c + \omega_s)t + \varphi\}\right] \qquad (13\cdot13)$$

이와 같이 $e(t)$ 는 ω_c 의 성분을 가지지 않고 상측대파 ($\omega_c + \omega_s$)와 하측대파 ($\omega_c - \omega_s$)로 되어 있다. 게다가 제어 신호와의 위상 관계는 $\oplus\ominus$ 서로 반대가 된다. 따라서, 보상 회로로서는 ($\omega_c + \omega_s$)에 대한 것과 ($\omega_c - \omega_s$)에 대한 것을 고려하지 않으면 안된다. 그러므로 이득 특성은 ω_c 에 관해서 짝함수이며 위상 특성은 ω_c 에 관해서 홀함수인 보상 회로가 필요하다(그림 13·22 참조). 이와 같은 회로의 일례를 그림 13·23에 나타낸다.

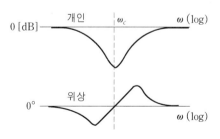

그림 13·22 보상 회로의 특성

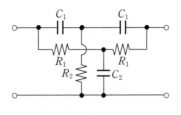

그림 13·23 병렬 T형 회로

그림 13·22에 나타내는 이상적인 대칭 특성은 좀처럼 얻기 어렵기 때문에 그림 13·24에 나타내는 직류 보상 회로를 이용하는 방식도 종종 채용된다. 이것은 변조된 신호(제어 변압기 출력 전압)를 한 번 복조하여 제어 신호의 주파수 성분만으로 하고 이것을 직류 보상 회로에 가해 그 출력 신호를 재차 변조하는 방식이다.

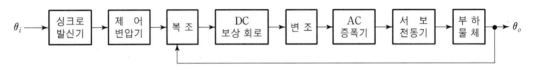

그림 13·24 직류 보상 회로에 의한 교류 서보의 보상

13·8 피드백 보상

직렬 보상 회로는 파워 레벨이 낮은 점에 삽입되므로 증폭기를 필요로 하고 또한 노이즈라는 점에서 문제를 일으키기 쉽다. 이것에 대해서 피드백 보상 회로는 파워 레벨이 높은 점에서 신호를 받기 때문에 증폭기를 필요로 하지 않고 노이즈의 문제가 적다. 또한 교류 서보의 경우에서도 교류 보상 회로를 사용하지 않아도 되는 이점이 있다.

다음에 피드백 보상의 몇 가지 예를 설명한다.

예제 13·3 **태코미터 피드백** ·

그림 13·25에 나타내는 직류 서보에서는 퍼텐쇼미터에 의해 서보 전동기(＋부하 물체)의 각도를 검출하고 피드백하는 이외에 특성 보상을 위해 각속도를 태코미터(속도

발전기)에 의해서 검출하고 각속도에 비례하는 전압으로서 증폭기 입력에 피드백하고 있다. 이와 같은 보상법을 태코미터 피드백(tachometer feedback)이라고 한다. 교류 서보에서도 2상 속도 발전기를 사용하면 태코미터 피드백을 행할 수 있다. 이 태코미터 피드백은 부하 물체의 각속도가 빠르게 된 경우, 그것을 내리도록 작용하기 때문에 응답의 상승이 완만하게 되고 또한 오버슈트가 감소하고 안정도가 개선된다.

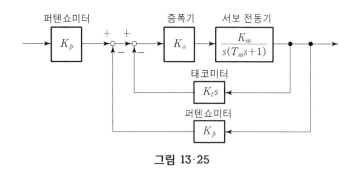

그림 13·25

그림 13·25에 나타낸 전달 함수의 경우를 생각하기로 한다. 태코미터는 각속도에 비례하는 전압을 발생하므로 그 전달 함수 $G_c(s)$를 다음과 같이 둘 수가 있다.

$$G_c(s) = K_t s \tag{13·14}$$

태코미터 피드백을 행하지 않을 경우의 루프 전달 함수 $G(s)$는

$$G(s) = \frac{K_a K_m K_p}{s(T_m s - 1)} \tag{13·15}$$

이었다. 이것에 태코미터 피드백을 행하면 루프 전달 함수 $G'(s)$는 다음과 같이 변한다.

$$G'(s) = K_a K_p \frac{\dfrac{K_m}{s(T_m s + 1)}}{1 + \dfrac{K_a K_m}{s(T_m s + 1)} K_t s}$$

$$= \frac{K_a K_m K_p}{1 + K_a K_m K_t} \frac{1}{s\left(\dfrac{T_m}{1 + K_a K_m K_t} s + 1\right)} \tag{13·16}$$

식 (13·15)와 식 (13·16)을 비교하면 제동비 ζ가 커지고 안정도가 개선되는 것을 알 수 있다(식 (5·75) 참조). ω_n은 변하지 않으므로 속응성은 거의 동일하다.

그러나 동시에 이득 상수가 감소하여 정상 속도 편차를 증가시킨다. 이것을 막기 위해서는 저주파 영역에서의 부피드백을 저지하고 이득의 감소를 피하면 좋다. 거기에는 태코미터에 직렬로 고역 필터를 삽입하면 좋다. 그림 13·26에 이와 같은 필터 회로의 일례를 나타낸다. 이 회로의 전달 함수는

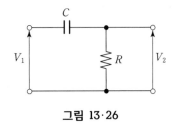

그림 13·26

$$\frac{V_2(s)}{V_1(s)} = \frac{T_f s}{T_f s + 1}, \qquad T_f = CR \qquad (13 \cdot 17)$$

이다. 이 필터를 태코미터와 직렬로 삽입하면 제어계의 루프 전달 함수 $G''(s)$는 다음과 같이 된다.

$$G''(s) = K_a K_p \frac{\dfrac{K_m}{s(T_m s + 1)}}{1 + \dfrac{K_a K_m}{s(T_m s + 1)} K_t s \dfrac{T_f s}{T_f s + 1}}$$

$$= \frac{K_a K_p K_m (T_f s + 1)}{s[T_f T_m s^2 + (T_f + T_m + K_a K_m K_t T_f)s + 1]} \qquad (13 \cdot 18)$$

즉, 속도 편차 상수가 식 (13·15)와 동일하며 정상 편차는 악화하고 있지 않다. 또한 식 (13·15)의 분자, 분모 양쪽에 $(T_f s + 1)$을 곱한 식과 식 (13·18)을 비교하면 식 (13·18)의 분모에는 $K_a K_m K_t T_f s$의 항이 추가되어 있으며 그것만큼 감쇠 특성이 개선되었다는 것을 알 수 있다.

예제 13·4 **댐핑 트랜스** ·

변압기 2차측에는 1차 전류의 변화 속도에 비례하는 전압이 얻어지므로 변압기를 피드백 보상 요소로서 사용하면 태코미터 피드백과 마찬가지로 안정도가 개선된다. 이와 같이 제동의 목적에 사용되는 변압기를 댐핑 트랜스(damping transformer), 때로는 난조 방지 변압기(antihunting transformer, stabilizing transformer)라고 한다. 자동 전압 조정기나 전동기의 속도 제어계 등에 종종 응용된다.

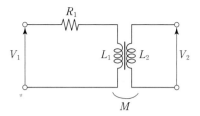

그림 13·27 댐핑 트랜스

예를 들면 그림 1·7의 자동 전압 조정기를 댐핑 트랜스를 사용하여 안정화하기 위해서는 부하 단자 전압 V_o를 직렬 저항을 통해서 댐핑 트랜스의 1차에 가하고 그 2차 전압을 증폭기 입력에 피드백하면 좋다(그림 13·28 참조).

그림 13·27에 나타내는 댐핑 트랜스에서는

$$V_2(s) = sM \frac{V_1(s)}{R_1 + sL_1}$$

따라서, 전달 함수는 다음과 같이 된다.

$$\frac{V_2(s)}{V_1(s)} = \frac{nTs}{Ts+1}, \qquad T = \frac{L_1}{R_1}, \qquad n = \frac{M}{L_1} \qquad (13·19)$$

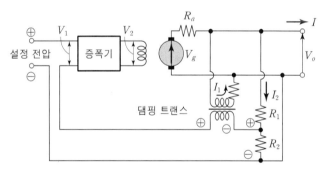

그림 13·28 자동 전압 조정기

예제 13·5 **속도 조절기의 강성 복원 기구와 탄성 복원 기구** · · · · · · · · · ·

그림 13·29에 수차 속도 조절기의 일례를 나타낸다. 수차의 회전수가 상승하면 원심추에 작용하는 원심력이 증가하고 원심추가 들어올려진다. 그 결과, 플로팅 레버가 기울고 안내 밸브의 포트가 열려 파워 실린더에 유압이 공급되어 피스톤은 오른쪽으로 움직인다. 피스톤 로드는 수차 가이드 베인에 결합되어 있으므로 가이드 베인을 닫아 유입하는 수량을 줄인다. 그러므로 수차 회전수가 저하한다. 반대로 수차의 회전수가 저하한 경우는 위와 반대로 작용한다.

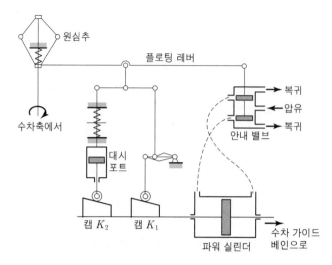

그림 13·29 수차 조속기

그런데 안내 밸브-파워 실린더가 적분 요소이므로 위에서 설명한 속도 조절 과정은 오버슈트를 반복하여 안정도가 부족하다. 이것에 대해서 2개의 피드백 보상이 행해지고 있다. 우선 캠 K_1과 거기에 결합된 링크 기구가 플로팅 레버를 원래로 되돌리도록 작용하여 안정도를 개선하고 있다. 이것은 적분 요소에 대해서 비례 요소를 사용하여 피드백 보상을 행한 것에 해당한다. 이 피드백 보상을 속도 조절기에서는 강성 복원(stiff restoration)으로 말하고 있다. 여기서 복원이란 피드백의 의미이다. 강성 복원에 의해서 적분 요소에서 1차 지연 요소로 변한다. 이것은 1형 제어계로 변하는 것을 의미하며 안정도는 좋아지지만 정상 편차가 악화된다. 예를 들면 수차 부하의 계단 모양 변화에 대해서 일정한 오프셋, 즉 회전수 저하를 볼 수 있게 된다.

이 편차는 피드백량(구체적으로는 비 b/a)을 가감하면 바꿀 수가 있다. 또한 수차 발전기를 병렬 운전할 경우, 각 발전기의 부하 배분을 적당히 하기 위해 이와 같은

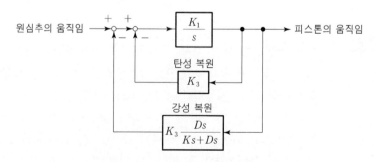

그림 13·30 수차 조속기의 블록 선도

정상 편차를 가지게 할 필요가 있다. 그리고 편차의 크기, 바꾸어 말하면 부하 배분은 레버비 b/a에 의해서 조절할 수 있다.

물과 같이 관성이 큰 유체를 급속히 개폐하면 수압의 이상 상승을 일으키므로 피스톤의 움직임이 너무 급격해서는 안된다. 그러므로 난조를 억제하도록 캠 K_2, 대시포트 및 스프링으로 구성되는 피드백 보상이 추가되어 있다. 이것에 의해서 피스톤 변위의 미분값(=속도)이 피드백되어 제어계는 안정화된다. 이 속도 피드백을 조속기에서는 탄성 복원(elastic restoration)이라 부르고 있다.

13·9 공정 제어의 계획

서보 기구에서는 그 하나하나마다 설계를 행하는 것이 보통이다. 이것에 대해서 공정 제어에서는 시판되고 있는 범용 조절기(기록 계기 또는 지시 계기를 갖춘 것을 조절계라고 한다)를 사용하는 것이 대부분이다. 따라서, 공정 제어의 계획에서는 어떠한 동작의 조절기를 선택하여 그 파라미터를 어떻게 조정하는가가 중요한 문제이다. 물론 이것과 비교하여 검출부에 무엇을 선택하는가, 유압식, 공기압식, 전자식의 어느 방식을 이용하는가, 조작부(대부분의 경우, 제어 밸브)에 어떤 형식의 밸브를 채용하는가 등 기기적인 측면도 고려해야 한다.

13·9·1 조절기의 제어 동작

조절기는 입력 신호로서 제어 편차 또는 그것을 변환한 제어 동작 신호를 받아서 동작하며 그 출력 신호를 조작부에 전달한다. 조절기의 입력 신호와 출력 신호의 관계를 제어 동작(control action)이라고 한다. 기본적인 제어 동작에는 다음의 종류가 있다.

(1) 비례 동작(proportional action, P 동작)

조절기의 출력 신호가 제어 동작 신호에 비례하는 것, 즉 편차에 비례하여 제어 대상을 조작하는 것이다.

전달 함수 $G_c(s) = K_P$

단, K_P : 비례 감도 또는 비례 이득

(2) 적분 동작(integral action, I 동작)

조절기의 출력 신호가 제어 동작 신호의 시간 적분에 비례하는 것, 즉 편차의 시간 적분에 비례한 조작을 행하는 것이다. 또는 조작 속도가 편차에 비례한다고 생각해도 좋다. 리셋 동작(reset action)이라고 불리우는 경우도 있다.

전달 함수 $G_c(s) = \dfrac{K_I}{s}$

단, K_I : 적분 이득

(3) 미분 동작(derivative action, D 동작)

조절기의 출력 신호가 제어 동작 신호의 변화 속도에 비례하는 것, 즉 편차의 변화 속도에 비례하여 조작하는 것이다. 이것만으로 편차를 없애도록 작용시키는 것은 불가능하므로 단독으로 사용되는 일은 없다.

전달 함수 $G_c(s) = K_D s$

단, K_D : 미분 이득

P 동작은 편차의 현재값에, I 동작은 과거 편차의 총합에, D 동작은 미래 편차를 예측하여 정정 동작을 행한다고 보아도 좋다. P 동작, I 동작은 단독으로도 사용되지만 다음과 같이 조합시켜서 사용되는 경우도 많다.

(4) 비례+적분 동작(proportional plus integral action, PI 동작)

P 동작과 I 동작을 조합시킨 것이다.

전달 함수 $G_c(s) = K_P\left(1 + \dfrac{1}{T_I s}\right)$

단, K_P : 비례 이득, T_I : 적분 시간

(5) 비례+미분 동작(proportional plus derivative action, PD 동작)

P 동작과 D 동작을 조합시킨 것이다.

전달 함수 $G_c(s) = K_P(1 + T_D s)$

단, K_P : 비례 이득, T_D : 미분 시간

(6) 비례＋적분＋미분 동작

(proportional plus integral plus derivative action, PID 동작)

P 동작, I 동작, D 동작의 세 가지를 조합시킨 것이다. 3항 동작이라고도 한다.

$$\text{전달 함수}\quad G_c(s) = K_P\left(1 + \frac{1}{T_I s} + T_D s\right)$$

단, K_P : 비례 이득,　T_I : 적분 시간,　T_D : 미분 시간

이상 이외에 ON−OFF 동작이나 샘플값 동작과 같은 불연속 동작도 있으나 여기에서는 설명하지 않는다.

13·9·2　제어 동작의 선정

P 동작은 제어 동작의 기본이다. 그러나 P 동작은 단독으로는 플랜트(제어 대상)의 전달 특성에 적분성이 없는 한 계단 모양 외란에 대해서 오프셋을 0으로 하는 것이 불가능하다. 단순히 오프셋을 감소시키기 위해서는 비례 이득(proportional gain) K_P를 높이면 되지만 이것은 동시에 안정성을 해칠 염려가 있다.

표 13·3　플랜트 특성에 적합한 제어 동작

플랜트	예	플랜트 전달 함수	적당한 제어 동작
용량이 없는 플랜트	유량 제어 드리프트압 제어	K	I 동작, PI 동작
단용량 플랜트	압력 제어	$\dfrac{K}{Ts+1}$	P 동작, PI 동작
다용량 플랜트	온도 제어	$\dfrac{K}{\prod\limits_{i}(T_i s+1)}$	PI 동작, PID 동작
부동작 시간이 있는 정위성 플랜트	유동계(연속 플랜트)	$\dfrac{Ke^{-sL}}{\prod\limits_{i}(T_i s+1)}$	PID 동작
부정위성 플랜트	보일러의 액위 제어	$\dfrac{K}{s}$	P 동작
부동작 시간이 있는 무정위성 플랜트	반응 온도 제어	$\dfrac{Ke^{-sL}}{s\prod\limits_{i}(T_i s+1)}$	P 동작, PD 동작

P 동작의 오프셋을 없애려면 1형 제어계로 해야 한다. 즉 I 동작을 더해서 PI 동작으로 할 필요가 있다. PI 동작의 전달 함수 $K_P(1+1/T_I s)$에서 $1/T_I$이 P 동작에 대한 I 동작의 세기를 나타낸다. 이것을 리셋률(reset rate)이라고 한다. PI 동작에 의해서 오프셋을 없애는 것은 가능하지만 전달 함수에서도 명백하듯이 안정도는 악화된다. 또한 공정의 전달 특성이 지연이 없는 것으로 안정도라는 점에서 지장이 없으면 I 동작을 단독으로 이용할 수도 있다.

PI 동작을 이용하여 안정도가 부족한 경우는 여기에 D 동작을 더해 안정화를 도모한다. D 동작의 주파수 응답은 높은 주파수일수록 이득이 증가하여 위상이 앞서는 특성을 가지므로 위상 진상 보상이 가능하다. 이와 같이 한 것이 PID 동작이다. 또한 P 동작에 안정화의 목적으로 D 동작을 더한 것이 PD 동작이다.

플랜트의 전달 함수와 조절기의 전달 함수가 주어지면 제어 성능을 알 수가 있다. 반대로 제어 성능과 플랜트의 전달 함수가 주어지면 필요한 제어 동작을 결정할 수가 있다. 이와 같이 하여 제어 동작의 선정이 가능하지만 거기에는 미리 플랜트의 전달 특성과 외란의 성질을 잘 알고 있지 않으면 안된다. 표 13·3에 몇 가지 플랜트에 대한 적당한 제어 동작을 나타낸다.

13·9·3 최적 조정

이와 같이 하여 조절기의 제어 동작을 선정하면 다음에 조절기의 각 파라미터 K_P, T_I, T_D를 정해야 한다. 이것은 좋은 제어란 무엇인가 하는 문제와 관련하여 일반적인 기준은 없다. 여기에서는 많은 연구 중 실용적인 Ziegler, Nichols의 방법을 소개해 둔다.

Ziegler 및 Nichols는 제어 면적이 최소로 되는 경우를 최적으로 생각하여 플랜트의 전달 함수를

$$G_p(s) = R\,\frac{e^{-sL}}{s} \tag{13·20}$$

로 근사해서 각 동작의 K_P, T_I, T_D의 최적값을 부여했다. 이것을 표 13·4에 나타낸다. 여기서 공정의 응답 속도 R과 부동작 시간 L은 인디셜 응답에서 그림 13·31과 같이 정해진다.

또한 표 13·4의 조정 조건은 공정에 자기 평형성이 있는 경우, 예를 들면

표 13·4 Ziegler, Nichols의 최적 조정 조건

제어 동작	K_P	T_I	T_D	P^*
P	$\dfrac{1}{RL}$			$5L$
PI	$\dfrac{0.9}{RL}$	$3.3L$		$6L$
PID	$\dfrac{1.2}{RL}$	$2L$	$0.5L$	$3.2L$

* P : 과도 응답의 진동 주기

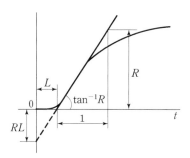

그림 13·31 공정의 인디셜 응답

공정의 전달 함수 $G_p(s)$가

$$G_p(s) = RT\,\frac{e^{-sL}}{Ts+1}$$

로 표시되는 경우도 거의 변하지 않는다.

Ziegler, Nichols는 또한 **한계 감도법**(ultimate sensitivity method)을 제안하고 있다. 이것은 역시 식 (13·20)의 전달 함수를 가진 공정을 가정하여 제어계의 인디셜 응답이 진폭 감쇠비 $\lambda = 1/4$의 상태, 25[%] 감쇠 상태를 경험상 최적으로 생각하여 유도한 것이다. 한계 감도법에서는 우선 조절기를 P 동작 단독으로 하고($T_I \rightarrow \infty$, $T_D = 0$) 지속 진동이 시작되기까지는 비례 이득을 높여 이 때의 비례 이득 K_u와 진동 주기 P_u를 구한다. 이 K_u, P_u에 대해서 표 13·5가 최적 조정 조건이다.

여기서 K_u, P_u는 설치가 끝난 제어계에 대해서 실험을 행해 구해도 좋고, 또한 공정 전달 함수를 알고 있을 때는 보드 선도상의 안정 한계에서 구해도 좋다.

표 13·5 한계 감도법의 최적 조정 조건

제어 동작	K_P	T_I	T_D
P	$0.5K_u$		
PI	$0.45K_u$	$0.83P_u$	
PID	$0.6K_u$	$0.5P_u$	$0.125P_u$

또한 실제의 장치에 지속 진동을 발생시키는 것은 곤란한 점이 많으나 이 경우는 다음의 변형된 방법이 적용되고 있다.

(ⅰ) 조절기를 P 동작만으로 하고 25[%] 감쇠가 되도록 비례 이득을 조정한다. 이 경우의 진동 주기를 P_r로 한다.

(ⅱ) 적분 시간 $T_I = 0.666P_r$, 미분 시간 $T_D = 0.166P_r$의 위치에 조절기의 손잡이를 둔다.

(ⅲ) 재차 25[%] 감쇠가 되도록 비례 이득을 조정한다.

13·10 공정 조절기

앞절에서 설명한 제어 동작의 전달 함수를 어떻게 하면 실현시킬 수가 있는가? 예를 들면 PID 동작을 행하게 하려면 다음의 방법이 있다.

(1) 피드백 방식

그림 13·32(a)에서 폐루프 전달 함수는 다음 식으로 표시된다.

$$\frac{G(s)}{1+G(s)H(s)}$$

$G(s)$로서 고이득 증폭기를 사용하면 $G(s)H(s) \gg 1$이 되므로

$$\frac{G(s)}{1+G(s)H(s)} \simeq \frac{1}{H(s)}$$

로 근사할 수 있다. 따라서

$$\frac{1}{H(s)} = K_p\left(1 + \frac{1}{T_I s} + T_D s\right)$$

의 관계를 만족하는 전달 함수 $H(s)$를 가진 요소를 피드백 요소로서 사용하면 PID 동작이 실현된다. 이와 같은 전기 회로의 일례를 그림 13·33에 나타낸다.

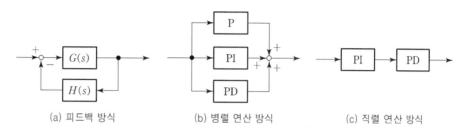

(a) 피드백 방식   (b) 병렬 연산 방식   (c) 직렬 연산 방식

그림 13·32 PID 동작의 실현 방법

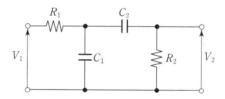

그림 13·33 PID 동작을 위한 피드백 요소

(2) 병렬 연산 방식

그림 13·32(b)와 같이 P 회로, PI 회로, PD 회로를 병렬로 접속하면 PID 동작이 가능해진다.

(3) 직렬 연산 방식

그림 13·32(c)와 같이 PI 회로와 PD 회로를 직렬로 접속해도 PID 동작이 얻어진다. 그림 13·32(b) 및 그림 13·32(c)에서 P 회로, PI 회로, PD 회로는 그림 13·32(a)와 마찬가지로 고이득 증폭기와 CR 피드백 회로의 조합으로 실현할 수 있다. 이것을 그림 13·34에 나타낸다.

이상은 주로서 전기식(전자식)의 방법이다. 이것에 대해서 공기압식도 그림 13·35의 점 A, B에 각각 설정값 및 검출값에 비례하는 변위를 주면 AB의 중점 C에는 점 A 변위와 점 B 변위의 차이, 즉 제어 편차에 비례하는 변위를 일으킨다. 점 C가 움직이면 노즐 플레퍼의 틈이 변화하여 노즐에서 분출하는 공기 유량이 변

한다. 그 결과, 고정 교축에서 압력 손실이 변화하고 노즐 배압이 변한다. 이 노
즐 배기압의 변화를 파일럿 밸브를 이용하여 파워 증폭을 행하고 이 출력 공기압

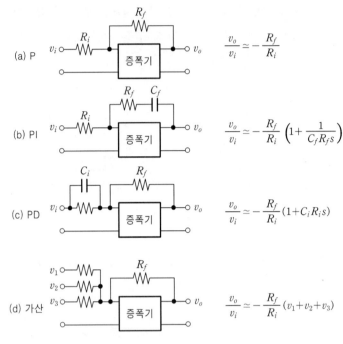

(a) P $\dfrac{v_o}{v_i} \simeq -\dfrac{R_f}{R_i}$

(b) PI $\dfrac{v_o}{v_i} \simeq -\dfrac{R_f}{R_i}\left(1+\dfrac{1}{C_f R_f s}\right)$

(c) PD $\dfrac{v_o}{v_i} \simeq -\dfrac{R_f}{R_i}(1+C_i R_i s)$

(d) 가산 $\dfrac{v_o}{v_i} \simeq -\dfrac{R_f}{R_i}(v_1+v_2+v_3)$

그림 13·34 P, Pi, PD, 가산 회로

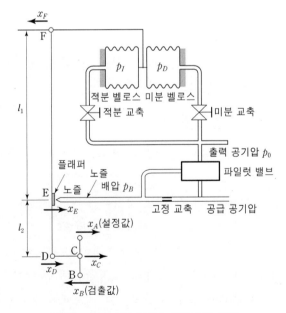

그림 13·35 공기압식 조절기의 일례

에 의해서 조절 밸브를 개폐시킨다. 한편, 이 출력 공기압을 교축과 벨로스를 이용해서 플래퍼의 움직임에 피드백하여 제어 동작에 따른 전달 함수를 부여한다. 그림 13·35는 PID 동작의 경우이다. 또한 그림 13·35의 점 D, E, F는 일직선상에 있으므로

$$x_E = \frac{l_1}{l_1+l_2} x_D - \frac{l_2}{l_1+l_2} x_F$$

가 된다. 이상의 점을 고려하여 블록 선도를 그리면 그림 13·36을 얻는다.

이것을 간단히 하면 변위 X_c와 출력 공기압 P_o 사이에 다음 식이 성립한다.

$$\frac{P_o(s)}{X_c(s)} = \frac{l_1}{l_1+l_2} \frac{K_1 K_2}{1+K_1 K_2 K \dfrac{l_2}{l_1+l_2}\left\{\dfrac{1}{T_d s+1} - \dfrac{1}{T_i s+1}\right\}}$$

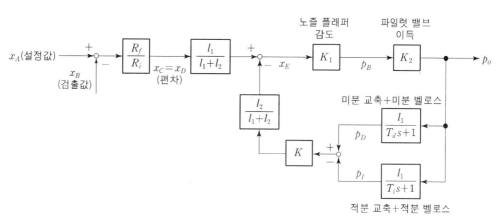

그림 13·36 그림 13·35의 조절기 블록 선도

노즐 플래퍼의 감도 K_1이 매우 큰 것을 고려하면

$$\frac{P_o(s)}{X_c(s)} \simeq \frac{l_1}{l_1+l_2} \frac{K_1 K_2}{K_1 K_2 K \dfrac{l_2}{l_1+l_2}\left\{\dfrac{1}{T_d s+1} - \dfrac{1}{T_i s+1}\right\}}$$

$$= \frac{l_1}{l_2} \frac{1}{K} \frac{T_i + T_d}{T_i - T_d}\left[1 + \frac{1}{(T_i+T_d)s} + \frac{T_i T_d}{T_i+T_d}s\right]$$

이다. 즉, PID 동작의 전달 함수가 얻어진다. 여기서 비 l_1/l_2을 가감하면 비례

이득이 T_i, T_d (구체적으로는 적분 교축, 미분 교축)을 가감하면 적분 시간, 미분 시간이 변한다. 실제의 조절기는 손잡이를 돌리면 이러한 값이 넓게 변하도록 만들어져 있다.

13·11 직렬 제어

그림 13·37(a)에 나타내는 온도 제어계에서 연료의 공급압이 변화되었을 때, 노나 검출부가 긴 시정수나 부동작 시간 때문에 온도 변화가 검출되어 정정 동작이 행해지기까지 장시간을 요한다. 그 사이에 제어 편차가 커져가므로 이 제어계는 속응성이나 안정도도 좋지 않다.

이것에 대해서 그림 13·37(b)는 다른 1대의 조절기(2차 조절기라 한다)를 두어서 연료의 유량을 제어하고 이 유량 조절기의 설정값으로서 1차 조절기의 출력 신호를 가하는 방식이다. 이 방식에서는 연료 공급압의 변화라는 외란의 가합점을 내부에 포함하도록 국부적인 피드백이 행해지고 있으므로 이 외란의 영향이 경감되어 제어 특성이 향상된다. 이와 같이 조절기를 2단으로 사용하는 제어를 **직렬 제어**(cascade control)라고 한다. 일반적으로 직렬 제어는 긴 부동작 시간이나 시정수를 가진 공정에 응용하여 속응성과 안정도를 개선하는 데에 유효하다. 또한 동시에 2차 루프 내의 비선형성 감소에도 유효하다.

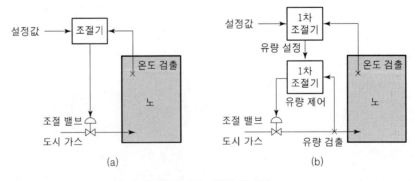

그림 13·37 직렬 제어계

피드백 보상이나 직렬 제어와 같이 복수의 루프를 가진 제어계를 **다중 루프 제어계**(multiloop control system)라고 한다. 다중 루프계에서는 몇 회이고 검출이 행해지며 그것이 국부 루프의 입력 신호와 비교되어 그 차이를 없애도록 정정 동작이 행해지고 있으므로 고급 성능을 기대할 수 있다.

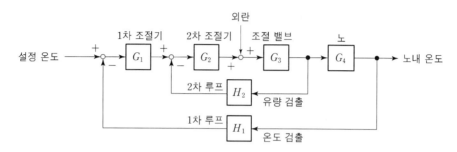

그림 13·38 직렬 제어의 블록 선도

연습문제

1. 다음의 전달 함수를 가진 서보계가 있다.

$$G(s) = \frac{K}{s(0.5s+1)(0.05s+1)}$$

$$H(s) = 1$$

(1) 위상 여유 45°를 주는 이득 K를 결정하여라.

(2) 위상 여유를 바꾸지 않고 속도 편차를 $1/5$로 하도록 위상 진상 보상 회로를 설계하여라.

2. 예제 13·2를 위상 진상 회로에 의해서 보상 가능한가 시험해 보아라.

3. 다음의 전달 함수를 가진 서보계가 있다.

$$G(s) = \frac{K}{s(0.25s+1)(0.1s+1)}$$

위상 여유 $\geq 45°$, 정상 속도 편차 상수 ≥ 5가 되도록 위상 지상 보상 회로를 설계하여라.

4. 예제 13·1에 대해서 위상 지상 보상을 시험해 보아라.

5. 그림 13·25에 나타낸 서보 기구에서 태코미터 피드백의 크기 K_t를 바꾸면 제어 기능이 어떻게 변하는가?

6. 그림 13·28에 나타내는 자동 전압 조정계에서 외란이 부하 전류가 급변할 경우, 댐핑 트랜스의 효과를 검토하여라. 단, 발전기에서는 외부 저항 R_a만을 고려하게 되며 또한 $I_1 \ll I_l$, $I_2 \ll I_l$로 한다. 또한 각부의 전달 함수는 다음과 같다.

$$\frac{V_2(s)}{V_1(s)} = \frac{K_a}{T_a s+1}, \qquad \frac{V_g(s)}{V_2(s)} = \frac{K_g}{T_g s+1}$$

7. 그림 13·39에 나타내는 바와 같이 1차 지연의 전달 특성을 가진 공정에 대해서 P 제어, PI 제어 및 PID 제어를 행한 경우, 계단 모양 외란에 대한 제어계의 응답을 검토하여라. 단, 검출부의 지연을 무시할 수 있는 것으로 한다.

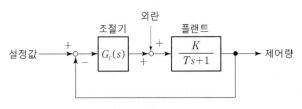

그림 13·39 문제 8

8. P 동작, I 동작, PI 동작, PD 동작, PID 동작 조절기의 인디셜 응답은 어떻게 되는가? 또한 주파수 응답은 어떻게 되는가?

9. 제어 대상의 특성도 검출부의 특성도 모두 1차 지연으로 표시되는 제어계에 대해서 비례 제어를 행하는 것으로 한다. 검출부의 시정수에 의해서 제어 성능이 어떻게 변하는가를 검토하여라. 또한 PI 제어의 경우는 어떠한가(근궤적을 이용하여라)?

10. 그림 13·33의 회로를 피드백 요소를 하는 고이득 귀환 증폭기에 의해서 PID 동작을 실현할 수 있는 것을 나타내어라. 또한 PI 동작, PD 동작을 실현하기 위해서는 피드백 요소에 어떤 전기 회로를 사용하면 좋은가?

11. 그림 13·34에서 증폭기의 이득이 충분히 높을 경우, 각 회로의 전달 함수를 유도하여라.

12. 공기압의 조절기에서 P 동작, PI 동작, PD 동작을 실현하기 위해서는 그림 13·35의 구성을 어떻게 바꾸면 좋은가?

연습문제 해답

2장 수학적 준비

1. $1.000 \angle 0°$, $0.995 \angle -5.8°$, $0.908 \angle -11.6°$, $0.958 \angle -16.7°$, $0.707 \angle -45.0°$,
$0.316 \angle -71.6°$, $0.099 \angle -84.2°$

2. (1) $(A+B)\cos \omega t + j(A-B)\sin \omega t$

(2) $(A-B)e^{-at}\cos(\omega t+\varphi) + j(A+B)e^{-at}\sin(\omega t+\varphi)$

3. (1) $[(A+jB)e^{-j\omega t} - (A-jB)e^{-j\omega t}]/2j$

(2) $[e^{-at+j(\omega t+\varphi)} - e^{-at-j(\omega t+\varphi)}]/2j$

4. $0.119 \angle 4.3°$

5. $\sigma = c_1$의 사상 : $[u+c_1/(1-c_1)]^2 + v^2 = 1/(1-c_1)^2$

$\omega = c_2$의 사상 : $(u-1)^2 + (v+1/c_2)^2 = 1/c_2^2$

6. (1) $\dfrac{\beta-\alpha}{(s+\alpha)(s+\beta)}$ (2) $\dfrac{\alpha}{s^2-\alpha^2}$

(3) $\dfrac{s(\omega_2^2 - \omega_1^2)}{(s^2+\omega_1^2)(s^2+\omega_2^2)}$ (4) $\dfrac{s\sin\varphi + \omega\cos\varphi}{s^2+\omega^2}$

(5) $\dfrac{2a^3}{s^4+a^4}$ (6) $\dfrac{s+4}{s^2+8s+98,612}$

(7) $\dfrac{1}{s} + \dfrac{1}{s^2} + \dfrac{8}{s^3}$ (8) $\dfrac{1}{(s+3)^2}$

(9) $\dfrac{2\omega s}{(s^2+\omega^2)}$ (10) $\dfrac{e^{-Ts}}{s}$

7. (a) $\left(\dfrac{1-e^{-Ts}}{Ts}\right)^2$, 1   (b) $\dfrac{A}{Ts^2}(1-e^{-Ts})$, $\dfrac{A}{s}$

8. (a) $\dfrac{A}{s(1+e^{-Ts})}$ v   (b) $A\dfrac{(\pi/T)}{s^2+(\pi/T)^2}\dfrac{1}{1-e^{-Ts}}$

(c) $\dfrac{A}{Ts^2}-\dfrac{Ae^{-Ts}}{s(1-e^{-Ts})}$ (d) $\dfrac{A}{1-e^{-Ts}}$

9. (1) $\left(sL+R+\dfrac{1}{sC}\right)I(s)=\dfrac{E}{s}+Li(0)-\dfrac{1}{sC}i^{-1}(0)$

(2) $(Ms^2+Ds+K)X(s)=F_0\dfrac{\omega}{s^2+\omega^2}+M\{sx(0)+x'(0)+Dx(0)\}$

(3) $(Ts+1)X(s)=\dfrac{V_o}{s^2}+Tx(0)$

10. (1) $x(t)=100-95e^{-t/10}$ (2) $x(t)=\sin 2t+\cos 2t$

(3) $x(t)=\dfrac{2}{3}e^{-2t}+\dfrac{1}{3}e^t$, $y(t)=\dfrac{4}{3}e^{-2t}-\dfrac{1}{3}e^t$

11. (1) $e^{-2t}-e^{-4t}$ (2) $3-e^{-t}-2e^{-2t}$

(3) $\sin t\cosh t-\cos t\sinh t$ (4) $e^{-4t}(\sin 2t+\cos 2t)$

(5) $1-e^{-t/2}[(1/\sqrt{3})\sin(\sqrt{3}/2)t$ (6) $(1/2)e^{-t}(\cos 2t+5\sin 2t-1)$

$+\cos(\sqrt{3}/2)t]$ (7) $1-(1+t)e^{-t}$

(8) $3/2-(2t+1)e^{-t}-(1/2)e^{-2t}$ (9) $u(t-2)$

(10) $1-e^{-(t-2)}$, $t\geq 2$

12. (1) 0   (2) 3   (3) —   (4) 0   (5) 1

(6) 0   (7) 1   (8) $\dfrac{3}{2}$ (9) 1   (10) 1

3장 전달 함수

1. (a) $\dfrac{Ts}{Ts+1}$, $T=CR$

(b) $\dfrac{1}{Ts+1}$, $T=CR$

(c) $\dfrac{T_2 s}{T_1 s+1}$, $T_1=C_1(R_1+R_2)$, $T_2=C_1 R_2$

(d) $\dfrac{T_2 s+1}{T_1 s+1}$, $T_1=C_2(R_1+R_2)$, $T_2=C_2 R_2$

(e) $k \dfrac{T_2 s+1}{T_1 s+1}$,　$k \dfrac{R_2}{R_1+R_2}$,　$T_1 = C_1 \dfrac{R_1 R_2}{R_1+R_2}$,　$T_2 = C_1 R_1$

(f) $\dfrac{(T_1 s+1)(T_2 s+1)}{T_1 T_2 s^2 +(T_1+T_2+\alpha T_2)s+1}$,　$T_1 = C_1 R_1$,　$T_2 = C_2 R_2$,　$\alpha = \dfrac{R_1}{R_2}$

2. $6.67\,[\text{kg/cm}]$

3. (a) $\dfrac{Ts}{Ts+1}$,　$T = \dfrac{D}{K}$

(b) $\dfrac{1}{Ts+1}$,　$T = \dfrac{D}{K}$

(c) $k \dfrac{T_2 s+1}{T_1 s+1}$,　$k \dfrac{K_1}{K_1+K_2}$,　$T_1 = \dfrac{D}{K_1+K_2}$,　$T_2 = \dfrac{D}{K_1}$

(d) $\dfrac{T_2 s+1}{T_1 s+1}$,　$T_1 = \dfrac{D_1+D_2}{K}$,　$T_2 = \dfrac{D_1}{K}$

(e) $\dfrac{Ds}{M_2 s^2 + Ds + K}$

(f) $\dfrac{(T_1 s+1)(T_2 s+1)}{T_1 T_2 s^2 +(T_1+T_2+\alpha T_2)s+1}$,　$T_1 = \dfrac{D_1}{K_1}$,　$T_2 = \dfrac{D_2}{K_2}$,　$\alpha = \dfrac{K_2}{K_1}$

4. $\dfrac{Ds + K_s}{Ms^2 + Ds + K_s}$

5. $1,627\,[\text{g} \cdot \text{cm}^2]$

6. $sDK_s / \big[(s^2 J_1 + sD_1)\{ (s(D+D_2)(s^2 J_3 + K_s) + s^2 J_2 K_s \} + s^2 DD_2 (s^2 J_3 + K_s) + s^2 DJ_3 K_s \big]$

7. 관성 모멘트 $= M/(2\pi/n)^2$,　　점성 감쇠 계수 $= D/(2\pi n)^2$에 해당

8. $\dfrac{3.67}{(0.24 s+1)(0.031 s+1)}$

9. $\dfrac{K_\phi K_g K_t}{sL_f + R_f} \times \dfrac{1}{\{ s(L_g + L_m) + (R_g + R_m)\}(sJ+D) + K_\omega K_t}$

10. $\dfrac{400}{4,530 s^2 + 354 s + 1}\,[\text{min}/\text{m}^2]$

11. $\dfrac{l_2 / l_1}{s(l_1 + l_2)/(K l_1)+1}$

12. (a) $1/\big[1 + \{(C_1+C_2+C_3)R_1 + (C_2+C_3)R_2 + C_3 R_3 \}s + \{ C_1 R_1 (C_2 R_2 + C_3 R_2 + C_3 R_3)$
$+ C_2 R_1 C_3 R_3 + C_2 R_3 \cdot C_3 R_3 \}s^2 + C_1 R_1 C_2 R_2 C_3 R_3 s^2 \big]$

(b) $\dfrac{R_2}{R_1+R_2} \bigg/ \left(sC \dfrac{R_1 R_2 + R_2 R_3 + R_3 R_1}{R_1 + R_3} + 1 \right)$

13. $\dfrac{K}{Ts+1}$, $K=380°$, $T=12.9\,[\mathrm{ms}]$

14. $\dfrac{1}{Ts+1}$, $K=CR_t$

16. $\dfrac{K}{Ts+1}$, $K=\dfrac{c_s}{q_0}$, $T=\dfrac{V}{q_0}$

4장 블록 선도와 신호 흐름 선도

1. $\dfrac{\Theta_o(s)}{\Theta_i(s)} = \dfrac{K_p K_a K_m}{s^2 T_m + s + K_p K_a K_m}$

2. (a) $\dfrac{G_1 G_2 G_3}{1 + G_1 H_1 + G_3 H_2 + G_1 G_2 G_3 H_3 + G_1 H_1 G_3 H_2}$

   (b) $\dfrac{G_1 G_2 G_3}{1 + G_1 G_2 H_1 + G_1 G_2 H_2 + G_1 G_2 G_3 H_3}$

15. $\dfrac{K_2}{sT+1} D(s)$에서 $\dfrac{K_2}{1+K_1 K_2} \dfrac{1}{sT/(1+K_1 K_2)+1} D(s)$로 변한다.

   이득 상수, 시정수 모두 감소한다.

16. $G_3 = G_1 - G_1 H - \dfrac{1}{G_2}$

17. (1) $0.012\,[\mathrm{V}]$ (2) $0.22\,[\mathrm{V}]$ (3) $0.1\,[\mathrm{V}]$

5장 과도 응답

4. $K=150$, $T=9.9\,[\mathrm{min}]$

7. $1 + \dfrac{T_1}{T_2 - T_1} e^{-t/T_1} - \dfrac{T_2}{T_2 - T_1} e^{-t/T_2}$

10. $\omega=2.09\,[\mathrm{rad/s}]$, $\lambda=0.25$, $\zeta=0.217$, $\omega_n=2.14\,[\mathrm{rad/s}]$, $\sigma=0.46\,[\mathrm{s^{-1}}]$

12. $\zeta=0.217$, $\beta=12°30'$

14. (1) $70(1-e^{-2.0t})+10\,[°\mathrm{C}]$ (2) $5[t-0.5(1-e^{-2.0t})]+10\,[°\mathrm{C}]$

15. $-1.67(1-e^{-t/5.9})\,[\mathrm{cm}]$, $t[\mathrm{min}]$

6장 주파수 응답

3. (a) $\dfrac{1,940}{(j\omega)^2}$ (b) $\dfrac{59.5}{j\omega(1+0.053j\omega)}$

(c) $\dfrac{199}{j\omega(1+0.318j\omega)(1+0.0636j\omega)}$ (d) $\dfrac{62.8(1+0.0795j\omega)}{j\omega(1+0.159j\omega)(1+0.0159j\omega)}$

6. $M_p = 1.36$, $\omega_p = 1.821\omega_n$, $\zeta = 0.403$

7. 이득 상수 $= \dfrac{K_1}{1+K_1K_2}$,   절점 주파수 $= \dfrac{1}{T}(1+K_1K_2)$

8. $M_p = \dfrac{2KT}{\sqrt{4KT-1}}$, $\omega_p = \dfrac{\sqrt{2KT-1}}{\sqrt{2}\,T}$

7장 안정도 판별

1. (1) 안정   (2) 안정   (3) 불안정   (4) 불안정   (5) 불안정
3. (1) $K > 0$ (2) $K < 60$ (3) $K < 20$ (4) $K > 0$ (5) $K < 12$
4. $T > 0.134$
6. (a) 안정   (b) 안정   (c) 안정   (d) 불안정   (e) 불안정
   (f) 안정   (g) 불안정   (h) 안정
7. (1) 불안정   (2) 안정   (3) 불안정

8장 정상 편차

1. (1) 1/6   (2) 0   (3) 0   (4) 0
2. (1) ∞ (2) 1/10   (3) 0   (4) 0
3. (1) ∞ (2) ∞ (3) 1/20   (4) 1/5
4. (1) $K_p = 5$ (2) $K_v = 10$ (3) $K_a = 20$ (4) $K_a = 5$
5. $K > 20\,[\text{s}^{-1}]$
6. 520배
11. $e(t) = 1.77 \times 10^{-4}\,t\,(1 - 1.6 \times 10^{-3}t^2)^{-1/2} - 3.96 \times 10^{-7}(1 - 1.6 \times 10^{-3}t^2)^{-3/2} + \cdots\cdots$

9장 속응성과 안정도

2. (1) $K = 1.4$ (2) $K = 2.5$
6. $\omega_b = \omega_n \left[(1 - 2\zeta^2) + \sqrt{1 + (1 - \zeta a^2)^2}\, \right]^{1/2}$
9. $(1 + 4\zeta^2)/4\zeta\omega_n$, $\zeta = 0.5$

10장 근궤적법

2. (1) 제한 없음   (2) 불안정   (3) 불안정   (4) 제한 없음   (5) 제한 없음

(6) $K < 60$ (7) 제한 없음   (8) 제한 없음   (9) $K < 6$ (10) $K < 10$

(11) 제한 없음   (12) 제한 없음   (13) 제한 없음   (14) $K < 80$ (15) $K < 640$

(16) 제한 없음

3. (5) 12   (6) 9.5   (7) 5.3   (8) 1.56   (9) 1.3

(10) 2.3   (13) 5.0   (14) 11   (15) 21

4. (1) 불안정   (2) $K > 1$이면 안정

8. $-1 + j1$, $-1 - j1$, -10

11장 서보 기구

3.

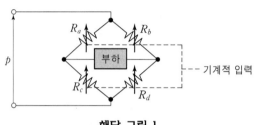

해답 그림 1

6. 예를 들면 식 (11·44)에서 $\tau = 0.025$ [s]가 된다.

여기서, $j = 0.1$일 때, $C_1 = 0.1$ [μF]으로 하면

$$R_1 = 250 \, [\mathrm{k\Omega}], \quad R_2 = 28 \, [\mathrm{k\Omega}]$$

이 된다. 또한 이때, 증폭기 이득은 65 [mA/V]

7. 예를 들면 $\dfrac{1}{3} \cdot \dfrac{1 + 0.416s}{1 + 0.139s}$

8. 예를 들면 식 (11·43)에서 $\tau = 0.1$, $k = 0.04$ 이것을 만족하는 회로 상수의 일례로서

$$C = 0.4 \, [\mu\Omega], \quad R_1 = 250 \, [\mathrm{k\Omega}], \quad R_2 = 1 \, [\mathrm{k\Omega}]$$

9. 예를 들면 식 (11·47)에서 $k = 0.1$, $\tau = 3.33$ [s]로 취하면 된다.

12장 상태 공간

1. $\begin{bmatrix} \dot{x}_1 \\ \dot{x}_2 \end{bmatrix} = \begin{bmatrix} -2 & -3 \\ 1 & 0 \end{bmatrix} \begin{bmatrix} x_1 \\ x_2 \end{bmatrix} + \begin{bmatrix} 1 \\ 0 \end{bmatrix} r$

$C = \begin{bmatrix} 5 & 4 \end{bmatrix} \begin{bmatrix} x_1 \\ x_2 \end{bmatrix}$

2. (a) $\begin{bmatrix} \dot{x}_1 \\ \dot{x}_2 \\ \dot{x}_3 \end{bmatrix} = \begin{bmatrix} 0 & 1 & 0 \\ 0 & 0 & 1 \\ -6 & -11 & -6 \end{bmatrix} \begin{bmatrix} x_1 \\ x_2 \\ x_3 \end{bmatrix} + \begin{bmatrix} 0 \\ 0 \\ 1 \end{bmatrix} r$

$$C = \begin{bmatrix} 3 & 2 & 1 \end{bmatrix} \begin{bmatrix} x_1 \\ x_2 \\ x_3 \end{bmatrix}$$

3.

$$\begin{bmatrix} \dot{x}_1 \\ \dot{x}_2 \\ \dot{x}_3 \end{bmatrix} = \begin{bmatrix} a_1 & 1 & 0 \\ a_2 & 0 & 1 \\ a_3 & 0 & 0 \end{bmatrix} \begin{bmatrix} x_1 \\ x_2 \\ x_3 \end{bmatrix} + \begin{bmatrix} b_1 \\ b_2 \\ b_3 \end{bmatrix} r$$

$$C = \begin{bmatrix} 1 & 0 & 0 \end{bmatrix} \begin{bmatrix} x_1 \\ x_2 \\ x_3 \end{bmatrix}$$

4.

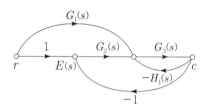

5. (a)

$$\begin{bmatrix} \dot{x}_1 \\ \dot{x}_2 \\ \dot{x}_3 \end{bmatrix} = \begin{bmatrix} 0 & 1 & 0 \\ 0 & 0 & 1 \\ -14 & -9 & -6 \end{bmatrix} \begin{bmatrix} x_1 \\ x_2 \\ x_3 \end{bmatrix} + \begin{bmatrix} 0 \\ 0 \\ 1 \end{bmatrix} r$$

$$C = \begin{bmatrix} -22 & -16 & -10 \end{bmatrix} \begin{bmatrix} x_1 \\ x_2 \\ x_3 \end{bmatrix} + 2r$$

(c)

$$\begin{bmatrix} \dot{x}_1 \\ \dot{x}_2 \\ \dot{x}_3 \end{bmatrix} = \begin{bmatrix} 0 & 1 & 0 \\ 0 & 0 & 1 \\ 0 & -6 & -5 \end{bmatrix} \begin{bmatrix} x_1 \\ x_2 \\ x_3 \end{bmatrix} + \begin{bmatrix} 0 \\ 0 \\ 5 \end{bmatrix} r$$

$$C = \begin{bmatrix} 1 & 0 & 0 \end{bmatrix} \begin{bmatrix} x_1 \\ x_2 \\ x_3 \end{bmatrix}$$

13장 제어계 설계

1. (1) $K = 2$　　(2) $\dfrac{1}{3} \dfrac{1+0.346j\omega}{1+0.116j\omega}$

2. 불능

3. $\dfrac{1+3.85j\omega}{1+7.14j\omega}$

4. 불능

5. 정상 편차는 $1/(1+K_a K_m K_t)$로 된다. ω_n은 변함이 없다. ζ는 $(1+K_a K_m K_t)$배로 된다.

부 록

A·1 전기 회로

전기 회로의 문제를 수식화하는 데에는 다음의 키르히호프 법칙을 이용한다.

(i) 제1법칙 : 전기 회로 속에 있는 임의의 접속점(마디라고 한다)에 유입하는 전류의 대수합은 0이다.

(ii) 제2법칙 : 전기 회로 속에 있는 임의의 폐회로(루프라고 한다) 내의 전압 강하에 대한 대수합은 기전력의 대수합과 같다.

또한 저항, 인덕턴스 및 정전 용량 각각의 전압 강하와 전류 사이에 다음의 관계가 있다.

$$\left.\begin{array}{l} \text{전기 저항}: v_1(t) - v_2(t) = Ri_R(t) \\[2mm] \text{인덕턴스}: v_1(t) - v_2(t) = L\dfrac{di_L(t)}{dt} \\[2mm] \text{정전 용량}: C\dfrac{d}{dt}[v_1(t) - v_2(t)] = i_c(t) \end{array}\right\} \qquad (\text{A·1})$$

그림 A·1 전기 회로

회로 방정식은 다음의 순서에 의해서 구해진다.

(i) 회로 내에 있는 각 마디의 전위를 가정한다. 이때 하나의 마디(접지점이 있으면 그 점) 전위를 0으로 놓는다.

(ii) 식 (A·1)을 이용하여 각 소자의 전류를 구한다.

(iii) 이 전류에 관해서 키르히호프의 제1법칙을 적용한다.

전달 함수를 구할 경우에 모든 초기값을 0으로 가정했다. 이 가정하에 식 (A·1)을 라플라스 변환하면 다음 식을 얻는다.

$$\left. \begin{array}{l} \dfrac{V_1(s) - V_2(s)}{R} = I_R(s) \\[3ex] \dfrac{V_1(s) - V_2(s)}{sL} = I_L(s) \\[3ex] sC\,[\,V_1(s) - V_2(s)\,] = I_c(s) \end{array} \right\} \qquad (\text{A·2})$$

전압 강하 $[\,V_1(s) - V_2(s)\,]$와 전류의 라플라스 변환비가 연산자 임피던스이다. 이것을 표 A·1에 나타낸다. 전기 회로의 문제는 연산자 임피던스를 마치 직류 회로에서 전기 저항과 같이 취급하여 키르히호프의 법칙을 적용하면 회로 방정식으로 수식화할 수가 있다. 또한 연산자 임피던스는 복소 기호법(complex symbolic method)의 임피던스, 즉 복소 임피던스에서 $j\omega \rightarrow s$로 치환을 한 것과 같다.

표 A·1 임피던스

소자	연산자 임피던스	복소 임피던스
전기 저항	R	R
인덕턴스	sL	$j\omega L$
정전 용량	$\dfrac{1}{sC}$	$\dfrac{1}{j\omega C}$

따라서 R, L, C 회로의 문제는 복소 기호법에 의해서 취급하고 그 후에 $j\omega \rightarrow s$ 의 치환을 행해도 좋다.

A·2 역학계

역학계의 문제를 수식화하려면 뉴턴의 운동 방정식을 이용한다. 물체의 운동에는 병진 운동, 회전 운동 및 이들의 조합이 있으므로 병진 운동과 회전 운동으로 나누어 설명한다.

1. 병진 운동

1차원의 운동에 대해서 운동 방정식을 만드는 순서는 다음과 같다.

(ⅰ) 역학계의 각 질량에 대해서 변위와 변위의 (+)방향을 가정한다.

이 변위를 x라 하면 속도, 가속도는 각각 $dx/dt, d^2x/dt^2$으로 표시되고 또한 그들의 (+)방향은 x의 (+)방향과 일치한다.

(ⅱ) 각 질량에 대해서 각각 다음의 운동 방정식을 만든다.

$$(질량) \times (가속도) = (그 질량에 작용하는 힘의 대수합) \qquad (A·3)$$

제어 소자에 작용하는 외력으로서 다음과 같은 것이 있다.

(ⅰ) 유압 실린더, 공기압 다이어프램, 전자 솔레노이드, 서보 전동기 등으로부터 가해지는 강제력
(ⅱ) 스프링의 힘
(ⅲ) 제동력 및 마찰력

● 스프링

(ⅰ)의 힘은 각각의 기기에 따라서 다르므로 여기서는 설명하지 않는다.
(ⅱ)의 스프링에는 비선형 특성의 것도 있으나 선형 제이 이론에서는 선형화하여 취급하므로 여기서는 선형의 스프링만을 생각한다.

그림 A·2(a)와 같이 한 끝이 고정된 스프링에서 다른 끝의 변위 x는 방향도 포함하여 외력 f_s에 비례한다. 단, x는 외력이 작용하지 않을 때의 위치, 즉 자유 위치에서 측정하는 것으로 한다.

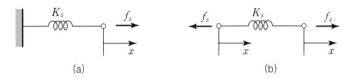

그림 A·2 스프링

$$f_s = K_s x \tag{A·4}$$

단, K_s는 스프링 상수(spring constant) 또는 스티프니스(stiffiness)라 불리우는 비례 상수이며 단위 길이의 변형을 발생하는 데에 필요한 힘으로 표시한다.

그림 A·2(b)와 같이 두 끝이 가동인 경우에는 스프링의 변형은 $(x_1 - x_2)$와 같으므로

$$f_s = K_s (x_1 - x_2) \tag{A·5}$$

그리고 식 (A·4), (A·5)에서 f_s는 스프링에 작용하는 힘이며, 스프링이 다른 물체에 미치는 힘은 이 역방향이다.

● 제동력 및 마찰력

대시포트(dashpot)는 기름을 넣은 실린더와 가는 유로가 있는 피스톤으로 구성되어 있다. 이 실린더를 고정하고 피스톤을 움직일 때, 피스톤의 운동에 제동 작용을 하여 댐퍼(damper)로써 이용할 수 있다.

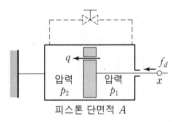

그림 A·3 대시포트

3장의 3·5의 예제 3·1에 나타낸 바와 같이 피스톤 속도가 별로 빠르지 않으면 기름의 유량 q는 다음 식으로 표시된다. 단, R_h는 유체 저항이다.

$$q = \frac{1}{R_h}(p_1 - p_2) \tag{A·6}$$

시간 dt 동안에 유동한 유량은 qdt, 이 사이에 피스톤이 배제한 유량은 Adx이지만 기름에 압축성이 없으므로 이들의 양쪽은 같다.

$$qdt = Adx, \qquad 즉 \qquad q = A\frac{dx}{dt} \qquad\qquad (A·7)$$

한편 피스톤에 작용하는 제동력 f_d는

$$f_d = (p_1 - p_2)A \qquad\qquad\qquad (A·8)$$

식 (A·6), (A·7), (A·8)에서

$$f_d = D\frac{dx}{dt}, \qquad\qquad D = A^2 R_h \qquad\qquad (A·9)$$

즉, 대시포트의 제동력은 속도에 비례한다. 이 비례 상수 D를 점성 감쇠 계수(viscous damping coefficient)라 한다. 이와 같은 대시포트는 그림 A·4의 기호로 약기된다. 그리고 대시포트에는 그림 A·3에 파선으로 나타낸 바와 같이 외부에 기름의 유로를 설치하고 가감 밸브에 의해서 점성 가감 계수 D의 값을 변화시키게 한 것도 있다.

그림 A·4　대시포트의 기호

대시포트 이외에 댐퍼에는 와전류를 이용한 것이 있다. 즉, 자계 속에서 도체를 움직이면 그 양단에 운동 속도에 비례한 전압이 발생한다. 이 전압에 의해서 도체 내에 운동 속도에 비례하는 전류가 흐른다. 그런데 이 전류는 자계 속에 있으므로 힘을 받고 그 방향은 도체의 운동을 멈추게 하는 방향이다. 즉, 도체는 제동력을 받아서 댐퍼로써 작용한다. 그리고 이때 도체에 작용하는 힘의 크기는 전류에, 따라서 운동 속도에 비례한다.

$$f_d = D\frac{dx}{dt} \qquad\qquad\qquad (A·10)$$

회전 운동에 대한 댐퍼는 기름 속에서 원판을 회전시키는 형, 와전류형 등이 있다.

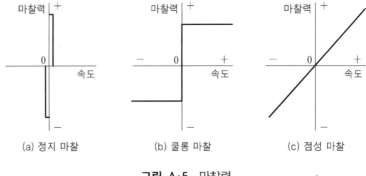

(a) 정지 마찰　　　　(b) 쿨롱 마찰　　　　(c) 점성 마찰

그림 A·5 마찰력

마찰력은 다음의 성분으로 되어 있다고 생각된다.

(ⅰ) 정지 마찰력(static friction 또는 stiction)

(ⅱ) 쿨롱 마찰력(coulomb friction)

(ⅲ) 점성 마찰력(viscous friction)

정지 마찰력은 운동의 개시를 방해하는 마찰력으로 속도 = 0인 경우 이외에는 존재하지 않는다. 그 방향은 운동 방향이 변하면 반전한다. 쿨롱 마찰력은 크기가 속도에 관계없고 방향이 속도의 반대 방향이다. 보통 쿨롱 마찰력은 정지 마찰력보다 작다. 점성 마찰력은 크기가 속도에 비례하는 마찰력이다. 이 이외에 크기가 (속도)^{2}에 비례하는 마찰력도 있다.

실제의 마찰력은 이들의 조합이지만 고체 사이의 마찰에서는 쿨롱 마찰이 우세하며 기름으로 윤활되어 있는 경우는 점성 마찰이 주요 성분이다.

선형 제어 이론에서는 점성 마찰력만이 작용한다고 생각한다. 이것은 속도에 비례하는 제동력이므로 식 (A·9)로 나타낸다.

일반적으로 제동력 및 마찰력의 모델로서 그림 A·4를 생각해서 다음 식을 채용한다.

$$f_d = D \frac{dx}{dt}$$

이상의 역학량 단위를 표 A·2에 나타낸다.

표 A·2 병진 운동계의 단위

단위계	CGS	MKS	단위계	CGS	MKS
힘	dyn	N	질량	g	kg
속도	cm/s	m/s	스프링 상수	dyn/cm	N/m
가속도	cm/s^2	m/s^2	점성 감쇠 상수	dyn/(cm/s)	N/(m/s)

주 : 피트, 파운드계에서는 질량의 단위로서 slug를 사용한다. 1[slug]의 질량에 1[ft/s^2]의 가
속도를 주는 힘이 1[Lb](중량 파운드)이다. 반대로 중량 1[Lb]인 물체의 질량은 이것을 중
력의 가속도 $g(=3.2\,[\text{ft/s}^2])$로 나눈 $1/32.2 = 3.11\times10^{-2}\,[\text{slug}]$이다.

2. 회전 운동

고정축의 주위를 회전하는 물체의 운동 방정식은 다음과 같이 나타낸다.

$$\text{(관성 모멘트)} \times \text{(각가속도)} = \text{(토크의 대수합)} \tag{A·11}$$

즉, 병진 운동의 질량 대신에 관성 모멘트를, 가속도 대신에 각가속도를, 힘 대신에 토크를 생각하면 된다. 이와 같이 회전 운동과 병진 운동에는 닮음성이 있다. 이것을 열거하면 다음과 같다.

	병진 운동		회전 운동	
힘	f	토크	τ
속도	$\dfrac{dx}{dt}$	각속도	$\dfrac{d\theta}{dt}$
가속도	$\dfrac{d^2x}{dt^2}$	각가속도	$\dfrac{d^2\theta}{dt^2}$
질량	M	관성 모멘트	J
스프링의 힘	$f_s = K_s x$	스프링의 토크	$\tau_s = K_s\theta$
점성 감쇠력	$f_d = D\dfrac{dx}{dt}$	점성 감쇠 토크	$\tau_d = D\dfrac{d\theta}{dt}$
운동 방정식	$M\dfrac{d^2x}{dt^2} = \sum f$	운동 방정식	$J\dfrac{d^2\theta}{dt^2} = \sum \tau$

회전 운동계에서의 단위를 표 A·3에 나타낸다.

표 A·3 회전 운동계의 단위

단위계	CGS	MKS	단위계	CGS	MKS
토크	dyn · cm	N · m	관성 모멘트	g · cm^2	kg · m^2
가속도	rad/s	rad/s	스프링 상수	dyn/cm/rad	N · m/rad
각가속도	rad/s^2	rad/s^2	점성 감쇠 상수	dyn · cm/(rad/s)	N · m/(rad/s)

A·3 그리스 문자

그리스 문자		호 칭		그리스 문자		호 칭	
A	α	alpha	알 파	N	ν	nu	뉴 우
B	β	beta	베 타	$\varXi$	ξ	xi	크 사 이
$\varGamma$	γ	gamma	감 마	O	o	Omicron	오미크론
$\varDelta$	$\delta(\partial)$	delta	델 타	$\varPi$	π	Pi	파 이
E	ε	epsilon	잎실론	P	ρ	rho	로 오
Z	ζ	zeta	제 타	$\varSigma$	σ	sigma	시 그 마
H	η	eta	에 타	T	τ	tau	타 우
$\varTheta$	$\theta(\vartheta)$	theta	데 타	Y	υ	upsilon	웁 실 론
I	ι	iota	이오타	$\varPhi$	$\phi(\varphi)$	phi	화 이
K	$\varkappa$	kappa	캎 파	X	χ	chi	카 이
$\varLambda$	λ	lambda	람 다	$\varPsi$	ψ	psi	프 사 이
M	μ	mu	뮤 우	$\varOmega$	ω	omega	오 메 가

A·4 수학공식

1. 항등식

$$a^2 - b^2 = (a+b)(a-b)$$

$$(a \pm b)^2 = a^2 \pm 2ab + b^2$$

$$a^3 \pm b^3 = (a \pm b)(a^2 \mp ab + b^2)$$

$$(a \pm b)^3 = a^3 \pm 3a^2b + 3ab^2 \pm b^3$$

2. 지 수

$$a^m \times a^n = a^{m+n} \qquad\qquad a^m \div a^n = a^{m-n}$$

$$(a^m)^n = a^{mn} \qquad\qquad a^{-m} = \frac{1}{a^m}$$

$$a^{m/n} = \sqrt[n]{a^m} = (\sqrt[n]{a})^m \qquad (ab)^m = a^m b^m$$

$$a^0 = 1 \ (a \neq 0)$$

3. 대 수

$$y = \log_a x \longleftrightarrow x = a^y$$

$$\log_a a = 1$$

$$\log_a 1 = 0 \quad (a > 0, \ a \neq 1)$$

$$\log_a(xy) = \log_a x + \log_a y$$

$$\log_a(x/y) = \log_a x - \log_a y$$

$$\log_a x^n = n \log_a x$$

$$\log_c a = \log_c b \times \log_b a$$

$$\log_b a \times \log_a b = 1$$

$\log_a x$에서 $a = 10$일 때 상용대수라 하고 $\log x$로 표시한다.

$\qquad\qquad a = e$일 때 자연대수라 하고 $\ln x$로 표시한다.

$$\log x = 0.4343 \ln x$$

$$\ln x = 2.3026 \log x$$

$$e = 2.718\ 2818284\cdots$$

4. 복소수

$$j = \sqrt{-1}, \ j^2 = -1, \ j^3 = -j, \ j^4 = 1$$

$$1/j = -j, \ 1/j^2 = -1, \ 1/j^3 = j, \ 1/j^4 = 1$$

a, b, c, d를 실수라 하면

$a \pm jb = c \pm jd$이면 $a = c, \ b = d$

$a \pm jb = 0$이면 $a = 0, \ b = 0$

$(a + jb) \pm (c + jd) = (a \pm c) + j(b \pm d)$

$(a + jb)(c + jd) = ac - bd + j(ad + bc)$

$$\frac{a + jb}{c + jd} = \frac{ac + bd}{c^2 + d^2} + j\frac{bc - ad}{c^2 + d^2}$$

공액 복소수 $a + jb, \ a - jb$ 사이에는

$(a + jb) + (a - jb) = 2a$

$(a + jb) - (a - jb) = 2jb$

$(a + jb)(a - jb) = a^2 + b^2$

복소수 $z = a + jb$에서

절대치 $|z| = \sqrt{a^2 + b^2}$

편 각 $\theta = \arg z = \tan^{-1}\dfrac{b}{a}$

$a + jb = \sqrt{a^2 + b^2}\,(\cos\theta + j\sin\theta) = \sqrt{a^2 + b^2}\,\exp(j\theta)$

$a - jb = \sqrt{a^2 + b^2}\,(\cos\theta - j\sin\theta) = \sqrt{a^2 + b^2}\,\exp(-j\theta)$

$(a + jb)^n = \sqrt[n]{a^2 + b^2}\,(\cos n\theta + j\sin n\theta)$

$r\underline{/\theta} = r(\cos\theta + j\sin\theta)$

$e^{j\theta} = \cos\theta + j\sin\theta$ (Euler의 정리)

$\cos\theta = \dfrac{1}{2}(e^{j\theta} + e^{-j\theta})$

$\sin\theta = \dfrac{1}{2j}(e^{j\theta} - e^{-j\theta})$

$(\cos\theta + j\sin\theta)^n = \cos n\theta + j\sin n\theta$

5. 2차 방정식의 근

$ax^2 + bx + c = 0 \quad (a, b, c : 실수, \ a \neq 0)$이면

$$x = \frac{-b \pm \sqrt{b^2 - 4ac}}{2a}$$

6. 급수의 전개

● 2항전개

$$(x+y)^n = x^n + nx^{n-1}y + \frac{1}{2!}\,n(n-1)x^{n-2}y^2 + \frac{1}{3!}\,n(n-1)(n-2)x^{n-3}y^3 + \cdots$$

● Maclaurin 급수

$$f(x) = f(0) + f'(0)x + \frac{1}{2!}\,f''(0)\,x^2 + \frac{1}{3!}\,f'''(0)\,x^3 + \cdots$$

● Tailor 급수

$$(1+x)^n = 1 + nx + \frac{1}{2!}\,n(n-1)\,x^2 + \frac{1}{3!}\,n(n-1)(n-2)\,x^3 + \cdots$$

$$\sin x = x - \frac{1}{3!}\,x^3 + \frac{1}{5!}\,x^5 - \frac{1}{7!}\,x^7 + \cdots \quad (\,x^2 < \infty\,)$$

$$\cos x = 1 - \frac{1}{2!}\,x^2 + \frac{1}{4!}\,x^4 - \frac{1}{6!}\,x^6 + \cdots \quad (\,x^2 < \infty\,)$$

$$\tan x = x + \frac{1}{3}\,x^3 + \frac{2}{15}\,x^5 + \frac{17}{315!}\,x^7 + \cdots$$

$$e^x = 1 + x + \frac{1}{2!}\,x^2 + \frac{1}{3!}\,x^3 + \frac{1}{4!}\,x^4 \cdots$$

$$\sinh x = x + \frac{1}{3!}\,x^3 + \frac{1}{5!}\,x^5 + \frac{1}{7!}\,x^7 + \cdots$$

$$\cosh x = 1 + \frac{1}{2!}\,x^2 + \frac{1}{4!}\,x^4 + \frac{1}{6!}\,x^6 + \cdots$$

$$\tanh x = x - \frac{1}{3}\,x^3 + \frac{2}{15}\,x^5 - \frac{17}{315!}\,x^7 + \cdots$$

7. 근사치

$|x| \ll 1$ 에 대하여

$$(1 \pm x)^2 \fallingdotseq 1 \pm 2x \qquad\qquad (1 \pm x)^n \fallingdotseq 1 \pm nx$$

$$\sqrt{1+x} \fallingdotseq 1 + \frac{1}{2}\,x \qquad\qquad \frac{1}{\sqrt{1+x}} \fallingdotseq 1 - \frac{1}{2}\,x$$

$$e^x \fallingdotseq 1 + x \qquad\qquad \ln(1+x) \fallingdotseq x$$

$$\sin x \fallingdotseq 0 \qquad\qquad \sinh x \fallingdotseq x$$

$$\cos x \fallingdotseq 1 \qquad\qquad \cosh x \fallingdotseq 1 - x$$

$$\tan x \fallingdotseq x \qquad\qquad \tanh x \fallingdotseq x$$

$$\tanh x \fallingdotseq 1$$

8. 3각함수

● 보각의 3각함수

$$\sin(180° \pm \theta) = \mp \sin\theta$$

$$\cos(180° \pm \theta) = -\cos\theta$$

$$\tan(180° \pm \theta) = \pm \sin\theta$$

● 여각의 3각함수

$$\sin(90° \pm \theta) = +\cos\theta$$

$$\cos(90° \pm \theta) = \mp \sin\theta$$

$$\tan(90° \pm \theta) = \mp \cot\theta$$

$$\cot(90° \pm \theta) = \mp \tan\theta$$

● 같은 각의 3각함수 사이의 관계

① $\begin{cases} \sin A \operatorname{cosec} A = 1 \\ \cos A \sec A = 1 \\ \tan A \cot A = 1 \end{cases}$ ② $\begin{cases} \sin^2 A + \cos^2 A = 1 \\ \sec^2 A = 1 + \tan^2 A \\ \operatorname{cosec}^2 A = 1 + \cot^2 A \end{cases}$

③ $\tan A = \dfrac{\sin A}{\cos A}$

● 가법정리

$$\sin(A \pm B) = \sin A \cos B \pm \cos A \sin B$$

$$\cos(A \pm B) = \cos A \cos B \mp \sin A \sin B$$

● 배각의 공식

$$\sin 2A = 2\sin A \cos A$$

$$\cos 2A = 2\cos^2 A - 1 = 1 - 2\sin^2 A = \cos^2 A - \sin^2 A$$

$$\tan 2A = \dfrac{2\tan A}{1 - \tan^2 A}$$

● 반각의 공식

$$\sin \dfrac{A}{2} = \pm\sqrt{\dfrac{1 - \cos A}{2}}$$

$$\cos \dfrac{A}{2} = \pm\sqrt{\dfrac{1 + \cos A}{2}}$$

$$\tan \dfrac{A}{2} = \pm\sqrt{\dfrac{1 - \cos A}{1 + \cos A}} = \dfrac{1 - \cos A}{\sin A} = \dfrac{\sin A}{1 + \cos A}$$

● **합을 곱으로 고치는 공식**

$$\sin A + \sin B = 2 \sin \frac{1}{2}(A+B)\cos \frac{1}{2}(A-B)$$

$$\sin A - \sin B = 2 \cos \frac{1}{2}(A+B)\sin \frac{1}{2}(A-B)$$

$$\cos A + \cos B = 2 \cos \frac{1}{2}(A+B)\cos \frac{1}{2}(A-B)$$

$$\cos A - \cos B = -2 \sin \frac{1}{2}(A+B)\sin \frac{1}{2}(A-B)$$

● **곱을 합으로 고치는 공식**

$$\sin A \cos B = \frac{1}{2}\{\sin(A+B)+\sin(A-B)\}$$

$$\cos A \sin B = \frac{1}{2}\{\sin(A+B)-\sin(A-B)\}$$

$$\sin A \sin B = \frac{1}{2}\{\cos(A-B)-\cos(A+B)\}$$

$$\cos A \cos B = \frac{1}{2}\{\cos(A-B)+\cos(A+B)\}$$

● **반각 및 2배각에 관한 공식**

① $\begin{cases} \sin A = 2\sin\frac{A}{2}\cos\frac{A}{2} \\ \cos A = \cos^2\frac{A}{2}-\sin^2\frac{A}{2} \end{cases}$

② $\begin{cases} 2\sin^2 A = 1-\cos 2A \\ 2\cos^2 A = 1+\cos 2A \end{cases}$ $\begin{cases} 2\sin^2\frac{A}{2}=1-\cos A \\ 2\cos^2\frac{A}{2}=1+\cos A \end{cases}$

● **상수를 갖는 같은 각의 정현과 여현의 합을 단항식으로 만드는 법**

$$a\cos A + b\sin A = \sqrt{a^2+b^2}\cos(A-\theta) \quad (\text{단, } \theta = \tan^{-1}\frac{b}{a})$$

● **3각형의 2변 a, b와 그 사이각 θ를 알고 맞변 P를 구하는 공식**

$$P = \sqrt{a^2+b^2-2ab\cos\theta}$$

● **호도법**

$$1[\text{rad}] = \frac{360°}{2\pi} = 57°17'45'' = 3437'45''$$

● 3각함수와 지수함수의 관계

$$\sin x = \frac{1}{2j}(e^{jx} - e^{-jx}) \quad \cos x = \frac{1}{2}(e^{jx} + e^{-jx})$$

$$\tan x = -j\frac{e^{2jx}-1}{e^{2jx}+1} = \frac{1}{j}\frac{e^{jx}-e^{-jx}}{e^{jx}+e^{-jx}}$$

$$e^{jx} = \cos x + j\sin x \quad e^{-jx} = \cos x - j\sin x$$

9. 쌍곡선함수

$$\sinh(-x) = -\sinh x \quad \sinh(0) = 0 \quad \sinh(\pm\infty) = \pm\infty$$

$$\cosh(-x) = \cosh x \quad \cosh(0) = 1 \quad \cosh(\pm\infty) = +\infty$$

$$\tanh(-x) = -\tanh x \quad \tanh(0) = 0 \quad \tanh(\pm\infty) = \pm1$$

$$\cosh^2 x - \sinh^2 x = 1 \quad \sinh 2x = 2\sinh x \ \cosh x$$

$$1 - \tanh^2 x = \mathrm{sech}\, x \quad \cosh 2x = \cosh^2 x + \sinh^2 x$$

$$1 - \coth^2 x = -\mathrm{cosech}^2 x \quad \tanh 2x = \frac{2\tanh x}{1+\tanh^2 x}$$

$$\sinh(x \pm y) = \sinh x \ \cosh y \pm \cosh x \ \sinh y$$

$$\cosh(x \pm y) = \cosh x \ \cosh y \pm \sinh x \ \sinh y$$

$$\tanh(x \pm y) = \frac{\tanh x \pm \tanh y}{1 \pm \tanh x \ \tanh y}$$

$$\sinh x + \sinh y = 2\sinh\frac{x+y}{2}\cosh\frac{x-y}{2}$$

$$\sinh x - \sinh y = 2\cosh\frac{x+y}{2}\sinh\frac{x-y}{2}$$

$$\cosh x + \cosh y = 2\cosh\frac{x+y}{2}\cosh\frac{x-y}{2}$$

$$\cosh x - \cosh y = 2\sinh\frac{x+y}{2}\sinh\frac{x-y}{2}$$

$$\sinh x \ \sinh y = \frac{1}{2}[\cosh(x+y) - \cosh(x-y)]$$

$$\cosh x \ \cosh y = \frac{1}{2}[\cosh(x+y) + \cosh(x-y)]$$

$$\sinh x \ \cosh y = \frac{1}{2}[\sinh(x+y) + \sinh(x-y)]$$

$$\sinh\frac{x}{2} = \sqrt{\frac{1}{2}(\cosh x - 1)} \quad \cosh\frac{x}{2} = \sqrt{\frac{1}{2}(\cosh x + 1)}$$

$$\tanh \frac{x}{2} = \frac{\cosh x - 1}{\sinh x} = \frac{\sinh x}{\cosh x + 1}$$

$$\sinh x = \frac{1}{2}(e^x - e^{-x}) \quad \cosh x = \frac{1}{2}(e^x + e^{-x})$$

$$e^x = \cosh x + \sinh x \quad e^{-x} = \cosh x - \sinh x$$

10. 3각함수와 쌍곡선함수

$$\sinh jx = j\sin x \quad \sinh x = -j\sin jx$$

$$\cosh jx = \cos x \quad \cosh x = \cos jx$$

$$\tanh jx = j\tan x \quad \tanh x = -j\tan jx$$

$$\sinh(x \pm jy) = \sinh x \ \cos y \pm j\cosh x \ \sin y = \pm j\sin(y \mp jx)$$

$$\cosh(x \pm jy) = \cosh x \ \cos y \pm j\sinh x \ \sin y = \cos(y \mp jx)$$

$$\sin(x \pm jy) = \sin x \ \cosh y \pm j\cos x \ \sinh y = \pm j\sinh(y \mp jx)$$

$$\cos(x \pm jy) = \cos x \ \cosh y \pm j\sin x \ \sinh y = \cosh(y \mp jx)$$

11. 미분공식

(1)　$\dfrac{dc}{dx} = 0$　（c : 상수）

(2)　$\dfrac{d}{dx}(cu) = c\dfrac{du}{dx}$　（c : 상수）

(3)　$\dfrac{d}{dx}(u \pm v) = \dfrac{du}{dx} \pm \dfrac{dv}{dx}$

(4)　$\dfrac{d}{dx}(uv) = v\dfrac{du}{dx} + u\dfrac{dv}{dx}$

(5)　$\dfrac{d}{dx}\left(\dfrac{u}{v}\right) = \dfrac{v\dfrac{du}{dx} - u\dfrac{dv}{dx}}{v^2}$

(6)　$\dfrac{dy}{dx} = \dfrac{dy}{du} \cdot \dfrac{du}{dx}$

(7)　$y = x^m$　　　　　　$y' = mx^{m-1}$

(8)　$y = e^x$　　　　　　$y' = e^x$

(9)　$y = a^x$　　　　　　$y' = a^x \log a$

(10)　$y = \log x$　　　　　$y' = \dfrac{1}{x}$

(11) $y = \sin x$ $y' = \cos x$

(12) $y = \cos x$ $y' = -\sin x$

(13) $y = \tan x$ $y' = \dfrac{1}{\cos^2 x} = \sec^2 x$

(14) $y = \cot x$ $y' = -\dfrac{1}{\sin^2 x} = -\operatorname{cosec}^2 x$

(15) $y = \sec x$ $y' = \sec x \cdot \tan x$

(16) $y = \operatorname{cosec} x$ $y' = -\operatorname{cosec} x \ \tan x$

(17) $y = \sin ax$ $y' = a \cos ax$

(18) $y = \cos ax$ $y' = -a \sin ax$

(19) $y = \sin^{-1} x$ $y' = \pm \dfrac{1}{\sqrt{1-x^2}}$

$$\left(\begin{array}{l} +:\ 2\pi n - \dfrac{\pi}{2} < y < 2\pi n + \dfrac{\pi}{2} \\ -:\ 2\pi n + \dfrac{\pi}{2} < y < 2\pi n + \dfrac{3\pi}{2} \end{array} \right)$$

(20) $y = \cos^{-1} x$ $y' = \mp \dfrac{1}{\sqrt{1-x^2}}$

$$\left(\begin{array}{l} -:\ 2\pi n < y < (2n+1)\pi \\ +:\ (2n+1)\pi < y < (2n+2)\pi \end{array} \right)$$

(21) $y = \tan^{-1} x$ $y' = \dfrac{1}{1+x^2}$

(22) $y = \sinh x$ $y' = \cosh x$

(23) $y = \cosh x$ $y' = \sinh x$

(24) $y = \tanh x$ $y' = \operatorname{sech}^2 x$

(25) $y = \coth^{-1} x$ $y' = -\operatorname{cosech}^2 x$

(26) $y = \sinh^{-1} x$ $y' = \dfrac{1}{\sqrt{1+x^2}}$

(27) $y = \cosh^{-1} x$ $y' = \pm \dfrac{1}{\sqrt{x^2-1}}$ $(x^2 > 1)$

(28) $y = \tanh^{-1} x$ $y' = \dfrac{1}{1-x^2}$ $(1 > x^2)$

(29) $y = \coth^{-1} x$ $y' = -\dfrac{1}{x^2-1}$ $(x^2 > 1)$

12. 적분공식(적분상수는 생략함)

(1) $\displaystyle\int a\,dx = ax$

(2) $\displaystyle\int a \cdot f(x)\,dx = a\int f(x)\,dx$

(3) $\displaystyle\int \phi(y)\,dx = \int \frac{\phi(y)}{y'}\,dy, \quad y' = dy/x$

(4) $\displaystyle\int (u+v)\,dx = \int u\,dx + \int v\,dx$

(5) $\displaystyle\int u\,dv = uv - \int v\,du$

(6) $\displaystyle\int u\frac{dv}{dx}\,dx = uv - \int v\frac{du}{dx}\,dx$

(7) $\displaystyle\int x^n\,dx = x^{n+1}/n+1, \ (n \neq -1)$

(8) $\displaystyle\int \frac{f'(x)\,dx}{f(x)} = \log f(x), \quad [df(x) = f'(x)\,dx]$

(9) $\displaystyle\int \frac{dx}{x} = \log x$

(10) $\displaystyle\int \frac{f'(x)\,dx}{2\sqrt{f(x)}} = \sqrt{f(x)}, \ [df(x) = f'(x)\,dx]$

(11) $\displaystyle\int e^x\,dx = e^x$

(12) $\displaystyle\int e^{ax}\,dx = e^{ax}/a$

(13) $\displaystyle\int b^{ax}\,dx = \frac{b^{ax}}{a\log b}$

(14) $\displaystyle\int \log x\,dx = x\log x - x$

(15) $\displaystyle\int a^x \log a\,dx = a^x$

(16) $\displaystyle\int \frac{dx}{a^2+x^2} = \frac{1}{a}\tan^{-1}\left(\frac{x}{a}\right),$ 또는 $-\frac{1}{a}\cot^{-1}\left(\frac{x}{a}\right)$

(17) $\displaystyle\int \frac{dx}{a^2-x^2} = \frac{1}{a}\tanh^{-1}\left(\frac{x}{a}\right),$ 또는 $\frac{1}{2a}\log\left(\frac{a+x}{a-x}\right)$

(18) $\displaystyle\int \frac{dx}{x^2-a^2} = -\frac{1}{a}\coth^{-1}\left(\frac{x}{a}\right),$ 또는 $\frac{1}{2a}\log\left(\frac{x-a}{x+a}\right)$

(19) $\displaystyle\int \frac{dx}{a^2-x^2} = \sin^{-1}\left(\frac{x}{a}\right),$ 또는 $-\cos^{-1}\left(\frac{x}{a}\right)$

(20) $\displaystyle\int \frac{dx}{x^2\pm a^2} = \log\left(x+\sqrt{x^2\pm a^2}\right)$

(21) $\displaystyle\int \frac{dx}{x\sqrt{x^2-a^2}} = \frac{1}{a}\cos^{-1}\left(\frac{a}{x}\right)$

(22) $\displaystyle\int \frac{dx}{x\sqrt{a^2\pm x^2}} = -\frac{1}{a}\log\left(\frac{a+\sqrt{a^2\pm x^2}}{x}\right)$

(23) $\displaystyle\int \frac{dx}{x\sqrt{a+bx}} = \frac{2}{\sqrt{-a}}\tan^{-1}\sqrt{\frac{a+bx}{-a}},$

$\quad$ 또는 $\dfrac{-2}{\sqrt{a}}\tanh^{-1}\sqrt{\dfrac{a+bx}{a}}$

(24) $\displaystyle\int (a+bx)^n\, dx = \frac{(a+bx)^{n+1}}{(n+1)b}$ $(n\neq -1)$

(25) $\displaystyle\int \sin x\, dx = -\cos x$

(26) $\displaystyle\int \cos x\, dx = \sin x$

(27) $\displaystyle\int \tan x\, dx = -\log\cos x$ 또는 $\log\sec x$

(28) $\displaystyle\int \cot x\, dx = \log\sin x$

(29) $\displaystyle\int \sec x\, dx = \log\tan\left(\frac{\pi}{4}+\frac{x}{2}\right)$

(30) $\displaystyle\int \csc x\, dx = \log\tan\frac{1}{2}x$

(31) $\displaystyle\int \sin^2 x\, dx = -\frac{1}{2}\cos x\,\sin x + \frac{1}{2}x = \frac{1}{2}x - \frac{1}{4}\sin 2x$

(32) $\displaystyle\int \sin^3 x\, dx = -\frac{1}{3}\cos x(\sin^2 + 2)$

(33) $\displaystyle\int \sin^n x\, dx = -\frac{\sin^{n-1}x\,\cos x}{n} + \frac{n-1}{n}\int \sin^{n-2}x\, dx$

(34) $\displaystyle\int \cos^2 x\, dx = \frac{1}{2}\sin x\,\cos x + \frac{1}{2}x = \frac{1}{2}x + \frac{1}{4}\sin 2x$

(35) $\displaystyle\int \cos^3 x\, dx = \frac{1}{3}\sin x(\cos^2 x + 2)$

(36) $\int \cos^n x \; dx = \frac{1}{n} \cos^{n-1} x \; \sin x + \frac{n-1}{n} \int \cos^{n-2} x \; dx$

(37) $\int \sin \frac{x}{a} \, dx = -a \cos \frac{x}{a}$

(38) $\int \cos \frac{x}{a} \, dx = a \sin \frac{x}{a}$

(39) $\int \sin(a+bx) dx = -\frac{1}{b} \cos(a+bx)$

(40) $\int \cos(a+bx) dx = \frac{1}{b} \sin(a+bx)$

(41) $\int \frac{dx}{\sin x} = -\frac{1}{2} \log \frac{1+\cos x}{1-\cos x} = \log \tan \frac{x}{2}$

(42) $\int \frac{dx}{\cos x} = \log \tan\left(\frac{\pi}{2} + \frac{x}{2}\right) = \frac{1}{2} \log\left(\frac{1+\sin x}{1-\sin x}\right)$

(43) $\int \frac{dx}{\cos^2 x} = \tan x$

(44) $\int \frac{dx}{\cos^n x} = \frac{1}{n-1} \cdot \frac{\sin x}{\cos^{n-1} x} + \frac{n-2}{n-1} \int \frac{dx}{\cos^{n-2} x}$

(45) $\int \frac{dx}{1 \pm \sin x} = \mp \tan\left(\frac{\pi}{4} \mp \frac{x}{2}\right)$

(46) $\int \frac{dx}{1+\cos x} = \tan \frac{x}{2}$

(47) $\int \frac{dx}{1-\cos x} = -\cot \frac{x}{2}$

(48) $\int \sec^2 x \; dx = \tan x$

(49) $\int \sec^n x \; dx = \int \frac{dx}{\cos^n x}$

(50) $\int \csc^2 x \; dx = -\cot x$

(51) $\int \csc^n x \; dx = \int \frac{dx}{\sin^n x}$

(52) $\int x \sin x \; dx = \sin x - x \cos x$

(53) $\int \log x \; dx = x \log x - x$

(54) $\int x \log x \; dx = \frac{x^2}{2} \log x - \frac{x^2}{4}$

(55) $\displaystyle\int e^x \, dx = e^x$

(56) $\displaystyle\int e^{-x} \, dx = -e^{-x}$

(57) $\displaystyle\int e^{ax} \, dx = \frac{e^{ax}}{a}$

(58) $\displaystyle\int x e^{ax} \, dx = \frac{e^{ax}}{a^2}\,(ax-1)$

(59) $\displaystyle\int x^m e^{ax} \, dx = \frac{x^m e^{ax}}{a} - \frac{m}{a}\int x^{m-1} e^{ax} \, dx$

(60) $\displaystyle\int \sinh x \ dx = \cosh x$

(61) $\displaystyle\int \cosh x \ dx = \sinh x$

(62) $\displaystyle\int \tanh x \ dx = \log \cosh x$

(63) $\displaystyle\int \coth x \ dx = \log \sinh x$

(64) $\displaystyle\int \operatorname{sech} x \ dx = 2\tan^{-1}(e^x)$

(65) $\displaystyle\int \operatorname{csch} x \ dx = \log \tanh\left(\frac{x}{2}\right)$

(66) $\displaystyle\int x \sinh x \ dx = x\cosh x - \sinh x$

(67) $\displaystyle\int x\cosh x \ dx = x\sinh x - \cosh x$

(68) $\displaystyle\int \operatorname{sech} x \tanh x \ dx = -\operatorname{sech} x$

(69) $\displaystyle\int \operatorname{csch} x \coth x \ dx = -\operatorname{csch} x$

A·5   푸리에 급수, 푸리에 적분, 푸리에 변환

$f(t)$가 주기 T의 주기 함수일 때, 다음과 같이 **푸리에 급수**(Fourier series)로 전개할 수 있다.

$$f(t) = \frac{a_0}{T} + \frac{2}{T} \sum_{n=0}^{\infty} \left(a_n \cos \frac{2\pi n}{T} t + b_n \sin \frac{2\pi n}{T} t \right) \qquad (A\cdot 12)$$

단,

$$a_0 = \int_{-T/2}^{T/2} f(t) dt \qquad (A\cdot 13)$$

$$a_n = \int_{-T/2}^{T/2} f(t) \cos \frac{2\pi n}{T} t\, dt \qquad (A\cdot 14)$$

$$b_n = \int_{-T/2}^{T/2} f(t) \sin \frac{2\pi n}{T}\, dt \qquad (A\cdot 15)$$

여기서

$$\frac{2\pi n}{T} = \omega \qquad (A\cdot 16)$$

는 각 고조파의 각주파수이다.

푸리에 급수의 일반항(식 (A·12))은 다음과 같이 쓸 수 있다.

$$a_n \cos \omega t + b_n \sin \omega t = \frac{1}{2}(e^{j\omega t} + e^{-j\omega t}) - j\frac{1}{2}b_n(e^{j\omega t} - e^{-j\omega t})$$

$$= \frac{1}{2}\left[(a_n - jb_n)e^{j\omega t} + (a_n + jb_n)e^{-j\omega t} \right] \qquad (A\cdot 17)$$

식 (A·14), (A·15), (A·16)에서

$$a_0 - jb_n = \int_{-T/2}^{T/2} f(t) e^{-j\omega t}\, dt = P(\omega) \qquad (A\cdot 18)$$

$$a_0 - jb_n = \int_{-T/2}^{T/2} f(t) e^{-j\omega t}\, dt = P(-\omega) \qquad (A\cdot 19)$$

$(a_n - jb_n)$은 ω의 함수이므로 이것을 $P(\omega)$로 놓는다. $(a_n + jb_n)$은 식 (A·18)의 ω 대신에 $-\omega$로 놓은 것이므로 $P(-\omega)$가 된다. 식 (A·18), (A·19)를 식 (A·17)에 대입하면

$$a_n \cos \omega t + b_n \sin \omega t = \frac{1}{2}\left[P(\omega) e^{j\omega t} + P(-\omega) e^{-j\omega t} \right] \qquad (A\cdot 20)$$

그러므로 식 (A·12)는

$$f(t) = \frac{a_0}{T} + \frac{1}{T} \sum_{n=1}^{\infty} \left[P(\omega) e^{j\omega t} + P(-\omega) e^{-j\omega t} \right] \qquad (A\cdot 21)$$

이다.

식 (A·16)를 대입하면

$$f(t) = \frac{a_0}{T} + \frac{1}{T} \sum_{n=1}^{\infty} \left[P\left(\frac{2\pi n}{T}\right) e^{j\frac{2\pi n}{T}t} + P\left(-\frac{2\pi n}{T}\right) e^{-j\frac{2\pi n}{T}t} \right]$$

(A·22)

이 식의 [ ] 내에 제 2 항은 제 1 항의 n을 $-n$으로 놓은 것과 같고 또한 a_0는 $P(0)$와 일치하므로 이 식은 다음과 같이 쓴다.

$$f(t) = \frac{1}{T} \sum_{n=-\infty}^{\infty} P\left(\frac{2\pi n}{T}\right) e^{j\frac{2\pi n}{T}t}$$

$$= \frac{1}{2\pi} \sum_{n=-\infty}^{\infty} P(\omega) e^{j\omega t} \frac{\omega}{n}$$

(A·23)

이것이 푸리에 급수의 복소 형식이다.

식 (A·23) 우변에서 ω/n은 기본 각주파수, 즉 어떤 고조파와 그것보다 차수가 1차 높은 고조파 사이에 주파수 간격이다. 이것을 $\Delta\omega$라고 하기로 한다.

비주기 함수의 경우를 $T \to \infty$, $\Delta\omega \to 0$의 극한이라 생각하며 식 (A·18), (A·23)은 다음과 같이 된다.

$$F(\omega) = \int_{-\infty}^{\infty} f(t) e^{-j\omega t} dt$$

(A·24)

$$f(t) = \frac{1}{2\pi} \int_{-\infty}^{\infty} F(\omega) e^{-j\omega t} d\omega$$

(A·25)

즉, $f(t)$가 비주기 함수인 경우는 푸리에 급수 대신에 윗식의 적분으로 표시된다. 이것을 **푸리에 적분**(Fourier integral)이라 한다. 푸리에 적분을 사용하면 주기 함수에 대하여 푸리에 급수를 사용한 것과 동일한 취급이 비주기 함수에 대해서 행해진다. 단지 푸리에 급수에서는 각 조파의 성분은 기본 주파수의 간격을 가지고 이산적으로 주었지만 푸리에 적분에서는 연속 스펙트럼이 되어 주파수 ω의 성분 $F(\omega)$는 ω의 연속 함수가 된다.

식 (A·24), (A·25)의 연산을 각각 **푸리에 변환**(Fourier transform), **푸리에 역변환**(inverse Fourier transform)이라 한다. 또한 식 (A·24)에서 순허수 $j\omega$를 일반 복소수 $s = \sigma + j\omega$로 치환하면 라플라스 변환이 얻어진다. 그러므로 라플라스 변환은 푸리에 변환의 확장이라고 생각해도 좋다.

어느 시간 함수 $f(t)$의 주파수 성분은 그 푸리에 변환 $F(\omega)$로 주어진다. 또한 주파수 성분 $F(\omega)$를 알고 있으며 시간 함수 $f(t)$는 푸리에 역변환으로 구해진다. 즉, 어느 제어계의 입력 신호 $x(t)$가 주어지면 그 주파수 성분 $X(\omega)$는

$$X(\omega) = \int_{-\infty}^{\infty} x(t) e^{-j\omega t} dt \tag{A·26}$$

주파수 ω의 입력 성분 $X(\omega)$에 대한 출력 성분은 제어계의 주파수 응답을 $G(j\omega)$라 하면 다음과 같이 된다.

$$Y(\omega) = G(j\omega) X(\omega) \tag{A·27}$$

이 식에 의해서 출력 신호 주파수 ω의 성분이 주어진다. 이러한 주파수 성분의 총합이 출력 신호 $y(t)$이다. 그 값은 식 (A·25)에서

$$y(t) = \frac{1}{2\pi} \int_{-\infty}^{\infty} Y(\omega) e^{j\omega t} d\omega \tag{A·28}$$

이 된다.

A·6 라플라스 변환표

	$f(t)$ Original function	$F(s) = \overline{f}(s)$ Image function
(1)	$u(t)=$unit impulse ($t=0$일 때)	1
(2)	1 or $u(t)=$unit step function ($t=0$일 때)	$\dfrac{1}{s}$
(3)	$\dfrac{t^{n-1}}{(n-1)!}$	$\dfrac{1}{s^n}$ ($n=1, 2, \cdots$)
(4)	$\dfrac{1}{\sqrt{\pi t}}$	$\dfrac{1}{s^{1/2}}$
(5)	$2\sqrt{\dfrac{t}{\pi}}$	$\dfrac{1}{s^{3/2}}$
(6)	$\dfrac{t^{n-1}}{\Gamma(n)}$	$\dfrac{1}{s^n}$ ($n>0$)
(7)	e^{-at}	$\dfrac{1}{s+a}$
(8)	$\dfrac{1}{a}(1-e^{-at})$	$\dfrac{1}{s(s+a)}$
(9)	$\dfrac{1}{a^2}(e^{-at}+at-1)$	$\dfrac{1}{s^2(s+a)}$
(10)	$\cos at$	$\dfrac{s}{s^2+a^2}$
(11)	$\cosh at$	$\dfrac{s}{s^2-a^2}$
(12)	$\dfrac{1}{a}\sin at$	$\dfrac{1}{s^2+a^2}$
(13)	$\dfrac{1}{a}\sinh at$	$\dfrac{1}{s^2-a^2}$
(14)	$\dfrac{1}{a^2}(1-\cos at)$	$\dfrac{1}{s(s^2-a^2)}$
(15)	$\dfrac{1}{a^3}(at-\sin at)$	$\dfrac{1}{s^2(s^2+a^2)}$

	$f(t)$ Original function	$F(s) = \overline{f}(s)$ Image function
(16)	$\dfrac{1}{b-a}(e^{-at} - e^{-bt})$	$\dfrac{1}{(s+a)(s+b)}$
(17)	$\dfrac{1}{(a-b)}(ae^{-at} - be^{-bt})$	$\dfrac{s}{(s+a)(s+b)}$
(18)	te^{-at}	$\dfrac{1}{(s+a)^2}$
(19)	$\dfrac{1}{(n-1)!}\, t^{n-1} e^{-at}$	$\dfrac{1}{(s+a)^n} \quad (n=1,2,\cdots)$
(20)	$e^{-at}(1-at)$	$\dfrac{s}{(s+a)^2}$
(21)	$\dfrac{1}{a^2}[1-(1+at)e^{-at}]$	$\dfrac{1}{s(s+a)^2}$
(22)	$\dfrac{t}{\omega^2} - \dfrac{2}{\omega^3} + \dfrac{2e^{-\omega t}}{\omega^3} - \dfrac{t}{\omega^2}\,e^{-at}$	$\dfrac{1}{s^2(s+\omega)^2}$
(23)	$\dfrac{e^{-bt}}{\omega^2+b^2} + \dfrac{1}{\omega\sqrt{\omega^2+b^2}}\sin(\omega t - \varphi)$ $\tan\varphi = \dfrac{\omega}{b}$	$\dfrac{1}{(s+b)(s^2+\omega^2)}$
(24)	$[(b-a)t+1]e^{-at}$	$\dfrac{s+b}{(s+a)^2}$
(25)	$\dfrac{1}{2a^3}(\sin at - at\cos at)$	$\dfrac{1}{(s^2+a^2)^2}$
(26)	$\dfrac{t}{2a}\sin at$	$\dfrac{s}{(s^2+a^2)^2}$
(27)	$\dfrac{1}{2a}(\sin at - at\cos at)$	$\dfrac{s^2}{(s^2+a^2)^2}$
(28)	$t\cos at$	$\dfrac{s^2-a^2}{(s^2+a^2)^2}$
(29)	$\dfrac{1}{\beta}e^{-at}\sin\beta t$	$\dfrac{1}{(s+a)^2+\beta^2}$
(30)	$\dfrac{1}{\omega_0\sqrt{1-\zeta^2}}e^{-\zeta\omega_0 t}\sin\omega_0\sqrt{1-\zeta^2}\,t$	$\dfrac{1}{s^2+2\zeta\omega_0 s + \omega_0{}^2}$ $= \dfrac{1}{(s+\zeta\omega_0)^2+\omega_0{}^2(1-\zeta^2)}$
(31)	$e^{-at}\cos\beta t$	$\dfrac{s+a}{(s+a)^2+\beta^2}$

	$f(t)$ Original function	$F(s) = \overline{f}(s)$ Image function
(32)	$\dfrac{1}{\omega^2}\left[1 + \dfrac{\omega}{\beta}e^{-at}\sin(\beta t - \varphi)\right]$ $\begin{cases}\omega^2 = a^2 + \beta^2 \\ \varphi = \tan^{-1}\dfrac{\beta}{-a}\end{cases}$	$\dfrac{1}{s[(s+a)^2 + \beta^2]}$
(33)	$\dfrac{1}{\omega^2}\left[t - \dfrac{-2a}{\omega^2} + \dfrac{1}{\beta}e^{-at}\sin(\beta t - \varphi)\right]$ $\begin{cases}\omega^2 = a^2 + \beta^2 \\ \varphi = \tan^{-1}\dfrac{-2a\beta}{a^2 - \beta^2}\end{cases}$	$\dfrac{1}{s^2[(s+a)^2 + \beta^2]}$
(34)	$\dfrac{1}{[(a^2 + \beta^2 - p^2)^2 + 4a^2p^2]^{1/2}}$ $\times\left[\dfrac{1}{p}\sin(pt - \varphi_1) - \dfrac{1}{\beta}e^{-at}\sin(\beta t - \varphi_2)\right]$ $\varphi_1 = \tan^{-1}\dfrac{2a\beta}{a^2 + \beta^2 - p^2}$ $\varphi_2 = \tan^{-1}\dfrac{-2a\beta}{a^2 - \beta^2 + p^2}$	$\dfrac{1}{(s^2 + p^2)[(s+a)^2 + \beta^2]}$
(35)	$\dfrac{1}{2a^3}(\sinh at - \cos at)$	$\dfrac{1}{s^4 - a^4}$
(36)	$\dfrac{1}{2a^2}(\cosh at - \cos at)$	$\dfrac{s}{s^4 - a^4}$
(37)	$\dfrac{1}{2a}(\sinh at + \sin at)$	$\dfrac{s^2}{s^4 - a^4}$
(38)	$\dfrac{1}{2}(\cosh at + \cos at)$	$\dfrac{s^3}{s^4 - a^4}$
(39)	$\dfrac{1}{2a^2}\sinh at\ \sinh at$	$\dfrac{s}{s^4 + 4a^4}$
(40)	$\sin at \cosh at - \cos at \sinh at$	$\dfrac{4a^3}{s^4 + 4a^4}$
(41)	$-1 + 2e^{-at}$	$\dfrac{1}{s}\left(\dfrac{s-a}{s+a}\right)$
(42)	$\dfrac{2}{a} - t - \dfrac{2}{a}e^{at}$	$\dfrac{1}{s^2}\left(\dfrac{s-a}{s+a}\right)$
(43)	$u(t-a)$	$\dfrac{e^{-at}}{s}$

	$f(t)$ Original function	$F(s) = \overline{f}(s)$ Image function
(44)	$u'(t-a)$	e^{-at}
(45)	$u''(t-a)$	se^{-at}
(46)	$\dfrac{e^{-a^2/4t}}{\sqrt{\pi t^3}}$	$\dfrac{2}{a}\,e^{-a\sqrt{s}}$
(47)	$\dfrac{e^{-a^2/4t}}{\sqrt{\pi t}}$	$\dfrac{e^{-a\sqrt{s}}}{s}$
(48)	$1-\mathrm{erf}\left(\dfrac{a}{2\sqrt{t}}\right) = \mathrm{erfc}\left(\dfrac{a}{2\sqrt{t}}\right)$	$\dfrac{e^{-a\sqrt{s}}}{s}$
(49)	$\mathrm{erf}(\sqrt{t})$	$\dfrac{1}{s\sqrt{s+1}}$
(50)	$e^{t}\,\mathrm{erf}(\sqrt{t})$	$\dfrac{1}{s\sqrt{s-1}}$
(51)	$\dfrac{1}{\sqrt{\pi t}} - e^{t}[1-\mathrm{erf}(\sqrt{t})]$	$\dfrac{1}{\sqrt{s+1}}$
(52)	$J_0(at)$	$\dfrac{1}{\sqrt{s^2+a^2}}$
(53)	$I_0(at) = J_0(at)$	$\dfrac{1}{\sqrt{s^2-a^2}}$
(54)	$\dfrac{1}{at}J_1(at)$	$\dfrac{1}{\sqrt{s^2+a^2}+s}$
(55)	$\dfrac{1}{a^n}J_n(at)$	$\dfrac{1}{\sqrt{s^2+a^2}\left(\sqrt{s^2+a^2}+s\right)^n}$
(56)	rectangular pulse	$\dfrac{1}{s}(1-e^{-bs})$
(57)	triangular pulse	$\dfrac{1}{b}\left(\dfrac{1-e^{-bs}}{s}\right)^2$
(58)	sinusoidal pulse	$\dfrac{a}{s^2+a^2}(1+e^{-\pi s/a})$

	$f(t)$ Original function	$F(s) = \overline{f}(s)$ Image function
(59)	meander function	$\dfrac{1}{s}\tanh\left(\dfrac{as}{2}\right)$
(60)	saw−tooth wave	$\left[\dfrac{1}{as^2} - \dfrac{e^{-as}}{s(1-e^{-at})}\right]$
(61)	triangular wave	$\dfrac{1}{s^2}\tanh\dfrac{as}{2}$
(62)	half−wave rectification of sine wave	$\dfrac{a}{(s^2+a^2)(1-e^{-\pi s/a})}$
(63)	full−wave rectification of sine wave	$\dfrac{a}{s^2+a^2}\coth\dfrac{\pi s}{sa}$

A·7 자동 제어 용어(일반)/KS A 3008

(1) 적용 범위

이 규격은 광공업에서 일반적으로 사용되는 자동 제어 용어 중 중요한 용어와 그 뜻에 대하여 규정한다. 그리고 대응하는 영어를 참고로 나타내었다.

(2) 자동 제어 용어(일반)

중요한 용어에 대하여 다음과 같이 정한다.

[비고] 두 개 이상의 용어가 기재되어 있는 것은 그 순위에 따라 우선적으로 사용한다.

번호	용어	의미	대응 영어
1	제어	어떤 목적에 적합하도록 대상이 되어 있는 것에 필요한 조작을 가하는 것	control
2	자동 제어	제어 장치에 있어서 자동적으로 행해지는 제어	automatic control
3	수동 제어	사람에 의해서 행해지는 제어	manual control
4	피드백 제어	피드백에 의하여 제어량을 목표값과 비교하여 그들을 일치시킬 수 있도록 정정 동작을 행하는 제어 [비고] 피드백이란 폐루프를 형성하여 출력측의 신호를 입력측으로 되돌리는 것을 말한다.	feedback control
5	피드 포워드 제어	외란(外亂)의 정보에 의해서 그 영향이 제어계에 나타나기 전에 정정 동작을 행하는 제어	feed forward control
6	시퀀스 제어	미리 정해 놓은 순서에 따라 제어의 각 단계를 차례차례 진행시키는 제어 [비고] 시퀀스 제어에서는 다음 단계에서 행할 제어 동작이 미리 결정되어 있어, 앞 단계에서의 제어 동작을 끝낸 직후 또는 동작 후 일정 시간이 경과된 후에 다음 동작으로 이행하는 경우와, 제어 결과에 따라서 다음에 행할 동작을 선정하여 다음 단계에 이행하는 경우 등이 조합되어 있는 것이 많다.	sequential control, sequence control
7	정치(定置) 제어	목표값이 일정한 제어	set point control
8	추종(追從) 제어	목표값이 변화하는 제어	tracking control
9	프로그램 제어	목표값이 미리 정해 놓은 대로 변화하는 제어 [비고] 프로그램 제어의 보기로서는 온도를 시간의 경과에 따라 지정하는 열처리로, 어닐링로 등의 제어가 있다. 넓은 의미의 프로그램 제어에서는 목표값의 변화에 관계없이 제어의 순서 등을 지정하는 수도 있다.	program control

번호	용어	의미	대응 영어
10	비율 제어	두 개 이상의 양 사이에 어떤 비례 관계를 가지는 제어	ratio control
11	캐스케이드 제어	피드백 제어에 있어서 1개 제어 장치의 출력 신호에 의거, 다른 제어 장치의 목표값을 변화시켜 행하는 제어	cascade control
12	샘플 데이터 제어	제어계의 일부를 샘플링에 의해서 얻어진 간헐적인 신호를 사용하는 제어 [비고] 연속 신호로부터 어떤 순간의 데이터를 샘플링하여 출력 신호로 하는 요소를 샘플러라고 하고, 이를 사용하여 간헐적인 출력 신호를 뽑아내는 것을 샘플링이라 한다. 여기서 말하는 순간이란 짧은 시간폭을 가지는 것도 있다.	sampled−data control, sampling control
13	최적 제어	제어 대상의 상태를 자동적으로 원하는 최적 상태가 되도록 하는 제어 [비고] 최적 제어란 제어 상태 또는 제어 결과를 주어진 기준에 따라 평가하여 그 평가 성적이 보다 더 좋아지도록 제어의 목적을 달성하고자 하는 제어 방식을 총칭한다. 제어계가 놓은 환경이 변화하여 제어계의 특성이 변화하는 경우 이들의 변화에 적응하여 제어 장치의 특성이 어떤 필요 조건에 만족될 수 있도록 변화시키는 제어를 적응 제어라 한다. 적응 제어도 최적 상태에 목표점에서는 최적 제어가 되지만 제어 장치의 적응 제어라는 용어를 사용하는 일이 많다.	optimalizing control optimum control optimal control optimizing control
14	계산기 제어	제어 장치 속에 전자 계산기를 집어넣어 전자 계산기의 고도 기능을 이용하는 제어	computer control
15	수치 제어	공작물에 대한 공구의 위치를 그것에 대응하는 수치 정보로서 지령하는 제어 [비고] 수치 제어는 공작 기계를 대상으로 하여 사용되는 경우가 많지만 제도, 포선(布線) 검사 등에도 사용된다. NC로 약칭하는 경우가 많다.	numerical control

번호	용어	의미	대응 영어
16	공정 제어	공정의 상태에 관한 여러 가지 양, 예를 들어 온도, 유량, 압력, 조성, 품질, 효율 등의 제어	process control
17	서보 기구 서보계	물체의 위치, 방향, 자세 등을 제어량으로 목표값의 임의 변화에 추종할 수 있도록 구성된 제어계 [비고] 서보 기구에서는 피드백 제어를 행하는 것이 보통이다.	servomechanism servo system
18	제어계	제어 대상, 제어 장치 등의 계통적인 조합	control system
19	자동 제어계	제어가 자동으로 되는 제어계	automatic control system
20	제어 대상	제어의 대상이 되는 것으로 기계, 공정, 시스템 등의 전체 또는 그 일부가 여기에 해당된다.	controlled system, plant
21	제어 장치	제어 대상에 조립되어 제어를 하는 장치	control devide, controller
22	검출부	제어장치에 있어서 제어 대상, 환경 등으로부터 제어에 필요한 신호를 얻어내는 부분	detecting element
23	조절부	제어 장치에 있어서 목표값에 의한 신호와 검출부로부터의 신호에 의거, 제어계가 소정의 작동을 하는 데 필요한 신호를 만들어서 조작부에 보내주는 부분	controlling element
24	조작부	제어 장치에 있어서 조절부 등으로부터의 신호를 조작량으로 바꾸어 제어 대상을 작동시키는 부분	final controlling element
25	자동 조절계	제어 편차에 따라서 제어 대상을 제어하는 데 필요한 신호를 만들어내는 기능을 가지고 지시 기록을 하는 장치 [비고] 지시 기록을 행하지 않는 것을 조절기라 한다. 또한, 자동 조절계를 조절계라고 약칭할 때가 많다.	automatic controller
26	계장(計裝)	측정 장치, 제어 장치 등을 장비하는 일	instrumentation
27	목표값	제어계에 있어서 제어량이 그 값을 갖을 수 있도록 목표로서 주어지는 값 [비고] 정치(定置) 제어에서는 이를 설정값이라고도 한다.	desired value, command, set point

번호	용어	의미	대응 영어
28	제어량	제어 대상에 속하는 양 중에서 그것이 제어하는 일이 목적으로 되어 있는 양	controlled variable
29	제어 편차	목표값과 제어량의 차 [비고] KS A 3001(품질관리용어)에서는 오차(error)는 측정값과 참값과의 차, 편차(deviation)는 측정값과 그 기대값과의 차라고 정의되어 있으나 자동 제어에 있어서는 제어 편차를 목표값과 제어량의 차라고 정의한다.	error, deviation
30	조작량	제어계에 있어서 제어량을 지배하기 위해서 제어 대상에 가하는 양	manipulated variable, control input
31	외란(外亂)	제어계의 상태를 교란시키는 외적 작용	disturbance
32	응답	제어계 또는 그 요소의 입력 변화에 응하는 출력의 시간적 변화의 모양	response
33	과도 응답	입력이 어떤 정상 상태에서 다른 상태로 변화했을 때, 출력이 정상 상태에 도달할 때까지 응답	transient response
34	임펄스 응답	입력이 임펄스 상태로 변화했을 때의 응답	impulse response
35	계단 응답	입력이 어떤 일정한 값에서 다른 일정한 값으로 순간적으로 변화했을 때의 응답	step response
36	램프 응답	입력이 어떤 시각으로부터 일정한 속도로 변화되어 갈 경우의 응답	ramp response
37	오버슈트	계단 응답에 있어서 출력이 최종값을 넘은 다음 최초로 취하는 극값(極値)과 최종값과의 간격	overshoot
38	상승 시간	계단 응답에 있어서 출력이 그 최종 변화량의 10~90[%](5~95[%]의 경우도 있음)로 변화하는데 소요되는 시간 [비고] 최종 변화량의 몇 %에서 몇 %까지인가를 명확히 부기할 필요가 있다. 그 외 계단 응답에 있어서 출력이 최종 변화량의 1/2에 달했을 때의 변화 속도로서 온 변화를 완료하는 데 필요한 시간으로 간주하는 경우도 있으므로 주의해야 한다.	rise times

번호	용어	의미	대응 영어
39	헌팅, 난조	제어계가 불안정해서 제어량이 주기적으로 변화하는 좋지 못한 상태	hunting
40	주파수 응답	사인파 입력을 가했을 경우의 정상 상태에 있어서 출력의 입력에 대한 진폭비(gain) 및 위상차가 입력 주파수에 따라 변하는 상태 [비고] 제어계 또는 제어 요소가 비선형 특성(비선형 특성)을 가지고 있을 경우에는 사인파 입력에 대한 출력이 반드시 사인파로 되는 것은 아니며, 비뚤어진 파형으로 되는 수가 많다. 이런 경우에는, 입력 주파수와 같은 주파수의 출력 성분에 대한 진폭비 위상차를 구하는 것으로 한다.	frequency response
41	정상 편차	과도 응답에 있어서 충분한 시간이 경과하여 제어 편차가 일정한 값으로 안정되었을 때의 그 값 [비고] 정상 편차에 있어서 입력인 경우를 위치 편차 또는 오프셋, 램프 입력의 경우를 속도 편차, 일정 가속도 입력인 경우를 가속도 편차라 한다.	steady-state error, steady-state deviation
42	비례 동작	입력에 비례하는 크기의 출력을 내는 제어 동작 [비고] P 동작이라 약칭할 때도 있다.	proportional control action
43	비례 이득	비례 동작에 있어서 입력 변화분에 대하여 출력 변화분의 비	proportional gain
44	비례대	비례 동작에 있어서 출력이 유효 변화폭의 0~100%의 변화하는데 필요한 입력의 변화폭(%) [비고] 비례대는 무차원화(無次元化)한 비례 이득의 역수(%)에 상당한다.	proportional band
45	적분 동작	입력의 시간 적분값에 비례하는 크기의 출력을 내는 제어 동작 [비고] I 동작이라 약칭할 때도 있다.	integral control action

번호	용어	의미	대응 영어
46	적분 시간	PI 동작(비례, 적분 각 동작을 조합한 것) 또는 PID 동작(비례, 적분, 미분의 각 동작을 조합한 것)에 있어서 계단 모양의 입력이 가해졌을 경우, 비례 동작에 의한 출력과 적분 동작에 의한 출력이 동등하게 될 때까지의 시간 [비고] 적분 시간의 역수를 리셋률이라 한다.	integral time, rest time
47	미분 동작	입력의 시간 미분값에 비례하는 크기의 출력 신호를 내는 제어 동작 [비고] D 동작이라 약칭할 때도 있다.	derivative control action
48	미분 시간	PD 동작(비례, 미분 각 동작을 조합한 것) 또는 PID 동작에 있어서 램프 모양으로 변화하는 입력 신호가 가해졌을 경우, 비례 동작에 의한 출력과 미분 동작에 의한 출력이 동등하게 될 때까지의 시간	derivative time, rate time
49	개폐 동작	조작량 또는 조작량을 지배하는 신호가 입력의 크기에 따라 두 개의 정해진 값 중 어느 한 개를 취하는 동작 [비고] 개폐는 전개(全開), 전폐(全閉)를 뜻하고 있지만 반드시 전개, 전폐가 되지 않을 경우에도 개폐 동작이라 한다.	on−off control action

찾아보기

가속도 편차 293
가속도 편차 상수 294
가지 130
가합점 114
간이형 복조기 384
감쇠 계수 149, 313
감쇠 진동 167
감쇠 특성 311
감쇠도 170
강성 복원 기구 465
개루프 전달 함수 126
개루프 제어 6
검출 7
검출부 13
경로 133
경로 이득 134
경로 트랜스미턴스 134
계기 서보 369
계단 응답 151
계장 2

고유 각주파수 167, 313
공정 조절기 472
공진 각주파수 216, 316
공진값 316
과도 응답 150
과도 편차 287
과제동 165
교류 보상 회로 418
교류 서보 기구 460
교류 서보계 371
극점 35
근궤적 335
근궤적과 실수축의 교점 351
근궤적법 335
근궤적이 극점 및 영점에 출입하는 각도 355
근의 총합 350
기준 입력 신호 14
기준 입력 요소 14

ㄴ

나이퀴스트 궤적 198

나이퀴스트 선도　198
나이퀴스트의 안정 판별법　245
난조　19
난조 방지 변압기　464
노즐 배압　388
노즐 플래퍼　111
니콜스 선도　219

ㄷ

다중 루프 제어계　477
단위 계단 함수　40, 41
단위 램프 응답　152
단위 임펄스 함수　41
단위 충격 함수　42
단일 피드백　120
대역폭　317
대칭성　343
대향형 노즐 플래퍼 기구　388
댐핑 트랜스　464
데시벨　199
드래그컵형 전동기　395, 396
드리프트　380
등각 사상　33
디케이드　210

ㄹ

라플라스 변환　37
라플라스 변환의 주요 공식　54
라플라스 역변환　38
라플라스 연산자　37
램프 응답　152
램프 함수　42, 152
로러스　199
루프　134
루프 이득　134
루프 전달 함수　126

루프 트랜스미턴스　134
리셋률　470
리졸버　378
링 변조 회로　382

ㅁ

마디　130
마이크로신　380
목표값　7, 13
무정위　154
무한 원점에 접근하는 분지수　345
무한 원점에 접근하는 분지의 점근선　347
물 가열기　86
미분 동작　468
미분 시간　468
미분 요소　149

ㅂ

발산 진동　167
벡터 궤적　198, 200
변조기　381
병렬 결합　117, 118
보드 선도　199
보드 정리　264
보상 요소　412
보상 회로　446
보상의 효과　418
복동 양쪽 로드형 유압 모터　400
복소 평면　27
복소수　26
복조기　383
복합기　416
부동작 시간　150
부동작 시간 요소　150
부분 분수　59
부족 제동　165

분사관　389
분지수　345
분해능　375
불규칙 신호　326
불안정　237
브리지형 복조기　384
블랙 박스　78
블록 선도　113
비감쇠 고유 각주파수　149
비례 감도　147, 468
비례 게인　468
비례 동작　467
비례 요소　147
비례 이득　147
비례 + 미분 동작　468
비례 + 적분 동작　468
비례 + 적분 + 미분 동작　469
비제동 고유 각주파수　167
비진동적　165

4로 밸브　389
사상　32
사이클링　19
3항 동작　469
상수값 제어　15
상승 시간　316
상용 라플라스 변환표　52
서보 기구　10, 16
서보 밸브 제어 방식　372
서보 전동기　391
서보계　16
서보모터　390
설정값　15
성능 지수　325
속도 편차　292
속도 편차 상수　292

속도계용 발전기　418
속응성　311
수동 제어　5
수송 지연 계통　105
시정수　148, 155
시퀀스 제어　7
신세시스　441
신호 위상 선도　130
신호 전달 선도　113
신호 흐름 선도　130
실수부　26
실수축　27
실수축상의 근궤적　345
싱크로　375
싱크로 발신기　376
싱크로 제어 변압기　376

안내 밸브　389
안내 밸브 서보모터　101
안정　237
안정도　311
애널리시스　441
액면계　96
액시얼 피스톤 모터　400
액체의 유체 저항　95
여자 함수　92
역벡터 궤적　209
영점　35
0형　294
오버슈트　170, 313
오일러의 관계식　28
오프셋　289
온도 제어계　9
와전류 클러치　397
외란　15
우세근　181

위상   195
위상 교점   261
위상 여유   261, 316
위상 조건   340
위상 지상 보상   446, 454
위상 진상 보상   446
위상 진상 지상 보상   446, 458
위상 판별 정류기   385
위상 판별기   385
위치 편차 상수   289
유압 모터   399
유압 서보모터   399
유압 전달 장치   401
유압 펌프 제어 방식   372
유압식 증폭기   388
응답   92
2상 전동기   391, 394
2차 지연 요소   149, 157
2형   294
이득   131, 195
이득 교점   261
이득 상수   148, 155
이득 조건   340
인덕토신   378
인디셜 응답   151
인출점   115
1차 지연 요소   148, 153
1형   294
임계 제동   165
임펄스 응답   151
입력 마디   133
입력 신호   78

자기 루프   131
자기 분체 클러치   398
자기 상관 함수   326

자기 평형성   154
자동 제어   2, 5
자동 조정   17
자력 제어   17
잔류 전압   378
잔류 편차   20, 287
적분 동작   468
적분 시간   468
적분 요소   148, 152
적분 증폭기   291
전기 - 기계 변환부   387
전기 - 유압식 서보 기구   372
전기식 서보 기구   370
전기식 증폭기   385
전기자 제어 직류 전동기   89
전달 함수   82
전향 경로   134
전향 요소   15
절대값   27
절점 주파수   212
점근선과 실수축의 교점   348
점근선의 방향   347
정가속도 입력   293
정상 불규칙 프로세스   326
정상 위치 편차   289
정상 편차   20, 287, 311
정속도 입력   292
정위   154
정적 오차   377
정전 클러치   399
정정 시간   313
제곱 면적   325
제동 계수   392
제동비   165, 313
제어   5
제어계   12
제어 계수   297
제어 대상   12

제어 동작 신호 14

제어 면적 325

제어 요소 14

제어 장치 12

제어 편차 7

제어량 7, 14

조작 실린더 400

조작량 14

조작부 13

조절계 467

조절기의 제어 동작 467

조절부 13

종착점 344

주파수 응답 195

주파수 전달 함수 196

주피드백 신호 14

중첩의 정리 94

증가 진동 167

증폭기의 이득 79

증폭도 79

지상 회로 415

지상기 415

지수 차수 38

지연 시간 316

직결 피드백 120

직동식 유압 모터 400

직렬 결합 117

직렬 보상 412, 446

직렬 제어 476

직류 발전기의 자동 전압 조정 11

직류 서보계 370

직류 전동기 396

진공관 98

진동적 165

진상 회로 413

진상기 413

진폭 감쇠비 169, 313

차동 변압기 378

첨두 공진값 216

초기값 69

초기값 정리 53

초기값의 정리 69

최소 위상 추이계 264

최적 조정 470

최종값 67

최종값 정리 52

최종값의 정리 68

추종 제어 15

출력 마디 133

출력 신호 78

출발점 343

캐스케이드 결합 117

캐스케이드 보상 446

켤레 복소수 31

클러치 397

ㅌ

타력 제어 17

타여자 직류 발전기 87

타여자 직류 발전기의 전달 함수 88

탄성 복원 467

탄성 복원 기구 465

태코미터 피드백 463

토크 모터 388

토크 상수 393

트랜스미턴스 130

파워 서보 369

파워 스펙트럼 밀도 327
파워 실린더 101
퍼텐쇼미터 374
편각 27
편차 검출기 373
평가 함수 325
폐루프 전달 함수 126
폐루프 제어 5
프로그램 제어 16
프로세스 제어 16
피드 포워드 제어 20
피드백 6
피드백 결합 117, 119
피드백 결합(부피드백) 119
피드백 결합(정피드백) 120
피드백 보상 413, 446, 462
피드백 요소 14
피드백 제어 6
피크 시간 313

한계 감도법 471
해석적 35
허수부 26
허수축 27
헌팅 19
확장된 나이퀴스트의 안정 판별법 259
회전 운동계 84
회전식 유압 모터 400
히스테리시스 클러치 398

analysis 20

D 동작 470

Hurwitz의 안정도 판별법 244

I 동작 468
IAE 325
ISE 325
ITAE 325
ITSE 326

M 궤적 207
M-N 선도 220
M-φ 선도 220

N 궤적 208

P 동작 467
PD 동작 468
PI 동작 468
PID 동작 469

Routh의 안정도 판별법 239

synthesis 20

Ziegler, Nichols의 최적 조정 조건 471

최신자동제어

2012년 2월 5일 1판 1쇄 발행
2017년 3월 10일 1판 3쇄 발행

저 자 ◎ 김상진 · 송병근 · 오세준 · 유삼상
발행자 ◎ 조 승 식
발행처 ◎ (주) 도서출판 북스힐

　　　　　서울시 강북구 한천로 153길 17

등 록 ◎ 제 22-457 호

 (02) 994-0071

 (02) 994-0073

 bookswin@unitel.co.kr
www.bookshill.com

값 23,000원

잘못된 책은 교환해 드립니다.

ISBN 978-89-5526-832-4